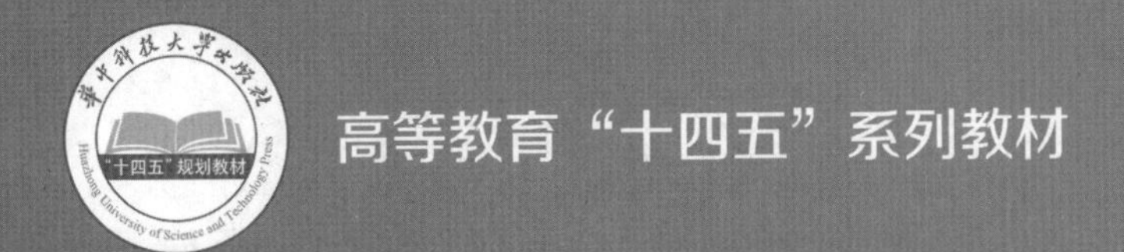

高等教育“十四五”系列教材

微机原理与接口技术

主　编　叶　佩　徐圣林　姚　远

副主编　陈　滨　屈瑞娜　侯爱霞

华中科技大学出版社
http://www.hustp.com
中国·武汉

图书在版编目(CIP)数据

微机原理与接口技术/叶佩，徐圣林，姚远主编. —武汉：华中科技大学出版社，2022.8
ISBN 978-7-5680-8318-8

Ⅰ. ①微…　Ⅱ. ①叶…　②徐…　③姚…　Ⅲ. ①微型计算机-理论-高等学校-教材　②微型计算机-接口技术-高等学校-教材　Ⅳ. ①TP36

中国版本图书馆 CIP 数据核字(2022)第 136900 号

微机原理与接口技术
Weiji Yuanli yu Jiekou Jishu

叶　佩　徐圣林　姚　远　主编

策划编辑：康　序
责任编辑：刘　静
封面设计：孢　子
责任监印：朱　玢
出版发行：华中科技大学出版社(中国·武汉)　　电话：(027)81321913
武汉市东湖新技术开发区华工科技园　　邮编：430223
录　　排：华中科技大学惠友文印中心
印　　刷：武汉市首壹印务有限公司
开　　本：787mm×1092mm　1/16
印　　张：20.75
字　　数：516 千字
版　　次：2022 年 8 月第 1 版第 1 次印刷
定　　价：55.00 元

前言

PREFACE

“微机原理与接口技术”是高等学校计算机科学与应用、电子信息工程、通信工程、自动化、电气工程及其自动化等工科各专业的核心课程。本课程的任务是使学生从系统应用的角度出发，掌握微机系统的基本组成、工作原理、接口技术及应用方法，使学生提高微机系统的开发能力。本书针对应用技术型本科人才培养需求，面向实际应用，注重系统性、实用性，通过大量例程说明如何综合运用软件和硬件设计一个实际的微机系统，解决实际应用中数据采集及设备控制的需求。为了适应教学的需要，编者在总结多年的教学科研实践经验、对有关微机系统技术资料进行综合提炼的基础上，编写了本书。本书可以作为计算机专业本科生及电子电气类本科生学习微机原理及应用的教材，也可供从事微机系统硬件或软件设计工作的工程技术人员参考。

本书特别考虑了内容的选取与组织，以 Intel 8086 微处理器和 IBM PC 系列微机为主要对象，系统、深入地介绍了微机系统的基本组成、工作原理、接口技术及应用。全书包括十个章节，第 1 章介绍微型计算机系统的基本构成以及数制等基础知识；第 2 章结合 8086 微处理器介绍了微处理器的内部结构，并简单回顾了其他 CPU 的发展状况，尤其介绍了我国 CPU 产业的发展现状；第 3 章详细介绍了 8086 的指令系统；第 4 章结合大量实例介绍了汇编语言程序设计方法；第 5 章介绍了存储器的基本工作原理及内存的扩展技术；第 6 章介绍了输入/输出接口的相关理论知识和并行接口芯片 8255A 的软件及硬件设计方法；第 7 章介绍了中断系统及可编程中断控制器 8259A；第 8 章介绍了定时/计数技术和可编程定时/计数器芯片 8253；第 9 章介绍了数/模(D/A)和模/数(A/D)转换技术及其接口芯片；第 10 章介绍了总线技术。本书具有以下特色：

(1)内容精练。本书以经典微处理器——Intel 8086 系列微机为主要对象，重点突出，内容全面。

(2)实用性强。本书从应用需求出发，在讲清基本原理的基础上，按难易程度讲解典型基础实例和综合实例，突出强调了软、硬件结合的思维方法和实践动手能力的培养，侧重于微机系统的设计。

(3)可读性强。书中内容力求文字精练、语言流畅。

本书由武昌工学院叶佩、中国药科大学徐圣林、武昌工学院姚远担任主编，由合肥科技职业学院陈滨、西安思源学院屈瑞娜、重庆科创职业学院侯爱霞担任副主编。为了方便教学，本书还配有电子课件等资料，任课教师可以发邮件至 hustpeiit@163. com 索取。

目录

CONTENTS

第1章

微型计算机概述

1.1 微型计算机

1.1.1 微型计算机的发展历史

从计算机产生到如今计算机步入高度智能化阶段有很长的发展历史，我们在对计算机进行研究并对其未来发展进行展望时，需要了解计算机发展史。计算机发展史可划分成以下三个阶段：

第一，起源阶段。计算机技术起源于 20 世纪 30 年代，是在社会经济发展水平不断提升，特别是工业化迅速发展的背景下产生的。1946 年，世界上首台数字型计算机在美研制成功；1956 年，我国成立中科院计算技术研究所筹备委员会。在苏联的援助下，中国科研人员得到了 M3 型计算机的相关资料，并开始对计算机技术快速地消化吸收，国营 738 厂用时 8 个月，完成了中国首台计算机的制造工作。这些技术成就开辟了计算机发展的道路，但这个时期研制出的计算机成本高、体积大，在实践应用当中不够便利。

第二，发展阶段。该阶段从 20 世纪 50 年代开始，随着新技术与新材料的迅速发展，科学家开始积极思考怎样更好地完善计算机结构性能，拓展其功能。在这一发展阶段，科学家获得的主要研究发展成就是美籍匈牙利数学家 John von Neumann 提出的诺依曼计算机。与此同时，各国科学家利用这样的方案进行了计算机建造，研制出的计算机能够实现计算过程、存储和控制数字化。这一阶段的研究成果对后续计算机的发展有极大的启发，同时也提供了坚实根基。

第三，革新阶段。这个阶段的开始时间是 20 世纪 80 年代。这一阶段，微处理器和集成电路获得迅速发展。1971 年，英特尔(Intel)公司首款微处理器研发成功，这标志着计算机科学迅猛发展，已经走出实验室，进入寻常百姓家庭。2017年11月13日，新一期全球超级计算机500强榜单发布，中国超级计算机“神威·太湖之光”和“天河二号”连续第四次分列冠亚军，让中国超级计算机上榜总数又一次反超美国，夺得第一。

1.1.2 微型计算机的未来发展趋势

1. 无线化发展

随着微型计算机广泛普及，计算机线路变得复杂烦琐，人们需要无线化的设备来提供进一步的便捷。随着笔记本电脑和无线网络等技术手段的不断成熟和推广，微型计算机的无线化发展与建设得到极大的技术支撑。在未来，微型计算机需要在无线化技术以及优化无线化技术质量方面进行持续探索和改进，让计算机迎来一个更加光明的明天。

2. 专业化发展

在经济发展和社会进步的背景下，人类社会分工朝着精细化方向发展。人们对计算机的要求显现出多元化的特征，不同类型的计算机在应用领域方面也各有侧重、各有不同。人工智能发展对计算机性能的要求与学生对计算机性能的要求就有着极大的差别，前者要有复杂精细的计算与模拟，而后者只需满足比较基本的学习娱乐需求即可。与此同时，性能较高的计算机在能耗方面也处于较高水平，于是从环保方面进行分析，结合不同需求人群开发差异化性能的计算机也会是一种趋势。在大数据时代到来的背景下，在信息的获取和处理方面会更加便利，于是在大数据支撑之下满足不同群体差异化的计算机需求，会变得非常方便快捷，也会给计算机专门化发展提供支撑。

3. 智能化发展

计算机的智能化水平已经达到了一个比较高的层次，也收获了诸多智能化发展成果。但我们也看到目前智能化计算机更多应用在精尖领域，在民间的普及度和应用度极低。这实际上是由计算机智能化水平没有到达成熟阶段导致的，智能化计算机还无法服务于更为广泛的人群和行业领域，而且在成本方面也不是普通百姓能够承受的。在未来，计算机需要朝着进一步智能化的方向发展，提高智能化的发展程度以及普及程度，让越来越多的人群享受到智能化计算机给生产生活带来的便利。

4. 高性能发展

对高性能的新型计算机进行研究和发展，可以有效促进计算机满足不同领域的实际发展需求，其中芯片技术的革新与进步是计算机发展的坚实保障。现如今芯片技术已经步入一个全新的发展阶段，人们在芯片上开展的研究也在不断深入，相信在更多先进芯片产生和技术的研发过程中，可以让新型的高智能计算机在软硬件方面得到优化改进，促进功能更为强大的计算机产生。在未来，高性能计算机主要涉及生物计算机、量子计算机、光学计算机等方面，需要在持续不断的尝试和创新当中总结经验教训，为高性能新型计算机的研发和推广打好基础。

1.1.3 微型计算机的性能评价

评价一台微型计算机系统性能的优劣，需要进行多方面的综合考虑。但针对一般计算机的使用人员来说，一台计算机性能的好坏主要取决于这台计算机的数据处理能力，包括运算速度、存储容量等。此外,系统的可靠性、通用性乃至价格都是评价一台计算机系统优劣的性能指标。

1. 字长

一台微型计算机系统内部微处理器的性能,往往在一定程度上反映了微型计算机系统的性能。有些微型计算机的型号也是由微处理器的型号来表示的,如486微机、586微机等。字长是计算机内部微处理器一次可以处理的二进制数码的位数,是衡量微型计算机系统精度和速度的重要指标。不同的计算机可能有不同的字长,常见的字长有8位、16位、32位等。字长越长,系统的运算精度越高,数据处理能力越强。

与字长相对应的是数据总线的宽度,它同样能反映系统的性能。需要注意的是,数据总线的宽度只有与CPU的字长相当时,才能有效发挥出宽字长CPU数据处理的能力。

2. 运算速度

运算速度的高低是衡量计算机系统的一个重要性能指标。无论是计算机系统,还是其核心CPU,都在追求高速度。同一类CPU中,频率越高,则CPU的运算速度越快。主频反映了CPU的速度,其单位是兆赫兹(MHz)。目前主频都在100 MHz以上。

反映微型计算机系统运算速度的另一个指标是每秒执行的指令数。显而易见,每秒执行的指令数越多,计算机的速度越高。但在用每秒执行的指令数衡量一个计算机系统的运算速度时,要注意所使用的指令集中的指令,因为不同指令的复杂程度不同,如执行一条加法运算指令所花的时间与执行一条乘法运算指令所花的时间明显不同。

3. 存储容量

存储容量反映了计算机系统所能存储的信息量。存储器最基本的容量单位是字节(byte,简写为B)。字节是指由8个二进制位组成的基本单元,不依赖于具体机器,是表示存储容量的基本单位。

计算机的存储器系统主要分内存和外存两种。内存的主要作用是存放系统当前需要运行的程序和加工的数据,通常衡量内存大小的单位是Mbyte(简写为MB)。外存的主要作用是为内存提供后备的程序和数据,通常衡量外存大小的单位是Gbyte(简写为GB)。

由于存储器不仅用于长期存储信息,还为CPU加工信息提供场所,因此存储容量的增大对提高系统的运行速度也有很大帮助。

4. 通用性

通用性也称为兼容性,是指一个微型计算机系统在软硬件等方面的适应性。系统是否具有标准的硬件接口并能与绝大部分的通用外设相连接,以及系统是否能运行众多的系统软件和应用软件,都反映了系统的通用性。除了一些特殊的应用要求外,微型计算机系统的通用性越好,使用越方便。

5. 稳定性和可靠性

系统的稳定性决定了系统是否实用。一个计算机系统,无论其功能如何强大,若性能不稳定,再强大的功能也无法体现。或者说,稳定性是系统功能的部分反映。通常衡量系统的稳定性有两个性能指标,即可靠性和可维性。

可靠性反映了系统能连续无故障工作的时间长短。理想状态是系统连续工作时间趋向于无穷大,这样系统永无故障。一般的系统运行规律是,系统正常运行、出现故障并修复、系统再正常运行、再出现故障并修复。随着系统的老化，系统每次出现故障并修复以后，正常运行的时间会越来越短，直至系统报废。通常可靠性就是用系统的平均无故障时间来评价的，平均无故障时间越长，可靠性越好。一般一个系统要获得高可靠性，在系统的硬件设计与软件设计中都要付出较大的代价。

可维性反映了一个系统是否方便维护与维修。一个计算机系统能保证长时间不出故障很重要，但很难做到永远不出故障，因此故障能否在短时间内修复也很重要。故障恢复时间越短，系统因故障所造成的损失就越小。通常可维性也是用时间，即一个系统故障修复所需要时间的平均值来衡量的。

6. 价格

高性能是计算机系统所追求的目标，价格上则希望相对低廉。性价比的取值反映了单位费用开销所能获得的实际功能的大小。在这里，性能应该既包括硬件性能，也包括软件性能、使用性能等；而价格也不仅指硬件价格，还包括软件费用、维护费用等。

1.2 微型计算机的结构

1.2.1 微型计算机的组成

计算机由5大部分组成，即运算器、控制器、存储器、输入设备和输出设备。运算器用于完成算术运算和逻辑运算；控制器根据指令代码完成译码和控制工作；存储器用于存储运行的程序代码和需要加工的数据及运算结果；输入设备用于为计算机提供程序和需要加工的原始数据；输出设备用于输出数据加工结果。计算机在控制器的控制下，通过依次执行存放在存储器的指令，完成程序所规定的工作。

从系统组成的观点来看，一个微型计算机系统应该包括硬件和软件两大部分。所谓硬件，指的是组成计算机的电子元器件、电子线路及机械装置等实体，其基本功能是在计算机程序的控制下完成对数据的输入、存储、处理、输出等任务。软件则是指人们为使用和开发计算机而设计的各种程序以及程序设计语言和有关资料的总称，其基本功能是控制、管理、维护计算机系统运行，解决用户的各种实际问题。

硬件是软件运行的物质基础，软件是硬件工作的精神统帅，硬件和软件相辅相成，缺一不可。只有硬件性能优良、软件完善丰富，才能使计算机系统充分发挥作用。

1.2.2 微型计算机的硬件系统

微型计算机的硬件系统以微处理器为核心，配以存储器、I/O接口和I/O设备以及用于连接的系统总线。图1-1所示为典型的微型计算机硬件系统的构成框图。

1. 微处理器(microprocessor)

微处理器是微型计算机的核心。各种微处理器尽管性能指标不同，但都具有以下几项基本功能：

①可以进行算术运算和逻辑运算；

②可以保存少量数据；

③能对指令进行译码并执行规定的动作；

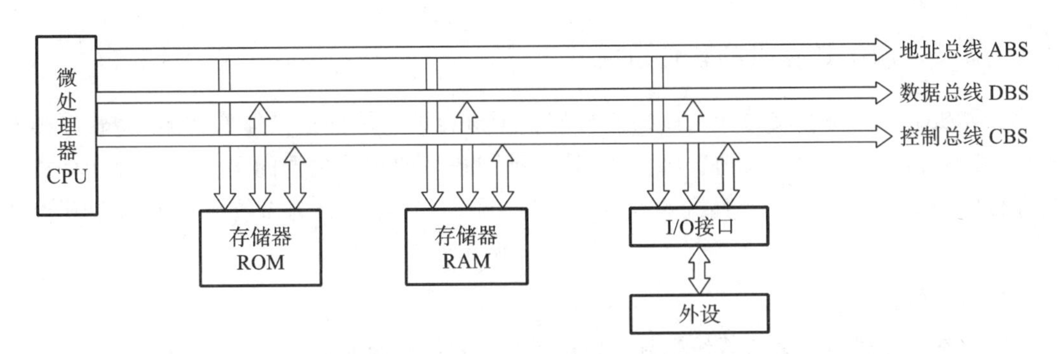

图 1-1　微型计算机硬件系统的结构框图

④能和存储器、外设交换数据；

⑤能提供微型计算机所需要的地址和控制信号；

⑥可响应来自其他部件的中断请求以及对其他输入控制的处理。

2. 存储器(memory)

存储器是计算机极重要的组成部分，是用来存储程序、原始数据、中间结果和最终结果的。有了它，计算机才能有记忆功能，才能把要计算和处理的数据以及程序存入计算机内，使计算机脱离人的直接干预而自动工作。显然，存储器容量越大，能记忆的信息就越多，计算机的功能就越强。由于存储器主要和微处理器打交道，而存储器的存取速度是影响运算速度的主要因素，因此希望存储器容量大、存取速度快。存储器容量的基本单位是字节，现在所指的存储器通常是半导体存储器，在使用上又常分为内存储器和外存储器两部分。前者速度快、价格高，但容量小；后者价格低、容量大，但速度慢。

3. 系统总线(bus)

系统总线是一个公共的信息通道。微型计算机采用了总线结构，这种结构可以使得系统内部各部件之间的相互关系，变为各部件之间面向总线的单一关系。一个部件只要符合总线标准，就可以连接到采用这种总线标准的系统中，使系统功能得到扩展。如图 1-1 所示，存储器模块通过总线与 CPU 相连，对存储器而言，只要拥有相同的总线接口标准，就可以很方便地通过系统总线连接 CPU，从而扩充微型计算机的内存量。因此，微型计算机采用的总线结构是一种有利于系统扩充的体系结构。

4. I/O 设备和 I/O 接口

I/O 设备是指微型计算机上配备的输入/输出设备，也称外部设备或外围设备(简称外设)。输入设备是微型计算机系统用来接收信息的部件，目前常见的有键盘、鼠标、光电扫描器、语音输入器等。输出设备种类也很多，常用的有显示器、打印机、绘图仪、语音输出装置等。它们的实质是完成信息形式的转化，即将微型计算机处理后的电信号转换成文字、数字、图像、声音等形式。由于各种外部设备和装置的工作原理、信号形式、数据格式各异，因此它们不可能与 CPU 直接相连。为了把外设与 CPU 连接起来，必须有接口部件，以完成它们之间的速度匹配、信号匹配和某些控制功能。这部分电路被称为 I/O 接口电路，简称 I/O 接口。I/O 接口就是为了使微处理器与输入/输出设备连接起来，并能在两者之间正确进行信息交换而专门设计的逻辑电路。

1.2.3 微型计算机的软件系统

计算机的工作是在硬件和软件的有机配合下进行的。硬件是具体的物质；而软件则看不见、摸不着，是一种抽象的物质，可认为是一系列程序的相关数据的集合。一台计算机中全部程序的集合称为这台计算机的软件系统。计算机软件可分为系统软件和应用软件两大类。

1. 系统软件

系统软件是进行计算机系统管理、调度、监控和维护的软件，一般包括以下几类。

①操作系统。操作系统属于计算机系统中必不可少的软件。一般把对计算机的全部硬件和软件资源进行统一管理、统一调度和统一分配的软件系统称为计算机的操作系统。它是用户和计算机之间的接口，任何一个用户要使用计算机，都必须先经过操作系统。

②数据库和数据库管理系统。

③各种程序设计语言及其解释程序和编译程序。

④机器的监控管理程序、调试程序、故障检查和诊断程序。

⑤网络软件和窗口软件等。

2. 应用软件

应用软件是用户根据自己的需要，为解决某些问题而编制的一些软件。它又分为通用应用软件和专用应用软件两大类。随着计算机技术的发展，应用软件的种类、数量越来越多，解决问题的方法也越来越简便。

1.2.4 计算机的程序设计语言

计算机程序设计语言是软件系统的重要组成部分，可分为机器语言、汇编语言和高级语言三类。通过这些语言可使机器懂得人的意图，并按人的意图工作。

1. 机器语言

机器语言是计算机硬件系统所能识别的、不需要翻译而直接供机器使用的程序语言。该语言中的每一条语句(即机器指令)实际上是一条二进制形式的指令代码，由操作码和地址码组成，一条指令控制计算机进行一个操作内容。所谓机器语言，是指机器指令的集合，是最低级的程序设计语言，用该语言编写程序就是要写出一条条机器指令组成程序。这是一项十分烦琐的工作，程序编写难度大，调试修改复杂，但占存储空间小，执行速度快。

2. 汇编语言

汇编语言是一种由机器语言“符号化”形成的程序设计语言。该语言中，用助记符代替操作码，用符号地址代替地址码。汇编语言比机器语言易读、易检查和易修改，同时保持了机器语言的优点，但用该语言编写的程序依赖于具体的机型，通用性和可移植性差。汇编语言属于低级语言。

3. 高级语言

前两种语言都属于面向机器的程序设计语言，而高级语言则是面向问题的程序设计语言。这种语言的指令一般都采用自然语汇，使程序更容易阅读和理解，而且该语言的指令是面向问题的，使对问题及其求解方法的表述比汇编语言容易得多，从而提高了编制程序的效率。另外，高级语言的通用性和可移植性相比汇编语言有了很大的提高。目前世界上已有几百种高级语言，如 Python 语言、C 语言、C++语言、Java 语言、VB 语言、PHP 语言等。

1.3 微型计算机中信息的表示和运算基础

1.3.1 计算机中的二进制

生活中，人们普遍有采用十进制计数的习惯，也就是由 0,1,2,3,4,5,6,7,8,9 十个不同的符号来表示数值，采用逢 10 进 1 的计算方式。例如：

$$253.48=2\times10^{2}+5\times10^{1}+3\times10^{0}+4\times10^{-1}+8\times10^{-2}$$

显然，任一数字的位置是由 10 的次幂决定的，这个 10 就是十进制的基数。

二进制数只有 2 个数码，即 0 和 1，后缀为 B，也可用下标 2 来表示，低位向高位的进位是按照逢 2 进 1 的原则计算的。例如：

二进制数 1001.01B（或写为$(1001.01)_{(2)}$）可表示为：

$$1001.01\text{B}=1\times2^{3}+0\times2^{2}+0\times2^{1}+1\times2^{0}+0\times2^{-1}+1\times2^{-2}$$

计算机是电子设备，它容易实现的稳定状态有两种，如电路的通或断、电位的高或低。两种稳定状态工作可靠，抗干扰能力强，分别对应着数值 1 和 0，这就是计算机中使用二进制数的理由。1 和 0 的不同编码组合可以表示一个数、一个字符或一条操作指令。

在计算机中使用的数据分为无符号数和有符号数两类。所谓无符号数，是指全部二进制数中的每一位均代表数值，没有符号位，即每一个“0”或“1”均为有效的数值。有符号数与无符号数相对应，在数值运算中，常常需要考虑数据的符号位，而在计算机中不能识别“+”“−”这样的符号，因此计算机中的有符号数是由“0”和“1”来表示正负的。为了区别正数和负数，规定用二进制数的最高位作为符号位，“0”代表“+”，“1”代表“−”，其余数位用作数值位，代表数值。

1.3.2 无符号二进制数的算术运算

1. 加法运算

二进制数的加法运算法则如下：

0+0=0，　0+1=1，　1+0=1，　1+1=0（有进位）

【例 1-1】 计算 10011100B+11001000B = ？

解：

```
被加数      10011100
加  数  +   11001000
──────────────────
          1 01100100
```

即　10011100B+11001000B = 1 01100100B

2. 减法运算

二进制数的减法运算法则如下：

0−0=0，　1−0=1，　1−1=0，　0−1=1（有借位）

【例 1-2】 计算 11001101B－10011001B ＝ ?

解：

```
被减数      11001101
减  数 －   10011001
─────────────────────
            00110100
```

即　　11001101B－10011001B ＝ 00110100B

3. 乘法运算

二进制数的乘法运算法则如下：

0×0＝0，　1×0＝0，　0×1＝0，　1×1＝1

【例 1-3】 计算 1100B×1010B＝ ?

解：

```
被乘数      1100
乘  数 ×    1010
─────────────────
            0000
           1100
          0000
         1100
─────────────────
         1111000
```

即　　1100B×1010B＝1111000B

在计算机中，二进制数的乘法运算可以转换为加法和移位的运算，即每左移一位相当于乘以 2，左移 n 位相当于乘以 2n。

4. 除法运算

二进制数的除法运算是乘法运算的逆运算，计算方法和十进制数的计算方法相同。在计算机中，除法运算通常转换为减法和右移的运算，即每右移一位相当于除以 2，右移 n 位相当于除以 2n。

1.3.3 无符号二进制数的表示范围和溢出判断

一个 n 位无符号二进制数 X，可以表示的数的范围为：$0 \leqslant X \leqslant 2^n-1$。以一个 8 位无符号二进制数为例，即 n＝8，表示的数的范围为 $0\sim 2^8-1$，即 00H～FFH(0～255)。若运算结果超出数的可表示范围，则会产生溢出，得到不正确的结果。

例如例 1-1 中的加法运算，两个 8 位数相加，结果为 9 位二进制数，若结果只取 8 位，则为 01100100B，结果显然不正确，这种情况就称为溢出，也就是结果超过了 8 位二进制数能够表示的最大值 255，所以结果是错误的。

无符号二进制数的溢出判断需要分别考虑加减法和乘除法。对于加减法运算，若最高位向更高位有进位或者借位，则判断产生溢出，否则不产生溢出。对于乘法运算，因为两个 8 位数的乘积为 16 位数，两个 16 位数的乘积为 32 位数，所以乘法运算不存在溢出问题。对于除法运算，若除数过小或者商超过了结果寄存器的最大表示范围，则产生一个除法溢出。

1.3.4 无符号二进制数的逻辑运算

逻辑变量之间的运算称为逻辑运算。逻辑变量的取值只有 0 和 1 两种，所以逻辑运算是以二进制数为基础的。逻辑运算是对数据的每一位按位进行操作，所以没有进位与借位。基本的逻辑运算包括“与”运算、“或”运算、“非”运算和“异或”运算等。

1.“与”运算

“与”运算实现的是两个数按位相“与”，通常用符号“·”来表示。“与”运算规则如下：

$$0\cdot 0=0,\quad 0\cdot 1=0,\quad 1\cdot 0=0,\quad 1\cdot 1=1$$

即参与“与”操作的两位中只要有一位为0，结果就为0；仅当两位均为1时，结果才为1。

【例1-4】 计算11101000B·10001010B = ？

解：

$$\begin{array}{r} 11101000 \\ \cdot\ 10001010 \\ \hline 10001000 \end{array}$$

即 11101000B·10001010B = 10001000B

2.“或”运算

“或”运算实现的是两个数按位相“或”，通常用符号“＋”来表示。“或”运算规则如下：

$$0+0=0,\quad 0+1=1,\quad 1+0=1,\quad 1+1=1$$

即参与“或”操作的两位中只要有一位为1，结果就为1；仅当两位均为0时，结果才为0。

【例1-5】 计算11101000B＋10001010B = ？

解：

$$\begin{array}{r} 11101000 \\ +\ 10001010 \\ \hline 11101010 \end{array}$$

即 11101000B＋10001010B = 11101010B

3.“非”运算

“非”运算实现的是将一个数的每一位按位取反，通常用符号“¯”来表示。“非”运算规则如下：

$$\overline{1}=0,\quad \overline{0}=1$$

即1的“非”为0，而0的“非”为1。

【例1-6】 计算$\overline{11101000B}$= ？

解：只需要将11101000B的每一位按位取反，即

$$\overline{11101000B}=00010111B$$

4.“异或”运算

“异或”运算实现的是两个数按位相“异或”，通常用符号“⊕”来表示。“异或”运算规则如下：

$$0\oplus 0=0,\quad 0\oplus 1=1,\quad 1\oplus 0=1,\quad 1\oplus 1=0$$

即参与“异或”操作的两位相同，则结果为0；相异，则结果为1。

【例1-7】 计算11101000B⊕10001010B = ？

解：

$$\begin{array}{r} 11101000 \\ \oplus\ 10001010 \\ \hline 01100010 \end{array}$$

即 $$11101000B \oplus 10001010B = 01100010B$$

1.3.5 有符号数的表示

在计算机中，有符号数的表示方法有原码、反码和补码三种。它们都由二进制数的最高位作为符号位，用“0”表示正，用“1”表示负。

1. 原码

真值 X 的原码记为$[X]_{原}$。原码中最高位为符号位，用“0”表示正，用“1”表示负；其余位为数值本身，数值部分用二进制形式表示，称为该数的原码。

【例 1-8】 已知真值 X=+17，Y=−17，求$[X]_{原}$和$[Y]_{原}$。

解：X=+17，为正数，所以：$[X]_{原}$=0 0010001B

Y=−17，为负数，所以：$[Y]_{原}$=1 0010001B

原码表示方法具有以下特点：

①真值和其原码表示之间的对应关系简单，容易理解。

②8 位二进制原码表示数的范围为−127～+127，16 位二进制原码表示数的范围为−32 767～+32 767。

③原码表示中 0 的表示不唯一，0 有两种不同的表示形式。

$[+0]_{原}$=0 0000000B，　$[-0]_{原}$=1 0000000B

采用原码表示方法时，编程简单，便于理解，但是 0 的表示不唯一，而且用原码进行四则运算时，乘除运算规则简单，而加减运算比较麻烦，不仅要比较参加运算的两个数的符号、数值大小，还要确定运算结果的符号等，所以原码表示方法一般不用于加减运算。

2. 反码

真值 X 的反码记为$[X]_{反}$。

对于正数而言，其反码与其原码相同，$[X]_{反}=[X]_{原}$，即符号位用“0”表示正，其余位为数值本身。

对于负数而言，其反码的数值部分是真值的各位按位取反，换句话说，负数的反码是在原码的基础上，符号位不变(仍为 1)，数值部分按位取反。

【例 1-9】 已知真值 X=+17，Y=−17，求$[X]_{反}$和$[Y]_{反}$。

解：X=+17，为正数，所以：$[X]_{反}=[X]_{原}$=0 0010001B

Y=−17，为负数，所以：　　$[Y]_{反}$=1 1101110B

【例 1-10】 已知真值 X=+127，Y=−127，求$[X]_{反}$和$[Y]_{反}$。

解：X=+127，为正数，所以：$[X]_{反}=[X]_{原}$=0 1111111B

Y=−127，为负数，所以：　　$[Y]_{反}$=1 0000000B

反码表示方法具有以下特点：

①正数的反码与原码相同，负数的反码符号位为 1，数值部分按位取反。

②8 位二进制反码表示数的范围为−127～+127，16 位二进制反码表示数的范围为−32 767～+32 767。

③同原码一样，反码表示中 0 的表示不唯一。

$[+0]_{反}$=0 0000000B，　$[-0]_{反}$=1 1111111B

采用反码表示方法时,0 的表示不唯一,而且用反码进行运算很不方便,所以在计算机中已经很少使用反码。

3. 补码

真值 X 的补码记为$[X]_{补}$。

对于正数而言,其补码与其原码相同,即$[X]_{补}=[X]_{原}=[X]_{反}$,即符号位用“0”表示正,其余位为数值本身。

对于负数而言,其补码等于它的反码加 1,即负数的补码是在原码的基础上,符号位不变(仍为 1),数值部分按位取反再加 1。

【例 1-11】 已知真值 X=+17, Y=-17,求$[X]_{补}$和$[Y]_{补}$。

解:X=+17,为正数,所以:$[X]_{补}=[X]_{反}=[X]_{原}=0\ 0010001B$

Y=-17,为负数,所以:$[Y]_{补}=[Y]_{反}+1=1\ 1101111B$

【例 1-12】 已知真值 X=+127, Y=-127,求$[X]_{补}$和$[Y]_{补}$。

解:X=+127,为正数,所以:$[X]_{补}=[X]_{反}=[X]_{原}=0\ 1111111B$

Y=-127,为负数,所以:$[Y]_{补}=[Y]_{反}+1=1\ 0000001B$

补码表示方法具有以下特点:

①正数的补码与原码、反码相同,负数的补码符号位为 1,数值部分按位取反再加 1。

②8 位二进制补码表示数的范围为-128~+127,16 位二进制补码表示数的范围为-32 768~+32 767。注意:在补码中把 8 位二进制数 10000000B 定义为-128,而在原码中它表示-0,在反码中它表示-127。同样,把 16 位二进制数 1000000000000000 定义为-32 768。

③0 的补码表示是唯一的。

$$[+0]_{补}=0\ 0000000B$$

$[-0]_{补}=[-0]_{反}+1=1\ 1111111+1=0\ 0000000B$(注:最高位的进位被舍掉)

在微型计算机中,所有带符号的数据都是用补码来表示的,运算的结果也是以补码的形式来表示和存储的。补码运算时符号位不需要单独处理,符号位与数值部分一起参加运算,从而简化运算规则,在不发生溢出的情况下,运算的结果总是正确的。同时,引进补码运算可以将减法运算转换为加法运算来处理,从而可以简化硬件结构,降低成本。

◆ 1.3.6 有符号数补码的运算

在计算机中,为了节省设备,通常只设置加法器,而不设置减法器,因此需要将减法运算转换为加法运算。通过引进补码,可实现将减法运算转换为加法运算。补码并非只有二进制数才有,在十进制、十六进制等各种进制中都是存在的。例如,在十进制中原码为 6 的补码是 4,原码为 64 的补码是 36,原码为 642 的补码是 358 等。

由此可见,原码+补码的结果如下:

$$6+4=10$$

$$64+36=100$$

$$642+358=1000$$

即原码与补码互相补充而能得到一个进位数:1 位数的原码加补码得到的是 2 位数 10;2 位

数的原码加补码得到的是 3 位数 100;3 位数的原码加补码得到的是 4 位数 1000。

在做十进制减法时,也可以利用补码将减法运算变成加法运算。例如 73－15,可利用 15 的补码 85 而使减法变成加法,即 73＋85＝158,把进位位 1 去掉,58 即为 73 与 15 之差。不过在十进制中用电路由原码求补码不十分方便,所以没有人用这个规律去算减法。

补码运算有如下规则。

加法规则: $[X+Y]_{补}=[X]_{补}+[Y]_{补}$

减法规则: $[X-Y]_{补}=[X+(-Y)]_{补}=[X]_{补}+[-Y]_{补}$

其中,$[-Y]_{补}$为对补码数$[Y]_{补}$求变补,即对$[Y]_{补}$的每一位(包括符号位在内)按位取反再加 1。

在微型计算机中,所有有符号数都是利用补码运算的,在补码运算过程中,符号位与数值部分一起参加运算。补码的符号位相加后,如果有进位出现,要把这个进位舍弃(自然丢失),在不发生溢出的情况下,不会影响运算结果的正确性。用补码运算,其结果仍为补码。在转换为真值时,若符号位为 0,数值位不变;若符号位为 1,应将结果求补才得到真值。

【例 1-13】 已知 X＝＋8,Y＝－21,求$[X+Y]_{补}$＝? 和 X＋Y＝?

解: $X=+8=+0001000B$, $[X]_{补}=0\ 0001000B$

$Y=-21=-0010101B$, $[Y]_{补}=1\ 1101011B$

所以: $[X+Y]_{补}=[X]_{补}+[Y]_{补}=0\ 0001000\ B+1\ 1101011\ B=1\ 1110011B$

$X+Y=[[X+Y]_{补}]_{补}=[1\ 1110011B]_{补}=-0001101B=-13$

【例 1-14】 已知 X＝＋8,Y＝－21,求$[X-Y]_{补}$＝? 和 X－Y＝?

解:由减法规则有 $[X-Y]_{补}=[X+(-Y)]_{补}=[X]_{补}+[-Y]_{补}$

应先分别求出$[X]_{补}$和$[-Y]_{补}$:

$X=+8=+0001000B$, $[X]_{补}=0\ 0001000B$

$Y=-21$, $-Y=+21=+0010101B$

－Y 为正数,则: $[-Y]_{补}=[-Y]_{原}=0\ 0010101B$

所以:

$$
\begin{aligned}
[X-Y]_{补}&=[X+(-Y)]_{补}=[X]_{补}+[-Y]_{补}\\
&=0\ 0001000B+0\ 0010101B\\
&=0\ 0011101B
\end{aligned}
$$

$$X-Y=+29$$

【例 1-15】 已知 X＝＋70,Y＝＋96,求$[X+Y]_{补}$＝? 和 X＋Y＝?

解: $X=+70=+1000110B$, $[X]_{补}=0\ 1000110B$

$Y=+96=+1100000B$, $[Y]_{补}=0\ 1100000B$

$[X+Y]_{补}=[X]_{补}+[Y]_{补}=0\ 1000110B+0\ 1100000B=1\ 0100110B$

$X+Y=[[X+Y]_{补}]_{补}=[1\ 0100110B]_{补}=-1011010B=-90$

1.3.7 二进制数与十六进制数的转换

因为 $2^4=16$,即四位二进制数能够表示的数值恰好相当于一位十六进制数能够表示的数值,所以在实际的编程过程中,往往采用十六进制的方法来进行程序的阅读和书写。二进制数与十六进制数之间的转换方法如下。

将二进制数转换为十六进制数的方法：整数部分以小数点为起点，向左每4位二进制数用1位十六进制数表示，高位不足4位时，在左边补0；小数部分以小数点为起点，向右每4位二进制数用1位十六进制数表示，低位不足4位时，在右边补0，即可转换为十六进制数。

将十六进制数转换为二进制数的方法：只要将每一位十六进制数写成其对应的四位二进制数就可以转换为二进制数。

【例1-16】 将二进制数1011101.01101B转换为十六进制数。

1011101.01101B=0101 1101. 0110 1000B =5D.68H

【例1-17】 将十六进制数12A2.B6H转换为二进制数。

12A2.B6H =0001 0010 1010 0010. 1011 0110B

1.4 微型计算机的编码表示

1.4.1 二-十进制编码(BCD编码)

计算机只能识别和处理二进制数，但在日常生活学习中，人们习惯性使用十进制数，因此希望计算机可以直接处理十进制数据。在人机交互过程中，为了既满足系统中使用二进制的要求，又适应人们使用十进制数的习惯，通常用4位二进制码来表示1位十进制数，称为二-十进制编码，简称BCD(binary coded decimal)码。由于十进制数共有0,1,2,…,9等10个数码，因此，至少需要4位二进制码来表示1位十进制数。4位二进制码共有$2^4=16$种组合，在这16种组合中，可以任选10种来表示10个十进制数码，要舍弃6种组合。1位十进制数用4位二进制码来表示的方法很多，BCD码有8421BCD码、2421BCD码和余3码等，较常用的是8421BCD码。

8421BCD码(简称BCD码)是最常用的一种有权码，其4位二进制码从高位至低位的权值依次为23、22、21、20，即为8、4、2、1，8421BCD码因此而得名。按8421BCD码编码的0～9与用4位二进制数表示的0～9完全一样，即用0000～1001分别代表它所对应的十进制数0～9，余下的6组代码(1010～1111)不用。所以，8421BCD码容易记忆，是一种广泛使用的编码形式。十进制数与8421BCD码的对应关系如表1-1所示。

表1-1 十进制数与8421BCD码的对应关系

十进制数	8421BCD码	十进制数	8421BCD码
0	0000	5	0101
1	0001	6	0110
2	0010	7	0111
3	0011	8	1000
4	0100	9	1001

8421BCD码的计数规律与十进制相同，都是“逢十进一”，在书写上，每4位写在一起，表示十进制数的一位，结尾处写上下标BCD。

8421BCD码转换为十进制数比较简单，只需将8421BCD码每4位一组表示成1位十进制数即可。同样，将十进制数的每一位对应转换为8421BCD码的4位，就可以实现十进制数转换为8421BCD码。

例如，将1个8421BCD码转换为相应的十进制数。

$$(1001\ 0011\ 0101\ .0011\ 0100)_{BCD}=935.34$$

例如，将十进制数转换为相应的8421BCD码：

$$27.15=(0010\ 0111.0001\ 0101)_{BCD}$$

8421BCD码不能直接转换为二进制数，要先把8421BCD码转换为十进制数，再转换为二进制数。同样，二进制数也不能直接转换为8421BCD码，必须先将其转换为十进制数，再转换为8421BCD码。

例如，$(0010\ 0011.0010\ 0101)_{BCD}=23.25=(10111.01)_B$

例如，$(1100.1)_B=12.5=(0001\ 0010\ .0101)_{BCD}$

1.4.2 字符的编码(ASCII码)

各种字符在计算机中必须以二进制编码的形式表示。目前微型计算机中普遍采用的字符编码系统是ASCII(American standard code for information interchange，美国标准信息交换码)。它用7位二进制码对128个字符和符号进行编码，包括英文26个字母的大写和小写、数字0～9、标点符号、运算符号和控制字符等。虽然标准ASCII码是7位编码，但计算机一般仍以一个字节来存放一个ASCII字符，1个字节为8位，每一个字节中多余出来的一位(最高位D_7位)在计算机内部通常为0(在数据传输时可用作奇/偶校验位)。

最高位D_7位恒为0时，数字0～9的ASCII码为30H～39H，大写字母A～Z的ASCII码为41H～5AH，小写字母a～z的ASCII码为61H～7AH。最高位D_7位用作奇/偶校验位时，用来判断数据的传输是否正确。奇/偶校验根据被传输的一组二进制码中"1"的个数是奇数或偶数来进行校验。加上校验位后编码中"1"的个数为奇数的称为奇校验，反之，称为偶校验。采用何种校验是事先规定好的。例如，大写字母A的ASCII码是41H(1000001B)，若以奇校验传送则为C1H(11000001B)，若以偶校验传送则为41H(01000001B)。

表1-2为ASCII编码表。

表1-2 ASCII编码表

ASCII值	控制字符	ASCII值	控制字符	ASCII值	控制字符	ASCII值	控制字符
0	NUT	9	HT	18	DC2	27	ESC
1	SOH	10	LF	19	DC3	28	FS
2	STX	11	VT	20	DC4	29	GS
3	ETX	12	FF	21	NAK	30	RS
4	EOT	13	CR	22	SYN	31	US
5	ENQ	14	SO	23	TB	32	(space)
6	ACK	15	SI	24	CAN	33	!
7	BEL	16	DLE	25	EM	34	"
8	BS	17	DCI	26	SUB	35	#

续表

ASCII 值	控制字符	ASCII 值	控制字符	ASCII 值	控制字符	ASCII 值	控制字符
36	$	59	;	82	R	105	i
37	%	60	<	83	X	106	j
38	&	61	=	84	T	107	k
39	'	62	>	85	U	108	l
40	(	63	?	86	V	109	m
41	)	64	@	87	W	110	n
42	*	65	A	88	X	111	o
43	+	66	B	89	Y	112	p
44	,	67	C	90	Z	113	q
45	-	68	D	91	[	114	r
46	.	69	E	92	\	115	s
47	/	70	F	93	]	116	t
48	0	71	G	94	^	117	u
49	1	72	H	95	_	118	v
50	2	73	I	96	`	119	w
51	3	74	J	97	a	120	x
52	4	75	K	98	b	121	y
53	5	76	L	99	c	122	z
54	6	77	M	100	d	123	{
55	7	78	N	101	e	124	|
56	8	79	O	102	f	125	}
57	9	80	P	103	g	126	~
58	:	81	Q	104	h	127	DEL

1.4.3 信息交换用汉字编码字符集

《信息交换用汉字编码字符集　基本集》是由中国国家标准总局 1980 年发布，1981 年 5 月 1 日开始实施的一套国家标准，标准号是 GB 2312—80。

GB 2312 编码适用于汉字处理、汉字通信等系统之间的信息交换，通行于中国大陆；新加坡等地也采用此编码。中国大陆几乎所有的中文系统和国际化的软件都支持 GB 2312。

基本集共收入汉字 6763 个和非汉字图形字符 682 个。整个字符集分成 94 个区，每区有 94 个位。每个区位上只有一个字符，因此可用所在的区和位来对汉字进行编码，称为区位码。把换算成十六进制的区位码加上 2020H，就得到国标码。国标码加上 8080H，就得到常用的计算机机内码。1995 年，我国又颁布了《汉字编码扩展规范》(GBK)。GBK 与 GB

2312—80 国家标准所对应的内码标准兼容，同时在字汇一级支持 ISO/IEC 10646-1 和 GB 13000 中的全部中、日、韩(CJK)汉字，共计 20 902 字。

GB 18030 的全称是 GB 18030－2000《信息技术　信息交换用汉字编码字符集基本集的扩充》，是我国于 2000 年 3 月 17 日发布的新的汉字编码国家标准，2001 年 8 月 31 日后在中国市场上发布的软件必须符合本标准。2005 年 11 月 8 日，我国发布 GB 18030—2005 代替了此标准。

◆ 1.4.4　汉字的字形码

在计算机内部，系统只对汉字机内码进行处理，不涉及汉字本身的字形。若要输出汉字处理的结果，则必须把汉字的机内码还原成汉字字形。一个字符集的所有字符的形状描述信息集合在一起，称为字符集的字形信息库，简称字库。不同的字体(如宋体、仿宋等)有不同的字库。每输出一个汉字，都必须根据机内码到字库中找出该汉字的字形描述信息，再送去显示或打印。

描述字符字形的方法主要有两种：点阵字形和轮廓字形。目前汉字字形的产生方式大多是用点阵方式形成汉字，即用点阵表示的汉字字形代码。根据汉字输出的精度要求，有不同密度的点阵。汉字字形点阵有 16×16 点阵、24×24 点阵、32×32 点阵等。

汉字字形点阵中每个点的信息用一位二进制码来表示，“1”表示对应位置处是黑点，“0”表示对应位置处是空白。字形点阵的信息量很大，所占存储空间也很大，例如 16×16 点阵，每个汉字就要占 32 个字节(16×16÷8＝32)；24×24 点阵的字形码需要用 72 字节(24×24÷8＝72)，因此字形点阵只能用来构成字库，而不能用来替代机内码用于机内存储。

字库中存储了每个汉字的字形点阵代码，不同的字体(如宋体、仿宋、楷体、黑体等)对应着不同的字库。在输出汉字时，计算机要先到字库中去找到它的字形描述信息，然后再把字形送去输出。字形点阵如图 1-2 所示。

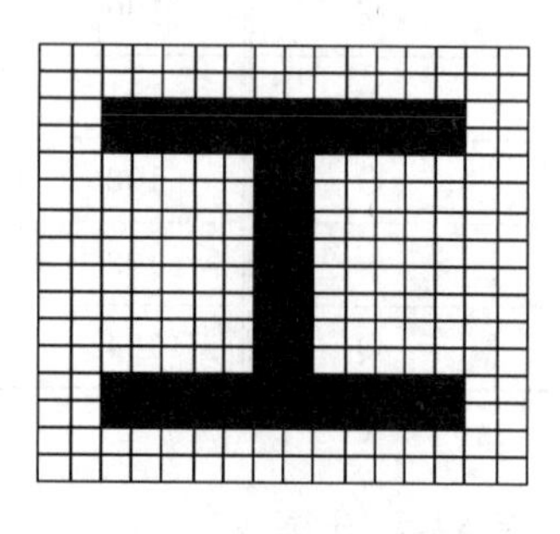

图 1-2　字形点阵

◆ 1.4.5　多媒体数据

在计算机中，数值数据和字符数据都要转换成二进制数来存储和处理。同样，声音、图形和图像、视频等多媒体数据也要转换成二进制数后计算机才能存储和处理，但多媒体数据的表示方式是完全不同的。在计算机中，声音往往用波形文件、MIDI 音乐文件或压缩音频文件的方式表示；图像的表示主要有位图编码和矢量编码两种方式；视频由一系列帧组成，每一帧实际上是一幅静止的图像，需要连续播放才会变成动画(一般每秒要连续显示 30 帧左右)。多媒体数据的表示、存储和处理方法，可参阅多媒体技术的有关书籍。

1.5 微型计算机的逻辑电路

1.5.1 基本逻辑电路

电子电路中用高、低电平来表示逻辑 0 和 1。一般情况下，获得高、低电平的基本方法是利用半导体开关元件的导通、截止(即开、关)两种工作状态。获得高、低电平的方法如图 1-3 所示，高、低电平的逻辑赋值如图 1-4 所示。

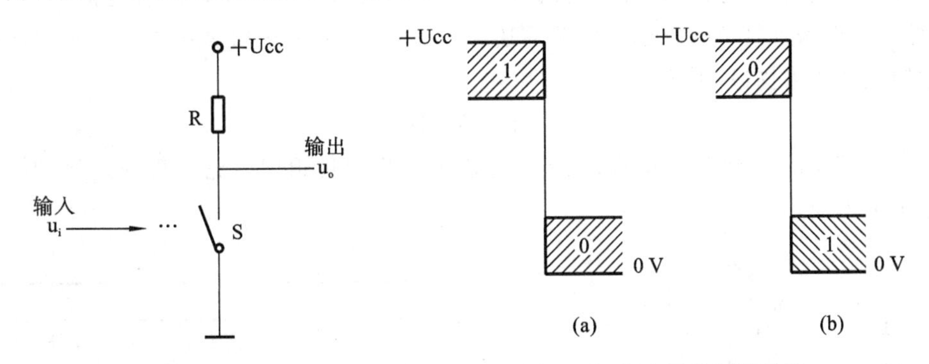

图 1-3 获得高、低电平的方法　　图 1-4 高、低电平的逻辑赋值

用以实现基本和常用逻辑运算的电子电路称为逻辑门电路，简称门电路。基本和常用门电路有与门、或门、非门(反相器)、与非门、或非门、与或非门和异或门等。

1. 与门

图 1-5(a)表示一个简单的与逻辑电路，电压 U 通过开关 A 和 B 向灯供电，只有 A 与 B 同时接通时，灯才亮。A 和 B 中只要有一个不接通或二者均不接通，灯不亮。真值表如图 1-5(b)所示。因此，从这个电路可总结出这样的逻辑关系：“只有在一件事(灯亮)的几个条件(开关 A 与 B 都接通)全部具备后，这件事(灯亮)才发生。”这种关系称为与逻辑。

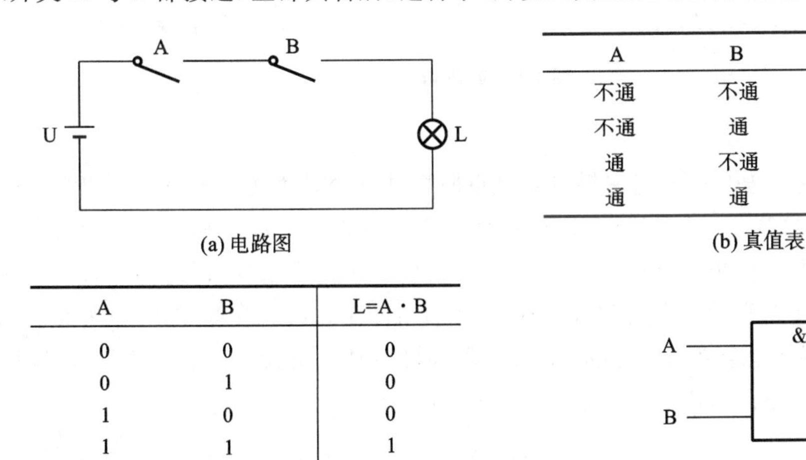

(a) 电路图

A	B	灯
不通	不通	不亮
不通	通	不亮
通	不通	不亮
通	通	亮

(b) 真值表

A	B	L=A · B
0	0	0
0	1	0
1	0	0
1	1	1

(c) 用0，1表示的真值表

(d) 与逻辑门电路的符号

图 1-5 与逻辑

如果用二值逻辑 0 和 1 来表示，并设开关不通和灯不亮均用 0 表示，而开关接通和灯亮均用 1 表示，则得图 1-5(c)，其中 L 表示灯的状态。若用逻辑表达式来描述，则可写为

$$L=A \cdot B$$

式中小圆点“·”表示A和B与运算,也表示逻辑乘。在不致引起混淆的前提下,乘号“·”被省略。用与逻辑门电路实现与运算,其逻辑符号如图1-5(d)所示。

2. 或门

图1-6(a)表示一简单的或逻辑门电路,电压U通过开关A或B向灯供电。只要开关A或B接通或二者均接通,则灯亮;而当A和B均不通时,则灯不亮。真值表如图1-6(b)所示。由此可总结出另一种逻辑关系:“一件事情(灯亮)的几个条件(开关A,B接通)中只要有一个条件得到满足,这件事(灯亮)就会发生。”这种关系称为或逻辑。或是指A接通或B接通,即任一个条件具备的意思。仿照前述,用0,1表示的或逻辑真值表如图1-6(c)所示。若用逻辑表达式来描述,则可写为

$$L=A+B$$

式中符号“+”表示A和B或运算,也表示逻辑加。用或逻辑门电路实现或运算,其逻辑符号如图1-6(d)所示。

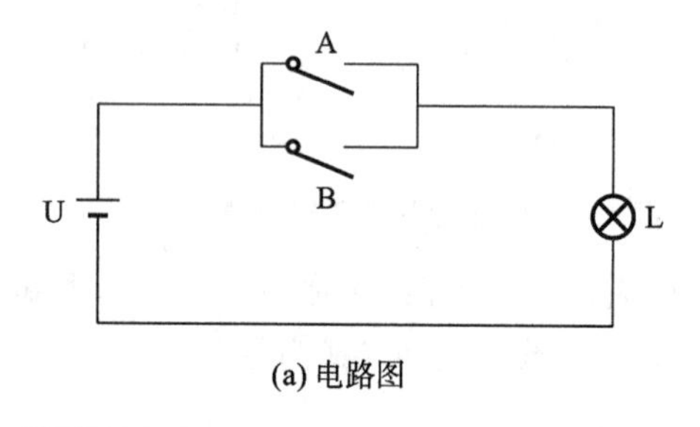

(a) 电路图

A	B	灯
不通	不通	不亮
不通	通	亮
通	不通	亮
通	通	亮

(b) 真值表

A	B	L=A·B
0	0	0
0	1	1
1	0	1
1	1	1

(c) 用0,1表示的真值表

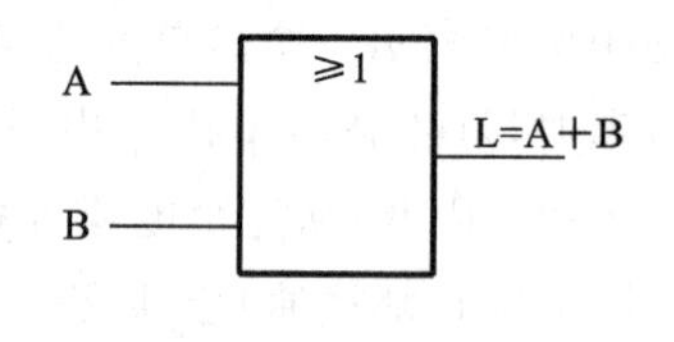

(d) 或逻辑门电路的符号

图1-6 或逻辑

3. 非门

如图1-7(a)所示,电压U通过一继电器触点向灯供电,NC为继电器A的动断(常闭)触点,当A不通电时,灯亮;而当A通电时,灯不亮。真值表如图1-7(b)所示。由此可总结出第三种逻辑关系,即“一件事情(灯亮)的发生以其相反的条件为依据”。这种逻辑关系称为非逻辑。若用0和1来表示继电器和灯的状态,则可得图1-7(c)。在此图中,读者很容易理解,A不通电和灯不亮是定义为0态的,而A通电和灯亮是定义为1态的。显然,L与A总是处于对立的逻辑状态。若用逻辑表达式来描述,则可写为

$$L=\bar{A}$$

用非逻辑门电路实现非运算,其逻辑符号如图1-8(a)、(b)所示。

其他逻辑函数都可用上述三种基本函数组合而成。表1-3列出了几种基本的逻辑运算函数式及其相应的逻辑门电路的代表符号,以便于比较和应用。

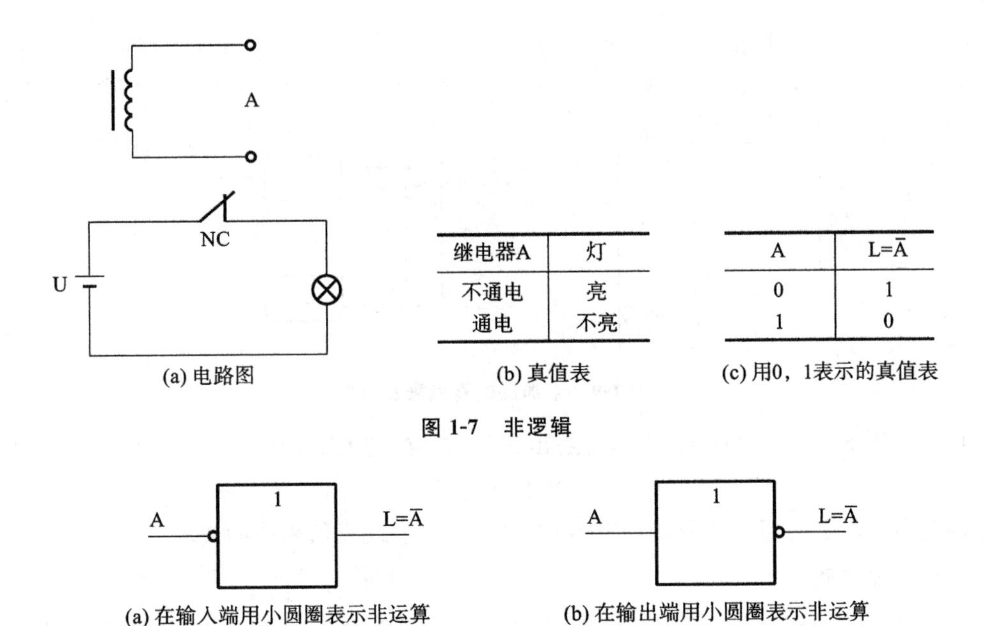

图 1-7　非逻辑

图 1-8　非逻辑门电路的符号

表 1-3　几种常用的逻辑运算

逻辑变量		逻辑运算					
		与运算 $L=A\cdot B$	或运算 $L=A+B$	非运算 $L=\overline{A}$	与非运算 $L=A\cdot B$	或非运算 $L=\overline{A+B}$	异或运算 $L=A\overline{B}+\overline{A}B$
A	B	逻辑门符号					
		A & L B	A ≥1 L B	A 1 L	A & L B	A ≥1 L B	A =1 L B
0	0	0	0	1	1	1	0
0	1	0	1	1	1	0	1
1	0	0	1	0	1	0	1
1	1	1	1	0	0	0	0

◆ 1.5.2　加法电路

1. 半加器电路

半加器电路要求有两个输入端，用以两个代表数字(A_0，B_0)的电位输入；有两个输出端，用以输出总和 S_0 及进位 C_1。

这样的电路可能出现的状态可以用图 1-9 中的表来表示。此表在布尔代数中称为真值表。

考察一下 C_1 与 A_0 及 B_0 的关系，即可看出这是“与”的关系，即：

$$C_1=A_0\cdot B_0$$

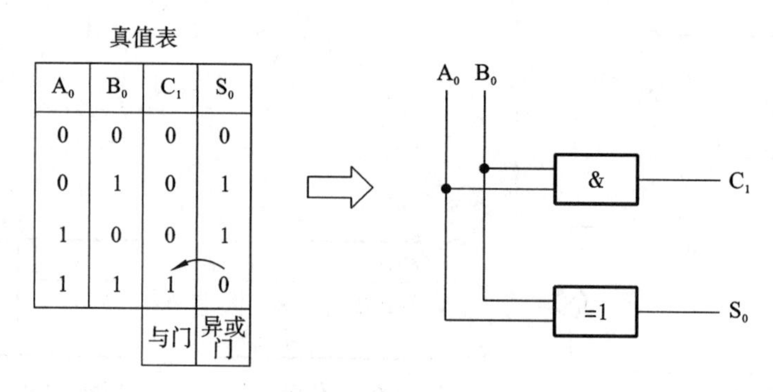

A_0	B_0	C_1	S_0
0	0	0	0
0	1	0	1
1	0	0	1
1	1	1	0
		与门	异或门

图 1-9 半加器的真值表及电路

再看一下 S_0 与 A_0 及 B_0 的关系，可看出这是“异或”的关系，即：

$$S_0 = A_0 \oplus B_0$$

因此，可以用“与门”及“异或门”（或称“异门”）来实现真值表中的要求。

2. 全加器电路

全加器电路的要求是：有 3 个输入端，以输入 A_i，B_i 和 C_i；有两个输出端，即 S_i 及 C_{i+1}。其真值表如图 1-10 所示。分析此表可知，其总和 S_i 可用“异或门”来实现，而其进位 C_{i+1} 则可以用 3 个“与门”及 1 个“或门”来实现。全加器电路图画在图 1-10 中。

真值表

A_i	B_i	C_i	C_{i+1}	S_i
0	0	0	0	0
0	0	1	0	1
0	1	0	0	1
0	1	1	1	0
1	0	0	0	1
1	0	1	1	0
1	1	0	1	0
1	1	1	1	1
			先“与”后“或”	“异或”

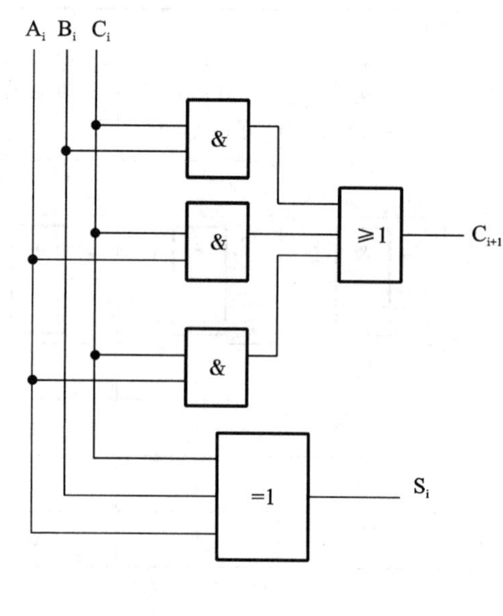

图 1-10 全加器的真值表及电路

半加器和全加器符号如图 1-11 所示。

3. 计算机中的加法电路

设 A=1010B=10D， B=1011B=11D

则可安排如图 1-12 所示的加法电路。

A 与 B 相加，写成竖式算法如下：

```
A:  1 0 1 0
B:  1 0 1 1 +
-------------
S: 10 1 0 1
```

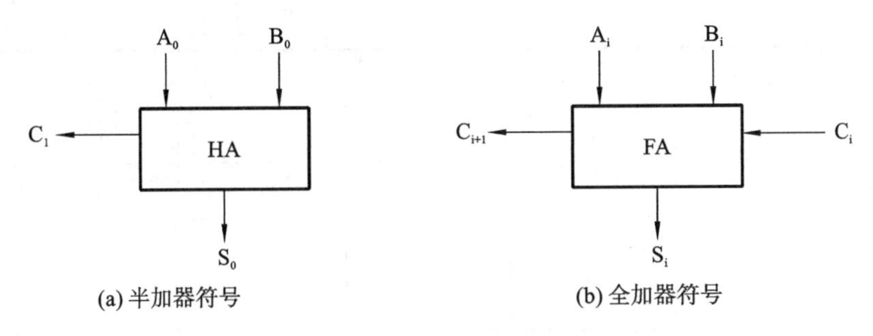

图 1-11　半加器和全加器符号

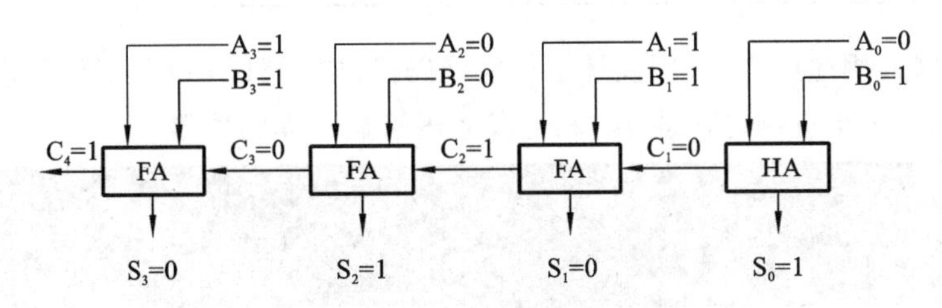

图 1-12　计算机中的加法电路

从加法电路可看到同样的结果：$S = C_4 S_3 S_2 S_1 S_0 = 10101$。

4. 计算机中的减法电路

在微型计算机中，没有专用的减法器，而是将减法运算改变为加法运算。其原理是：将减数 B 变成其补码后，再与被减数 A 相加，其和(如果有进位，则舍去进位)就是两数之差。

1.5.3　译码器及其应用

译码是编码的逆过程，它能将二进制码翻译成代表某一特定含义的信号(即电路的某种状态)。具有译码功能的逻辑电路称为译码器。图 1-13 所示是一个 2 线-4 线译码器的逻辑电路。

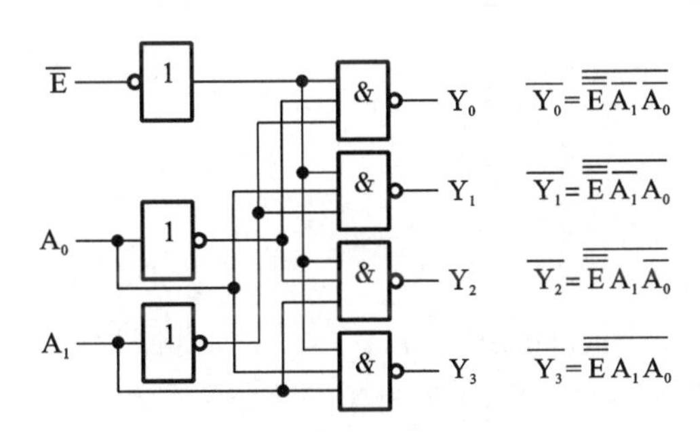

图 1-13　2 线-4 线译码器的逻辑电路

该电路的功能表如表 1-4 所示。

表 1-4　2 线-4 线译码器的功能表

输入			输出			
$\overline{E}$	A_1	A_0	$\overline{Y_0}$	$\overline{Y_1}$	$\overline{Y_2}$	$\overline{Y_3}$
1	×	×	1	1	1	1

续表

输入			输出			
$\bar{E}$	A_1	A_0	$\overline{Y_0}$	$\overline{Y_1}$	$\overline{Y_2}$	$\overline{Y_3}$
0	0	0	0	1	1	1
0	0	1	1	0	1	1
0	1	0	1	1	0	1
0	1	1	1	1	1	0

由于译码器的用途广泛，人们设计了集成译码器，如74HC139集成译码器、74HC138集成译码器、集成二-十进制译码器7442、七段数码管显示译码器等。

习题

1. 试述微型计算机中字节、字、字长的含义。
2. 微型计算机的发展经历了哪几个阶段？
3. 微型计算机系统包括哪些组成部分？
4. 微型计算机的主要性能指标有哪些？
5. 将下列数值转换为十进制数。

(1)101101.011B；　(2)1001000.1001B；

(3)1A.4H；　(4)01110000101.0B。

6. 将下列十进制数转换为二进制数和十六进制数。

(1)100；　(2)80；　(3)20.75。

7. 如果给字符4和5的ASCII码加奇校验，应分别是多少？若加偶校验，又分别是多少？
8. 写出下列真值对应的原码和补码。

(1)X=+1011100B；

(2)X=−1000111B；

(3)X=+68D；

(4)X=−36H。

9. 已知X和Y的真值，求$[X+Y]_{补}$=？和X+Y=？

(1)X=−90，Y=+12；

(2)X=+0100110B，Y=−0001100B。

10. 已知X和Y的真值，求$[X-Y]_{补}$=？和X−Y=？

(1)X=+76，Y=−28；

(2)X=−0001110B，Y=−0010100B。

第2章 8086微处理器

2.1 微处理器

微处理器，即微型计算机的CPU，是微型计算机的计算与控制中心。微处理器正是通过执行程序来完成对微机系统的控制和数据的加工的。1971年，英特尔公司推出了世界上第一款微处理器4004，它是一个包含2300个晶体管的4位CPU。1978年，英特尔公司首次生产出16位的微处理器i8086，同时还生产出与之相配合的数学协处理器i8087，这两种芯片使用相互兼容的指令集。由于这些指令集应用于i8086和i8087，因此人们把这些指令集统一称为X86指令集。这就是X86指令集的来历。1978年，英特尔公司还推出了具有16位数据通道、内存寻址能力为1 MB、最大运行速度为8 MHz的8086，并根据外设的需求推出了外部总线为8位的8088，从而有了IBM的XT机。随后，英特尔公司又推出了80186和80188，并在其中集成了更多的功能。1979年，英特尔公司推出了8088芯片，它是第一块成功用于个人电脑的CPU。它仍旧属于16位微处理器，内含29 000个晶体管，时钟频率为4.77 MHz，地址总线为20位，寻址范围仅仅是1 MB内存。8088内部数据总线都是16位，外部数据总线是8位，而它的兄弟8086是16位，这样做只是为了方便计算机制造商设计主板。1981年，8088芯片首次用于IBM PC机中，开创了全新的微机时代。

1982年，英特尔公司推出80286芯片。它相比8086和8088体现出飞跃式的发展。虽然它仍旧是16位结构，但在CPU的内部集成了13.4万个晶体管，时钟频率由最初的6 MHz逐步提高到20 MHz。80286的内部和外部数据总线皆为16位，地址总线为24位，可寻址16 MB内存。80286也是应用比较广泛的一块CPU。IBM采用80286推出了AT机并在当时引起了轰动，进而使得以后的PC机不得不一直兼容于PC XT/AT。

1985年，英特尔公司推出了80386芯片。它是80X86系列中的第一种32位微处理器，而且制造工艺也有了很大的进步。80386 内部包含 27.5 万个晶体管,时钟频率从 12.5 MHz 发展到 33 MHz。80386 的内部和外部数据总线都是 32 位,地址总线也是 32 位,可寻址高达 4 GB 内存,可以使用 Windows 操作系统。但 80386 芯片并没有引起 IBM 的足够重视,反而是 Compaq 率先采用了它。可以说,这是 PC 厂商正式走"兼容"道路的开始,也是 AMD 等 CPU 生产厂家走"兼容"道路的开始和 32 位 CPU 的开始,直到 P4 和 K7 依然是 32 位的 CPU(局部 64 位)。

1989 年,英特尔公司推出 80486 芯片。这块芯片的特殊意义在于它首次突破了 100 万个晶体管的界限,集成了 120 万个晶体管。80486 是将 80386 和数学协处理器 80387 以及一个 8 KB 的高速缓存集成在一个芯片内,并且在 80X86 系列中首次采用了 RISC(精简指令集计算机)技术,可以在一个时钟周期内执行一条指令。它还采用了突发总线(Burst)方式,大大提高了与内存的数据交换速度。80486 在一个时钟周期内能执行 2 条指令。

经过多年的发展,今天的 CPU 已经进入更高速发展的时代,以往可望而不可即的 1 GHz 大关被轻松突破了。我国国产 CPU 技术也得到了飞速发展。我国以龙芯中科、天津飞腾、上海申威、上海兆芯等为代表的国产 CPU 都具有客观的实力。2015 年,由中国科学院计算技术研究所自主研发的龙芯芯片被用于北斗卫星导航系统,并完成了星间链路的数据处理任务。此外,基于申威处理器构建的"神威·太湖之光"超级计算机已多次占据世界超级计算机榜单第一位。

学习和认识微处理器,应从内部结构与外部功能两个方面来进行。了解内部结构,可以认识微处理器的工作原理;了解外部功能,可以认识微处理器如何与其他部件相连接,从而构成一个微型计算机。面对不同型号、不同公司生产的各种微处理器系列,不仅要了解和掌握新的技术,也要认识微处理器最基本的结构与功能。

2.2 Intel 8086/8088 微处理器的结构

8086 内部由算术逻辑单元、控制单元、寄存器组和内部数据总线四部分组成,并通过地址总线、数据总线、控制总线与外部交换信息。从系统结构角度看,可以把 8086 内部分成如图 2-1 所示的两个独立的功能部件,即总线接口部件(BIU,bus interface unit)和执行部件(EU,execution unit)。

2.2.1 总线接口部件(BIU)

总线接口部件(BIU)的功能是负责为存储器和 I/O 端口传送数据。具体地讲,总线接口部件是从内存中取指令送到指令队列的。CPU 执行指令时,总线接口部件要配合执行部件,从指定的内存单元或外设端口中取数据,将数据传送给执行部件,或者把执行部件的操作结果传送到指定的内存单元或外设端口中。总线接口部件由以下几个部件组成。

1.4 个段地址寄存器

①CS:16 位的代码段寄存器,用于存放当前程序所在段的段基值。

②DS:16 位的数据段寄存器,用于存放当前程序所用数据段的段基值。

③ES:16 位的附加段寄存器,用于存放辅助数据段的段基值。

④SS:16 位的堆栈段寄存器,用于存放当前程序所用堆栈段的段基值。

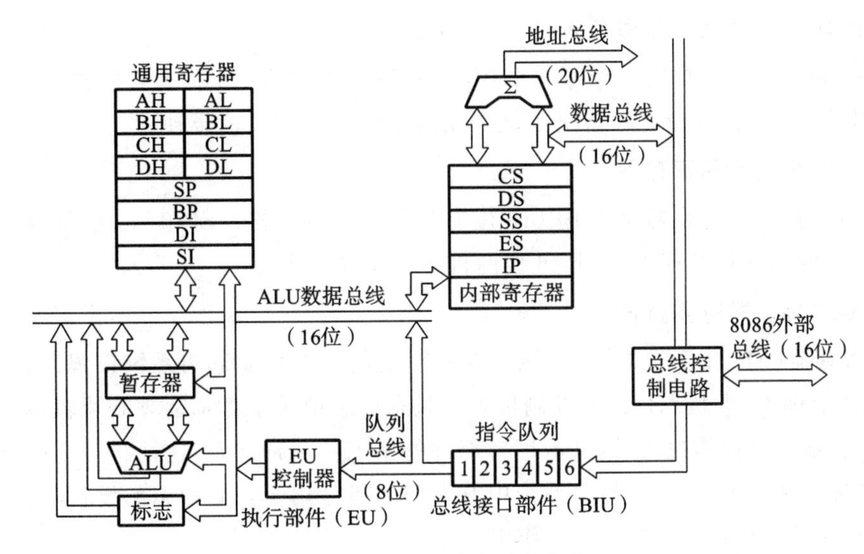

图 2-1 8086 的内部结构框图

2. 16 位的指令指针寄存器（IP）

指令指针寄存器(IP)用于存放下一条要执行的指令的有效地址 EA(即偏移地址)。IP 的内容由 BIU 自动修改，通常是依次进行加 1 修改，即每取一次指令，IP 加 1。当执行转移指令、调用指令时，BIU 装入 IP 中的是转移目的地址的有效地址 EA。IP 与 CS 配合形成存放指令代码的存储器物理地址。

3. 20 位的地址加法器

地址加法器的作用是形成 20 位地址。8086 CPU 内部的寄存器都是 16 位的，而外部地址线是 20 位，故 20 位地址是由地址加法器将相应段寄存器的值(段基值)乘以 16，再与存放 16 位偏移地址值的寄存器值相加而形成的。

4. 6 字节的指令队列（8088 为 4 字节）

指令队列相当于一个先进先出栈，用于存放预取的指令代码。在执行指令的同时，8086 CPU 就可以从内存中读取一条或几条指令，将代码存入指令队列中，这样在一般情况下，CPU 在执行完一条指令后立即从指令队列中取下一条指令执行，从而提高 CPU 的效率。

5. 总线控制电路

总线控制电路的作用是产生并发出总线控制信号，以实现对存储器和 I/O 端口的读/写控制。

◆ 2.2.2 执行部件(EU)

执行部件(EU)的作用主要是负责指令的执行。EU 从指令队列中取出指令代码，将其译码，发出相应的控制信息。控制数据在算术逻辑单元中进行运算，运算结果的特征保留在标志寄存器 FLAGS 中。执行部件由以下几部分组成。

1. 算术逻辑单元（ALU）

算术逻辑部件完成 8 位/16 位的二进制数的算术运算和逻辑运算。绝大部分指令的执行都由 ALU 完成。

2. 4 个 16 位的通用数据寄存器

4 个 16 位的通用数据寄存器即 AX,BX,CX,DX,其中 AX 也称为累加器。4 个通用数据寄存器既可以作为 16 位寄存器使用,也可以分别作为 8 位寄存器使用。

3. 4 个 16 位的专用寄存器

4 个 16 位的专用寄存器是指 BP(16 位的基数指针寄存器)、SP(16 位的堆栈指针寄存器)、SI(16 位的源变址寄存器)、DI(16 位的目的变址寄存器)。

4. 16 位的标志寄存器(FR)

标志寄存器(FR)用于存放 CPU 执行操作以后的状态标志和为系统设置的控制标志。8086 的标志有两类,即状态标志和控制标志。状态标志记录了算术运算和逻辑运算结果的一些特征,表示一个操作执行后,算术逻辑部件处于怎样一种状态,这种状态会影响后面的操作;控制标志是人为设置的,指令系统中有专门的指令用于控制标志的设置和清除,每个控制标志都对某一特定的功能起控制作用。

在 8086 CPU 中,16 位的标志寄存器有 7 位无定义,只用其中的 9 位。这 9 位包括 6 个状态标志和 3 个控制标志,如图 2-2 所示。

				OF	DF	IF	TF	SF	ZF		AF		PF		CF

图 2-2　16 位标志寄存器

6 个状态标志即 SF,ZF,PF,CF,AF 和 OF。

①符号标志 SF(sign flag):表示运算结果的符号,若结果为负,则 SF=1;否则,SF=0。

②零标志 ZF(zero flag):若当前运算结果为 0,则 ZF=1;否则,ZF=0。

③奇偶标志 PF(parity flag):若当前运算结果低 8 位中所含 1 的个数为偶数,则 PF=1;否则,PF=0。

④进位标志 CF(carry flag):当前运算出现进位或借位时,CF=1;否则,CF=0。

⑤辅助进位标志 AF(auxiliary carry flag):当前运算第三位对第四位有进位或借位要求时,AF=1;否则,AF=0。

⑥溢出标志 OF(overflow flag):当前运算过程出现溢出时,OF=1;否则,OF=0。

3 个控制标志即 DF,IF 和 TF。

①方向标志 DF(direction flag)。这是控制串操作类指令用的标志。如果 DF=0,则串操作过程中地址会不断增值;如果 DF=1,则串操作过程中地址会不断减值。

②中断标志 IF(interrupt flag)。这是控制可屏蔽中断的标志。如果 IF=0,则 CPU 不能对可屏蔽中断做出响应;如果 IF=1,则 CPU 可以接收可屏蔽中断的请求。

③跟踪标志 TF(trap flag)。如果 TF=1,则 CPU 按跟踪方式执行指令。

5. EU 控制器

EU 控制器的作用是从 BIU 中的指令队列中取指令并执行,根据指令的要求向 EU 内各功能部件发送相应的控制命令,以完成每条指令所规定的操作。

◆ 2.2.3　总线接口部件与执行部件的并行流水线工作方式

CPU 对指令的处理通常分三步,即取指令代码、指令分析译码、指令执行。早期的微处理器对于执行指令的这三个步骤是串行进行的，而 8086/8088 CPU 采用了 EU 和 BIU 结构，使得执行部件和总线接口部件可以部分地实现并行工作，如图 2-3 所示。两者的协调关系如下。

(1)当 EU 从指令队列中取走指令代码、8088 指令队列空出一个字节、8086 空出两个字节时，BIU 就自动执行一次取指令周期，即从内存中取出后续的指令代码放入指令队列中。

(2)当 EU 准备执行一条指令时，EU 会从 BIU 的指令队列中取指令代码，然后用若干时钟周期执行指令。如果在指令执行的过程中需要访问存储器或 I/O 端口，则 EU 会向 BIU 申请总线周期，进行存储器访问或 I/O 端口访问。如果此时 BIU 正好处于空闲状态，则 BIU 立即响应；如果此时 BIU 正好执行取指令代码操作，则 BIU 会先完成取指令代码操作，然后执行 EU 所要求的总线访问操作。

(3)当指令队列已满，而且 EU 对 BIU 没有总线访问请求时，BIU 便进入空闲状态。

(4)一般情况下，程序按顺序执行，在执行转移指令、子程序调用指令等指令时，BIU 就使指令队列复位，即指令队列中原有的内容会被自动清除。BIU 将从新地址中取出指令代码填入指令队列，并立即传给 EU 去执行。

8086 CPU 中，指令代码的提取和指令的执行是分别由 BIU 和 EU 完成的。EU 负责执行指令，BIU 负责取指令代码、读操作数和写结果。这两个部件能相互独立地工作，并在大多数情况下，能使大部分的取指令代码和执行指令重叠进行。正是这种互相配合的工作方式，大大减少了等待取指令所需的时间，提高了 CPU 的利用率和整个系统的执行速度，另外也降低了对存储器存取速度的要求。

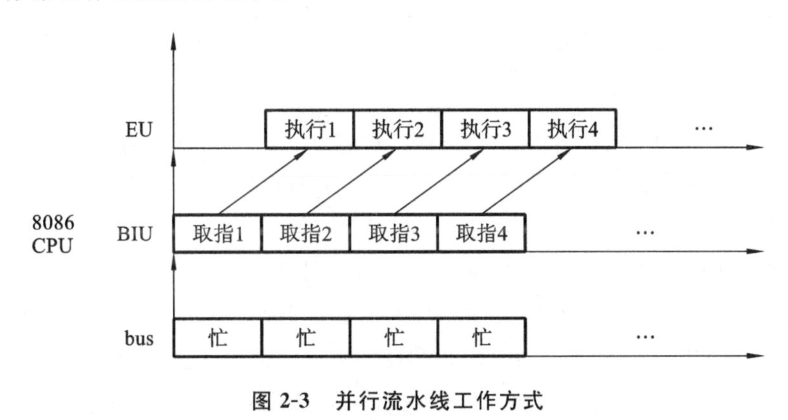

图 2-3　并行流水线工作方式

2.3　8086/8088 CPU 的引脚及其功能

2.3.1　最大工作模式/最小工作模式

为了尽可能适应各种各样的应用环境，8086/8088 CPU 有两种工作模式，即最大工作模式和最小工作模式。8086/8088 CPU 工作于何种工作模式下，是由硬件决定的。

所谓最小工作模式，就是系统中只有 8086/8088 一个微处理器。在最小工作模式系统中，所有的总线控制信号都直接由 8086/8088 产生，系统所需的外加其他总线控制逻辑部件也减到最少，因此，将此单处理器模式称为最小工作模式。

最大工作模式是相对最小工作模式而言的，是指系统中包含两个或两个以上的处理器。其中一个为主处理器；其他的处理器是协助主处理器工作的，称为协处理器。在8086/8088系统中，主处理器就是8086/8088 CPU。常与8086/8088 CPU相配的协处理器有两个，一个是数值运算协处理器8087，另一个是输入/输出协处理器8089。

8087是一种专门用于数值运算的处理器。它能实现多种类型的数值操作，如高精度的整数和浮点数运算，以及超越函数计算等。由于在通常情况下，这些运算往往通过软件方法来实现，而8087是用硬件方法来完成的，因此在系统中加入8087之后，会大幅度提高系统的数值运算速度。

8089是一个高性能的通用I/O处理器。它有一套专门用于输入/输出操作的指令系统，可以执行程序。因此，除了能完成输入/输出操作外，8089还可以对数据进行处理（如数据的装配、变换、校验和比较等）。所以，在输入/输出频繁的场合，在系统中增加8089处理器后，会大大减少主CPU在输入/输出操作中所占用的时间，明显提高主处理器的效率。

最大工作模式系统是一个多处理器系统，这就需要解决主处理器和协处理器之间的协调工作问题及对系统总线的共享控制问题。除了软件方面的解决措施外，在硬件方面，在最大工作模式系统中要增加一个总线控制器8288，由总线控制器8288对CPU发出的控制信号进行变换和组合，然后由总线控制器8288产生所有的总线控制信号，而不是由CPU直接产生总线控制信号，这一点是与最小工作模式不同的。8086/8088在两种工作模式下的特点如表2-1所示。

表2-1　最大工作模式和最小工作模式的特点

工作模式	最小工作模式	最大工作模式
特点	MN/$\overline{MX}$接+5 V 构成单处理器系统 系统控制信号由CPU提供	MN/$\overline{MX}$接地 构成多处理器系统 系统控制信号由总线控制器8288提供

8086/8088 CPU工作于何种工作模式下是由硬件决定的。8086/8088 CPU的第33号引脚MN/$\overline{MX}$就是用于确定CPU工作模式的。当MN/$\overline{MX}$接高电平时，8086/8088处于最小工作模式下；当MN/$\overline{MX}$接低电平时，8086/8088处于最大工作模式下。8086/8088 CPU在两种工作模式下的区别还体现在CPU引脚上——部分引脚的功能定义不同，这些引脚信号的名称如表2-2所示。

表2-2　8086/8088 CPU在两种工作模式下功能定义不同的引脚信号名称

管脚号	8086		8088	
24	$\overline{INTA}$	QS_1	$\overline{INTA}$	QS_1
25	ALE	QS_0	ALE	QS_0
26	$\overline{DEN}$	$\overline{S_0}$	$\overline{DEN}$	$\overline{S_0}$
27	DT/$\overline{R}$	$\overline{S_1}$	DT/$\overline{R}$	$\overline{S_1}$
28	M/$\overline{IO}$	$\overline{S_2}$	IO/$\overline{M}$	$\overline{S_2}$
29	$\overline{WR}$	$\overline{LOCK}$	$\overline{WR}$	$\overline{LOCK}$

续表

管脚号	8086		8088	
30	HLDA	$\overline{RQ}/\overline{GT_1}$	HLDA	$\overline{RQ}/\overline{GT_1}$
31	HOLD	$\overline{RQ}/\overline{GT_0}$	HOLD	$\overline{RQ}/\overline{GT_0}$
34	$\overline{BHE}/S_7$		$\overline{SS_0}$	HIGH

2.3.2 8086/8088 CPU 的引脚功能

8086 和 8088 的 CPU 都是 40 引脚双列直插式芯片，它们的引脚图如图 2-4 所示。图中括号内的引脚信号用于最大工作模式。为了减少芯片引脚的数量，对部分引脚进行了双重定义，采用分时复用方式工作，即在不同的时刻，这些引脚上的信号具有不同的功能。

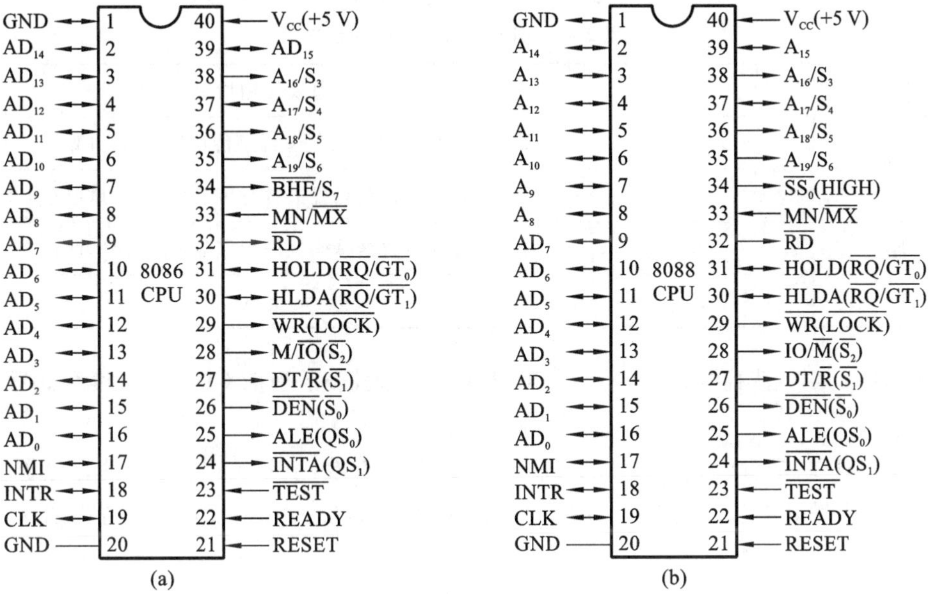

图 2-4 8086 和 8088 CPU 引脚图

由于 8086/8088 CPU 具有最小工作模式和最大工作模式，8 条引脚(第 24～31 号引脚)在两种工作模式中具有不同的功能。

1. 两种工作模式下定义相同的引脚信号

(1) AD_{15}～AD_0(address/data)：分时复用的地址/数据线，传送地址时三态输出，传送数据时可双向三态输入/输出。在图 2-4(b)中，A_{15}～A_8 用于传送 8 位地址信号。

(2) A_{19}/S_6～A_{16}/S_3(address/status)：分时复用的地址/状态线，作地址线用时，与 AD_{15}～AD_0一起构成访问存储器的 20 位物理地址。当 CPU 访问 I/O 端口时，A_{19}～A_{16}保持为"0"。作状态线用时，S_6～S_3用来输出状态信息。其中，S_3 和 S_4 可用于表示当前使用的段寄存器号，如表 2-3 所示。当 S_4S_3＝10 时，表示当前正使用 CS 对存储器寻址；而当前正对 I/O 端口或中断向量寻址时，不需要使用段寄存器。S_5 用来表示中断标志位状态，当 IF＝1 时，S_5 置"1"。S_6 恒保持为"0"。

表 2-3 S_4和S_3状态编码

S_4	S_3	当前下使用的段寄存器
0	0	ES
0	1	SS
1	0	CS(I/O,INT)
1	1	DS

(3)$\overline{BHE}/S_7$(bus high enable/status):总线高字节有效信号,三态输出,低电平有效,用来表示当前高 8 位数据总线上的数据有效。读/写存储器或 I/O 端口以及中断响应时,$\overline{BHE}$用来作选体信号,与最低位地址码 AD_0配合表示当前总线使用情况,如表 2-4 所示。在非数据传送期间,输出 S_7状态信息,在 CPU 处于保持响应期间,被设置为高阻状态。

表 2-4 $\overline{BHE}$ 和 AD_0编码的含义

$\overline{BHE}$	AD_0	总线使用情况
0	0	16 位数据总线上进行字传送(偶地址开始)
0	1	高 8 位数据总线上进行字节传送(奇地址)
1	0	低 8 位数据总线上进行字节传送(偶地址)
1	1	无效

(4)$\overline{RD}$(read):读控制信号,三态输出,低电平有效,表示当前 CPU 正在读存储器或I/O 端口。

(5)READY:准备就绪信号,由外部输入,高电平有效,表示 CPU 访问的存储器或 I/O 端口已为传送做好准备。当 READY 无效时,要求 CPU 插入一个或几个等待周期 T_w,直到 READY 信号有效为止。

(6)INTR(interrupt request):中断请求信号,由外部输入、电平触发,高电平有效。INTR 有效时,表示外部向 CPU 发出中断请求。CPU 在每条指令的最后一个时钟周期对 INTR 进行测试,一旦测试到有中断请求,并且当前中断允许标志 IF=1,暂停执行下条指令,转入中断响应周期。

(7)NMI(non-maskable interrupt):不可屏蔽中断请求信号,由外部输入、边沿触发,正跳沿有效,不受中断允许标志的限制。CPU 一旦测试到 NMI 请求有效,待当前指令执行完就自动从中断入口地址表中找到类型 2 中断服务程序的入口地址,并转去执行。显然,这是一种比 INTR 高级的请求。

(8)$\overline{TEST}$:测试信号,由外部输入,低电平有效。当 CPU 执行 WAIT 指令时,每隔 5 个时钟周期对$\overline{TEST}$进行一次测试。若测试到$\overline{TEST}$无效,则 CPU 处于踏步等待状态,直到$\overline{TEST}$有效,CPU 才继续执行下一条指令。

(9)RESET:复位信号,由外部输入,高电平有效。RESET 信号至少保持 4 个时钟周期。CPU 接收到 RESET 信号后,停止进行操作,并将标志寄存器、段寄存器、指令指针 IP 和指令队列等复位到初始状态。

(10)MN/$\overline{MX}$(minimum/maximum mode control):工作模式选择信号。

(11)CLK(clock):主时钟信号。

(12)GND,V_{CC}:GND 为接地端,V_{CC}为电源端。

2. 最小工作模式下的引脚信号

在最小工作模式下,第 24～31 号引脚信号的含义及功能如下。

(1)$\overline{INTA}$(interrupt acknowledge):中断响应信号,向外部输出,低电平有效,表示 CPU 响应了外部发来的 INTR 信号;在中断响应周期,可作为读选通信号。

(2)ALE(address latch enable):地址锁存允许信号,向外部输出,高电平有效;在最小工作模式系统中用来作地址锁存器 8282/8283 的选通信号。

(3)$\overline{DEN}$(data enable):数据允许信号,三态输出,低电平有效;在最小工作模式系统中用来作数据收发器 8286/8287 的选通信号。

(4)DT/$\overline{R}$(data transmit/receive):数据发送/接收控制信号,三态输出;在最小工作模式系统中用来控制数据收发器 8282/8287 的数据传送方向。当 DT/$\overline{R}$ 为高电平时,表示数据从 CPU 向外部输入,即完成写操作;当 DT/$\overline{R}$ 为低电平时,表示数据从外部向 CPU 输入,即完成读操作。

(5)M/$\overline{IO}$(memory/input and output):存储器或 I/O 端口访问信号,三态输出。M/$\overline{IO}$ 为高电平时,表示当前 CPU 正在访问存储器;M/$\overline{IO}$为低电平时,表示当前 CPU 正在访问 I/O 端口。IO/$\overline{M}$与 M/$\overline{IQ}$的定义相反:IO/$\overline{M}$为高电平时,表示当前 CPU 正在访问 I/O 端口;IO/$\overline{M}$为低电平时,表示当前 CUP 正在访问存储器。

(6)$\overline{WR}$(write):写控制信号,三态输出,低电平有效,表示当前 CPU 正在写存储器或 I/O 端口。

(7)HLDA(hold acknowledge):总线保持响应信号,输出,高电平有效。

(8)HOLD(hold request):总线保持请求信号,输入,高电平有效。

3. 最大工作模式下的引脚信号

在最大工作模式下,第 24～31 号引脚信号的含义及功能如下。

(1)QS_1,QS_0(instruction queue status):指令队列状态信号,输出,高电平有效。QS_1,QS_0提供前一个时钟周期中指令队列的状态,用于外部电路对 8086 CPU 内部指令队列的动作跟踪。

(2)$\overline{S_2}$,$\overline{S_1}$,$\overline{S_0}$(bus cycle status):总线周期状态信号,输出,低电平有效。在最大工作模式下,用$\overline{S_2}$,$\overline{S_1}$,$\overline{S_0}$描述 CPU 的 8 种基本总线操作,如表 2-5 所示。

表 2-5 $\overline{S_2}$,$\overline{S_1}$,$\overline{S_0}$代码的意义

$\overline{S_0}$	$\overline{S_2}$	$\overline{S_1}$	操作类型
0	0	0	中断响应
0	0	1	读 I/O 端口
0	1	0	写 I/O 端口
0	1	1	暂停
1	0	0	取指

续表

$\overline{S_0}$	$\overline{S_2}$	$\overline{S_1}$	操作类型
1	0	1	读存储器
1	1	0	写存储器
1	1	1	无源状态

(3)$\overline{LOCK}$:总线封锁信号,输出,三态,低电平有效。总线封锁信号的作用是,当$\overline{LOCK}$为输出低电平有效时,系统中其他总线部件就不能占用总线。至于$\overline{LOCK}$信号的输出,是指令前缀$\overline{LOCK}$控制产生的。在执行有前缀$\overline{LOCK}$的指令时,$\overline{LOCK}$引脚输出有效,禁止外部其他总线部件占用总线;当该指令执行结束时,$\overline{LOCK}$引脚输出有效电平撤销。另外,在总线响应周期期间,$\overline{LOCK}$输出也为低电平,防止中断响应过程被非法打断。

(4)$\overline{RQ}/\overline{GT_1}$,$\overline{RQ}/\overline{GT_0}$(request/grant):总线请求(输入)/总线请求允许(输出)信号,双向,低电平有效。$\overline{RQ}/\overline{GT_1}$和$\overline{RQ}/\overline{GT_0}$这两个控制信号,可以分别代表 CPU 以外的两个外部处理器,向 CPU 发送总线请求信号和接收 CPU 对总线请求信号的回答。$\overline{RQ}/\overline{GT_1}$和$\overline{RQ}/\overline{GT_0}$都是双向的,当外部处理器有总线请求时,通过$\overline{RQ}/\overline{GT}$向 CPU 发送一个负脉冲信号;如果 CPU 接收请求并允许,则在同一根$\overline{RQ}/\overline{GT}$线上发送一个负脉冲信号作为回答;外部处理器总线占用结束以后,再发一个负脉冲信号表示结束,CPU 可重新占用总线。在两根$\overline{RQ}/\overline{GT}$信号线中,$\overline{RQ}/\overline{GT_1}$的优先级比$\overline{RQ}/\overline{GT_0}$高。

2.4 8086/8088 CPU 的存储器组织

2.4.1 内存管理技术

1. 内存的分段管理技术

8086/8088 内部寄存器都只有 16 位,即内部的寄存器只能存放 16 位的二进制码,如果用二进制码表示地址,就只能产生 2^{16}=64K 个地址,即最多能够管理 64K 个内存单元。

内存容量的大小直接影响着计算机的性能。为了提高系统的执行速度,希望尽可能地提高管理内存的能力。8086/8088 有 20 条地址线,可寻址的最大物理内存容量为 2^{20} B(即 1 MB),通过 8086/8088 内部寄存器是无法直接访问 1 MB 内存单元的。

为了提高管理内存的能力,8086/8088 对内存采用了分段管理的方法,将内存地址空间分为多个逻辑段,每个逻辑段最大为 64K 个单元,为每个段设置段地址(也称段基地址、段基地),以区分不同的逻辑段,段内每个单元距离段首的地址称为偏移地址,段地址和偏移地址的长度均为 16 位,用段基地址和段内偏移地址来生成存储器的物理地址。

所以,8086/8088 系统中,每个内存单元的地址都分为两部分,即段地址和偏移地址,CPU 内部有专门存放段地址的段寄存器和存放偏移地址的地址寄存器,将这两类寄存器的内容送入地址加法器合成,就能得到指向某一具体单元的 20 位的物理地址。

2. 物理地址和逻辑地址

8086/8088 有 20 条地址线,可寻址的最大物理内存容量为 1 MB,其中任何一个内存单元都有一个 20 位的地址，称为内存单元的物理地址，地址范围为 00000H～FFFFFH。访问内存单元在多数情况下是通过 16 位的内部寄存器间接寻址，即采用分段管理的方法，将 1 MB 的地址空间分为若干个 64 KB 的段，然后用段基地址和段内偏移地址来访问物理存储器。

段基地址和段内偏移地址又称为逻辑地址。逻辑地址通常写成 xxxxH ：yyyyH 的形式，其中 xxxxH 表示段基地址，yyyyH 表示段内偏移地址（也称为相对地址）。

20 位的物理地址与逻辑地址的关系为

$$物理地址=段基地址\times16+段内偏移地址$$

段基地址×16 相当于段基地址左移 4 位，再加上段内偏移地址，便得到 20 位的物理地址。例如，逻辑地址 3A00H ：125DH 对应的物理地址为：

$$3A00H\times16+125DH=3A000H+125DH=3B25DH$$

例如，逻辑段的起始地址为 1B590H，该段的一个存储单元地址为 1EA00H，则该单元的段地址为 1B59H，偏移地址为 1EA00H－1B590H ＝3470H。

3. 段寄存器的使用

8086/8088 CPU 中有 4 个段寄存器。段寄存器的设立不仅使存储空间扩大到 1 MB，而且为信息按照特征分段存储带来了方便。在存储器中，信息按照特征分为程序代码、数据、堆栈等，相应地，存储器可以划分为：程序段，用来存放程序的指令代码；数据段及附加数据段，用来存放数据和运算结果；堆栈段，用来传递参数、保存数据和状态信息。有时一种类型的段可能不止一个，通过修改段寄存器的内容就可以将这些段设置在存储器的任何位置上，这些段与段之间可以重合、重叠、紧密连接或间隔分开。

8086/8088 CPU 对访问不同内存段所使用的段寄存器及相应的偏移地址有一些规定，如表 2-6 所示。

表 2-6　8086/8088 对段寄存器和段内偏移地址的规定

序号	内存访问类型	默认段寄存器	可重设的段寄存器	段内偏移地址
1	取指令	CS	无	IP
2	堆栈操作	SS	无	SP
3	串操作类指令的源串	DS	ES，SS	SI
4	串操作类指令的目标串	ES	无	DI
5	BP 用作基址寻址	SS	ES，DS	按寻址方式计算得到
6	一般数据存取	DS	ES，SS	按寻址方式计算得到

由表 2-6 可以看出，访问存储器时，段地址可以由默认的段寄存器提供，还可以由重设的段寄存器提供。实际程序设计时，一般情况下都用默认的段寄存器来寻址内存。其中，1，2，4 这三种类型的内存访问只能用默认的段寄存器，即取指令必须用 CS，堆栈操作必须用 SS，串操作类指令的目标串必须用 ES；而 3，5，6 这三种类型的访问存储器操作中，既可以用默认的段寄存器，也可以在指令中指定使用另外的段寄存器。这样可以灵活地访问不同的内存段。

前四种类型的内存操作的段内偏移地址只能用固定的偏移地址，即取指令时用 IP，堆栈操作时用 SP，串操作时分别用 SI 和 DI。后两种类型的段内偏移地址根据不同的寻址方式计算得到。

2.4.2 堆栈段

堆栈(stack)是内存中开辟的一块特殊数据区，用来存放需要暂时保存的数据，常用来存储调用子程序时的入口信息或执行中断时的断口信息。堆栈的一端是固定的，另一端是浮动的，信息的存放在浮动的一端进行。堆栈中的内容按照“先入后出”或“后入先出”原则进行操作。

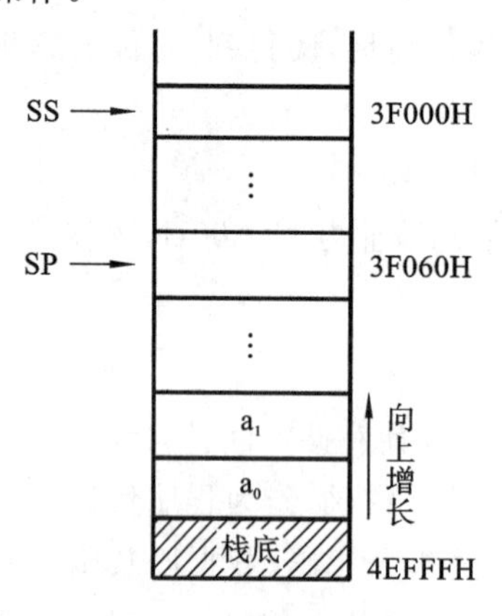

图 2-5　堆栈和栈指针

8086/8088 系统中的堆栈是用段定义语句在存储器中定义的一个逻辑段。和其他逻辑段一样，它可在 1 MB 的存储空间中浮动，容量可达到 64 KB。这是一个向下生长(即向低地址方向生长)的堆栈，由堆栈段寄存器 SS 给定堆栈段的段基值，由堆栈指针 SP 给定当前栈顶；当堆栈置空时，SP 指向堆栈栈底。

若已知当前(SS)＝3F00H，(SP)＝0060H，那么堆栈在存储器中的分布情况如图 2-5 所示。

为了加快堆栈操作的速度，堆栈以字为单位进行操作，并且堆栈中的数据项必须按对准字存储(低字节在偶地址，高字节在奇地址)，以保证每访问一次堆栈，能压入/弹出一个字信息。对堆栈的操作主要是入栈操作(PUSH)和出栈(又称弹出)操作(POP)。

进行入栈操作时，总是先修改指针(SP－2→SP)，后将信息入栈；进行弹出操作时，总是先将信息弹出，后修改指针(SP＋2→SP)。

2.5 8086/8088 CPU 的工作时序

工作时序表征系统中各总线信号(即地址、数据和控制信号)产生的先后次序。时序通常包括时钟周期、总线周期和指令周期。一条指令的执行需要经过若干个总线周期才能完成，而一个总线周期又包括若干个时钟周期。

微处理器在运行过程中是按照统一的时钟一步步执行每一个操作的，每个时钟脉冲的持续时间称为一个时钟周期。时钟周期是 CPU 的基本时间计量单位，由微处理器的主频决定。比如，8088 CPU 的主频为 5 MHz 时，1 个时钟周期就是 200 ns。时钟周期越短，CPU 的执行速度就越快。

CPU 通过总线对存储单元或 I/O 端口进行一次读或写的操作过程称为总线周期。一个总线周期由若干个时钟周期 T 组成。在 8086/8088 CPU 中，一个基本的总线周期由 4 个时钟周期组成。习惯上将 4 个时钟周期称为 4 个状态，即 T_1，T_2，T_3 和 T_4 状态。当存储器和外设速度较慢时，要在 T_3 和 T_4 状态之间插入 1 个或几个等待状态 T_W，所以一个总线周期至少包括 4 个时钟周期。

执行一条指令所需要的时间称为指令周期。不同指令的指令周期是不同的，因为指令的字节数是不同的，有一个字节的、二个或三个字节的，甚至四个字节的，执行指令时访问存储单元或 I/O 端口的次数也就不同，执行这些指令的时间也就不相同了，所以一条指令周期由若干个总线周期组成。

下面介绍 8088 CPU 在最小工作模式下的读总线周期和写总线周期。

1. 读总线周期

图 2-6 所示是 8088 CPU 在最小工作模式下的读总线周期时序图，表示了 CPU 从存储器或 I/O 端口读取数据的过程。

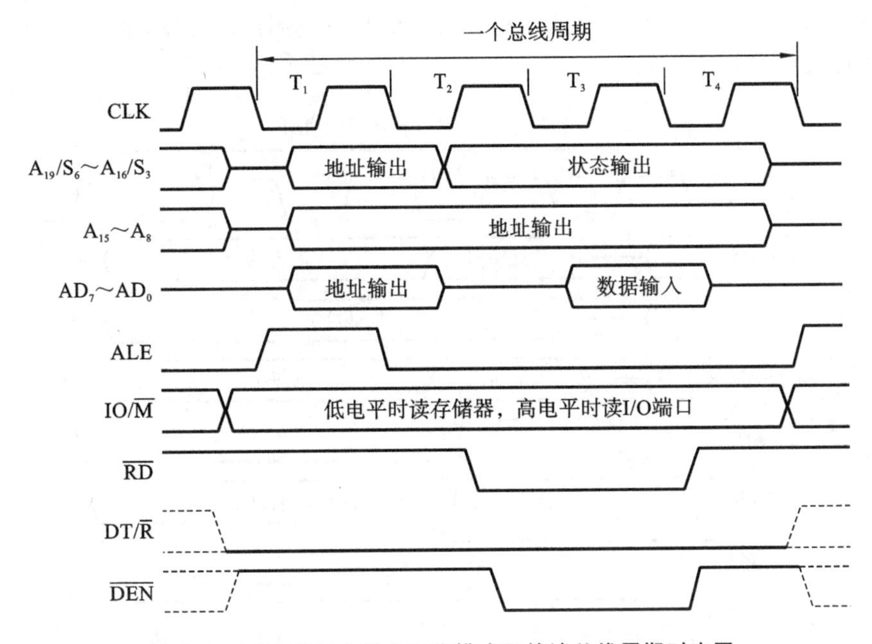

图 2-6 8088 CPU 在最小工作模式下的读总线周期时序图

在 T_1 状态，首先用 IO/$\overline{M}$信号指出 CPU 是要从内存读数据还是从 I/O 端口读数据，所以 IO/$\overline{M}$信号在 T_1 状态有效。IO/$\overline{M}$信号的有效电平一直保持到整个总线周期的结束即 T_4 状态。8088 的 20 位地址信号通过 A_{15}～A_8、地址/状态复用信号线 A_{19}/S_6～A_{16}/S_3 和地址/数据复用信号线 AD_7～AD_0 送出，送到存储器或 I/O 端口，同时地址信息必须被锁存，CPU 在 T_1 状态从 ALE 引脚上输出一个正脉冲信号作为地址锁存信号，在 ALE 的下降沿到来之前，IO/$\overline{M}$信号、地址信号均已有效，锁存器正是用 ALE 的下降沿对地址信号进行锁存的。此外，当系统中接有数据总线收发器时，为了控制数据传送方向，在 T_1 状态，DT/$\overline{R}$引脚输出低电平，表示此总线周期为读周期，即让数据总线收发器接收数据。

在 T_2 状态，地址信号消失，AD_7～AD_0 进入高阻状态，为读入数据做准备；而 A_{19}/S_6～A_{16}/S_3 输出状态信息 S_6～S_3。$\overline{DEN}$信号变为低电平，从而在系统中有数据总线收发器时，获得数据允许信号。$\overline{DEN}$的低电平一直维持到 T_4 状态中期结束。$\overline{RD}$引脚上输出低电平，变为有效，送到系统中所有存储器和 I/O 端口芯片，但是，只有被地址信号选中的存储单元或 I/O 端口，才会被从中读出数据。

在 T_3 状态，内存单元或者 I/O 端口将数据送到数据总线上。

当系统中所用的存储器或外设的速度较慢，使得在 4 个时钟周期里不能完成读操作时，系统中就要用一个电路来产生低电平的 READY 信号。低电平的 READY 信号必须在 T_3

状态启动之前向 CPU 发出，在每个总线周期的 T_3 状态开始处，CPU 对引脚 READY 进行采样，如果 READY 信号为低电平，则 CPU 将会在 T_3 状态和 T_4 状态之间插入一个等待状态 T_W，在 T_W 的开始时刻，CPU 还要检查 READY 的状态，若仍为低电平，则再插入一个 T_W，直到采样到 READY 信号变高电平时，在当前 T_W 执行完后，就进入 T_4 状态。

在 T_4 状态，在 $\overline{RD}$ 上升沿时刻，CPU 读入总线上的数据，完成对存储器或者 I/O 端口数据的读操作，总线读操作结束，各相关控制和状态信号等变为无效。

2. 写总线周期

图 2-7 所示是 8088 CPU 在最小工作模式下的写总线周期时序图，表示了 CPU 向存储器或 I/O 端口写入数据的过程。

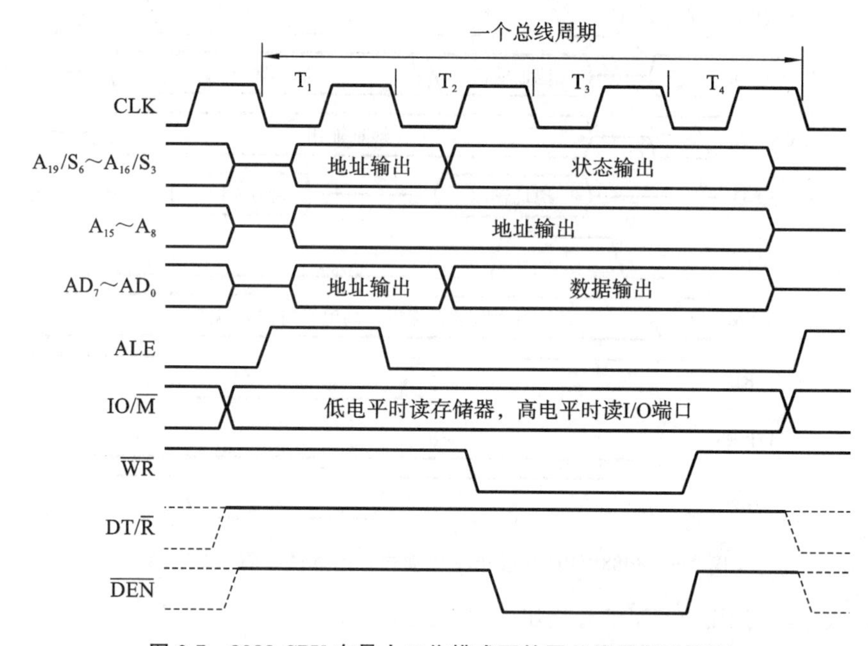

图 2-7　8088 CPU 在最小工作模式下的写总线周期时序图

写总线周期与读总线周期时序基本相同，不同之处有：对存储器或 I/O 端口操作的选通信号不同，总线读操作中选通信号是 $\overline{RD}$，而总线写操作中选通信号是 $\overline{WR}$。在 T_1 状态，总线读操作中 DT/$\overline{R}$ 引脚输出低电平，总线写操作中 DT/$\overline{R}$ 引脚输出高电平；在 T_2 状态，AD_7～AD_0 上地址信号消失后，AD_7～AD_0 的状态不同，总线读操作中 AD_7～AD_0 进入高阻状态，并在随后的状态中为输入方向，准备接收数据，而在总线写操作中 CPU 立即通过 AD_7～AD_0 发出要向存储单元或外设端口写的数据，即从 T_2 状态就把数据送到总线上并一直保持到 T_4 状态中间，在 T_4 状态，$\overline{WR}$ 上升沿完成对存储器或外设端口数据的写入。

2.6 其他处理器

随着微型计算机的广泛应用和普及，对微型计算机的性能提出了越来越高的要求。客观上，大规模集成电路技术的迅速发展，使得微处理器及有关外围芯片的集成度不断提高、功能越来越强，微型计算机系统从 8 位机、16 位机推进到 32 位机、64 位机。特别是 20 世纪 80 年代后期，由于超大规模集成电路的集成度不断提高、设计手段日益完善，加上体系结构设计概念的革新，新一代微处理器在各方面取得了巨大进展，就其运行速度而言，已可与大型计算机相比，由 32 位微处理器构成的微型计算机在实时控制、事务管理、工程计算、数据处理、人工智能以及计算机辅助设计、辅助制造等方面都得到了广泛应用。

◆ 2.6.1 80286 CPU 的结构与性能特点

80286 是英特尔公司于 1982 年推出的一种高性能的 16 位微处理器。它采用 68 引脚的 4 列双插式封装，芯片上集成有 13.5 万个晶体管，时钟频率为 8～10 MHz。

80286 微处理器有 16 位数据线、24 位地址线，支持多种数据类型，有很强的数值运算能力，指令丰富，性能优良。在 80286 内部，集成有存储器管理和存储器保护机构，因此 80286 能以实地址方式和保护虚地址方式两种不同的方式工作。实地址方式的工作与 8086 基本相同。在保护虚地址方式下，通过应用存储管理方法，可使系统获得 1000 MB 的虚拟存储空间，并可以将此虚拟空间映象到 16 MB 的物理存储器上。80286 具有保护功能，可以对存储器的段边界、属性及访问权等自动进行检查，通过四级保护环结构支持任务与任务之间以及用户与操作系统之间的保护，也支持任务中程序和数据的保密，从而确保在系统中建立高可靠性的系统软件。80286 还具有高效的任务转换功能，可以适应多用户、多任务的需要。

80286 对 8086 等微处理器是向上兼容的。在实地址方式下，80286 的目标代码与 8086 软件兼容；在保护虚地址方式下，8086 的软件源代码可以使用 80286 存储器管理和存储器保护机构支持的虚地址。80286 也可配置协处理器，以优化数值计算的能力与速度，它所支持的数值协处理器 80287 也对数值协处理器 8087 向上兼容。

◆ 2.6.2 80386 CPU 的结构及性能特点

80386 是英特尔公司于 1985 年推出的高性能的 32 位微处理器产品。该芯片采用先进的高速 CHMOS-III 工艺，不仅具有 HMOS 高性能的特点，而且具有 CMOS 低功耗的特点。该芯片内部集成有 27.5 万个晶体管，采用 132 脚的陶瓷网格阵列封装，具有高可靠性和紧密性。

80386 CPU 提供 32 位的指令，支持 8 位、16 位、32 位的数据类型，具有 8 个通用的 32 位寄存器，时钟频率为 12.5～33 MHz，具有片内地址转换的高速缓冲寄存器(cache，简称高速缓存)。

80386 提供 32 位外部总线接口，最大数据传输速率为 32 Mbit/s；具有片内集成的存储器管理部件 MMU，可支持虚拟存储和特权保护，保护机构采用 4 级特权层，可选择片内分页单元。

80386 具有实地址方式、保护地址方式和虚拟 8086 方式三种工作方式。实地址方式和虚拟 8086 方式与 8086 相同，保护地址方式可支持虚拟存储、保护和多任务。80386 可直接寻址 4 GB 的物理存储空间，同时具有虚拟存储的能力，虚拟存储空间达 64 TB；存储器采用分段结构，一个段最大可为 4 GB。

◆ 2.6.3 80486 CPU 的结构及性能特点

80486 是英特尔公司于 1989 年 4 月推出的又一款高性能的 32 位微处理器产品。它采用 1 μm CHMOS 工艺，芯片内集成了 120 万个晶体管，时钟频率为 25～50 MHz，寄存器仍为32位,数据总线和地址总线均为32位。

从总的情况看,80486有以下特点。

(1)80486在英特尔公司微处理器历史上首次采用了RISC技术,有效地优化了微处理器的性能。采用RISC技术并不意味着80486与80386等微处理器不兼容,实际上80486的指令并没有精简,强调的只是RISC技术。采用RISC技术的目的是使80486达到一个时钟周期执行一条指令的速度。事实上,80486能达到平均一个时钟周期执行1.2条指令的速度。

(2)80486采用了突发总线同外部RAM进行高速数据交换。通常微处理器与RAM进行数据交换时,取一个地址,交换一个数据。采用突发总线后,每取得一个地址,便使这个地址及以后地址中的数据一起参与,从而大大加快了微处理器与RAM间的数据传送。这种技术尤其适用于图形显示和网络应用。因为在这两种情况下,所涉及的地址空间一般都是连续的。

(3)80486微处理器中配置了8 KB字节的高速缓存。高速缓存采用4路相连的实现方案,具有较高的命中率。高速缓存由指令和数据共用,若在高速缓存中找不到所需数据,可访问外部的存储器,一次可从外部调入16字节的指令或数据。

(4)80486微处理器内部还设置了一个数值运算协处理器,这就使得80486不再需要片外80387的支持而直接具有浮点数据处理能力。这个协处理器以极高的速度进行浮点数运算,且与80387兼容。

2.6.4 Pentium系列CPU的结构及性能特点

1993年3月,英特尔公司推出Pentium微处理器,即"奔腾"芯片。随着Pentium微处理器的出现,微处理器的发展又进入了一个新阶段。此后,英特尔公司又推出了Pentium Ⅱ、Pentium Ⅲ和Pentium Ⅳ等系列的产品。

1. Pentium微处理器

Pentium微处理器采用亚微米级的CMOS,实现了0.8 μm技术,一方面使器件的尺寸进一步减小,另一方面使芯片上集成的晶体管数达到310万个。在体系结构上,Pentium微处理器采用了许多过去在大型计算机中才采用的技术,迎合了高性能微型计算机系统的需要。Pentium微处理器的体系结构如图2-8所示。

Pentium微处理器采用的先进技术主要体现在超标量流水线设计、双高速缓存、分支预测、改善浮点运算等方面。超标量流水线设计是Pentium微处理器的核心。超标量流水线由U和V两条指令流水线构成,每一条流水线都拥有自己的ALU、地址生成电路和与数据cache的接口。这种流水线结构允许Pentium微处理器在单个时钟周期内执行两条整数指令,即实现指令并行运行,且V流水线总是接收U流水线的下一条指令。

Pentium微处理器采用双cache结构,每个cache为8 KB,数据宽度为32位。两个cache中,一个作为指令cache,另一个作为数据cache。数据cache有两个接口,分别通向U和V两条流水线,以便能在同一时刻与两个独立工作的流水线进行数据交换。双高速缓存的使用,大大节省了Pentium微处理器的时间。

Pentium微处理器中还设置有分支目标缓冲器BTB。它实际上是一个较小的高速缓存,用于动态地预测程序分支。当一条指令导致程序分支时,BTB会记住这条指令和分支目标的地址,并用这些信息预测这条指令再次产生分支时的路径,预先从此预取,保证流水线

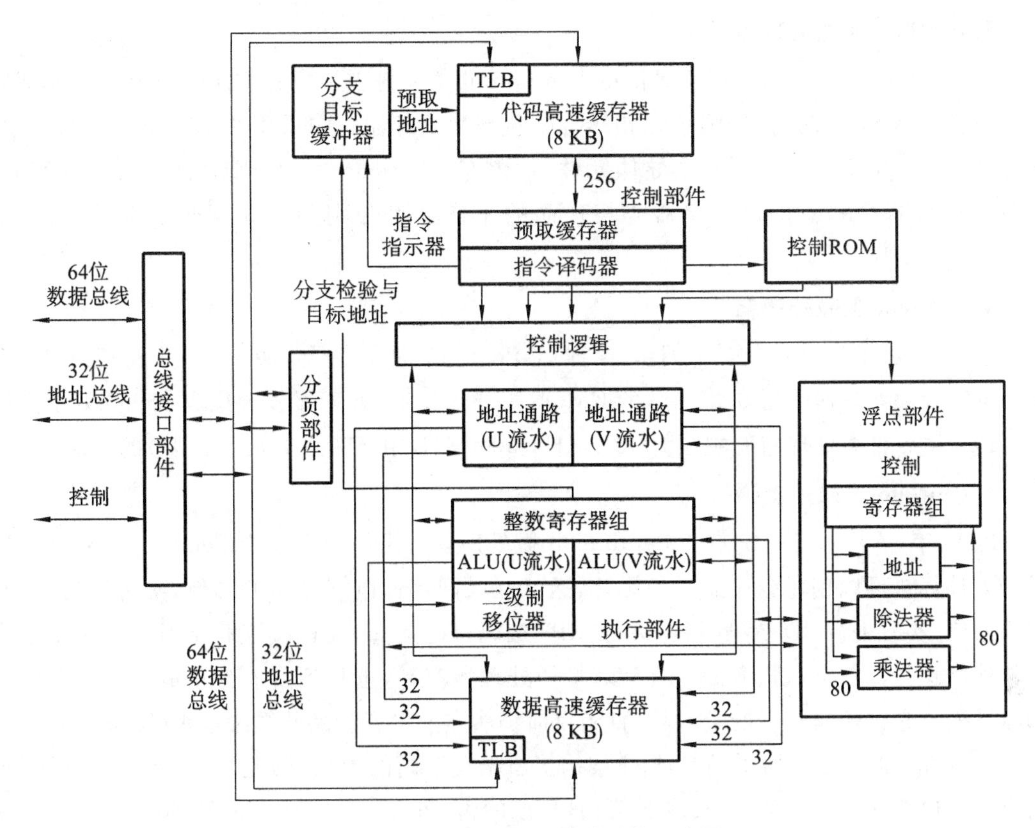

图 2-8 Pentium 微处理器的结构示意图

的指令预取步骤不会空置。当 BTB 判断正确时,分支程序即刻得到解码。

为了加强浮点运算能力,Pentium 微处理器中的浮点运算部件在 80486 的基础上彻底进行了改进,它的执行过程分为 8 级流水线,使每个时钟周期至少能完成一个浮点操作。浮点运算部件对一些指令采用了新的算法,并用电路进行固化,用硬件实现,使得运算速度大为提高。

2. Pentium Pro 微处理器

英特尔公司于 1995 年底推出了 Pentium Pro 微处理器。Pentium Pro 微处理器比普通 Pentium 微处理器多 8 条指令,与 X86 微处理器系列完全向下兼容。Pentium Pro 微处理器具有 64 位数据线、36 位地址线。197 mm^2 的芯片上集成了 550 万个晶体管。Pentium Pro 微处理器主要有三大特点,即实现了动态执行技术、片内集成了 L2 cache、支持多处理器系统。

①Pentium Pro 微处理器采用了 RISC 技术,超标量与流水线相结合的核心结构实现了动态执行技术。Pentium Pro 微处理器每个时钟周期可执行 3 条指令,可推测执行 30 条指令,特别适合用于多线程的 32 位程序运行。

②Pentium Pro 微处理器使用的是一种 387 管脚网格阵列(PGA)的陶瓷封装技术,片内除 CPU 外,集成了 L2 cache(为 256 KB 或 512 KB)。这个 L2 cache 能以微处理器的工作时钟高速运行。

③Pentium Pro 微处理器支持不加附加逻辑的对称多处理,即不需要额外的逻辑电路就可支持多达 4 个 CPU。这一结构对服务器、工作站实现多处理器系统特别有利。

3. Pentium Ⅱ微处理器

1997年5月，英特尔公司正式推出Pentium Ⅱ微处理器。它是Pentium Pro微处理器的先进性与MMX多媒体增强技术相结合的新型微处理器。它采用0.35 μm的CMOS半导体技术，片内集成750万个半导体元件，片内有L1 cache（为32 KB）、L2 cache（为512 KB）。前期Pentium Ⅱ微处理器4档产品的工作频率分别为233 MHz、266 MHz、300 MHz、333 MHz。

4. Pentium Ⅲ微处理器

英特尔公司于1999年1月正式推出Pentium Ⅲ处理器，并于2月底正式上市。Pentium Ⅲ微处理器采用0.25 μm的CMOS半导体技术，处理器核心集成有950万个晶体管。Pentium Ⅲ微处理器有主频为450 MHz、500 MHz和550 MHz三种型号的产品。

5. Pentium Ⅳ微处理器

2000年，英特尔公司发布了Pentium Ⅳ微处理器。用户使用基于Pentium Ⅳ微处理器的个人计算机可以创建专业品质的影片，透过互联网传递电视品质的影像，实时进行语音、影像通信，实时进行3D渲染，快速进行MP3编码译码运算，在连接互联网时运行多个多媒体软件。这是目前空前强大的个人计算机微处理器产品，也是到目前为止最大的一个微处理器系列。它包括非常多的子产品，直到目前仍然在推出新产品并继续销售。

Pentium Ⅳ微处理器采用Socket架构。由于有不同的内核，因此在Pentium Ⅳ微处理器家族中也存在多种不同的Socket架构，早期的为Socket 423，现在都是Socket 478（外观上主要体现为针脚数不同）。Pentium Ⅳ微处理器集成了4200万个晶体管，改进版的Pentium Ⅳ微处理器（Northwood）更是集成了5500万个晶体管，并且开始采用0.18 μm进行制造，初始速度就达到了1.5 GHz。Pentium Ⅳ微处理器还引入了NetBurst新结构，以下是NetBurst结构带来的好处。

①较快的系统总线（faster system bus，FSB），最开始是400 MHz，后来有533 MHz，目前最新的为800 MHz。

②高级传输缓存（advanced transfer cache）。

③高级动态执行（advanced dynamic execution），包含执行追踪缓存（execution trace cache）和高级分支预测（enhanced branch prediction）。

④超长管道处理技术（hyper pipelined technology）。

⑤快速执行引擎（rapid execution engine）。

⑥高级浮点以及多媒体指令集（SSE2）等。

2.6.5 Intel双核技术处理器

2005年，英特尔公司推出了使用双核技术的Pentium处理器极品版840 IA-32处理器。这是在IA-32结构中引入双核技术的第一个处理器。此处理器用双核技术与超线程技术一起提供硬件多线程支持。双核技术是提升IA-32结构中硬件多线程能力的另一种技术。双核技术应用在单个物理包中，由两个执行核心提供硬件多线程能力。因此，Intel Pentium处理器极品版在一个物理包中提供四个逻辑处理器（每个处理器核有两个逻辑处理器）。

Intel Pentium D处理器也以双核技术为特色。此处理器用双核技术提供硬件多线程支持，但它不提供超线程技术。因此，Intel Pentium D 处理器在一个物理包中提供两个逻辑处理器，每个逻辑处理器拥有处理器核的执行资源，如图 2-9 所示。

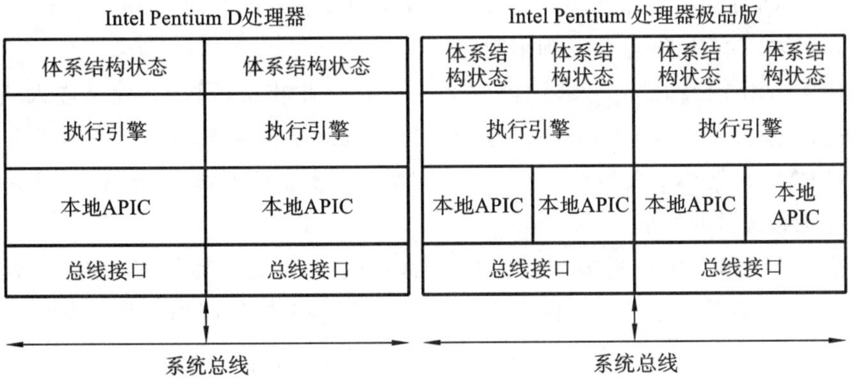

Intel Pentium D处理器

体系结构状态	体系结构状态
执行引擎	执行引擎
本地APIC	本地APIC
总线接口	总线接口

系统总线

Intel Pentium 处理器极品版

体系结构状态	体系结构状态	体系结构状态	体系结构状态
执行引擎		执行引擎	
本地APIC	本地APIC	本地APIC	本地APIC
总线接口		总线接口	

系统总线

图 2-9 支持双线的 Intel 处理器

Intel Pentium 处理器极品版中引入了英特尔公司扩展的存储器技术(Intel EM64T)，对软件增加线性地址空间至 64 位并且支持物理地址空间至 40 位。此技术也引进了称为 IA-32e 模式的新的操作模式。

IA-32e 模式可以在两种子模式上操作：其一是兼容模式，允许 64 位操作系统不修改地运行大多数 32 位软件；其二是 64 位模式，允许 64 位操作系统运行应用程序访问 64 位地址空间。

◆ 2.6.6 AMD 双核心处理器

AMD 目前的桌面平台双核心处理器代号为 Toledo 和 Manchester，基本上可以简单看作是把两个 Athlon 64 所采用的 Venice 核心整合在同一个处理器内部，每个核心都拥有独立的 512 KB 或 1 MB 二级缓存，两个核心共享 Hyper Transport，并且内建了支持双通道设置的 DDR 内存控制器。

从架构上来说，虽然 Athlon 64 处理器内部整合了内存控制器，而且在当初设计 Athlon 64 时就为双核心做了考虑，但是仍需要仲裁器来保证其缓存数据的一致性。AMD 为此采用了 SRQ(system request queue，系统请求队列)技术，在工作的时候每一个核心都将其请求放在 SRQ 中，在获得资源之后请求将会被送往相应的执行核心，所以 AMD 双核心处理器缓存数据的一致性不需要通过北桥芯片，直接在处理器内部就可以得到保证。与 Intel 双核心处理器相比，AMD 双核心处理器的优点是缓存数据延迟得以大大降低。

AMD 目前的桌面平台双核心处理器是 Athlon 62 X2，其型号按照 PR 值分为 3800+至 4800+等几种，同样采用 0.09 μm 制程、Socket 939 接口，支持 1 GHz 的 Hyper Transport，支持双通道 DDR 内存技术。由于 AMD 双核心处理器的仲裁器在 CPU 内部而不在北桥芯片上，因此 AMD 双核心处理器在主板芯片组的选择上要比 Intel 双核心处理器宽松得多，甚至可以说与主板芯片组无关。理论上来说，任何 Socket 939 接口的主板通过更新 BIOS 都可以支持 Athlon 64 X2。

◆ 2.6.7 我国 CPU 产业生态

在我国 CPU 的发展历程中，国内企业几乎探索过所有指令集，基于不同的 CPU 架构，目前主要发展形成了四大阵营。

一是基于 X86 架构的阵营，主要包括上海兆芯、天津海光等公司，通过技术授权、建立合资公司等方式，分别与威盛和 AMD 合作开发桌面和服务器芯片。2019 年 6 月，天津海光被美国列入实体清单，后续业务受到限制。

二是基于 ARM 架构的阵营。国内有 200 多家企业获得授权，开发了嵌入式 CPU 芯片，其中华为海思麒麟系列产品在移动领域已经与国际主流水平同步。华为和飞腾获得最高水平的 ARM-v8 架构永久授权，在高性能计算和服务器领域推出鲲鹏、飞腾等产品。华为被美国打压后鲲鹏的发展受到影响。

三是基于 MIPS、Alpha 等发展的自主阵营。龙芯和申威获得发展自主指令集的永久授权，但这两大指令集基本已经退出国际主流应用，我国企业成为应用产品研发和全球生态构建的单一力量，产品主要应用于党政办公、超算等领域。

四是基于 RISC-V 架构的阵营。国内已有超过 40 家企业加入 RISC-V 国际基金会，其中白金会员中中国企业占一半以上，阿里平头哥、华米科技等成为 RISC-V 生态的重要力量。

我国 CPU 产品在各领域已经实现布局应用。在超算领域，申威芯片在架构设计上达到国际领先水平，已稳定应用于“神威·太湖之光”超级计算机。在服务器和桌面领域，我国初步建立了包括 CPU、操作系统、数据库、办公软件等在内的国产生态，实现了“从不可用到基本可用”的突破，在党政办公等行业领域形成了一定的系统替代能力。在嵌入式领域，移动处理器从跟随到逐渐引领国际先进水平，有力支撑我国移动通信终端迈向中高端；自主嵌入式 CPU 芯片也保障了视频监控、数字电视、卫星导航、工业控制等多种行业的应用需求。

习题

1. 试述 8086 CPU 的结构及各部分的作用。

2. 何谓总线周期？8086/8088 的基本总线周期由几个时钟周期组成？若 CPU 的主时钟频率为 10 MHz，则一个时钟周期为多少？一个基本总线周期为多少？

3. 什么叫指令队列？长度为多少？8086/8088 CPU 指令队列的作用是什么？

4. 试说明指令周期、总线周期、时钟周期三者的关系。

5. 何谓堆栈和堆栈指针？有何作用与特点？

6. 简述物理地址和逻辑地址的特点与区别。

7. 什么是段基值和偏移量？它们之间有何联系？

8. 8086 CPU 使用的存储器为什么要分段？如何分段？

9. 复位信号 RESET 到来后，8086/8088 CPU 的内部状态有何特征？系统从何处开始执行指令？

10. 8086/8088 的最大工作模式系统配置与最小工作模式系统配置在结构上有何区别？总线控制器 8288 的作用是什么？

11. 已知两个 16 位数据 3E50H 和 2F80H 存放在数据段中，偏移地址分别为 6501H 和 5410H，当前 DS=2340H，画图说明这两个字数据在内存的存放情况。若要读出这两个字数据，需要对存储器进行几次读操作？

12. 设当前 SS=B000H，SP=1000H，AX=3355H，BX=1122H，CX=7788H，则当前栈顶的物理地址是多少？连续执行 PUSH AX，PUSH BX，POP CX 三条指令后，堆栈内容发生什么变化？AX，BX，CX 中的内容是什么？用图示说明。

第3章 8086指令系统

3.1 指令系统介绍

指令就是用二进制形式表达的微处理器能够执行的基本操作，是组成程序的基本单位。指令系统是微处理器(CPU)能执行的全部指令的集合，不同的微处理器有不同的指令系统，指令系统决定着CPU的技术性能。

同种指令集架构，可以通过使用不同的微架构来设计不同性能的处理器。不同性能的处理器制造的成本、性能可能会有差异。软件可以直接运行在同种指令集架构的不同处理器上，而不需要做任何修改；而不同指令集架构的处理器上的软件就难以实现直接相互共用。

随着信息技术的发展，在这几十年间，世界上诞生了许多指令集架构，也消亡了很多指令集架构。现在保留的比较知名的指令集架构有X86指令集架构和ARM指令集架构。

1978年，英特尔公司推出了第一款使用X86指令集架构的处理器——8086。英特尔公司的X86指令集架构拥有完整的生态环境，并经过几十年的发展，且具有向后兼容性，市场竞争力十分强大。IMB公司也选用X86指令集架构，并和英特尔公司一起维护X86指令集架构的生态环境，这使得X86指令集架构的竞争力变得更强。英特尔公司和IMB公司发展势头强劲，几乎垄断了个人计算机软硬件领域，并因此获得了巨大的利润。由于具有先发优势，占据市场，还具有向后兼容性，X86指令集架构现今还是主流的架构。

相对于英特尔公司的X86指令集架构，ARM指令集架构是一种精简指令集架构。它具有32位固定长度的指令。1978年，一家CPU设计公司在英国剑桥诞生。之后，该公司设计并提出了ARM(acorn RISC machine)指令集架构。如今，ARM指令集架构的处理器因为具有成本低、执行效率高等特点，在许多嵌入式系统中得到广泛使用。ARM指令集架构的处理器采用精简指令集架构，通常一个周期执行一条指令，并使用流水线操作来提高执行效率。它使用大量寄存器，使用寄存器进行操作，以及加载和存储指令，以批量读取和写入内存中的数据，从而提高了数据传输的效率。另外，ARM 指令集架构的盈利方式也与 X86 指令集架构不同：所属公司不仅仅直接生产处理器芯片，而且还向其他 CPU 设计制造商提供知识产权(IP)，并通过收取专利许可费来获取利润。如今，ARM 指令集架构的处理器占领了 32 位嵌入式处理器的大部分市场，成为世界上使用最广泛的 32 位处理器体系结构。来自世界各地的数十家著名的半导体公司都在使用 ARM 指令集架构的授权。它们通过自己的外围电路设计开发的 ARM 指令集架构的处理器可用于许多领域。

3.2 8086 微处理器的数据类型和指令格式

8086/8088 指令系统与 8085 指令系统是向上兼容的，因此 8086/8088 可以实现 8085 中全部指令的功能。8086/8088 采用可变字节的指令格式，能处理 8 位或 16 位数据，包含多种寻址方式。另外，8086/8088 指令系统中还增加了软件中断指令和串操作类指令，为构成多处理机系统奠定了基础。

3.2.1 数据类型

80X86 处理器的基本数据类型是字节、字、双字。1 个字节是 8 位，1 个字是 2 个字节(16 位)，双字是 4 个字节(32 位)。

1. 字、双字

字、双字在内存中并不需要对齐至自然边界(字、双字的自然边界是偶数编号的地址)。然而，为改进程序的性能，数据结构(特别是堆栈)只要可能，应对齐在自然边界上。这样做的理由是：对于不对齐的存储访问，处理器要做两次存储访问操作；而对于对齐的访问，处理器只需做一次存储访问操作。

2. 数字数据类型

虽然字节、字和双字是 X86 体系结构的基本数据类型，但某些指令可对这些数据类型有附加的解释(如带符号或无符号整数)。X86 体系结构定义了两种类型的整数：无符号整数和符号整数。无符号整数是保存在字节、字、双字中的无符号的二进制数。它们的值的范围：对于字节，是 0～255；对于字，是 0～65 535；对于双字，是 0～232－1。无符号整数有时作为原始数引用。符号整数是保存在字节、字、双字中的带符号的二进制数。符号位定位在操作数的最高位。负数的符号位为 1，正数的符号位为 0。整数值的范围：对于字节，是－128～＋127；对于字，是－32 768～＋32 767；对于双字，是$-2^{31}\sim+2^{31}-1$。当在内存中存储整数值时，字整数存放在两个连续字节中，双字整数存放在四个连续字节中。

某些整数指令，例如 ADD，SUB，PADDB 和 PSUBB 指令，可在无符号或符号整数上操作；而一些整数指令，例如 IMUL，MUL，IDIV，DIV，FIADD 和 FISUB，只能在一种整数类型上操作。

3. 指针数据类型

指针是内存单元的地址。X86 体系结构定义了两种类型的指针：近(Near)指针(16 位)

和远(Far)指针(32 位)。Near 指针是段内的 16 位偏移量(也称为有效地址)。Near 指针在分段存储模式中用于同一段内的存储器引用。Far 指针是一个 32 位的逻辑地址,包含 16 位段选择子和 16 位的偏移量。Far 指针用于在分段存储模式中的跨段存储器引用。

4. 串数据类型

串是位、字节、字或双字的连续序列。

3.2.2 指令格式

指令的一般格式如图 3-1 所示。

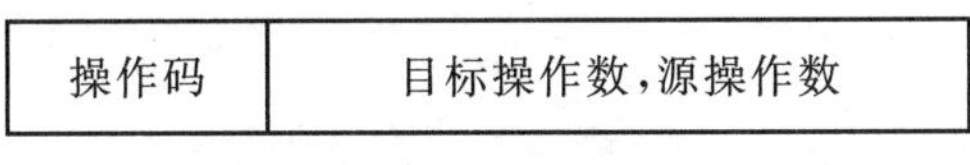

操作码	目标操作数,源操作数

图 3-1 指令格式

由图 3-1 可知,指令一般由操作码和操作数两部分构成。操作码表明指令要完成的操作,通常用助记符来表示。所谓助记符,是指一类具有不同功能的指令操作码的保留名。操作数是指令执行的对象,可显现给出,也可隐含存在。图 3-1 中包含两个操作数,一个为目标操作数,一个为源操作数。

8086/8088 的指令长度在 1~7 个字节之间,其中操作码占用 1~2 个字节,因此指令的长度主要取决于操作数的个数及其寻址方式。指令根据操作数的个数可分为以下三类:

①零操作数指令。零操作数指令中只有操作码,而操作数是隐含存在的。该类指令的操作对象多为处理器本身。例如“XLAT”查表指令,将数据段中偏移地址为 BX+AL 所指向单元的内容取出送 AL。

②单操作数指令。单操作数指令中包含操作码和一个操作数,另一个操作数隐含存在或者不存在。例如“NOT BL;” 取反指令,将 BL 内容按位取反。

③双操作数指令。双操作数指令中包含两个操作数,操作数中间用逗号分开。例如“MOV AL,12H”,将一个字节类型的立即数 12H 送入寄存器 AL 中。

3.3 寻址方式

寻址方式是指 CPU 指令中规定的获得操作数所在地址的方式。根据 CPU 所寻找的地址是存放操作数还是存放指令的不同,可以将寻址方式分为三种:关于操作数的寻址方式、对程序转移地址的寻址方式、关于 I/O 端口的寻址方式。

3.3.1 关于操作数的寻址方式

8086/8088 指令系统中关于操作数的寻址方式分为 8 类:立即寻址、直接寻址、寄存器寻址、寄存器间接寻址、寄存器相对寻址、基址变址寻址、基址变址相对寻址、隐含寻址。其中,立即寻址对应的是立即数的寻址方式,寄存器寻址对应的是寄存器操作数的寻址方式,其余 6 种除了隐含寻址外对应的是存储器操作数的寻址方式。

1. 立即寻址

立即寻址方式是指源操作数为立即数,操作数直接包含在指令中,紧跟指令操作码存放于内存代码段中,指令执行时立即数随指令一起取出。立即数可以是 8 位或 16 位数据。

【例 3-1】

```
MOV AX, 105AH
```

该指令表示将16位数105AH送入寄存器AX中，其中低8位5AH存入AL中，高8位10H存入AH中。

2. 直接寻址

直接寻址方式是指参加运算的数据存放于内存中，指令中给出的是存放数据的16位偏移地址，该地址与操作码一起存放在代码段中，而实际参加运算的数据默认存放在数据段中。偏移地址在指令中存放在“[ ]”内，默认数据的段基址为数据段DS，允许段重设。

【例 3-2】

```
MOV AX, [105AH];
```

该指令表示将数据段中偏移地址为105AH和105BH的两单元的内容送入寄存器AX中。

假设DS=1000H，则参与运算的数据的物理地址为1000H×16+105AH=1105AH。

要注意直接寻址和立即寻址两种寻址方式的区别。直接寻址中的操作数不是16位偏移地址，而是该地址指向单元的内容；在表现形式上，直接寻址的操作数必须加方括号以示与立即数操作数的区分。在例3-2中，指令的含义不是将105AH送入AX寄存器中，而是将段地址为DS，偏移地址为105AH的内存单元中的内容送入AX中。

在直接寻址方式中，若无特别说明，段寄存器默认为DS。若要使用其他寄存器，则需要在指令中用段重设符号标明。

【例 3-3】

```
MOV AX, ES:[105AH]
```

该指令表示将ES段中偏移地址为105AH的单元的内容送入AX寄存器中。

3. 寄存器寻址

寄存器寻址方式是指实际操作数存放在寄存器中，而指令中出现的是寄存器。通用数据寄存器(8位或者16位)、地址指针、变址寄存器以及段寄存器可以用在寄存器寻址方式中。

在寄存器寻址方式中，操作码存放在代码段中，操作数存放在CPU内部寄存器中，指令执行时不需要访问内存就可以取得操作数，因此指令的执行速度很快。

【例 3-4】

```
MOV CX, AX;
```

该指令表示将寄存器AX的内容送到寄存器CX中，若执行前AX=6521H，CX=3423H，则执行后CX=6521H。

4. 寄存器间接寻址

寄存器间接寻址方式是指操作数存放在存储器中，指令中出现的是16位的间址寄存器(BX,BP,SI,DI)。该寄存器中存放的是操作数的偏移地址，一般情况下操作数的段基地址由默认的段寄存器给出。

寄存器间接寻址可以使用的寄存器有两类：

①以SI,DI或BX作为间址寄存器，此时操作数在数据段，段基地址在默认情况下由DS

决定。

②以BP作为间址寄存器，此时操作数在堆栈段，段基地址在默认情况下由SS决定。

寄存器间接寻址方式无论采用哪个寄存器，都允许段重设，在指令中使用段重设符号即可重设操作数所在的段寄存器。

为了区分寄存器寻址和寄存器间接寻址，寄存器间接寻址指令中的寄存器必须用方括号括起来。

【例3-5】

```
MOV AX, [BX]
```

该指令表示将数据段中BX所指向的单元的一个字取出送入AX中。

若已知DS＝1000H，BX＝2000H，该指令表示将物理地址为1000H×16＋2000H＝12000H的单元的内容送入寄存器AX中，执行后AX＝0023H。

对于例3-5，若操作数在附加段，需要进行段重设，上条指令修改为“MOV AX, ES:[BX]”。

5. 寄存器相对寻址

寄存器相对寻址方式是指操作数存放在存储器中，指令中出现的是间址寄存器和一个8位或者16位的位移量之和，求和的结果作为操作数的偏移地址，段基地址由所使用的间址寄存器决定。当使用SI，DI或BX作为间址寄存器时，默认使用段寄存器DS；当使用BP作间址寄存器时，默认的段寄存器为SS；无论使用哪个间址寄存器，都允许段重设。

【例3-6】

```
MOV AX, DATA[DI]
```

该指令表示将数据段中DI＋DATA所指向的单元的一个字送入AX中。

若已知DS＝1000H，DI＝2000H，DATA＝0001H，该指令表示将物理地址为1000H×16＋2000H＋0001H＝12001H的单元的内容送到寄存器AX中。

在汇编语言中，寄存器相对寻址的指令可以有多种表示形式，如下面指令中源操作数的寻址方式都是寄存器相对寻址方式且所表示的都是同一个操作数。

```
MOV AX, DATA[BX]
MOV AX, [BX]DATA
MOV AX, DATA+[BX]
MOV AX, [BX]+DATA
MOV AX, [BX+DATA]
MOV AX, [DATA+BX]
```

6. 基址变址寻址

基址变址寻址方式是指操作数存放在存储器中，指令中出现的是一个基址寄存器(BX或BP)和一个变址寄存器(SI或DI)的和，求和的结果作为操作数的偏移地址。基址寄存器有BX和BP两个，默认情况下对应的段寄存器分别为DS和SS。基址变址寻址方式允许段重设。

【例3-7】

```
MOV AX, [BX][SI]
```

该指令表示将数据段中BX＋SI所指向的单元的一个字送入AX中。

若 DS＝1000H，BX＝0200H，SI＝0050H，该指令表示将物理地址为 1000H×16＋0200H＋0050H＝10250H 的单元的内容送到寄存器 AX 中。

在基址变址寻址方式中，指令中不允许同时使用两个基址寄存器或者两个变址寄存器。

7. 基址变址相对寻址

基址变址相对寻址方式是指操作数存放在存储器中，指令中出现的是一个基址寄存器、一个变址寄存器和一个 8 位或者 16 位的位移量，三者之和是操作数的偏移地址，操作数所在逻辑段由使用的间址寄存器决定。基址寄存器为 BX 时默认使用段寄存器 DS，基址寄存器为 BP 时默认使用段寄存器 SS。基址变址相对寻址方式允许段重设。

【例 3-8】

```
MOV AX, DATA[BX][SI]
```

该指令表示将数据段中 DATA＋BX＋SI 所指向的单元的一个字送入 AX 中。

若 DS＝1000H，BX＝0200H，SI＝0050H，DATA＝0001H，该指令表示将物理地址为 1000H×16＋0200H＋0050H＋0001H＝10251H 的单元的内容送入寄存器 AX 中。

基址变址相对寻址指令和寄存器相对寻址指令一样，有多种表示形式，如下面指令中源操作数的寻址方式均为基址变址相对寻址方式且所表示的是同一个操作数：

```
MOV AX, DATA[BX][DI]
MOV AX, DATA[BX+DI]
MOV AX, [DATA+BX+DI]
MOV AX, [DATD+BX][DI]
MOV AX, [BX]DATA[DI]
```

在基址变址相对寻址方式中，指令中不允许同时使用两个基址寄存器或者两个变址寄存器。

◆ 3.3.2 对程序转移地址的寻址方式

对于程序转移类指令，寻找目标地址的方式主要有两种，一种是直接方式，另一种是间接方式。本节只对程序转移地址的寻址方式做简单介绍，具体应用在程序控制类指令中详细讲解。

1. 直接方式

所谓直接方式，即在程序转移类指令中直接给出目标地址。

指令格式如下：

```
JMP  LABEL       ；程序转移到近标号 LABEL 处执行
JMP  FAR LABEL   ；程序转移到远标号 LABEL 处执行
```

这两个指令格式分别是段内直接转移和段间直接转移的指令格式。指令中 LABEL 为标号，也称为指令的符号地址，表示程序转移的目标地址。近标号表示该标号和 JMP 指令在同一个代码段中，远标号指该标号和 JMP 指令在不同的代码段中。

2. 间接方式

所谓间接方式，即在程序转移类指令中给出的是寄存器或者存储器的地址，而实际目标地址在寄存器或存储器中。

指令格式如下：

```
JMP  BX                  ;将 BX 的内容送 IP,实现程序转移
JMP  WORD[BX+SI]         ;将数据段中 BX+SI 所指向的内存单元的内容送 IP,实现程序转移
JMP  DWORD PTR[BX]       ;将数据段中 BX 所指向的内存单元的内容送 IP 和 CS,实现程序转移
```

前两个指令格式为段内间接转移方式指令格式,指令中操作数为 16 位的寄存器或存储器地址。第三个指令格式为段间间接转移方式指令格式,指令中操作数为 32 位的存储器地址。

3.3.3 关于 I/O 端口的寻址方式

I/O 指令(IN 和 OUT 指令)是面向输入/输出端口的指令。I/O 端口的寻址方式有两种:直接寻址方式和寄存器间接寻址方式。本节只对寻址方式做简单介绍,具体应用在数据传送类指令中详细讲解。

8088 系统和外设连接时需要经过 I/O 接口,每个 I/O 接口内部都有 1 个或多个寄存器,这些寄存器称为 I/O 端口。因此,8088 系统连接有多个 I/O 端口。为了区分这些 I/O 端口,将这些 I/O 端口进行编号,这些编号称为 I/O 端口的地址。端口地址中的内容才是输入/输出的数据。8088 系统最多可以管理 64 K 个 I/O 端口,对应的 I/O 端口地址范围为 0000H~FFFFH。8088 指令系统中 I/O 端口的寻址方式有以下两种表示形式:

1. 直接寻址

指令中直接给出端口地址,此时端口地址为 8 位,范围为 0~FFH,可寻址 256 个端口。

指令格式如下:

```
IN AL, 32H      ;从地址为 32H 的端口输入一个字节到 AL 中
OUT 32H, AL     ;将 AL 的内容输出到地址为 32H 的端口
```

2. 间接寻址

指令中出现的是 DX 寄存器,端口地址存放在 DX 寄存器中,此时端口地址为 16 位,范围为 0~FFFFH,可寻址 64K 个端口。

指令格式如下:

```
MOV  DX, 1002H      ;将 1002H 送 DX
IN   AL, DX         ;从地址为 1002H 的端口输入一个字节到 AL 中
OUT  DX, AL         ;将 AL 的内容输出到地址为 1002H 的端口
```

采用间接寻址方式时,只能使用 DX 寄存器作为间址寄存器。

3.4 8086/8088 微处理器的基本指令系统

8086/8088 微处理器的基本指令系统包含 133 条基本指令(8086/8088 指令简表见附录 A)。按功能,8086/8088 微处理器的基本指令可分为以下几类:数据传送类指令、算术运算类指令、逻辑运算与移位类指令、串操作类指令、程序控制类指令和处理器控制类指令。

3.4.1 数据传送类指令

数据传送类指令是程序中使用最频繁的一类指令,实现了原始数据、中间运算结果、最终结果以及其他信息的传送。数据传送类指令通常不会对标志寄存器 FLAGS 产生影响。

1. 一般传送指令 MOV

指令格式:

```
MOV  dest,src     ; (dest) ←(src)
```

上述指令中的 dest 为目标操作数,src 为源操作数。该指令的功能是将源操作数的内容送入目标操作数,同时对源操作数不产生影响。MOV 操作相当于对数据进行复制。

对于这样双操作数的指令,要求目标操作数在前,源操作数在后,两者之间用逗号隔开。

MOV 指令是汇编语言中最普遍、最常用的传送指令,具体包括:

①寄存器和寄存器之间的数据传送。

```
MOV AX, BX     ; 将寄存器 BX 中的内容送到寄存器 AX
```

②寄存器和存储器之间的数据传送。

```
MOV [1000H], BL     ; 将 BL 中的内容送到数据段中 1000H 单元
MOV AL, [SI]        ; 将数据段中 SI 所指向的内存单元的内容送入 AL 中
```

③立即数至寄存器的数据传送。

```
MOV AL, 10H     ; 将 10H 送入 AL 中
```

④立即数至存储器的数据传送。

```
MOV BYTE PTR[SI], 10H       ; 将 10H 送入 SI 所指向的内存单元中
MOV WORD PTR[SI], 1000H     ; 将 1000H 送入 SI 所指向的连续两个内存单元中
```

⑤寄存器与段寄存器之间的数据传送。

```
MOV AX, ES  ; 将 ES 的内容送入 AX 中
MOV DS, AX  ; 将 AX 的内容送入 DS 所指向的连续两个内存单元中
```

⑥存储器和段寄存器之间的数据传送。

```
MOV [1000H], ES     ; 将 ES 的内容送入数据段中 1000H 和 1001H 单元
MOV DS, [SI]        ; 将数据段中 SI 所指向的连续两个内存单元的内容送入 DS 中
```

MOV 指令对操作数有以下几个要求:

①指令中源操作数和目标操作数的字长必须相等,可以都是字节操作数,也可以都是字操作数。

②立即数不能作目标操作数;当源操作数为立即数时,目标操作数不能为段寄存器。

③源操作数和目标操作数不能同时为存储器操作数;如果存储器操作数为目标操作数,源操作数为立即数,必须明确给出存储器操作数的数据类型。

④源操作数和目标操作数不能同时为段寄存器。

⑤通常情况下,指令指针 IP 和代码段寄存器 CS 可以作源操作数,但不能作目标操作数。

⑥标志寄存器 FLAGS 不能以整体作为操作数使用。

【例 3-9】 将立即数 1FH 送入数据段中以 1000H 开始的 16 个单元中。

```
        MOV  BX, 1000H
        MOV  CX, 10H
        MOV  AL, 1FH
AGAIN:  MOV  [BX], AL
        INC  BX              ; BX+1
        DEC  CX              ; CX-1
        JNZ  AGAIN           ; CX≠0,则继续
        HLT
```

2. 堆栈操作指令 PUSH 和 POP

堆栈是内存中的一段特定区域。该区域按“先进后出”原则，存放寄存器或者存储器中暂时不用但需要保存的数据。将堆栈在内存中的段称为堆栈段，其段基地址存放在 SS 中。堆栈的操作只能在栈顶进行，栈顶的位置由堆栈指针 SP 给出。堆栈有两个基本操作：入栈(PUSH)和出栈(POP)。入栈是将数据压入堆栈段 SP 所指向的单元，出栈是将堆栈段 SP 所指向的单元的内容弹出。堆栈操作主要是对进行子程序调用、中断响应等操作时需要保存的参数进行保护。图 3-2 所示为堆栈区示意图。

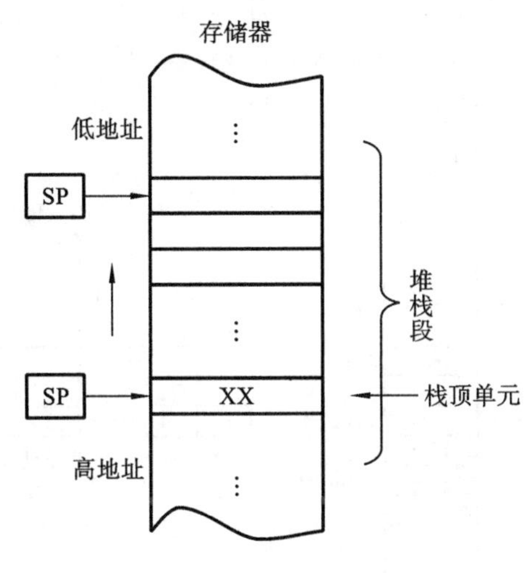

图 3-2　堆栈区示意图

堆栈指令格式如下：

①入栈操作：

```
PUSH  src    ；将源操作数 src 入栈
```

②出栈操作：

```
POP  dest    ；将栈顶内容弹出送 dest
```

堆栈操作指令中的操作数可以是 16 位的通用数据寄存器、段寄存器或连续两个存储器单元。

堆栈空间遵循以下几个原则：

①堆栈操作遵循“先进后出”的原则。

②堆栈每次存取的内容必须是一个字操作数，即 16 位数据，且必须是寄存器或者存储器操作数。

③堆栈区存放数据时地址从高地址向低地址方向增长。

④堆栈段的位置由段寄存器 SS 决定，堆栈指针 SP 总是指向栈顶单元。栈顶是指当前可用堆栈操作指令进行数据交换的单元。PUSH 操作存放操作数之前，SP 指针内容先减 2；POP 操作取出操作数时，先取出操作数，然后 SP 指针内容加 2。

堆栈操作的执行过程如下。

(1)入栈指令 PUSH。

首先将栈顶指针 SP 内容减 2，即栈顶指针指向原来的 SP－2 的位置，然后将操作数的低 8 位放在 SP 单元、高 8 位放在 SP＋1 单元，即高字节存放在高地址单元，低字节存放在低地址单元。

(2)出栈指令 POP。

首先将 SP 所指向的单元的内容取出并放入操作数的低 8 位,将 SP+1 所指向的单元的内容取出并放入操作数的高 8 位,然后将 SP 指针内容加 2。

【例 3-10】 已知:AX=1234H,DX=5678H,SS=1000H,SP=2000H,执行指令

```
PUSH   AX        ; SP=1FFEH,将 12H 压入 1FFF 单元,将 34H 压入 1FFEH 单元
PUSH   DX        ; SP=1FFCH,将 56H 压入 1FFD 单元,将 78H 压入 1FFCH 单元
POP    AX        ; 78H 出栈送 AL ,56H 出栈送 AH,SP=1FFEH
POP    DX        ; 34H 出栈送 DL ,12H 出栈送 DH,SP=2000H
```

后,AX,DX,SP 的结果分别为:AX=5678H,DX=1234H,SP=2000H。

例 3-10 示意图如图 3-3 所示。

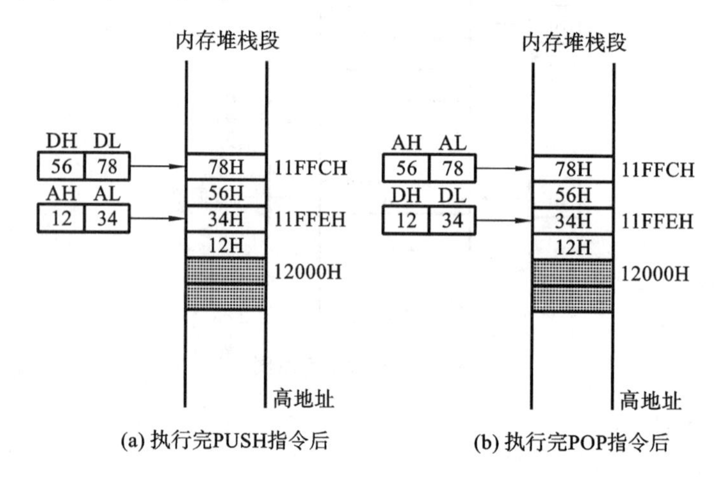

图 3-3 例 3-10 示意图

3. 数据交换指令 XCHG

指令格式:

```
XCHG  OPRD1, OPRD2  ; (OPRD1) ↔ (OPRD2)
```

数据交换指令的功能是将源操作数和目标操作数中的内容交换。

数据交换指令对操作数有以下几个要求:

①源操作数和目标操作数的字长必须相等,可以都是字节操作数,也可以都是字操作数;

②源操作数和目标操作数可以是寄存器或存储器操作数,但不能同时为存储器操作数;

③段寄存器不能作操作数。

【例 3-11】 设 DS=1000H,BX=2000H,CL=4BH,[12000H]=23H,执行指令

```
XCHG  [BX], CL
```

后,结果为[12000H]=4BH,CL=23H。

4. 查表指令 XLAT

指令格式:

```
XLAT                  ; 将数据段中偏移地址为 BX+AL 所指向的单元的内容送入 AL 中
XLAT  src_table       ; src_table 表示要查找的表的首地址
```

【例 3-12】 数据段中存放有一张十六进制数的ASCII码转换表(见图3-4),设首地址为2000H,查表查出第10个元素'F'的ASCII码(设DS=1000H)。

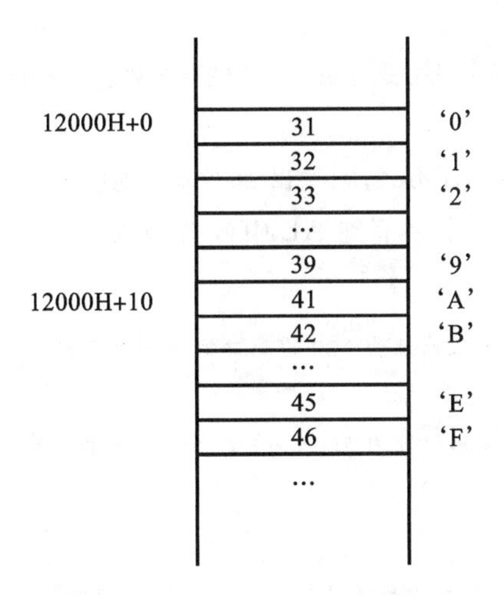

图 3-4 例 3-12 ASCII 码转换表

```
MOV  BX,1000H      ; BX←表首地址
MOV  AL,0AH        ; AL←序号
XLAT               ; 查表转换
```

执行上述指令后得到AL=46H。

5. 取偏移地址指令

该指令的功能是将源操作数的地址传送到目标操作数。

指令格式:

```
LEA  reg16, mem
```

该指令将mem的16位偏移地址送入指定寄存器中,要求源操作数mem必须是存储器操作数,而目标操作数必须是16位通用数据寄存器。该指令的执行对状态标志位不产生影响。

【例 3-13】

```
LEA  BX, [SI]
```

该指令的功能是将SI所指向的单元的地址即SI的内容送入BX中。

【例 3-14】

若DS=1000H,SI=2000H,[12001H]=80H,[12002H]=81H,执行"LEA BX,[SI+01H]"和"MOV BX,[SI+01H]"两条指令后的结果分别为BX=2001H和BX=8180H。

在汇编语言中,利用MOV指令同样可以得到存储器操作数的偏移地址。以下两条指令的执行效果相同:

```
LEA  BX, BUFFER
MOV  BX, OFFSET BUFFER
```

6. 输入/输出指令

一台计算机可以连接多台外设,如扫描仪、打印机、显示器等,CPU需要与这些外设进行数据交换,以传送控制命令或者查询外设状态。8086/8088指令系统有专门用于读/写输入/输出端口的 I/O 指令,即 IN 和 OUT 指令。

①输入指令 IN。

指令格式:

```
IN  acc, port       ;直接寻址方式,port 为 8 位立即数表示的端口地址
```

或

```
IN  acc, DX         ;间接寻址方式,DX 给出 16 位端口地址
```

该指令表示从端口输入一个字节到 AL 中或者输入一个字到 AX 中。

【例 3-15】

```
IN    AX, 10H          ;从地址为 10H 的端口输入一个字到 AX 中
MOV   DX, 1000H
IN    AL, DX           ;从地址为 1000H 的端口输入一个字节到 AL 中
```

②输出指令 OUT。

指令格式:

```
OUT  port, acc         ;直接寻址方式,port 为 8 位立即数表示的端口地址
```

或

```
OUT  DX, acc           ;间接寻址方式,DX 给出 16 位端口地址
```

该指令表示将 AL 或者 AX 的内容输出到指定的端口。

【例 3-16】

```
OUT  20H, AL           ;将 AL 的内容输出到地址为 20H 的端口
OUT  20H, AX           ;将 AX 的内容输出到地址为 20H 的端口
MOV  DX, 1200H
OUT  DX, AL            ;将 AL 的内容输出到地址为 1200H 的端口
```

◆ 3.4.2 算术运算类指令

8086/8088 CPU 能够对字节、字或者双字操作数进行加、减、乘、除等算术运算,操作数可以是 8 位或 16 位的无符号数或带符号数。算术运算的执行大多会对状态标志位产生影响。

1. 加法运算指令

8086/8088 指令系统的加法运算指令包括普通加法指令 ADD、带进位加法指令 ADC 和加 1 指令 INC 三种。ADD 和 ADC 指令对操作数的要求和 MOV 指令基本相同,只是加法指令的操作数不能是段寄存器。

(1)普通加法指令 ADD。

指令格式:

```
ADD  OPRD1, OPRD2  ; OPRD1←OPRD1+OPRD2
```

该指令的功能是将源操作数和目标操作数相加,结果存放在目标操作数中,源操作数保持不变。

该指令的目标操作数可以是 8 位或 16 位的寄存器或存储器操作数,源操作数可以是 8 位或 16 位的立即数、寄存器或存储器操作数。同 MOV 指令一样,两个操作数不能同时为存储器操作数。进行加法运算的操作数可以是无符号数或者有符号数。普通加法指令的执行对全部 6 个状态标志位均产生影响。

【例 3-17】

```
MOV  AL, 2FH     ;AL=2FH
ADD  AL, 11H     ;AL=40H
```

两条指令执行后，AL＝40H，同时对 FLAGS 中的状态标志位产生影响。

各状态标志位状态分别为：

①AF＝1：表示 bit 3 向 bit 4 有进位。

②CF＝0：表示最高位向前无进位。

③OF＝0：表示若为有符号数加法运算，运算结果不产生溢出。

④PF＝0：表示 8 位的运算结果中，1 的个数为奇数。

⑤SF＝0：表示运算结果的最高位为 0。

⑥ZF＝0：表示运算结果不为 0。

(2)带进位加法指令 ADC。

指令格式：

```
ADC  OPRD1, OPRD2  ; OPRD1←OPRD1+OPRD2+CF
```

该指令的功能是将源操作数和目标操作数相加再加上 CF 的值，结果存放在目标操作数中，源操作数保持不变。

该指令对操作数的要求和对状态标志位的影响都与 ADD 指令相同。

【例 3-18】 若 CF＝1，执行指令

```
MOV  AL, 2FH     ;AL=2FH
ADC  AL, 11H     ;AL=41H
```

后，AL＝41H，CF＝0，AF＝1，OF＝0，PF＝1，SF＝0，ZF＝0。

【例 3-19】 求两个无符号双字 12345678H 和 3040C060H 的和。

```
MOV  DX,1234H
MOV  AX,5678H
ADD  AX,0C060H      ; 先加低字,CF=1,AX=16D8H
ADC  DX,3040H       ; 高字带进位加,CF=0,DX=4275H
```

(3)加 1 指令 INC。

指令格式：

```
INC  OPRD; OPRD←OPRD+1
```

该指令的功能是将操作数加 1 后的结果送回操作数。该指令常用于修改偏移地址和计数次数。加 1 指令的操作数可以是 8 位或者 16 位的寄存器或存储器操作数。由于加 1 后的结果存放在操作数中，因此操作数不能为立即数。

加 1 指令影响 AF，OF，PF，SF 和 ZF 这五个状态标志位，对 CF 状态不产生影响。

【例 3-20】

```
INC  CX                    ; 寄存器 CX 内容加 1
INC  BYTE PTR[SI]          ; 将 SI 所指向的存储单元的内容加 1,结果还存放于该单元
```

2. 减法运算指令

减法运算指令共包含 5 条，分别为普通减法指令 SUB、带借位减法指令 SBB、减 1 指令 DEC、求补指令 NEG 和比较指令 CMP。

(1)普通减法指令 SUB。

指令格式：

```
SUB  OPRD1, OPRD2  ; OPRD1←OPRD1-OPRD2
```

该指令的功能是将目标操作数减去源操作数，并将结果送入目标操作数保存。

普通减法指令对操作数的要求和对状态标志位的影响与普通加法指令 ADD 完全相同。

【例 3-21】

```
SUB  BX, 1000H  ; BX←BX-1000H
```

(2)带借位减法指令 SBB。

指令格式：

```
SBB  OPRD1, OPRD2  ; OPRD1←OPRD1-OPRD2-CF
```

该指令的功能是将目标操作数减去源操作数再减去 CF 的结果送到目标操作数。

该指令对操作数的要求和对状态标志位的影响与 SUB 指令完全相同。

【例 3-22】

```
SBB  BX, 1000H  ; BX←BX-1000H-CF
```

(3)减 1 指令 DEC。

指令格式：

```
DEC  OPRD  ; OPRD←OPRD-1
```

该指令的功能是将操作数减 1 后的结果送回操作数。该指令常用于在循环程序中修改循环次数。

该指令对操作数的要求和对状态标志位的影响与 INC 指令相同。

【例 3-23】

```
DEC  CX                ; CX←CX-1
DEC  BYTE PTR[SI]      ; 将 SI 所指向的单元的内容减 1,结果还存放于原单元
```

(4)求补指令 NEG。

指令格式：

```
NEG  OPRD  ; OPRD←0-OPRD
```

该指令的功能是将 0 减去操作数的结果送回操作数。

该指令的操作数可以是寄存器或存储器操作数，利用该指令可得到负数的绝对值。该指令对全部 6 个状态标志位均有影响。该指令执行后一般情况下都会使 CF=1。当操作数为 80H 或 8000H 时，执行该指令后结果不变，但会使 OF=1，其余情况下均使 OF=0。

【例 3-24】

```
NEG  AX  ; AX←0-AX
```

(5)比较指令 CMP。

指令格式：

```
CMP  OPRD1, OPRD2  ;OPRD1-OPRD2,但结果不送回 OPRD1
```

该指令的功能是使目标操作数减去源操作数，结果不送回目标操作数，即指令执行后两个操作数均保持不变。该指令对 6 个状态标志位均有影响。因此，该指令常用于不改变操作数，但影响状态标志位的情况。

该指令对操作数的要求和对状态标志位的影响与普通减法指令 SUB 完全相同。

利用比较指令结合指令执行后状态标志位的状态，可以判断两个数的大小关系，判断方法如下：

①判断两个操作数是否相等。

若 ZF=1，则两个操作数相等；若 ZF=0，则两个操作数不相等。

②判断两个操作数的大小。在判断两个无符号操作数的大小时，若 CF=1，则目标操作数小于源操作数；若 CF=0，则目标操作数大于源操作数。在判断两个带符号操作数的大小时，当两个操作数符号相同时，若 SF=1，则目标操作数小于源操作数；若 SF=0，则目标操作数大于源操作数。当两个操作数符号不相同时，若 OF⊕SF=1，则目标操作数小于源操作数；若 OF⊕SF=0，则目标操作数大于源操作数。

3. 乘法运算指令

乘法运算指令包括无符号数乘法指令 MUL 和有符号数乘法指令 IMUL 两种。两个乘法运算指令均采用隐含寻址的方式，即源操作数在指令中给出，而目标操作数隐含为 AX 或 AL。对于 8 位数的乘法运算，隐含的操作数为 AL，其乘积为 16 位数，存放在 AX 中；对于 16 位数的乘法运算，隐含的操作数为 AX，其乘积为 32 位数，高 16 位存放在 DX 中，低 16 位存放在 AX 中。

(1)无符号数乘法指令 MUL。

指令格式：

```
MUL  OPRD        ；字节乘法运算，AX←OPRD×AL
                 ；字乘法运算，DX:AX←OPRD×AX
```

该指令的功能是将源操作数与 AL 或 AX 内容相乘的结果送到 AX 或 DX，AX 中。

该指令的操作数可以是 8 位或者 16 位的寄存器或存储器操作数。该指令要求两操作数字长相等，且不能为立即数。如果乘积的高半部分不为 0，则 CF=OF=1，表示 AH 或 DX 中包含有效数字；否则，CF=OF=0。该指令对其他状态标志位不产生影响。

【例 3-25】 已知 AL=38H，BL=0A1H，均为无符号数，求 AL 和 BL 的乘积。

```
MUL  BL
```

执行后，AX=2338H，且 CF=OF=1。

(2)有符号数乘法指令 IMUL。

指令格式：

```
IMUL  OPRD       ；字节乘法运算，AX←OPRD×AL
                 ；字乘法运算，DX:AX←OPRD×AX
```

该指令的功能和对操作数的要求与 MUL 指令完全相同。

如果乘积的高半部分是低半部分的符号位扩展，则 CF=OF=0；否则，CF=OF=1。该指令执行后对其他状态标志位不产生影响。

【例 3-26】 已知 AL=0FEH，BL=11H，均为有符号数，求 AL 和 BL 的乘积。

```
IMUL  BL
```

执行后，AX=FFDEH，且 CF=OF=0。

4. 除法运算指令

除法运算指令包括无符号数除法指令 DIV 和有符号数除法指令 IDIV 两种。和乘法运算指令一样，除法运算指令的被除数同样隐含在 AL 或 AX 中，除数在指令中给出。

除法运算指令要求被除数的字长必须是除数字长的两倍，因此，当除数为 8 位时，要求被除数为 16 位，并存放在 AX 中；当除数为 16 位时，要求被除数为 32 位，其中高 16 位存放在 DX 中，低 16 位存放在 AX 中。

(1)无符号数除法指令 DIV。

指令格式：

```
DIV  OPRD     ; 字节除法运算,AL←AX/OPRD,AH←AX%OPRD
              ; 字除法运算,AX←DX:AX/OPRD,DX←DX:AX%OPRD
```

该指令的功能是将 AX 或 DX:AX 内容除以源操作数，结果送到 AX 或 DX:AX 中。

该指令对操作数的要求和无符号数乘法指令一样。该指令对 6 个状态标志位均不产生影响。

【例 3-27】

```
DIV BX  ; 用 DX:AX 的内容除以 BX 的内容,商放入 AX 中,余数放入 DX 中
```

(2)有符号数除法指令 IDIV。

指令格式：

```
IDIV  OPRD      ; 字节除法运算,AL←AX/OPRD,AH←AX%OPRD
                ; 字除法运算,AX←DX:AX/OPRD,DX←DX:AX%OPRD
```

该指令的功能、对操作数的要求和对状态标志位的影响均和无符号数除法指令相同。

5. 其他算术运算指令

BCD 码调整指令有以下几种。

(1)DAA 指令。

指令格式：

```
DAA
```

该指令的功能是将两个压缩 BCD 码进行加法运算后的结果(存放在 AL 中)进行十进制调整，调整后的结果为压缩 BCD 码。

调整规则如下：若 AL 的低 4 位大于 9 或者 AF=1，则 AL←AL+6，并置 AF=1；若 AL 的高 4 位大于 9 或者 CF=1，则 AL←AL+60H，并置 CF=1。

该指令一般在 ADD 或 ADC 指令之后使用，用于对压缩 BCD 码的加法进行调整。

【例 3-28】

```
MOV  AL, 35H
ADD  AL, 27H          ; AL=5CH
DAA                   ; AL=63H
```

(2)AAA 指令。

指令格式：

```
AAA
```

该指令的功能是将两个非压缩 BCD 码相加的结果(存放在 AX 中)进行十进制调整，调整后的结果为非压缩 BCD 码，结果的低 8 位存放在 AL 中，高 8 位存放在 AH 中。

调整规则如下：若 AL 的低 4 位大于 9 或者 AF=1，则 AL←AL+6，AH←AH+1，将 AF 和 CF 置 1，清除 AL 的高 4 位；否则，清除 AL 的高 4 位以及 AF 和 CF 状态标志位。

【例 3-29】

```
MOV  AX, 09H        ; AX=0009H
ADD  AL, 04H        ; AL=000DH
AAA                 ; AL=03H, AH=01H,AF=CF=1
```

该指令必须紧跟在 ADD 或 ADC 指令后使用，用于对非压缩 BCD 码的加法进行调整。

(3)DAS 指令。

指令格式：

```
DAS
```

该指令的功能是将两个压缩 BCD 码相减后的结果(存放在 AL 中)进行调整，得到正确的压缩 BCD 码。

调整规则如下：若 AL 的低 4 位大于 9 或者 AF=1，则 AL←AL－6，并置 AF=1；若 AL 的高 4 位大于 9 或者 CF=1，则 AL←AL－60H，并置 CF=1。

该指令必须紧跟在 SUB 或 SBB 指令后使用，用于对压缩 BCD 码的减法进行调整。

(4)AAS 指令。

指令格式：

```
AAS
```

该指令的功能是将两个非压缩 BCD 码相减之后的结果(存放在 AX 中)进行调整，得到一个正确的非压缩 BCD 码，调整后的结果低位存放在 AL 中，高位存放在 AH 中。

调整规则如下：若 AL 的低 4 位大于 9 或者 AF=1，则 AL←AL－6，AH←AH－1，并将 AF 和 CF 置 1，清除 AL 的高 4 位；否则，清除 AL 的高 4 位。

该指令必须紧跟在 SUB 或 SBB 指令后使用，用于对非压缩 BCD 码的减法进行调整。

(5)AAM 指令。

指令格式：

```
AAM
```

该指令的功能是对两个非压缩 BCD 码相乘的结果(存放在 AX 中)进行调整，得到正确的非压缩 BCD 码，调整后的结果存放在 AX 中。

调整规则如下：将 AL 寄存器的内容除以 10，商存放在 AH 中，余数存放在 AL 中。

【例 3-30】

```
MOV  AL, 13H        ; AL=13H
MOV  DL, 05H        ; DL=05H
MUL  DL             ; AX=005FH
AAM                 ; AX=0905H
```

该指令必须紧跟在 MUL 指令后使用。

(6)AAD 指令。

指令格式：

```
AAD
```

该指令在除法运算指令之前执行，用于将 AX 中的非压缩 BCD 码(十位数存放在 AH 中，个位数存放在 AL 中)调整为二进制数，并将结果存放在 AL 中。

调整规则如下：将 AH 中的内容乘以 10 后与 AL 的内容相加，将得到的结果存放在 AL 中，并将 AH 清除。

【例 3-31】

```
MOV  AX, 0403H          ; AX=0403H
MOV  BL, 4              ; BL=04H
AAD                     ; AX=002BH
```

该指令必须在 DIV 指令前使用。

3.4.3 逻辑运算指令

逻辑运算指令用于对 8 位或 16 位的寄存器或者存储器操作数按位进行逻辑操作。8086/8088 指令系统的逻辑运算指令包含逻辑与指令 AND、逻辑或指令 OR、逻辑异或指令 XOR、逻辑非指令 NOT 和测试指令 TEST 五条。

这五条逻辑运算指令除 NOT 指令外，其余对操作数的要求均与 MOV 指令相同，且这四条指令的执行均会使 CF=OF=0，AF 不定，并影响 SF，PF 和 ZF。NOT 指令对操作数的要求与 INC 指令相同，该指令的执行对全部状态标志位均不产生影响。

1. 逻辑与指令 AND

指令格式：

```
AND  OPRD1, OPRD2  ; OPRD1←OPRD1 · OPRD2
```

该指令的功能是将目标操作数与源操作数按位相与，并将结果送回目标操作数。

【例 3-32】 已知 AL='A'，将 AL 中数的 ASCII 码的高 4 位清 0，保留低 4 位。

```
AND AL,0FH  ; AL=01H,屏蔽高 4 位(高位清 0),保留低 4 位
```

【例 3-33】 把 AL 中的小写字母转换成大写字母(A～Z 的 ASCII 码为 41H～5AH；a～z 的 ASCII 码为 61H～7AH)。

```
AN DAL,11011111B
```

2. 逻辑或指令 OR

指令格式：

```
OR  OPRD1, OPRD2  ; OPRD1←OPRD1+OPRD2
```

该指令的功能是将目标操作数与源操作数按位相或，并将结果送回目标操作数。

【例 3-34】

```
MOV  AX,1111H              ; AX=1111H
OR   AX,00FFH              ; AX=11FFH
```

【例 3-35】 将 AL 中的非压缩 BCD 码转换成 ASCII 码。

```
OR  AL,30H
```

3. 逻辑异或指令 XOR

指令格式：

```
XOR  OPRD1, OPRD2  ; OPRD1←OPRD1⊕OPRD2
```

该指令的功能是将目标操作数与源操作数按位相异或，并将结果送回目标操作数。

【例 3-36】

```
MOV    AX, 1111H           ; AX=1111H
XOR    AX, 00FFH           ; AX=11EEH
```

指令执行完,AX=11EEH,AH 数据保持不变,对 AL 数据求反,即对应 0 变为 1,对应 1 变为 0。

XOR 指令常用于对某个寄存器或存储器单元清 0,如 XOR AX,AX。该指令也可以用于对操作数的某位取反。

4. 逻辑非指令 NOT

指令格式:

```
NOT  OPRD
```

该指令的功能是将操作数按位取反,并将结果送回该操作数。

【例 3-37】

```
MOV  CL,1
NOT  CL              ; CL=0FEH
```

5. 测试指令 TEST

指令格式:

```
TEST  OPRD1, OPRD2
```

该指令的功能是将目标操作数与源操作数进行与操作,但结果不送入目标操作数。该指令的执行影响状态标志位。该指令常用于在保持目标操作数不变的情况下,检测数据的某些位为 0 还是为 1。

【例 3-38】 测试 AL 中的 D_7 位是 1 还是 0。

```
TEST   AL,80H  ;若 D7 为 1,ZF=0;否则,ZF=1
```

3.4.4 移位指令

8086/8088 指令系统的移位指令包含非循环移位指令和循环移位指令两大类,操作的对象为 8 位或 16 位寄存器操作数和存储器操作数。移动 1 位时,移动次数由指令直接给出;移动多位时,需将移动次数置于 CL 寄存器中。

1. 非循环移位指令

8086/8088 的非循环移位指令包含针对无符号数的逻辑左移指令 SHL 和逻辑右移指令 SHR,针对有符号数的算术左移指令 SAL 和算术右移指令 SAR 这 4 类指令。

(1)逻辑左移指令 SHL 和算术左移指令 SAL。

指令格式:

```
SHL  OPRD, 1
SAL  OPRD, 1
```

或

```
SHL  OPRD, CL
SAL  OPRD, CL
```

这两类指令的功能是将目标操作数的内容左移 1 位或者左移 CL 寄存器中指定的位数,移动时左边的最高位移入 CF 中,右边的最低位补 0。

若移动 1 位,移位后操作数的最高位和 CF 不相同时,OF=1;否则,OF=0。若移动多位,则 OF 值不定。OF=1 对于 SHL 不表示左移后溢出,对于 SAL 表示左移后超过有符号数的表示范围。

该指令还影响 PF,SF 和 ZF 状态标志位。

【例 3-39】

```
MOV  AL,  01H          ; AL=1
SHL  AL,  1            ; AL=2
```

因此,将数据左移相当于该数据乘以 2。

【例 3-40】 对 AX 中无符号数进行乘 10 运算(设无溢出,乘 10 后仍为一个字)。

分析: $AX\times 10=AX\times(2^3+2)=AX\times 2+AX\times 2^3$。

```
MOV  BX,  AX
SHL  BX,  1            ; BX×2→BX
MOV  CL,  3
SHL  AX,  CL           ; AX×2³→AX
ADD  AX,  BX           ; AX+BX→AX
```

(2)逻辑右移指令 SHR。

指令格式:

```
SHR  OPRD, 1
```

或

```
SHR  OPRD, CL
```

该指令的功能是将目标操作数的内容右移 1 位或者右移 CL 寄存器中指定的位数,移动时右边的最低位移入 CF 中,左边的最高位补 0。

若移动 1 位,移位后操作数新的最高位和次高位不相同时,OF=1;否则,OF=0。若移动多位,则 OF 值不定。

(3)算术右移指令 SAR。

指令格式:

```
SAR  OPRD, 1
```

或

```
SAR  OPRD, CL
```

该指令的功能是将目标操作数的内容右移 1 位或者右移 CL 寄存器中指定的位数,移动时右边的最低位移入 CF 中,左边的最高位保持不变。

该指令对 CF,PF,SF 和 ZF 这 4 个状态标志位有影响,不影响 OF 和 AF。

【例 3-41】

```
MOV  AL,02H
SAR  AL,1
```

指令执行后,AL=01H。由此可见,将数据右移相对于该数据除以 2。

2. 循环移位指令

8086/8088 指令系统包含不带进位标志 CF 的循环左移指令 ROL、不带进位标志 CF 的循环右移指令 ROR、带进位标志 CF 的循环左移指令 RCL 和带进位标志位 CF 的循环右移指令 RCR 这 4 类指令。

(1)不带进位标志 CF 的循环左移指令 ROL。

指令格式:

```
ROL  OPRD, 1
```

或

```
ROL  OPRD, CL
```

该指令的功能是将目标操作数向左循环移动 1 位或者向左循环移动 CL 寄存器中指定的位数，左边最高位同时移入 CF 和右边最低位。

若移动 1 位，移位后操作数新的最高位和 CF 不相同时，OF＝1；否则，OF＝0。若移动多位，则 OF 值不定。

(2)不带进位标志 CF 的循环右移指令 ROR。

指令格式：

```
ROR  OPRD, 1
```

或

```
ROR  OPRD, CL
```

该指令的功能是将目标操作数向右循环移动 1 位或者向右循环移动 CL 寄存器中指定的位数，右边最低位同时移入 CF 和左边最高位。

若移动 1 位，移位后操作数新的最高位和次高位不相同时，OF＝1；否则，OF＝0。若移动多位，则 OF 值不定。

(3)带进位标志 CF 的循环左移指令 RCL。

指令格式：

```
RCL  OPRD, 1
```

或

```
RCL  OPRD, CL
```

该指令的功能是将目标操作数连同进位标志位 CF 一起向左循环移动 1 位或者向左循环移动 CL 寄存器中指定的位数，左边最高位同时移入 CF 和右边最低位。

该指令对状态标志位的影响与 ROL 指令相同。

(4)带进位标志 CF 的循环右移指令 RCR。

指令格式：

```
RCR  OPRD, 1
```

或

```
RCR  OPRD, CL
```

该指令的功能是将目标操作数连同进位标志位 CF 一起向右循环移动 1 位或者向右循环 CL 寄存器中指定的位数，右边最低位同时移入 CF 和左边最高位。

【例 3-42】 要求测试 AL 寄存器中第 3 位是 1 还是 0，若为 0，则转入 ZERO 执行。

```
MOV  CL,5
ROL  AL,CL
JNC  ZERO
```

3.4.5 串操作类指令

字符串或者数据串是指在存储器中连续存放的若干个字节的字符或数据。所谓串操作，就是对字符串或者数据串中的每个字符或数据进行同样的操作。

8086/8088 串操作类指令包含串传送指令 MOVS、串比较指令 CMPS、串扫描指令

SCAS、串装入指令 LODS 和串存储指令 STOS 这 5 种。上述指令有以下使用规定：

①源串的偏移地址由 SI 寄存器给出，默认段基地址在 DS 中，允许段重设；目标串的偏移地址由 DI 给出，默认段基地址在 ES 中，不允许段重设。

②串操作类指令可自动修改源串和目标串的地址指针。当 DF=0 时，SI 和 DI 向增地址方向修改；当 DF=1 时，SI 和 DI 向减地址方向修改。字节串为操作数时，SI 和 DI 每次加 1 或者减 1；字串为操作数时，SI 和 DI 每次加 2 或者减 2。

③串长度存放在 CX 寄存器中。

④串操作类指令可以配合重复前缀使用。

重复前缀包括以下 3 种：

①无条件重复前缀 REP：重复执行串操作类指令，同时 CX 减 1，直至 CX=0。

②相等/结果为 0 时重复前缀 REPE/REPZ：ZF=1 且 CX≠0 时，重复执行指定的串操作类指令。

③不相等/结果不为 0 时重复前缀 REPNE/REPNZ：ZF=0 且 CX≠0 时，重复执行指定的串操作类指令。

使用重复前缀可以实现自动修改串长度 CX 的值，重复进行指定操作直至 CX=0 或满足指定条件。在汇编程序中使用重复前缀可简化程序，加快运行速度，但是重复前缀不可单独使用。

1. 串传送指令 MOVS

指令格式：

```
MOVS  OPRD1, OPRD2
MOVSB         ; 字节串传送指令
MOVSW         ; 字串传送指令
```

第一条指令是将源串地址中的字节或字传送到目标串地址中，源串允许使用段重设。第二条和第三条指令均隐含了操作数的地址。使用这两种指令格式时，源串和目标串必须满足使用规定的要求，即源串地址由 DS 和 SI 指定，目标串地址由 ES 和 DI 指定。

串传送指令可以实现存储器和存储器之间的数据传送。该指令的执行对状态标志位不产生影响。

【例 3-43】 将数据段中首地址为 BUFFER1 的 100 个字的数据传送到附加段首地址为 BUFFER2 的存储区中。

```
LEA SI,  BUFFER1          ; 源串首地址送 SI
LEA DI,  BUFFER2          ; 目标串首地址送 DI
MOV CX,  100              ; 串长度送 CX
CLD                       ; 清方向标志位,地址向增地址方向变化
L1:MOVSW                  ; 串传送一字,[SI]→[DI],SI 和 DI 加 2
DEC  CX                   ; 计数器减 1
JNZ  L1                   ; 未传送完则继续
```

2. 串比较指令 CMPS

指令格式：

```
CMPS  OPRD1, OPRD2        ; 源串和目标串比较
CMPSB                     ; 字节串比较指令
CMPSW                     ; 字串比较指令
```

串比较指令的功能是将源串和目标串中的数据按字节或字进行比较，比较结果不保存，但会影响状态标志位的状态，同时自动修改 SI 和 DI 的值，使其指向下一个数据。CMPS 指令允许段重设，CMPSB 和 CMPSW 指令不允许段重设。

串比较指令前面经常使用重复前缀 REPE(REPZ)或 REPNE(REPNZ)，此时串比较指令的结束有两种情况，一种是不满足条件前缀要求的条件，另一种是 CX=0。因此，在程序中需要利用 ZF 状态标志位判断是哪种结束情况。

【例 3-44】 比较串长为 10 的两个字节串，找出其中第一个不相等字符的地址并存放在数据段中 1000H，1002H 两个字类型存储单元中；若两串完全相同，则给这两个存储单元赋 0。

```
        MOV    SI,OFFSET  STRING1      ; 源串在 DS 段
        LEA    DI,STRING2              ; 目标串在 ES 段
        CLD    ; DF=0
        MOV    CX,10                   ; 计数值送 CX
        REPE   CMPSB                   ; 相同且 CX ≠0,继续比较
        JZ     MATCH                   ; ZF=0,两串相同
        DEC    SI                      ; 取源串地址
        DEC    DI                      ; 取目标串地址
        MOV    WORD PTR[1000H],SI      ; 保存源串地址
        MOV    WORD PTR[1002H],DI      ; 保存目标串地址
        JMP    DONE
MATCH:  MOV    WORD PTR[1000H],0
        MOV    WORD PTR[1002H],0
DONE:   HLT
```

3. 串扫描指令 SCAS

指令格式：

```
SCAS  OPRD        ; OPRD 为目标串
SCASB             ; 字节串扫描指令
SCASW             ; 字串扫描指令
```

该指令的功能和 CMPS 指令类似，不同之处是 SCAS 指令是将累加器 AL 或者 AX 的内容作为隐含操作数，将其与目标串中的字节或者字进行比较，且比较的结果不改变目标操作数，只对状态标志位产生影响。

SACS 指令常用来在一个字符串中搜索特定的关键字。

【例 3-45】 首地址为 STRING 的字符串中包含 200 个字符，在其中寻找第一个空格符 SP，找到后将其地址保留在数据段中 1000H 单元，若没有找到则将 1000H 单元清 0。

```
      LEA   DI,STRING
      MOV   AL,20H            ; 空格符的 ASCII 码
      MOV   CX,200
```

```
        CLD
        REPNE   SCASB                   ; 不等且 CX≠0,扫描
        JZ      MATCH
        MOV     WORD PTR[1000H],0
        JMP     DONE
MATCH:  DEC     DI                      ; 取空格符的地址
        MOV     WORD PTR[1000H],DI      ; 保存地址
DONE:   HLT
```

4. 串装入指令 LODS

指令格式：

```
LODS  OPRD    ; OPRD 为源串
LODSB         ; 字节串装入指令
LODSW         ; 字串装入指令
```

该指令的功能是把源串的字节或者字放入累加器 AL 或者 AX 中。

LODS 指令一般不和重复前缀一起使用，因为重复一次 AL 或者 AX 中的内容就会被新的内容覆盖一次。

该指令的执行对状态标志位不产生影响。

5. 串存储指令 STOS

指令格式：

```
STOS  OPRD    ; OPRD 为目标串
STOSB         ; 字节串存储指令
STOSW         ; 字串存储指令
```

该指令的功能是把累加器 AL 或者 AX 的内容放入 ES:DI 所指向的存储器单元中。

该指令的执行对状态标志位不产生影响。

【例 3-46】 首地址为 BUFFER1 的数据串有 100 个字节类型的数据，要求将每个数据的最高位修改为 0，将修改好的新数据串保存在首地址为 BUFFER2 的内存中。

```
        LEA   SI,BUFFER1        ; 取源串的偏移地址
        LEA   DI,BUFFER2        ; 取目标串的偏移地址
        MOV   CX,100            ; 数据串长度送 CX
        CLD                     ; DF=0
NEXT:   LODSB                   ; [SI]→AL,SI+1→SI
        AND   AL,7FH            ; AL 中的 D7 位置 0
        STOSB                   ; AL→[DI],DI+1→DI
        DEC   CX                ; CX-1→CX
        JNZ   NEXT              ; CX 不为 0,转到 NEXT
        HLT
```

3.4.6 程序控制类指令

8086/8088 指令系统中的程序控制指令包含四大类，包括转移指令、循环控制指令、过程调用指令和中断控制指令。

1. 转移指令

转移指令包括无条件转移指令和条件转移指令两种。

(1)无条件转移指令。

无条件转移指令的功能是无条件地使程序转移到指定的目标地址，执行以目标地址开始的程序段。无条件转移按寻找目标地址的方式分为直接转移和间接转移两种，现在针对具体的指令格式详细说明程序转移方式。

①段内直接转移。

指令格式：

```
JMP  LABEL
```

该指令中，LABEL 称为符号地址，表示指令要转移的目的地。该指令被汇编时，汇编程序会计算 JMP 的下一条指令(当前 IP)到目标地址 LABEL 之间的偏移量，该偏移量可以是 8 位或 16 位的，既可以是正值，也可以是负值。当偏移量为 8 位时，相对应的转移范围为－128～＋127 字节(段内短转移)；当偏移量为 16 位时，对应的转移范围为－32 768～＋32 767字节(段内近转移)。

段内转移的标号前可加，也可省略运算符 NEAR。汇编语言中默认情况即为段内转移。转移后新的 IP 值为当前 IP 值加上计算出的地址偏移量，CS 保持不变。

【例 3-47】

```
        MOV  AX, 1000H
        JMP  NEXT          ; 无条件转移到 NEXT 处执行
        ...
NEXT:   MOV  BX, 2000H
```

例 3-47 中 NEXT 为段内标号，实现的是段内短转移，程序计算出 JMP 的下一条指令的地址到 NEXT 所代表的地址之间的距离，执行 JMP 指令时，在当前 IP 的基础上加上该偏移量，即得到新的 IP。JMP 指令执行完之后，程序转到 NEXT 标号处执行 MOV BX,2000H。

②段内间接转移。

指令格式：

```
JMP  OPRD
```

该指令中的操作数 OPRD 为 16 位的寄存器或存储器操作数，指令执行时以寄存器或存储器单元的内容作转移的目的地址，即将寄存器或存储器单元的内容送给 IP，CS 保持不变。

该指令中的存储器地址可采用第 2 章中的各种存储器操作数寻址方式。

【例 3-48】

```
JMP  DI  ;指令执行后 IP=DI
```

若该指令执行前，DI＝1200H，CS＝1000H，IP＝2000H，则该指令执行后，CS＝1000H，IP＝1200H，即段内间接转移指令执行后 CS 不变，只改变 IP 的值。

③段间直接转移。

段间直接转移方式是指通过在指令中直接给出要转移的 16 位段基址和 16 位偏移地址来更新 CS 和 IP 的内容。

指令格式：

```
JMP  FAR LABEL
```

该指令利用 FAR 标明其后的标号 LABEL 是一个远标号，即目标地址在另一个代码段内，汇编时将根据 LABEL 的位置确定其所在的段基址和偏移地址，并将 LABEL 的段基址送入 CS 中、偏移地址送入 IP 中。

【例 3-49】

```
JMP   FAR NEXT       ；程序转移到 NEXT 标号处执行
JMP   2100H:2000H    ；CS=2100H，IP=2000H，程序转移到 CS:IP 所指向的单元执行
```

④段间间接转移。

指令格式：

```
JMP   OPRD
```

该指令中，操作数 OPRD 为 32 位的存储器操作数。指令汇编时，将 OPRD 指定的 4 个单元的内容送入 CS 和 IP 中，其中高 16 位送入 CS 中，低 16 位送入 IP 中。该指令中的存储器地址可采用第 2 章中的各种存储器操作数寻址方式。

【例 3-50】

```
JMP   DWORD PTR[DI]
```

若执行前 DS＝1000H，DI＝2000H，[12000H]＝10H，[12001H]＝20H，[12002H]＝30H，[12003H]＝40H，则执行后，CS＝4030H，IP＝2010H，程序转去 42310H 地址处执行。

(2)条件转移指令。

8086/8088 指令系统条件转移指令共有 19 条。这些转移指令根据前一条指令执行后状态标志位的状态来决定是否转移。条件转移指令都是采用直接寻址方式的短转移指令，即新的 IP 值在当前 IP 值的－127～＋128 范围内。条件转移指令见表 3-1。

表 3-1　条件转移指令

指令名称	指令格式	转移条件	备注
CX 内容为 0 转移	JCXZ　target	CX＝0	
大于/不小于等于转移	JG/JNLE　target	SF＝OF 且 ZF＝0	带符号数
大于等于/不小于转移	JGE/JNL　target	SF＝OF	带符号数
小于/不大于等于转移	JL/JNGE　target	SF≠OF 且 ZF＝0	带符号数
小于等于/不大于转移	JLE/JNG　target	SF≠OF 或 ZF＝1	带符号数
溢出转移	JO　target	OF＝1	
不溢出转移	JNO　target	OF＝0	
结果为负转移	JS　target	SF＝1	
结果为正转移	JNS　target	SF＝0	
高于/不低于等于转移	JA/JNBE　target	CF＝0 且 ZF＝0	无符号数
高于等于/不低于转移	JAE/JNB　target	CF＝0	无符号数
低于/不高于等于转移	JB/JNAE　target	CF＝1	无符号数
低于等于/不高于转移	JBE/JNA　target	CF＝1 或 ZF＝1	无符号数

续表

指令名称	指令格式	转移条件	备注
进位转移	JC target	CF=1	
无进位转移	JNC target	CF=0	
等于或为0转移	JE/JZ target	ZF=1	
不等于或非0转移	JNE/JNZ target	ZF=0	
奇/偶校验为偶转移	JP/JPE target	PF=1	
奇/偶校验为奇转移	JNP/JPO target	PF=0	

条件转移指令由状态标志位的状态决定是否跳转，因此在程序中，条件转移指令的前一条指令应为能够对状态标志位产生影响的指令，如算术运算指令、逻辑运算指令等。

【例3-51】 在以BUFFER开始的存储区中存放了200个8位带符号数，找出其中最大和最小的数并分别存入以MAX和MIN为首地址的内存单元。

```
        LEA  SI,BUFFER          ;SI指向数据首址
        MOV  AL,[SI]            ;AL暂存最大的数
        MOV  DL,[SI]            ;DL暂存最小的数
        MOV  CX,200             ;CX存放循环次数
NEXT:   INC  SI                 ;BX指向下一个数
        CMP  [SI],AL            ;两数比较
        JG   NEXT1              ;大于AL中的数,转NEXT1
        CMP  [SI],DL            ;两数比较
        JL   NEXT2              ;小于DL中的数,转NEXT2
        JMP  GOON
NEXT1:  MOV  AL,[SI]            ;将[BX]中的大数存入AL
        JMP  GOON
NEXT2:  MOV  DL,[SI]            ;将[BX]中的小数存入DL
GOON:   DEC  CX                 ;计数次数减1
        JNZ  NEXT               ;CX不为0,转NEXT处继续
        MOV  MAX,AL             ;保存结果
        MOV  MIN,DL             ;保存结果
        HLT
```

2. 循环控制指令

循环控制指令是指在程序中实现控制循环的指令。循环控制指令允许控制转向的目标地址在当前IP的－128～＋127范围内。使用循环控制指令时，要求将循环次数存放在CX寄存器中。

8086/8088的循环控制指令有LOOP，LOOPZ（或LOOPE）和LOOPNZ（或LOOPNE）三条。

（1）LOOP指令。

指令格式：

```
LOOP  LABEL
```

该指令中的 LABEL 为一个近地址标号。执行时，先将 CX 的内容减 1，再判断 CX 的值。若 CX≠0，则程序转移到目标地址 LABEL 处继续循环；若 CX=0，则退出循环程序，执行下一条指令。因此，在功能上，LOOP 指令相当于下述两条指令的组合：

```
DEC  CX
JNZ  LABEL
```

利用 LOOP 指令对例 3-51 进行修改见例 3-52。

【例 3-52】 在以 BUFFER 开始的存储区中存放了 200 个 8 位带符号数，找出其中最大和最小的数并分别存入以 MAX 和 MIN 为首地址的内存单元。

```
        LEA   SI,BUFFER       ; SI 指向数据首址
        MOV   AL,[SI]         ; AL 暂存最大的数
        MOV   DL,[SI]         ; DL 暂存最小的数
        MOV   CX,200          ; CX 存放循环次数
NEXT:   INC   SI              ; BX 指向下一个数
        CMP   [SI],AL         ; 两数比较
        JG    NEXT1           ; 大于 AL 中的数,转 NEXT1
        CMP   [SI] ,DL        ; 两数比较
        JL    NEXT2           ; 小于 DL 中的数,转 NEXT2
        JMP   GOON
NEXT1:  MOV   AL,[SI]         ; 将[BX]中的大数存入 AL
        JMP   GOON
NEXT2:  MOV   DL,[SI]         ; 将[BX]中的小数存入 DL
GOON:   LOOP  NEXT            ; 计数次数减 1,CX 不为 0,转 NEXT 继续
        MOV   MAX,AL          ; 保存结果
        MOV   MIN,DL          ; 保存结果
        HLT
```

(2)LOOPZ(或 LOOPE)指令。

指令格式：

```
LOOPZ  LABEL
```

或

```
LOOPE  LABEL
```

该指令执行时先将 CX 的内容减 1，然后再根据 CX 和 ZF 的值来决定是否继续循环。若 CX≠0 且 ZF=1，则程序转移到目标地址 LABEL 处继续循环；若 CX=0 或者 ZF=0，则退出循环，执行下一条指令。

(3)LOOPNZ(或 LOOPNE)指令。

指令格式：

```
LOOPNZ  LABEL
```

或

```
LOOPNE  LABEL
```

该指令与 LOOPZ(或 LOOPE)指令功能相似，区别是循环的 ZF 条件与 LOOPZ(或 LOOPE)指令相反。该指令执行时先将 CX 的内容减 1，然后再根据 CX 和 ZF 的值来决定是否继续循环。若 CX≠0 且 ZF=0，则程序转移到目标地址 LABEL 处继续循环；若 CX=0

或者 ZF=1,则退出循环,执行下一条指令。

3. 过程调用指令

为了节省内存空间,通常将程序中常用到的具有相同功能、会多次反复出现的程序段编写成一个模块,称为子程序。需要使用该模块时,在主程序中调用子程序,子程序完成对应功能后,CPU 返回主程序断点处继续执行,这一过程称为过程调用和返回。8086/8088 指令系统针对这一功能提供了调用指令 CALL 和返回指令 RET。

(1)调用指令 CALL。

执行 CALL 指令时,CPU 自动对主程序的下一条指令的地址(当前 IP)进行入栈保护,然后将子程序的入口地址送到 CS 和 IP 中,程序转到子程序处执行。根据子程序存放位置的不同,调用指令有四种形式:段内直接调用、段内间接调用、段间直接调用和段间间接调用。

①段内直接调用。

指令格式:

```
CALL  NEAR PROC
```

该指令利用 NEAR 标明 PROC 是一个近过程符号地址,即调用的子程序与主程序在同一代码段内。调用子程序时,CPU 对下一条指令的偏移地址进行入栈保护,新的 IP 为当前 IP 与指令中相对偏移量的和。

段内直接调用时,指令中的 NEAR 可以省略。

该指令执行时,CPU 先将下一条指令的偏移地址压入堆栈,然后将当前 IP 与指令中的相对偏移量相加,得到的新的 IP 即为所调用的子程序的入口地址。

②段内间接调用。

指令格式:

```
CALL  OPRD
```

该指令中的操作数 OPRD 要求为 16 位寄存器或 2 个存储器单元的内容。段内间接调用同样是一个近过程。

该指令执行时,CPU 先将下一条指令的偏移地址压入堆栈,然后:若指令中的操作数为 16 位寄存器,则新的 IP 就等于该寄存器的值;若指令中的操作数为存储器单元,则将存储器连续两个单元的内容送入 IP 中。例如:

```
CALL  CX;IP=CX
CALL  WORD PTR[BX]
```

上面第二条指令中,若执行前 CS=1000H,IP=2000H,DS=1100H,BX=1200H,[12200H]=30H,[12201H]=40H,则执行后,CS=1000H,IP=4030H。

③段间直接调用。

指令格式:

```
CALL  FAR PROC
```

该指令利用 FAR 标明 PROC 是一个远过程符号地址,即调用的子程序和主程序不在同一代码段内。该指令执行时,CPU 先将 CALL 指令的下一条指令的地址,即 CS 和 IP 的内容压入堆栈,然后将指令中提供的段基址送入 CS 中、偏移地址送入 IP 中。例如:

```
CALL  1000H:2000H      ;执行后程序转去 12000H 地址处执行
```

④段间间接调用。

指令格式：

```
CALL  OPRD
```

该指令中的OPRD为32位的存储器地址，即为偏移地址所指向的连续4个存储器单元的内容。该指令执行时，CPU先将CALL指令的下一条指令的地址，即CS和IP的内容压入堆栈，然后将指令中连续4个单元的内容送入CS和IP中，其中高2个单元的内容作为段基址送入CS中，低2个单元的内容作为偏移地址送入IP中。例如：

```
CALL  DWORD PTR[BX]
```

若指令执行前DS＝1000H，BX＝2000H，则所调用程序的偏移地址存放在12000H，12001H，12002H和12003H这四个单元中，其中子程序的段基址存放在12002H和12003H中，偏移地址存放在12000H和12001H中。

(2)返回指令RET。

指令格式

```
RET
```

该指令的执行过程是CALL指令的反过程，执行时将入栈保护的内容出栈，近过程时将栈顶一个字的内容送入IP中；远过程时从栈顶弹出一个字的内容送入IP中，然后再弹出一个字的内容送入CS中。

不论是段间返回指令还是段内返回指令，指令格式都是RET。

返回指令对全部状态标志位均不产生影响。

4. 中断控制指令

中断，就是程序在运行期间由于某种随机或异常事件，要求CPU暂停正在执行的程序而转去执行另一个专门处理该事件的中断服务程序，处理完毕后返回到被中止处继续执行原来程序的过程。

8086/8088 CPU可以利用中断控制指令产生软件中断，以执行特殊的中断处理过程。

(1)中断指令。

指令格式：

```
INT  n
```

该指令中，n为中断类型号，取值范围为0～255。在执行中断指令时，首先将FLAGS入栈保护，然后清IF和TF控制标志位，利用n乘4得到中断向量的入口地址，然后将中断向量的第二个字送入CS中，最后将IP入栈保护，将中断向量的第一个字送入IP中，程序即转入相应的中断服务程序执行。

中断指令对除IF和TF外的标志位不产生影响。

(2)中断返回指令IRET。

指令格式：

```
IRET
```

该指令使CPU返回到被中断的主程序处继续执行。执行时，先将堆栈中的断电地址送入CS和IP中，然后弹出入栈保护的FLAGS内容。

中断返回指令对全部标志位均有影响。

3.4.7 处理器控制类指令

处理器控制类指令(见表 3-2)用以对 CPU 进行控制,实现修改标志位、暂停 CPU 工作等功能。

表 3-2 处理器控制类指令

指令格式		功能
标志位操作指令	CLC	CF←0;进位标志位清 0
	STC	CF←1;进位标志位置位
	CMC	CF←$\overline{\text{ACK}}$;进位标志位取反
	CLD	DF←0;方向标志位清 0,串操作从低地址到高地址
	STD	DF←1;方向标志位置位,串操作从高地址到低地址
	CLI	IF←0;中断标志位清 0,即关中断
	STI	IF←1;中断标志位清 0,即关中断
外部同步指令	HLT	暂停指令,使 CPU 处于暂停状态,常用于等待中断的产生
	WAIT	当$\overline{\text{TEST}}$引脚为高电平时,执行 WAIT 指令会使 CPU 进入等待状态,主要用于 CPU 与协处理器和外设的同步
	ESC	处理器交权指令,用于与协处理器配合工作时
	LOCK	总线锁定指令,主要为多机共享资源设计
	NOP	空操作指令,消耗 3 个时钟周期,常用于程序的延时等

习题

1. 什么叫指令?什么叫指令系统?指令由哪几部分组成?

2. 8086 指令系统的操作数寻址方式有哪几种?哪一种寻址方式的指令执行速度最快?

3. 给定(BX)=637DH,(SI)=2A9BH,偏移量 D=7327H,试确定在以下各种寻址方式下的有效地址 EA。

(1)直接寻址; (2)使用 BX 的寄存器寻址;

(3)使用 BX 的间接寻址; (4)使用 BX 的寄存器相对寻址;

(5)基址变址寻址; (6)基址变址相对寻址。

4. 若要检查 BX 寄存器中第 10 位是否为 0,应用什么指令实现?若要检查是否为 1,又应用什么指令实现?

5. 什么是寻址方式?对于双操作数指令来说,为什么不需要指定操作结果的存放位置?

6. 现有(DS)=2000H,(BX)=0100H,(SI)=0002H,(20100H)=12H,(20101H)=34H,(20102H)=56H,(20103H)=78H,(21200H)=2AH,(21201H)=4CH,(21202H)=0B7H,(21203H)=65H,试说明下列各条指令执行完后,AX 寄存器的内容。

(1) MOV AX,1200H; (2)MOV AX,BX;

(3) MOV AX,[1200H]; (4)MOV AX,[BX];

(5) MOV AX,1100H[BX]；　　(6)MOV AX,[BX][SI]；

(7) MOV AX,1100H[SI][BX]。

7. 在直接寻址方式中，一般只给出操作数的偏移地址，那么段基址如何确定？如果要用某个段寄存器指出段基址，指令中应如何表示？

8. 什么是堆栈？它的工作原则是什么？它的基本操作有哪两个？对应哪两种指令？

9. 在寄存器间接寻址方式中，BX,BP,SI,DI 分别针对什么情况来使用？这四个寄存器组合间接寻址时，地址是怎样计算的？举例说明。

10. 假定(DS)＝2000H,(ES)＝2100H,(SS)＝1500H,(SI)＝00A0H,(BX)＝0100H,(BP)＝0010H，数据段中变量名 VAL 的偏移地址值为 0050H，试给出下列源操作数字段的寻址方式、物理地址值。

(1)MOV AX,0ABH；　　(2)MOV AX,BX；

(3)MOV AX,[100H]；　　(4)MOV AX,VAL；

(5)MOV AX,[BX]；　　(6)MOV AX,ES:[BX]；

(7)MOV AX,[BP]；　　(8)MOV AX,[SI]；

(9)MOV AX,[BX+10]；　　(10)MOV AX,VAL[BX]；

(11)MOV AX,[BX][SI]；　　(12) MOV AX,VAL[BX][SI]。

11. 执行下列指令后，AX 寄存器中的内容是什么？

```
TABLE  DW  10H,20H,30H,40H,50H
ENTRY  DW  3
…
MOV  BX,OFFSET TABLE
ADD  BX,ENTRY
MOV  AX,[BX]
```

12. 已知程序段如下：

```
MOV AX,1234H
MOV CL,4
ROL AX,CL
DEC AX
MOV CX,4
MUL CX
INT 20H
```

试问：

(1)每条指令执行完后，AX 寄存器的内容是什么？

(2)每条指令执行完后，进位标志、符号标志和零标志的值是什么？

(3)程序结束时，AX 和 DX 的内容是什么？

第4章 汇编语言程序设计

4.1 概述

一般来说，编写程序时可以选择三种不同层次的计算机语言，即机器语言、汇编语言和高级语言。

1. 机器语言

机器语言用二进制数表示指令和数据，是计算机唯一可直接理解和执行的语言。机器语言执行速度快，内存占用少，但由于指令和数据都用二进制数表示，编写和阅读都比较烦琐、不直观，不容易理解和记忆，因此目前机器语言用得较少。

2. 汇编语言

汇编语言用指令助记符来书写指令，助记符一般是英文单词的缩写，它反映了指令的功能和主要特征，便于人们理解和记忆，并且可用符号名字来表示地址和数据，编写、阅读和修改比较方便，执行速度与机器语言相差不多。用汇编语言编写的程序称为汇编语言源程序(ASM 文件)。计算机不能直接识别和执行汇编语言源程序，所以必须用特定的汇编程序把汇编语言源程序翻译成相对应的机器语言，形成由机器语言组成的目标程序(称为 OBJ 文件)，这个过程称为汇编(assemble)。OBJ 文件虽然是二进制文件，但需要经过连接程序(LINK)把目标程序与库文件或其他目标程序连接形成可执行文件(EXE 文件)，这个文件可由 DOS 装入内存后执行。

机器语言和汇编语言都是针对某种具体的 CPU 而设计的，不具有通用性。

3. 高级语言

高级语言并不特指某一种具体的语言，而包括很多计算机语言，如目前流行的 Java 语言、C语言、C++语言、C#语言、Pascal语言、Python语言、LISP语言、Prolog语言、FoxPro语言、VC语言等。这些语言的语法、命令格式都不相同。高级语言不针对某个具体硬件，不需要了解计算机内部的结构和原理，通用性强，语法和结构接近自然语言和数学公式的编程，更容易理解和编写。高级语言编写的程序也需要编译成机器语言才能运行。

三种语言各有优缺点，机器语言程序快捷，但不易编写和阅读。目前，很少有人直接使用机器语言编程。高级语言方便学习和使用，但它不便于直接访问硬件，不能充分发挥硬件电路的性能，而且用高级语言编写的程序经编译形成的目标程序相对较大，占用较多内存。汇编语言介于两者之间，采用汇编语言编写的程序虽不如采用高级语言编写的程序简便、直观，但是汇编出的目标程序占用内存较少、运行效率较高，且能直接引用计算机的各种设备资源，所以汇编语言通常用于编写系统的核心部分程序，或编写需要耗费大量运行时间和实时性要求较高的程序段。

上一章讲解了8086/8088 CPU的指令系统，所有指令都属于汇编语言的语句，本章讲解如何把所学指令根据要求排列组合，编写出汇编语言源程序。

4.2 汇编系统软件emu8086简介

emu8086集源代码编辑器、汇编/反汇编工具以及可以运行debug的模拟器于一身。它能模拟一台“虚拟”的电脑运行程序，拥有独立的“硬件”，避免访问真实硬件。该软件兼容英特尔公司的下一代处理器，包括Pentium Ⅱ、Pentium Ⅳ。利用该软件提供的调试工具，能够单步跟踪程序，观察程序执行过程中寄存器、标志位、堆栈和内存单元的内容。

1. 创建程序

打开emu8086，在“welcome…”对话框中单击 新建 按钮，创建文件。

在“choose code template”对话框（见图4-1）中，选择“COM模板-simple and tiny executable file format, pure machine code.”后，单击 OK 按钮。

在图4-2所示的编辑界面中，在“;add your code here”部分输入相应的指令，第一条指令默认的偏移地址为100h。

输入全部指令后，单击保存按钮，保存相应的程序段。

2. 执行程序

在编辑界面中，单击 模拟 按钮，自动完成源程序的编译和连接，如图4-3所示。在图4-4所示的“emulator”对话框中，左边部分列出了寄存器的当前值，右边部分是已经输入的程序段，中间部分是右边每条指令的物理地址和对应的机器代码，中间的文本框中列出了当前指令的CS和IP。单击 单步运行 按钮，可以单步执行一条指令；单击 run 按钮，可以一次执行完所有程序；单击 重载 按钮，可以重新回到第一条指令的位置处；单击 加载... 按钮，可以重新加载另一个程序。

在“emulator”对话框中，选择“文件”菜单中的“存储器”菜单项，也可以观察内存的情况。在“Random Access Memory”对话框中，可以修改文本框中的值，确定所要观察的地址，该值由“段基地址:段内偏移地址”构成。如图4-5所示，当前要观察的内存地址为（0100:2000）。在显示结果中，左边是逻辑地址，中间是从该地址开始的连续16个字节的内容，右

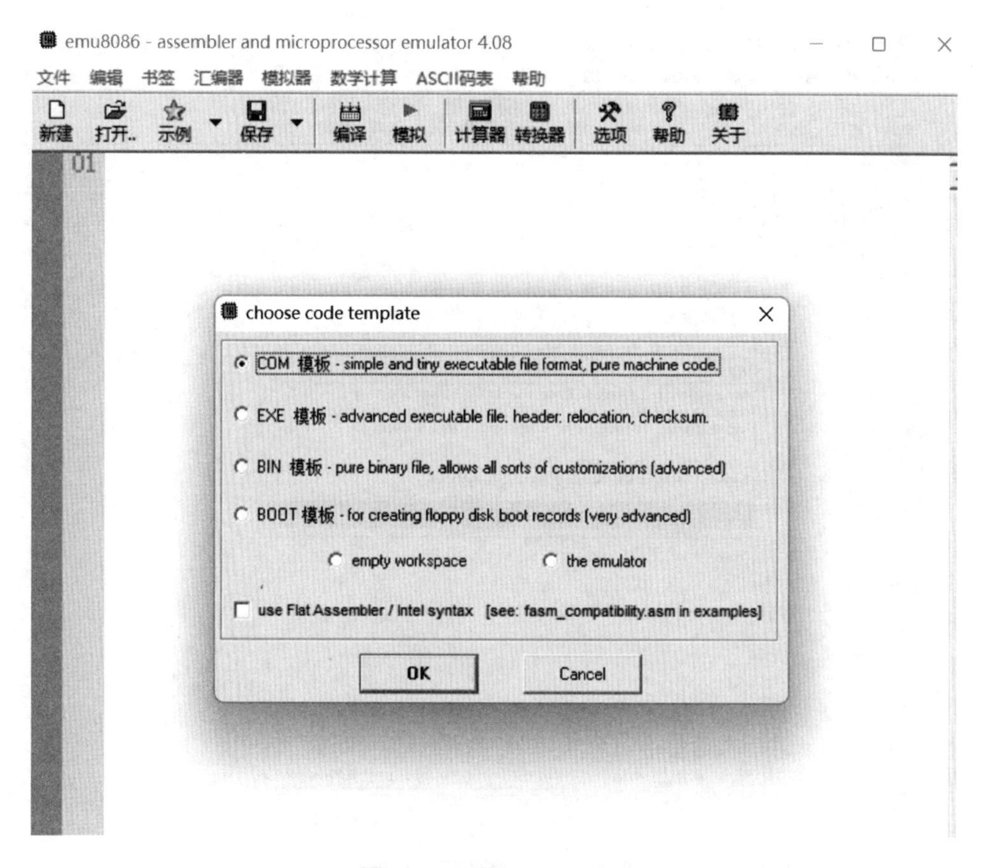

图 4-1 emu8086 入口界面

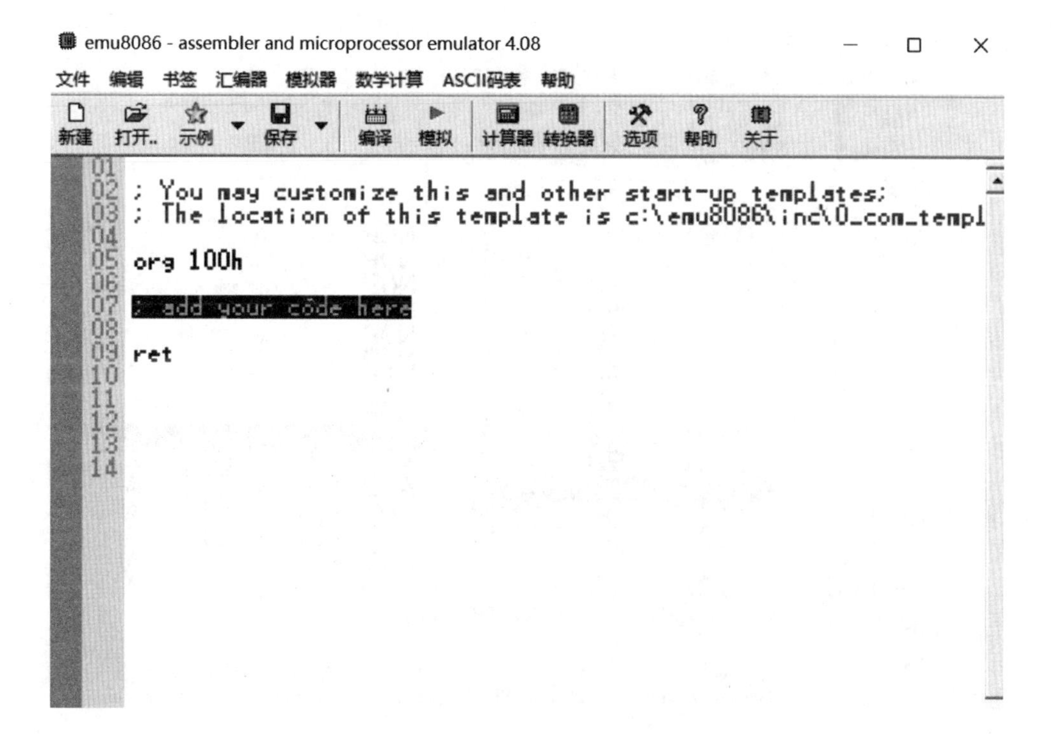

图 4-2 emu8086 编辑界面

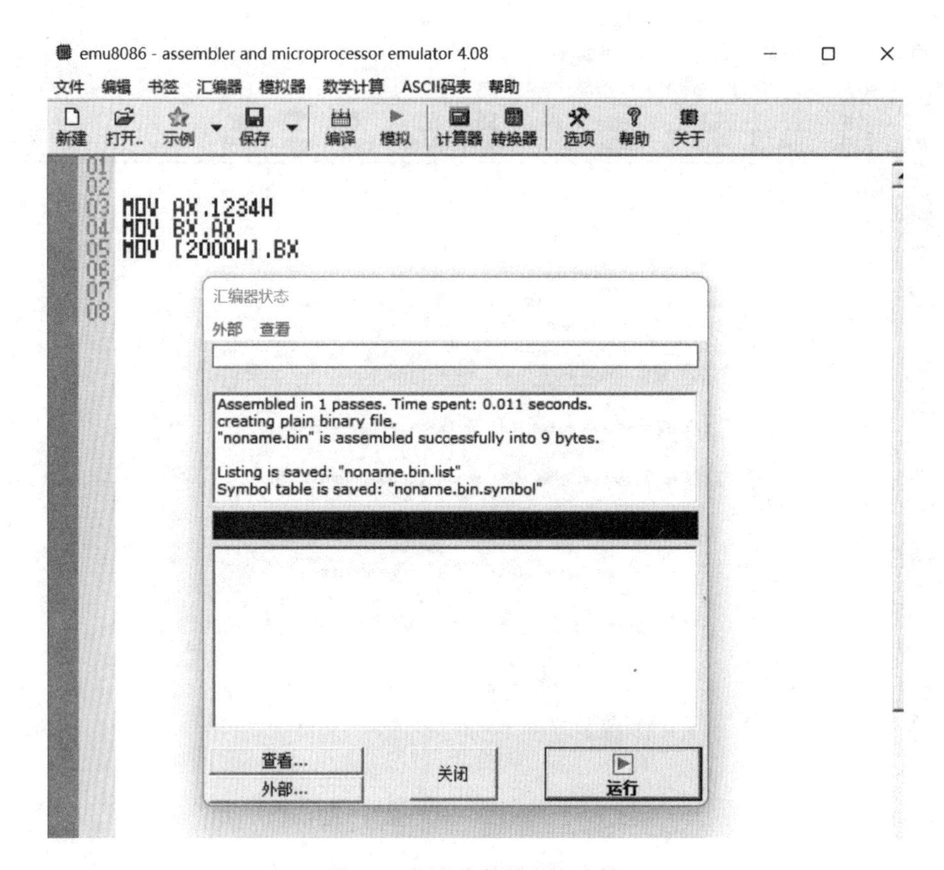

图 4-3 源程序的编译和连接

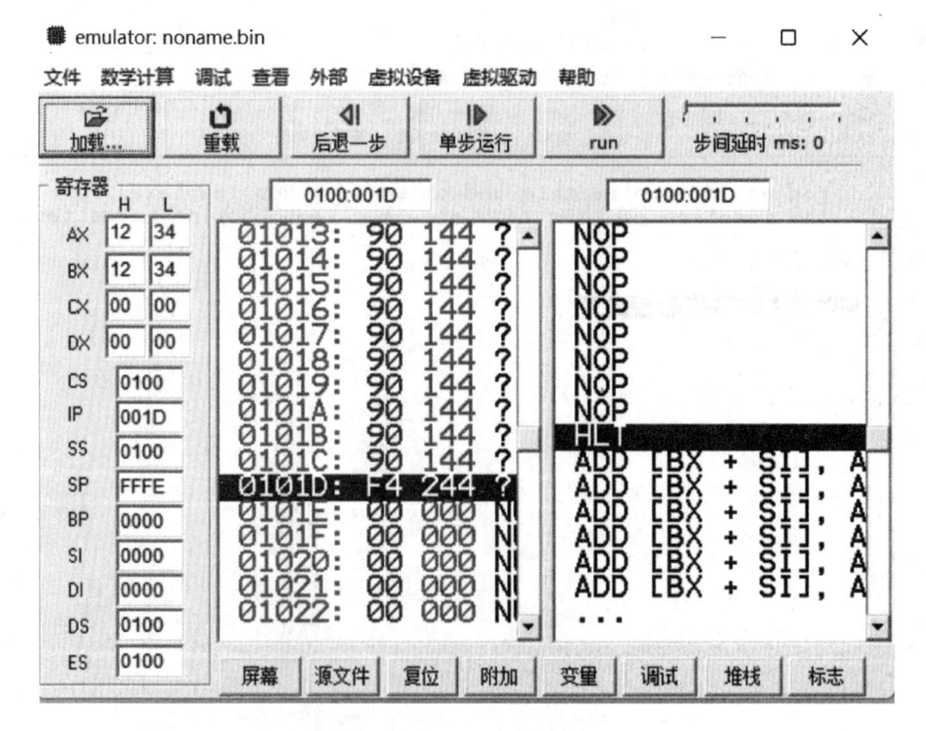

图 4-4 “emulator”对话框

边是每个字节对应的字符。在该对话框中，也可以直接修改存储器单元的值。在图4-5所示的界面中，DS=0100H，若要查看该数据段中偏移地址为2000H位置处的内存单元的内容，可以在文本框中输入0100:2000，显示结果如图4-5所示，中间部分依次列出从该地址开始的所有字节的内容。

如图4-5所示，从物理地址3000H(即0100:2000H)开始的连续4个字节的内容已经被修改为34H,12H,00H和00H。

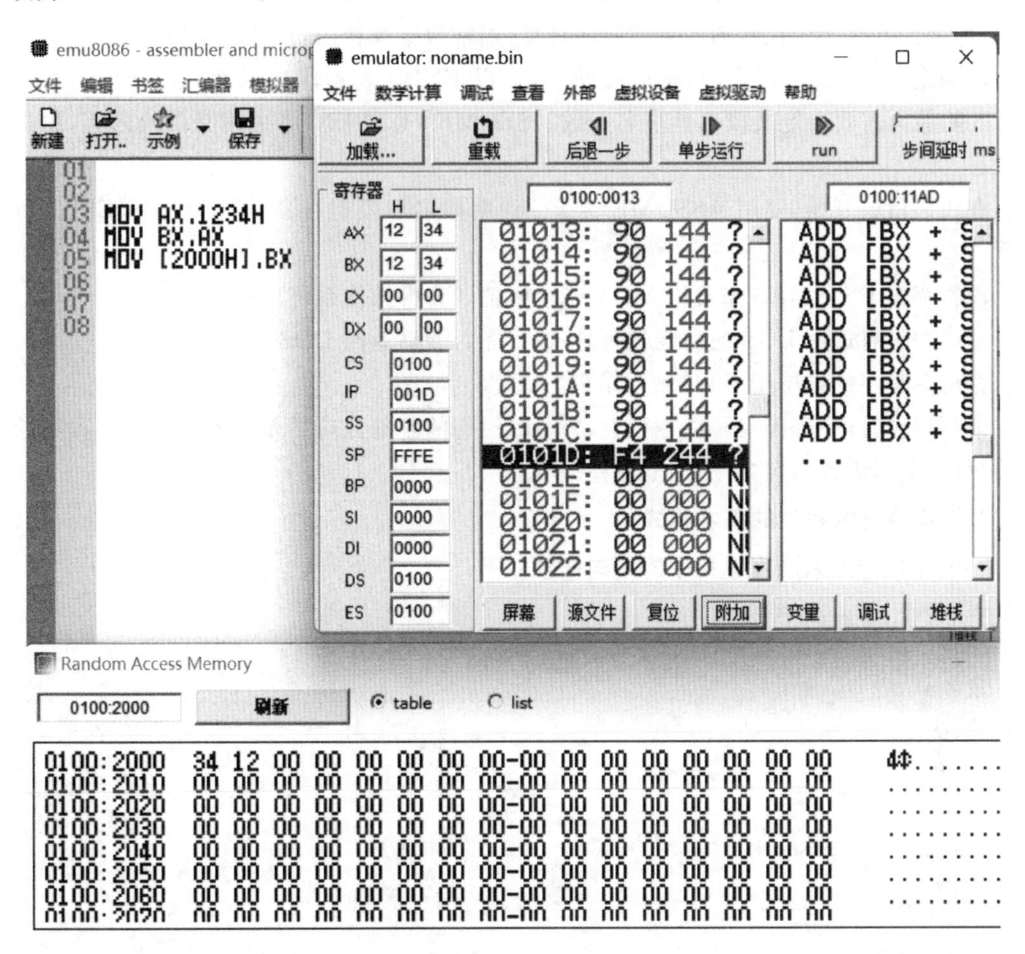

图4-5 运行界面

在“emulator”对话框的底部，单击 堆栈 按钮，可以观察栈的内容；单击 标志 按钮，可以观察标志寄存器中标志位的内容。

4.3 汇编语言源程序的结构及语句格式

4.3.1 汇编语言源程序的结构

1. 汇编语言程序基本原则

较大的程序可以划分成多个独立的源程序(或称模块)，并对每个模块独立地进行汇编，生成各自的目标程序，最后将它们连接成为一个完整的可执行程序。简单的程序一般由一个源程序构成。

汇编语言源程序通常由若干段(SEGMENT)构成,一般包含代码段、数据段、附加段和堆栈段。代码段中存放源程序中的指令,用以实现程序的主要目的;数据段中存放源程序中的变量、数据等的定义语句,以数据定义伪指令为主;附加段是一个辅助的数据区,功能与数据段相同;堆栈段是以“后入先出”方式工作的一段内存,在子程序调用和响应中断时用来保护断点地址,也可以临时保存寄存器或内存单元的内容。段的数量原则上不受限制,按需要确定,但至少要有一个代码段。各段顺序任意,通常数据段在前,代码段在后。

段的定义:由 SEGMENT 表示段的开始,以 ENDS 表示段的结束,在 SEGMENT 和 ENDS 的前面需要自定义段名且段名一致。SEGMENT 和 ENDS 之间是段的内容,由指令构成。

在代码段的开始,要用 ASSUME 伪指令说明段名和段寄存器(CS,DS,SS,ES)的对应关系。

段寄存器 DS,SS,ES 需要用 MOV 指令赋值,CS 由操作系统自动赋值。

程序中设有返回 DOS 的功能,使程序执行完后能够返回 DOS。

整个源程序的结尾用 END 表示结束。

编写程序时,一条语句写在一行上,书写时语句的各部分应尽量对齐。为增加程序的可读性,可在汇编语言语句“;”后加上注释。

2. 汇编语言源程序的基本格式

一个完整的汇编语言源程序的结构框架如下:

```
段名 1      SEGMENT
 ⋮
段名 1      ENDS
段名 2      SEGMENT
 ⋮
段名 2      ENDS
段名 3      SEGMENT
 ⋮
段名 3      ENDS
段名 4      SEGMENT
 ⋮
段名 4      ENDS
END
```

【例 4-1】 编写汇编语言源程序,将数据段中的两个字变量 VAR1 和 VAR2 相加,并将两数之和保存到附加段中字变量 SUM 中。

```
DATA  SEGMENT                 ; DATA 段开始
      VAR1  DW  0A0BCH        ; 定义变量 VAR1 并赋初值 0A0BCH
      VAR2  DW  2366H         ; 定义变量 VAR2 并赋初值 2366H
DATA  ENDS                    ; DATA 段结束
ESEG  SENMENT                 ; ESEG 段开始
```

```
         SUM    DW  0                           ; 定义变量 SUM 并赋初值
ESEG     ENDS                                   ; ESEG 段结束
STACK    SEGMENT                                ; STACK 段开始
         DB     100 DUP(0)                      ; 定义 100 个内存单元并赋初值
STACK    ENDS                                   ; STACK 段结束
CODE     SEGMENT                                ; CODE 段开始
         ASSUME CS:CODE,DS:DATA,ES:ESEG,SS:STACK
                                                ; 说明段寄存器和段名的对应关系
         START:  MOV    AX, DATA
                 MOV    DS, AX                  ; DS 赋值
                 MOV    AX, ESEG
                 MOV    ES, AX                  ; ES 赋值
                 MOV    AX, STACK
                 MOV    SS, AX                  ; SS 赋值
                 MOV    AX, VAR1                ; 从此处开始加入编写的程序段
                 ADD    AX, VAR2
                 MOV    SI, OFFSET SUM
                 MOV    ES:[SI], AX
                 MOV    AH, 4CH
                 INT    21H                     ; 返回 DOS
CODE     ENDS                                   ; CODE 段结束
         END    START                           ; 源程序结束,并给出程序入口地址
```

一个源程序中代码段、数据段、附加段以及堆栈段的数量可以根据需要确定,但一个源程序模块中只能有一个代码段、一个数据段、一个附加段、一个堆栈段。汇编语言源程序的分段组织是为了方便 CPU 对内存进行分段管理。程序在执行时,操作系统负责将指令代码、数据及变量等分别装入相应的内存段中。

◆ 4.3.2 汇编语言语句格式

从例 4-1 中可以看到,一个完整的汇编语言源程序除了需要用到第 3 章中的指令(又称指令性语句)外,还要用到伪指令(又称指示性语句)。

指令性语句是由 CPU 执行的语句。汇编时,每条指令性语句都会生成对应的二进制代码。第 3 章中所有的指令都属于指令性语句。指示性语句是由汇编程序执行的语句,汇编时不会生成二进制代码,汇编程序会根据指示性语句的具体功能对源程序进行分段,或者为变量、数据等分配内存单元等。

无论是指令性语句还是指示性语句,都有格式要求。指令性语句的一般格式为

```
[标号:]  [前缀]  操作码  [操作数],[操作数]  [;注释]
```

指示性语句的一般格式为

```
[名字]  伪操作  操作数[,操作数,…]  [;注释]
```

其中,加方括号的部分为可选项,可以根据实际情况决定保留或省略。各部分之间至少要用一个空格作为间隔。

1. 操作码/伪操作

操作码/伪操作部分反映了语句的功能。各操作码的功能参考第3章,伪操作包括定义数据(DB,DW等)、定义符号(EQU)、定义程序段(SEGMENT/ENDS)等。伪操作的功能详见4.4节。

2. 前缀

指令性语句的前缀功能参考第3章的相关内容。

3. 标号/名字

标号/名字部分是该语句的符号。标号表示指令性语句的符号地址,后面需要加":";名字一般表示变量名、段名或过程名等,后面不加":",用于伪指令前面。

标号和名字是由程序员定义的符号,由字母A~Z,数字0~9及专用符号?,.,@,一,$组合而成。对标号和名字的要求是:最大长度不能超过31个字符,且不能由数字打头;如果用到".",则"."必须是标号或名字的第一个字符;不能用保留字(如寄存器名、指令助记符、伪指令);不能重复定义。标号和名字可有可无,只有在需要用符号地址访问该语句时才会定义。

1)标号

程序中遇到转移指令或调用指令,需要知道转移的目标地址,若采用具体地址则很不方便,一则难以确定,二则一旦改动程序,地址会发生变化,所以采用标号来代替该地址。因此,标号是符号地址,表示一条指令在内存中的起始地址,只能出现在指令性语句中。标号后应加上冒号,常用作转移指令(包含子程序调用指令)的操作数,即目标地址,如例4-1中的START:即为标号。

标号有以下三个属性:

①段属性(SEGMENT):表示标号所在段的段基址。标号的段基址总是存放在CS寄存器中。

②偏移属性(OFFSET):表示标号所对应指令所在内存的起始偏移地址,该值是一个16位无符号数。

③距离属性(也叫类型属性TYPE):表示标号作为段内或段间的转移属性。标号按距离属性分为两种:NEAR(近标号),表示本标号只能被标号所在段内的转移和调用指令访问(即段内转移);FAR(远标号),表示本标号可以被其他段(不是标号所在段)的转移和调用指令访问(即段间转移)。

2)名字(变量名、段名、过程名)

变量通常是指存放在存储单元的数据(又称变量的内容)。这些数据的值在程序运行期间可以修改。变量在指令中作为存储器操作数使用,如例4-1中的VAR1,VAR2,SUM都是变量。

变量有三种属性:段属性、偏移属性、类型属性。变量的段属性是变量所在段的段基址。变量一般定义在数据段或附加段中,所以变量所在段的段基址在DS或ES寄存器中。变量的偏移属性是变量所在内存单元的起始偏移地址,该值是一个16位无符号数。变量的段属性和偏移属性又称为变量的地址。变量的类型属性定义该变量占用的字节数,包括BYTE(字节)、WORD(字)、DWORD(双字)、QWORD(四字)、TBYTE(十字)等。

段名是逻辑段所在内存的段基址。一个汇编语言源程序由若干个逻辑段组成，且逻辑段按顺序放在内存中。每个逻辑段都有自己的段名，如例4-1中的DATA，STACK，ESEG，CODE都是段名。

过程，也叫子程序，是程序的一部分，和主程序一样存放在内存中，它可以被程序调用。过程名是子程序所在内存的符号地址。过程名有三个属性：段属性、偏移属性、距离属性。段属性是指过程所在逻辑段的段基址；偏移属性是指过程所在内存的起始偏移地址；距离属性是指过程可以是近过程（NEAR）（与调用程序在同一个代码段中），也可以是远过程（FAR）（与调用程序在不同的代码段中）。

4. 操作数

操作数部分表示操作的对象。操作数可以有一个或多个，也可以没有，具体个数由操作码功能及实际需要确定。多个操作数之间用逗号分开。操作数可以是寄存器操作数、存储器操作数、立即数、标号、变量，或由表达式组成。表达式由常数、寄存器、标号、变量与操作符（＋，－，×，/等）组合而成，可以分为数字表达式和地址表达式两种。汇编时，汇编程序对程序中的表达式进行计算，从而得到一个数值或地址。

5. 注释

注释用来说明程序或语句的功能，注释前面用“;”标记。注释可以放在程序中任意位置，增加源程序的可读性。如果注释的内容较多，超过一行，则换行后前面还要加上“;”。注释不参加程序的汇编过程。

◆ 4.3.3 汇编语言的操作数部分

1. 立即数

立即数又叫常数，是一个纯数值。它的值是确定的，而且在程序的运行中也不会发生变化。它可以有以下几种类型：

（1）二进制数：以字母B结尾的由一串“0”和“1”组成的序列，例如0010110B。

（2）八进制数：以字母O或Q结尾，由若干个0到7的数字组成的序列，例如255O。

（3）十进制数：由若干个0到9的数字组成的序列，可以以字母D结尾，也可以省略字母D，例如1234D或1234。

（4）十六进制数：以字母H结尾，由若干个0到9的数字和A到F的字母组成的序列，且必须以数字开头，例如56H，0B3FH。

（5）字符串常数：用单引号括起来的一个或多个字符。这些字符以ASCII码的形式存在内存中，例如‘A’的值是41H，而‘B’的值是42H。

注意：为了区别由A～F组成的一个字符串是十六进制数还是英文符号，规定凡以字母A～F为起始字符的十六进制数，必须在前面冠以数字“0”。

2. 寄存器操作数

寄存器操作数是指已经存放在寄存器中的数据，分为8位和16位两种类型，以寄存器的名字来表示，如AX，BX，AL，AH等。

3. 存储器操作数

存储器操作数是指存放在内存中的数据，根据使用要求直接给出地址（用[偏移地址]表示)，或用符号来表示地址。根据所指向单元存储的内容不同，符号地址分为标号和变量两种。标号表示指令所存放的地址，可以作为转移、过程调用以及循环控制等指令的操作数；而变量表示存储单元中所存放的是数据，作为指令的操作数，可以在运行过程中修改数值。

4. 汇编语言表达式

表达式是用运算符把操作数连在一起，汇编时一个表达式得到一个值。根据表达式所得结果不同，表达式可分为以下两种：

(1)数值表达式：只产生数值结果。

(2)地址表达式：产生的结果是一个存储器地址。

8086/8088 支持的运算符较多，有些运算符和指令系统中的指令同名，注意不要混淆。常用的运算符有以下几种：

(1)算术运算符。

常用的算术运算符包括＋，－，×，/，MOD(求余)。例如：

```
MOV  AL, 4+8
```

汇编程序在汇编该指令时将计算出表达式的值，形成如下指令：

```
MOV  AL, 12
```

当算术运算符用于地址表达式时，一般只能使用“＋”和“－”两种运算符。例如，VALUE 为定义的变量，VALUE＋1 表示变量 VALUE 的地址加 1 得到新的内存单元地址，而不是表示 VALUE 单元的内容加 1。

例如，把字节类型数组 SUM 的第 5 个字节的内容传送到累加器 AL 中，可以使用如下指令：

```
MOV  AL, SUM+5   ; SUM表示数组 SUM的起始地址,5表示第 5个字节相对起始地址的偏移量
```

(2)逻辑运算符和移位运算符。

逻辑运算符包括 AND，OR，XOR 和 NOT；移位运算符包括 SHL 和 SHR。逻辑运算符和移位运算符只适用于对常数按位进行逻辑运算，得到一个数值结果。例如：

```
MOV  AL, 45H OR 08H          ; 等价于 MOV  AL,4DH
AND  DL, 6FH AND 78H         ; 等价于 AND  DL,67H
MOV  AL, 34H SHL 2           ; 等价于 MOV  AL,0D0H
```

汇编程序在汇编上述指令时，对表达式进行计算，并得到具体值。

(3)关系运算符。

关系运算符包括 EQ(相等)、NE(不相等)、LT(小于)、GT(大于)、LE(小于或等于)、GE(大于或等于)等。参与关系运算的可以是数值或地址，结果只有两种：若关系为假(不成立)，结果为 0；若关系为真(成立)，结果为 0FFH 或 0FFFFH(视操作数的类型而定)。例如：

```
MOV  DL, 3 LT 8          ; 3小于 8,关系成立,所以表达式结果为全 1
                         ; 由于 DL是 8位,因此把 11111111B送入 DL中
MOV  AX, 4 EQ 3          ; AX=0
```

(4)分析运算符。

分析运算符包括 OFFSET，SEG，TYPE，SIZE，LENGTH 等，用来对一个存储器操作数进行分析，得到存储器操作数的偏移地址、段基址、类型等相关属性。

①OFFSET。

格式：

```
OFFSET  变量名、标号或过程名
```

功能：取变量名、标号或过程名所在段的段内偏移量。例如：

```
MOV  SI, OFFSET  VAR       ; 将变量 VAR 的偏移地址送 SI
LEA  SI, VAR               ; 将变量 VAR 的偏移地址送 SI
```

这两条指令执行结果完全相同，都是把变量 VAR 的偏移地址送入 SI 寄存器中。

注意上述第一条指令与“MOV SI, VAR”的区别，这条指令是把变量 VAR 所指向的单元的内容送入 SI 中。

②SEG。

格式：

```
SEG  变量名、标号或过程名
```

功能：取变量名、标号或过程名所在段的段基址。例如：

```
MOV  AX, SEG VAR     ; 将变量 VAR 的段基址送 AX
MOV  DS, AX          ; 将 AX 中的内容送 DS
```

以上两条指令实现了把变量 VAR 的段基址送入数据段寄存器 DS 中，以备后续应用。

注意：SEG，OFFSET 只能对符号地址，也即变量名、标号、过程名进行操作，如下面的两条指令都是错误的。

```
MOV  BX, OFFSET  [SI]
MOV  AX, SEG  [BX]
```

③TYPE。

格式：

```
TYPE  变量名或标号
```

功能：返回一个数字值。若 TYPE 加在变量名前，返回该变量的类型属性；若 TYPE 加在标号前，返回该标号的距离属性。表 4-1 给出了变量或标号的类型值。

表 4-1　变量或标号的类型值

	属性	类型值
变量	BYTE	1
	WORD	2
	DWORD	4
标号	NEAR	−1
	FAR	−2

④LENGTH。

格式：

```
LENGTH  变量名
```

功能：返回一个变量名所占存储单元（字节、字或双字）的个数。若变量是用重复定义子句说明的，则返回 DUP 前面的数值；其余返回 1。

⑤SIZE。

格式：

```
SIZE    变量名
```

功能：返回变量名所占存储单元的字节数，它等于 LENGTH 和 TYPE 两个运算符返回值的乘积。

(5)合成运算符。

合成运算符可以规定存储器操作数的属性，比如类型等。常用的合成运算符为 PTR 运算符。

格式：

```
类型   PTR   表达式
```

功能：用于指明变量、标号或地址表达式的类型属性，新的类型只在当前指令内有效。其中，如果表达式是变量，那么类型可以是 BYTE，WORD，DWORD；如果表达式是标号，那么类型可以是 FAR 或 NEAR。PTR 运算符一般用在不能确定类型的指令中。

例如：

```
MOV   BYTE PTR [DI],4          ；指明目标操作数为字节类型
JMP   DWORD PTR [BP]           ；指明目标操作数为双字类型
INC   BYTE PTR [100H]          ；指明操作数为字节类型
```

注意第一条指令，如果不加类型说明，指令就是错误的，因为存储器操作数和立即数都不能确定类型，所以指令执行时数据类型不确定。

(6)其他运算符。

①方括号[ ] 运算符。

指令中用方括号表示存储器操作数，方括号中直接或间接(间接寻址寄存器有 BX，BP，SI，DI)给出存储器操作数的偏移地址。

方括号的运算规则说明如下：

a. 方括号中的内容表示存储器操作数的偏移地址；

b. 有多对方括号顺序排列时，操作数的偏移地址等于各方括号内的内容之和；

c. 一个常量后面跟有方括号时，操作数的偏移地址等于该常量与方括号内的内容之和；

d. 一个变量后面跟有方括号时，操作数的偏移地址等于该变量的偏移地址与方括号内的内容之和。

若方括号内包含基地址指针 BP，则隐含使用 SS 提供段基址，否则均隐含使用 DS 提供段基址。例如：

```
MOV   AL,CONST [BX]          ；AL←[BX+COUNT]
MOV   SI, 4[BX]              ；SI←[BX+4]
MOV   AL,[BX][SI][-5]        ；AL←[BX+SI-5]
```

②段超越运算符。

格式：

```
段寄存器:存储器操作数
```

功能：用来为存储器操作数指定段属性。

如果不用段超越运算符，使用的都是隐含段属性，比如直接寻址和使用 BX，SI，DI 这三个寄存器间接寻址时，默认段基址都存放在 DS 中；而使用 BP 间接寻址时，默认的段寄存器使用的是 SS。使用段超越运算符后，段寄存器使用的是指定的寄存器。例如：

```
MOV  AX,ES:[SI]  ;把附加段中SI所指向的单元中的一个字送给AX
```

4.4 伪指令

在第3章中讲解的指令与伪指令构成了汇编语言的两种基本语句:指令性语句和指示性语句。两者从指令表示形式及在语句中所处的位置来看是相似的,但又有着本质的区别。

指令性语句中的每条指令对应CPU的一种特定操作(算术运算、数据传送等),这些指令在汇编过程中最终转换为目标程序的机器代码,在运行该程序时被CPU执行。例如:

```
MOV  AX,100H  →  B80001
```

指示性语句用来指示汇编程序进行汇编的操作,例如用来定义变量、分配存储单元、指示程序开始和结束等。这些指令在汇编过程中被汇编程序执行,指示相应的汇编操作,它们自身并不产生任何目标代码。一个程序经汇编、连接和装入内存后,在CPU执行程序之前,指示性语句的功能已经完成,故伪指令又称为伪操作。

4.4.1 模块定义与连接伪操作

汇编语言可以把较大的程序划分成多个独立的源程序(或称模块),并对每个模块独立地进行汇编,生成各自的目标程序,最后将它们连接成为一个完整的可执行程序。各模块之间可以相互进行访问,进行资源共享。

1. 模块开始伪指令

格式:

```
NAME  模块名
```

功能:指明程序模块的开始,并指出模块名。

说明:模块名是自定义符,不能是系统保留字。

2. TITLE 伪指令

格式:

```
TITLE  标题名
```

功能:打印源程序时,为每一页指定打印的标题。

说明:标题名最多60个字符。若源程序中缺省NAME伪指令,则取TITLE语句中"标题名"的前6个字符作模块名;若TITLE伪指令和NAME伪指令全部缺省,则取源程序文件名为模块名。

3. 模块结束伪指令(源程序结束伪指令)

格式:

```
END 启动标号或过程名
```

功能:END表示一个模块(源程序)的结束,通知汇编程序停止汇编。END后面的标号指示程序开始执行的起始地址。如果多个程序模块相连接,则只有主程序要使用标号,其他子程序模块只用END而不必指定标号。

注意:

(1)END与NAME联合使用,当NAME缺省时,END只表示源程序的结束。

(2)汇编时只汇编到END为止,后边的不予处理。

例如：

```
START:MOV  AX,DATA        ；程序的第一条可执行指令
        ⋮
      END  START          ；给出程序的入口地址在 START 处
```

◆ 4.4.2 段定义伪指令

前面介绍过，汇编语言源程序是由若干个逻辑段组成的，段定义伪指令的作用是定义各逻辑段，常用的段定义伪指令有 SEGMENG，ENDS 和 ASSUME 等。

1. 段开始/段结束伪指令 SEGMENT /ENDS

格式：

```
段名  SEGMENT [定位类型][组合类型]['类别名']
 ⋮    段体
段名  ENDS
```

功能：定义一个逻辑段，为逻辑段定义一个段名，并以后面的任选项规定该逻辑段的其他特性。当定义数据段、附加段、堆栈段时，段体一般为变量、符号定义等伪指令；当定义代码段时，段体是指令。

注意：每个 SEGMENT/ENDS 可定义一个逻辑段，SEGMENT 和 ENDS 前面的段名必须一致。SEGMENT 后面有三个任选项，可以规定本段的特性，告诉汇编程序和连接程序如何确定段的边界，以及对于不同的段如何组合等。方括号表示这些选项可有可无，可根据实际情况而定。如果有，则三者的顺序必须符合格式中的规定。

(1)定位类型(align)：说明如何确定逻辑段的边界。定位类型有以下四种：

PARA(paragraph)：逻辑段从一个节（16 个字节）的边界开始，即段的起始地址应能被 16 整除，或者说段起始物理地址应为××××0H。如果省略该项，则默认为 PARA 类型。

BYTE：逻辑段从字节边界开始，即段可以从任意地址开始，此时本段的起始地址紧接前一个段开始。

WORD：逻辑段从字边界开始。2 个字节为 1 个字，段的起始地址必须是偶数。

PAGE：逻辑段从页边界开始。256 个字节称为 1 页，故段的起始物理地址应为×××00H。

(2)组合类型(combine)：用在具有多个模块的程序中，说明该逻辑段装入内存时，不同模块中各逻辑段的组合方式。

PUBLIC：不同程序模块中，所有此类型的同名段组合成一个逻辑段，共用一个段基址，运行时装入同一个物理段中。

COMMON：不同程序模块中，所有此类型的同名段具有相同的起始地址，即都从同一个地址开始装入，共享相同的存储区域。各个逻辑段会发生重叠覆盖，连接以后的段长度等于原来最长的逻辑段的长度，重叠部分内容是最后一个逻辑段的内容。

AT ＜数值表达式＞：表示本逻辑段按照数值表达式计算的结果来定位段基址，AT 后面表达式的数值就是段的段基址。例如 AT 3600H，表示本段的段基址为 3600H，本段从物理地址 36000H 处开始装入。

STACK：专用于说明堆栈段，组合方式同 PUBLIC，同名的堆栈段集中成为一个段，连

接之后生成的可执行文件中，栈顶指针 SP 的值设置在整个堆栈段的栈顶处。

MEMORY：表示当几个逻辑段连接时，本逻辑段定位在地址最高的位置。如果连接的模块中有多个 MEMORY 段，则汇编程序只将首先遇到的段作为 MEMORY 段，将其他段都作为 COMMOM 段处理。

默认 NONE：表示本逻辑段是不组合的，即不同程序模块中的逻辑段，即使段名相同，也会分别作为不同的逻辑段装入内存，不进行组合。但是，对于同一个模块中的组合类型默认的同名逻辑段，在连接时被集中成一个逻辑段。

(3)类别名（'Class'）：用单引号括起来的字符串。类别名的作用是决定连接时各逻辑段的装入顺序。在连接时，所有相同类别名的段被安排在连续的存储区域中，并按照出现的先后顺序排列。所有没有类别名的逻辑段一起连续装入内存。

例如，两个模块中堆栈段的组合：

在模块 1 中有段定义：

```
seg1  SEGMENT  PARA  STACK  'stack'
  ⋮
seg1  ENDS
```

在模块 2 中有段定义：

```
seg2  SEGMENT  PARA  STACK  'stack'
  ⋮
seg2  ENDS
```

连接时，这两个段类别名相同，被安排在一起。

上述三个可选项主要用于多个程序模块的连接。当程序只有一个模块，即只有代码段、数据段、堆栈段、附加段时，各段的组合类型及类别名均可省略。

2. 段寄存器说明伪指令 ASSUME

格式：

```
ASSUME 段寄存器名:段名[,段寄存器名:段名…]
```

功能：说明已经用 SEGMENT 定义的段寄存器与段名的对应关系，向汇编程序说明各段所用的段寄存器。

注意：本伪指令应放在可执行程序开始之前的位置，各段必须提前定义，段寄存器根据实际选择 DS,ES,SS,CS。

本伪指令只是指示各逻辑段使用段寄存器的情况，并没有对段寄存器内容进行装填；用到的段寄存器 DS,ES 和 SS 的实际值还要由 MOV 指令在程序中装填（初始化），即将段基址装入段寄存器；代码段段基址不需要由程序员装入 CS 寄存器，而由 DOS 负责装入。该伪指令也可用来取消段寄存器与段名之间的对应关系（用 NOTHING），然后再建立新的对应关系。

【例 4-2】 ASSUME 使用举例。

DATA 段、EDATA 段、SDATA 段定义略。

```
CODE      SEGMENT
          ASSUME  CS:CODE,DS:DATA,ES:EDATA,SS:SDATA
START:    MOV  AX,DATA
```

```
        MOV  DS,AX            ；将 DATA 段段基址送 DS
        MOV  AX,EDATA
        MOV  ES,AX            ；将 EDATA 段段基址送 ES
        MOV  AX,SDATA
        MOV  SS,AX            ；将 SDATA 段段基址送 SS
        …
        …
        …
CODE ENDS
```

例 4-2 中的程序中定义了 DATA，EDATA，SDATA 及 CODE 4 个逻辑段，在代码段开始处用 ASSUME 说明了 CODE 段为代码段，DATA 段为数据段，EDATA 段为附加段，SDATA 段为堆栈段；随后使用 MOV 指令初始化 DS，ES，SS。汇编时，系统自动将代码段的段基址装入 CS 中，因此 CS 不用初始化。

取消段寄存器与段名之间对应关系的指令格式如下：

```
ASSUME  CS:CODE,DS:DATA
ASSUME  DS:NOTHING        ；解除 DS 和原来段名的对应关系
```

4.4.3 数据定义伪指令

数据定义伪指令用来定义变量，可以为变量定义名字、类型、初值及分配地址空间。

变量通常是存放在某些存储单元的数据，这些数据在程序运行期间可以修改。变量名由用户指定，必须符合前面所讲的命名规则。变量有三个属性，即段属性（SEGMENT）、偏移属性（OFFSET）和类型属性（TYPE）。

数据定义伪指令格式如下：

```
[变量名]  变量定义伪指令 操作数[,操作数…]
```

用途：定义变量类型，为存储器赋初值，或仅为变量分配存储单元，而不赋予特定的值。

1. 变量名

变量名为可选项，可根据情况确定有无。

2. 数据定义伪指令

常用的数据定义伪指令有以下 5 种：

DB(dfine byte)：定义变量的类型为字节 BYTE。用 DB 定义的每个操作数占一个字节单元。该伪指令也可以用来定义字符串。

DW(dfine word)：定义变量的类型为字 WORD。用 DW 定义的每个操作数占两个字节单元。操作数在内存中存放时，低字节存放在低地址，高字节存放在高地址。

DD(dfine double word)：定义变量的类型为双字 DWORD。用 DD 定义的每个操作数占四个字节单元。操作数在内存中存放时，低字节存放在低地址，高字节存放在高地址。

DQ(dfine quadword)：定义变量的类型为四字 QWORD。用 DQ 定义的每个操作数占八个字节单元。操作数在内存中的存放原则同 DW 和 DD。

DT(dfine tenbytes)：定义变量的类型为十字节 TBYTE。用 DT 定义的每个操作数均为十个字节的压缩 BCD 码。

3. 操作数

数据定义伪指令后面的操作数可以是常数、表达式或字符串。伪指令后面的操作数可以有多个，每个操作数的取值范围不能超出伪指令定义的数据类型限定的范围。例如伪指令 DB 定义的数据类型为字节，它所定义的操作数的取值范围为无符号数 0～255 或有符号数－128～＋127。字符串及字符都需要放在单引号中，超出两个字符的字符串只能用 DB 定义。下面介绍几种常用的操作数类型。

1）常数

操作数为常数时，实际上是为数据分配存储单元，并把变量名作为该存储单元的名称。若要定义多个相同类型的数据，可用逗号把这些数据隔开，并顺序分配在相邻的存储单元。

【例 4-3】 变量定义及变量在内存的存放情况。

```
BUF  DB  20H,30H          ；定义字节变量 BUF
DAT  DW  1234H,5678H      ；定义字变量 DAT
VAR  DW  -1,0FCH          ；定义字变量 VAR,该变量为有符号数
```

以上变量在内存中的存放情况见图 4-6。

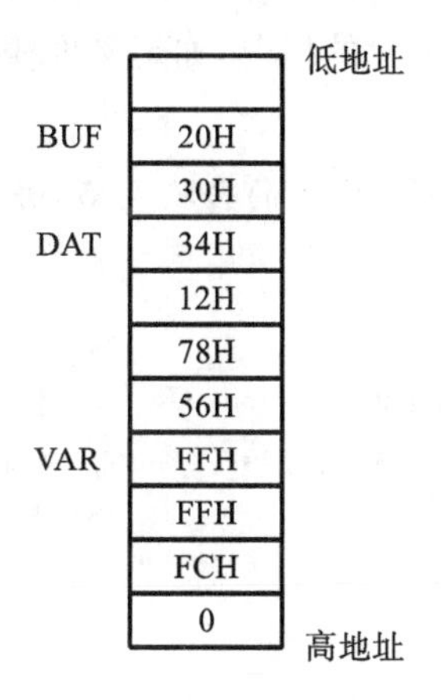

图 4-6 变量定义图

注意：有符号数用补码表示。

2）ASCII 字符串

字符串必须用单引号括起来，并且不超过 256 个字符。ASCII 字符串在内存中按地址递增顺序自左向右依次存放字符的 ASCII 码。

【例 4-4】 字符串定义及其在内存的存放情况。

```
STRING    DB  'ABC'
STRING1   DB  'How are you? '      ；每个字符(含空格)占一个字节
DATA      DB  'AB'
DATA1     DW  'AB'
```

变量 DATA 和 DATA1 的字符串虽然相同，但由于数据定义伪指令不同，因此在内存中的分配不一样：变量 DATA 在内存中的存放顺序是 41H，42H；DATA1 在内存中的存放顺序是 42H，41H。

注意：当定义和初始化两个以上的字符串时，只能用 DB，不能用 DW，DD 等。

3)? 表达式

? 表达式是可以为变量分配存储单元的一种方法,但存储单元中不预置初值。它常用来预留存储单元,用以存放程序的中间结果或最终结果。

例如:

```
RESULT  DB  ?          ; 预置一个字节单元,其值不定
ABC     DB  12H , ?, ? , 24H
DEF     DW  ?,895H ,?
```

4)重复定义子句 DUP

格式:

```
n DUP (初值[,初值…])
```

作用:为若干个重复数据分配存储单元。n 表示重复次数,初值表示重复的内容。

例如:

```
DAT1  DB  10 DUP(?)        ;为变量 DAT1 分配 10 个字节,初值任意
```

DUP 操作可以嵌套,例如:

```
DAT2 DB 2 DUP(5 DUP(1),2) ; 为变量 DAT2 分配 12 个字节,初值分别为 1,1,1,1,1,2,1,1,1,1,1,2
```

DUP 主要用于需要预留存储单元的情况,如定义堆栈区或为数据定义缓冲区等。

5)数据定义伪指令综合举例

【例 4-5】 在内存中建立 ASCII 码的转换表格,并查出第 10 个元素即'A'的 ASCII 码,存入 ASC 变量中。

```
DATA      SEGMENT
HEXTAB    DB 30H,31H,32H,33H,34H,35H,36H,37H
          DB 38H,39H,41H,42H,43H,44H,45H,46H     ;省略变量名
ASC       DB  0
DATA      ENDS
…
```

程序:

```
LEA  BX,HEXTAB
MOV  AL,0AH
XLAT                                             ;AL=41H
MOV  ASC,AL
…
```

【例 4-6】 利用分析运算符求变量的属性。

假设数据段中定义了以下变量:

```
BUF1  DB   100 DUP(0)          ;为变量 BUF1 分配 100 个字节,初值为 0
BUF2  DW   100 DUP(20H)        ;为变量 BUF2 分配 100 个字,初值为 20H
BUF3  DD   100 DUP(13H)        ;为变量 BUF3 分配 100 个双字,初值为 13H
BUF4  DB   12H,34H,24H,33H     ;为变量 BUF4 分配 4 个字节,并分别赋初值
```

则可知各变量的属性如下:

```
LENGTH        BUF1=100
TYPE          BUF1=1
LENGTH        BUF2=100
```

```
TYPE        BUF2=2
LENGTH      BUF3=100
TYPE        BUF3=4
LENGTH      BUF4=1
TYPE        BUF4=1
SIZE        BUF1=100
SIZE        BUF2=200
SIZE        BUF3=400
SIZE        BUF4=1
```

指令及其执行结果如下：

```
MOV  BX, LENGTH BUF2          ; BX=100
MOV  BX, LENGTH BUF4          ; BX=1
MOV  CX, SIZE BUF2            ; CX=200
MOV  CX, SIZE BUF3            ; CX=400
```

4.4.4 符号定义伪指令(赋值语句)

功能：为一个表达式重新命名，或定义新的类型属性等，以后凡出现该表达式的地方都可用这个名字表示。常用的符号定义伪指令有两种：等值伪指令 EQU，等号伪指令＝。

1. 等值伪指令 EQU

格式：

```
名字  EQU  表达式
```

功能：将表达式的值赋予一个名字，程序中可以用这个名字代替表达式。

表达式可以是常数、符号、数值表达式、地址表达式、寄存器名等。

例如：

```
CR     EQU   0DH        ; CR 等价于 0DH
ROW    EQU   25         ; ROW 等价于 25
```

在程序中可以直接用以上定义代替表达式的值。

例如：

```
MOV  AL,CR          ; AL=0DH
MOV  BL,ROW         ; BL=25
```

注意：EQU 伪指令不允许对同一名字重复定义。

2. 等号伪指令

格式：

```
符号名=表达式
```

功能：将表达式的值赋给符号名。

说明：可以在程序中不同的地方多次使用，以重新为符号名赋值。

例如：

```
ALFA =100
MOV  AL,ALFA        ; AL←100
ALFA=ALFA+2         ; ALFA=102
MOV  AL,ALFA        ; AL←102
```

注意:等值和等号定义语句均不占用存储空间,仅是给符号赋值。

4.4.5 过程定义伪指令

程序设计时,经常需要将在不同的地方反复出现的程序段设计成过程(相当于子程序)。过程可以被其他程序调用。过程执行结束后,再返回原来调用处执行。过程的定义需要用过程定义伪指令完成。

格式:

```
过程名  PROC   [NEAR / FAR]
          ⋮     过程体
         RET
过程名  ENDP
```

PROC 和 ENDP 共同定义一个过程,过程名前后必须一致。过程名是名字的一种,必须符合命名规则。它实质上和标号一样,是过程入口的符号地址,也有三种属性:段属性、偏移属性和类型属性。

NEAR/FAR 说明该过程的类型为近过程/远过程。如果没有指明属性,默认为 NEAR。NEAR 类型的过程只能在段内调用,而 FAR 类型的过程可以在段间调用。

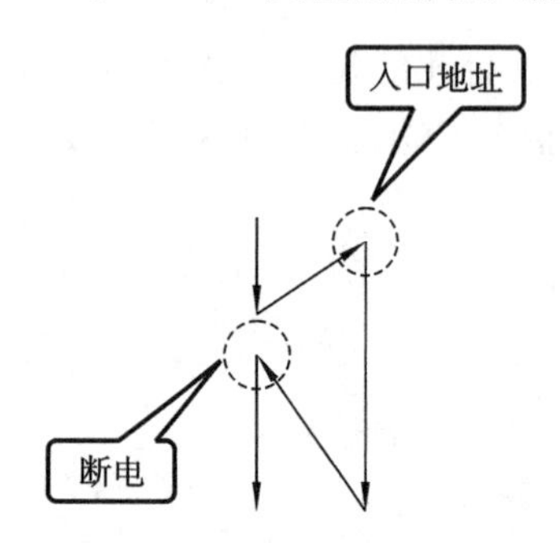

图 4-7 过程的调用和返回过程

过程一旦定义好,在程序的其他地方就可以用 CALL 指令来调用。段内调用时,系统自动将 CALL 指令的下一条指令(即断点)的偏移地址 IP 压栈,将新的目标地址(子程序首地址)装入 IP 中,控制程序转移到由过程名指明的入口地址处,如图 4-7 所示。段间调用过程类似,只是把断点处的 IP 与 CS 压栈,将新的目标地址(子程序首地址)装入 IP 与 CS 中。过程执行完毕后,要重新返回断点处执行,这用 RET 指令即可实现。RET 通常作为一个子程序的最后一条指令,用以返回到调用子程序的断点处,即从堆栈弹出断点送 IP(或 IP 和 CS)。根据情况,过程中可有不止一条 RET 指令。

过程通常在需要的地方被调用,不调用时不能执行该过程,所以过程在一个完整的汇编语言源程序中的位置一般有两个,一个是执行程序入口之前(如下例所示),另一个是执行程序结束之后,具体在后文完整汇编语言源程序处讲述。

例如:

```
CODE  SEGMENT
      ASSUME  CS: CODE
APRC  PROC
      …
      RET
APRC  ENDP
STAR: …
      CALL  APRC
      …
      CALL  APRC
      …
CODE  ENDS
END   STAR
```

上例中 APRC 定义为过程，程序从 STAR 处开始向后执行，当执行到 CALL APRC 指令时调用该过程，执行完 APRC 过程后继续执行 CALL APRC 后面的指令。

4.4.6 其他伪指令

1. ORG 伪指令

格式：

```
ORG  表达式
```

功能：将指令中的表达式的值定义为下一条指令的偏移地址。

```
ORG   0100H     ；从 0100H 开始存放
ORG   $+20      ；$ 为当前地址，从此地址后 20 字节处开始存放
```

【例 4-7】 说明以下数据段在存储器中的存放形式。

```
DATA    SEGMENT
D0      DB 10H
D1      DB 11H,22H,33H
ORG     0020H
D2      DW  5566H, 7788H
ORG     $+2
D3      DB  23H
DATA    ENDS
```

该数据段中的数据排列如图 4-8 所示，第一个定义的变量 D0 从偏移地址为 0000H 处开始存放，之后依次存放 D1 的三个字节数据。由于使用了 ORG，因此 D2 从偏移地址为 0020H 处开始存放，而 D3 则从 0024H+2=0026H 处开始存放。

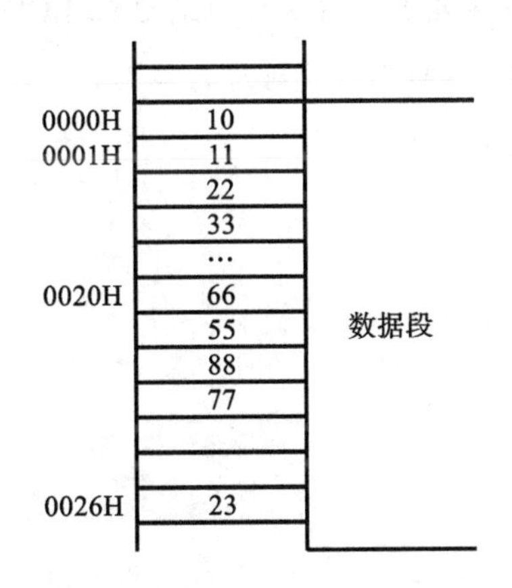

图 4-8 DATD 数据段中的数据排列

2. END 伪指令

指令格式：

```
END  [表达式]
```

END 标志着源程序的结束，通知汇编程序汇编过程到此结束。表达式一般为标号，表示程序执行时起始指令对应的地址，程序执行时将该地址的段基址和段内偏移地址送给 CS 和 IP。END 后面的表达式也可以省略，此时汇编程序默认将程序中第一条指令的地址作为程序执行的开始地址。当程序中有多个模块连接在一起时，只有主模块的 END 语句后面可

以加表达式。

4.5 宏指令

如果在程序中需要多次使用同一个程序段，可以将这个程序段定义为一个过程，也可以利用宏指令将这个程序段定义为一个宏，然后在需要时，简单地用宏名来代替这个程序段。Microsoft 宏汇编程序 MASM 提供了丰富的宏处理伪指令。

宏指令的使用要经过以下 3 个步骤：

(1) 宏定义：用 MACRO 和 ENDM 对各个宏指令进行定义，并给每一个宏起一个宏名。

(2) 宏调用：在需要使用的地方，通过宏名来调用它。

(3) 宏扩展：由宏汇编程序用宏定义中的指令来代替宏调用中的宏名。

4.5.1 宏定义

格式：

```
宏名  MACRO   [形参,形参,…]
      ⋮  宏体
      ENDM
```

MACRO 是宏定义符，它将宏体中包含的程序段定义为一个宏名，以后就可以用宏名多次调用了。ENDM 表示宏定义结束，前面不加宏名。宏名必须先定义后调用。

其中，形参是形式参数(dummy parameter)的简称。当有多个形参时，相互之间用逗号隔开。以后调用时，要在宏名后加上相应的实际参数。

【例 4-8】 若程序中有多处需要将 AL 中的 2 位 BCD 码转换成 ASCII 码并存放到 BX 中，则可以定义以下宏指令，然后在需要时进行调用。

```
BCDASC        MACRO
            MOV   BH, AL
            AND   AL, 0FH
            ADD   AL, 30H
            MOV   BL, AL
            AND   BH, 0F0H
            MOV   CL, 4
            SHR   BH, CL
            ADD   BH, 30H
ENDM
```

4.5.2 宏调用

经宏定义后得到的宏名，在应用时可直接引用，称为宏调用。宏调用时，形参要用实际参数(actual parameter，简称实参)取代。宏调用的格式是：

```
宏名 [实参,实参,…]
```

一般情况下，实参的个数和顺序要和形参一一对应，但是，汇编程序允许二者个数不等。当实参多于形参时，多余的实参会被忽略；当实参少于形参时，认为多余的形参为空。

4.5.3 宏扩展

当源程序被汇编时,汇编程序将对每个宏调用做宏扩展。宏扩展就是用宏定义体取代源程序中的宏名,而且用实际参数取代宏定义中的形式参数。源程序在汇编后,在引用宏名的地方插入了宏体,它在.LST文件列表时可以看到,其中有+号的指令便是宏扩展的语句。

【例4-9】 用宏指令实现两个8位带符号数相乘,得到一个16位的商,存到第三个参数。

宏定义:

```
MULT8   MACRO   op1, op2, res
        PUSH    AX
        MOV     AL, op1
        MOV     AH, op2
        IMUL    AH
        MOV     res, AX
        POP     AX
        ENDM
```

宏调用:

```
⋮
MULT8   BUF,BL, VAR
⋮
MULT8   CL,50, RES
⋮
```

宏扩展:

```
PUSH    AX
MOV     AL, BUF
MOV     AH, BL
IMUL    AH
MOV     VAR, AX
POP     AX
⋮
PUSH    AX
MOV     AL, CL
MOV     AH, 50
IMUL    AH
MOV     RES, AX
POP     AX
```

4.6 DOS 和 BIOS 功能调用

操作系统为用户提供了一组实现特殊功能的子程序供程序员在程序中调用,以减轻编程工作量,这类调用统称为系统功能调用。系统功能调用有两种,一种称为 DOS 功能调用,另一种称为 BIOS 功能调用。

用户程序在调用这些系统服务程序时,不是用 CALL 指令,而是采用软中断指令 INT n 来实现。

当 n=5～1FH 时,调用 BIOS 中的服务程序;

当 n=20～3FH 时,调用 DOS 中的服务程序。

本节介绍常用的 DOS 功能调用和 BIOS 功能调用,其余 DOS 功能调用见附录 C,BIOS 功能调用见附录 D。

4.6.1 DOS 功能调用

DOS(disk operation system)是 IBM PC 及 PC/XT 的操作系统,负责管理系统的所有资源,协调微机的操作。DOS 中包括大量的可供用户调用的服务程序,这些服务程序能够完成设备的管理及磁盘文件的管理。其中,INT 21H 是一个具有多种功能的服务程序,一般称之为 DOS 系统功能调用。

INT 21H 为程序员提供了近百种系统服务功能,大致可以分为四个方面:

设备管理:键盘输入、显示器输出、打印机输出、串行设备输入/输出、初始化磁盘、选择当前磁盘、取剩余磁盘空间等。

目录管理:查找目录项、查找文件、置/取文件属性、文件改名等。

文件管理:打开、关闭、读/写、删除文件等。

其他功能:中止程序、置/取中断向量、分配内存、置/取日期及时间等。

DOS 系统功能调用的步骤如下:

(1)设置该功能所要求的入口参数。入口参数是子程序运行所需要的数据,DOS 系统功能调用的入口参数通常放在指定的内部寄存器中,少数系统功能调用也可以没有入口参数。

(2)AH=功能号。

(3)执行 INT 21H 指令。

(4)分析和使用出口参数。出口参数是子程序运行的结果,一般放在指定的寄存器或存储器中,也可没有出口参数。

下面介绍 INT 21H 几种常用的功能。

1. 单字符输入/输出

1)键盘输入单字符——1 号系统功能调用

格式:

```
MOV  AH, 1
INT  21H
```

功能:执行该功能时,系统等待键盘输入,任意一个键被按下后,系统先检查是否是

Ctrl-Break 键，若是，则结束程序；否则，将键入字符的 ASCII 码置入 AL 中，并在屏幕上显示该字符。

入口参数：无。

出口参数：AL，存放键入字符的 ASCII 码。

【例 4-10】 接收键盘输入，判断键入字符，如果是'Y'则退出循环，否则继续。

```
LP2:    MOV  AH, 1
        INT  21H
        CMP  AL, 'Y'
        JNZ  LP2
        …
```

与 1 号系统功能调用类似，7 号和 8 号系统功能调用也可以实现直接接收键入的字符，并将键入字符的 ASCII 码置入 AL 中，只是不回显。

2)显示器(CRT)输出单字符——2 号系统功能调用

格式：

```
MOV  DL, '要显示的字符'
MOV  AH, 2
INT  21H
```

功能：将 DL 中的字符送屏幕显示，同时光标右移。

入口参数：DL，存放要显示字符的 ASCII 码。

出口参数：无。

【例 4-11】 在内存中有两个字节类型无符号数 A 和 B，比较这两个数的大小，如果 A 是大数，则在屏幕上显示'A'；否则，在屏幕上显示'B'。

```
DATA    SEGMENT
        A  DB  5
        B  DB  3
DATA    ENDS
CODE    SEGMENT
        ASSUME  CS:CODE, DS:DATA
START:  MOV    AX, DATA
        MOV    DS, AX
        MOV    AL, A
        CMP    AL, B
        JA     ABIG
        MOV    DL, 'B'
        JMP    NEXT
ABIG:   MOV    DL, 'A'
        MOV    AH, 2
        INT    21H
        MOV    AH, 4CH
        INT    21H
CODE    ENDS
        END    START
```

2. 字符串输入/输出

字符串输入/输出是人与计算机进行信息交流的一种重要手段。与单字符的输入/输出相比，它允许一次人机交换的信息量更大，内容更丰富。在DOS提供的内部功能中，1号和2号子功能解决了单字符的输入/输出问题，9号和10号子功能对应对字符串输入/输出的处理，调用的方法与单字符输入/输出一样，都采用INT 21H的调用形式，调用前必须准备好相应的入口参数。对于字符串的输入，还必须掌握调用完成后，输入的字符串以什么形式存放在什么地方。

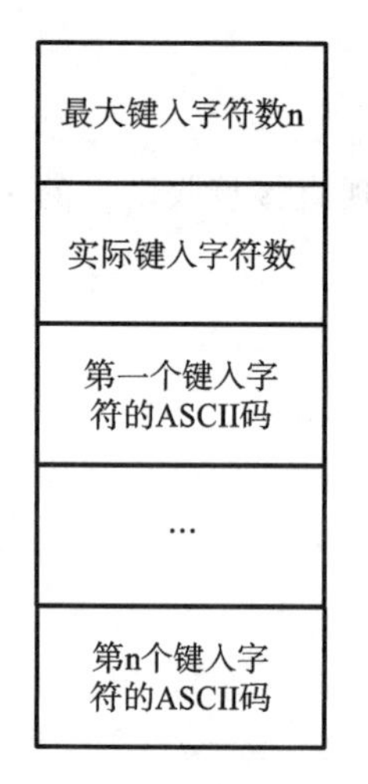

图4-9 字符串缓冲区结构

1）键盘输入字符串——0AH号系统功能调用

该功能要求在内存数据段中定义一个缓冲区。缓冲区的结构有固定要求：缓冲区的第一个字节存放用户定义的最大键入字符数；第二个字节预留，子程序执行完毕后由系统自动填写实际键入的字符数；从第三个字节开始存放键入字符的ASCII码，以回车符(0DH，不计入实际键入字符数)表示结束。如果实际键入的字符数(包括回车符)超过了最大键入字符数，则喇叭会发出报警声且光标不再移动，直到键入回车符为止。由此可见，缓冲区的总长度等于最大键入字符数+2。在执行0AH系统功能调用前，应把所定义缓冲区的起始偏移地址送入DX中。执行该功能时，缓冲区的结构如图4-9所示。

入口参数：无。

出口参数：DS:DX。从数据段中DX指向缓冲区的第三个单元开始存放键盘键入字符串的ASCII码，实际键入的字符个数在第二个单元存放。

格式：

```
        ⋮
SIZE    DB 20           ; 在数据段内定义缓冲区
        DB ?
TEXT    DB 20 DUP(?)
        ⋮
LEA     DX, SIZE        ; 0AH号系统功能调用，应放入代码段
MOV     AH, 0AH
INT     21H
```

实际输入的字符数在SIZE+1单元，输入的字符在TEXT处开始存放。若输入的字符不足20个，则系统自动补0；若输入的字符超过20个，则超出字符被丢弃，并响铃报警。

说明：

①缓冲区是一段连续的内存区，首地址必须在调用0AH号子功能前放到指定的寄存器DS和DX中。

②0AH号子功能在调用时等待操作员在键盘上按键，直到按下回车键为止。所按字符会显示在屏幕上，最后按下的回车键会导致回车操作。如果在按回车键之前发现输入有错误，可以使用退格键或向左的箭头键进行修改。

③缓冲区第一个字节单元的值由用户确定，用以指出允许输入的最大字符数。该值是字节型无符号数，有效范围是0～255，最后按的回车键也计算在内。输入最大字符数－1个

字符后，就只能按回车键了，按其他键都会被认为是不正确的输入而不被认可，并且喇叭还会发出“嘀嘀”的告警声；如果最大字符数设置成1，表示只能按1个键，这个键只能是回车键，按其他键喇叭都会发出“嘀”的一声警告；如果最大字符数为0，表示一个键都不能按，包括回车键在内的任何键都会被拒绝，并且喇叭会发出“嘀”的警告声，但机器又在等待输入，这一矛盾将导致无限期等待，即死机。

④缓冲区的第二个字节是由DOS在子程序执行完后自动填写的，在调用前用户程序可把它设为任意值，没有任何影响。

⑤子功能调用完后，输入的字符串以ASCII码的形式从缓冲区的第3个字节起连续存放，最后一个字符是回车符。第2个字节存放的是输入字符串的有效长度(最后的回车符不计算在内)。用户程序可以从缓冲区的第2个字节起得到输入字符串的串长及各个字符。

2)显示器显示字符串——09H号系统功能调用

功能：将指定的内存缓冲区中的字符串在屏幕上当前光标位置显示出来，并把光标向后移，缓冲区的字符串必须以‘$’为结束标志，但‘$’不算在显示的字符串之内。

格式：

```
BUF     DB '要显示的字符串$'
 ⋮
LEA     DX, BUF
MOV     AH, 09H
INT     21H
```

结果：把要显示的字符串在屏幕上显示出来。

入口参数：DS:DX。DX存放要显示字符串的起始偏移地址，需要事先定义要显示的字符串且该字符串以‘$’结束。

出口参数：无。

说明：

①被输出的字符串的长度不限，但必须连续存放在内存中，且以ASCII码值为24H的字符‘$’结束。中间可以含有回车符、换行符、响铃符等特殊功能的符号，存放字符串的起始逻辑地址必须放在指定的寄存器DS和DX中。

②‘$’符号本身不输出到屏幕上。

③调用结果是把字符串中的各个字符从光标当前所在位置起，依次显示在屏幕上，直到遇到‘$’为止，光标停在最后一个输出符号的后面。

④如果程序中需要输出‘$’，只能用2号子功能实现。

【例4-12】 在屏幕上显示字符串‘How are You!’，并回车、换行。

```
DSEG    SEGMENT
        STR    DB  ‘How  are  You!, 0DH, 0AH, ‘$’$’       ；要显示的字符串
        DSEG   ENDS
        CSEG   SEGMENT
               ASSUME  CS:CSEG, DS:DSEG
        START: MOV  AX, DSEG
               MOV  DS, AX
               LEA  DX, STR                                 ；字符串偏移地址送DX
               MOV  AH, 09H                                 ；调用09H号子功能
```

```
        INT  21H
        MOV  AH, 4CH            ; 返回 DOS
        INT  21H
CSEG    ENDS
        END  START
```

【例 4-13】 从键盘输入一串字符，使用 DOS 系统功能调用的 09H 号子功能把该字符串在屏幕上显示出来。

```
DATA          SETMENT
              BUF    DB  20, 0, 20DUP(0)    ;定义字符串缓冲区，最多键入 20 个字符
DATA          ENDS
CODE          SEGMENT
              ASSUME  CS:CODE, DS:DATA
START:        MOV     AX, DATA
              MOV     DS, AX
              LEA     SI, BUF               ; 字符串缓冲区偏移地址送 SI
              MOV     DX, SI                ; SI 送 DX
              MOV     AH, 0AH               ; 调用 0AH 号子功能
              INT     21H
              XOR     CX, CX                ; CX=0
              MOV     CL, [SI+1]            ; 输入字符个数送 CX
              MOV     DX, [SI+2]            ; 输入的字符串起始地址送 DX
              MOV     BX, DX                ; BX=DX
              ADD     BX, CX                ; 计算字符串尾地址送 BX
              MOV     BYTE PTR [BX], '$'    ;在字符串串尾填入'$'
              MOV     AH, 09H               ; 调用 09H 子号功能
              INT     21H
              MOV     AH, 4CH               ; 返回 DOS 系统
              INT     21H
CODE          ENDS
              END     START
```

3. 返回操作系统——4CH 号系统功能调用

用户定义的程序执行完成后，应该将 CPU 的控制权交给操作系统。在用户程序的结尾使用 4CH 号系统功能调用可以在用户程序执行完成后返回到 DOS 提示符状态(返回 DOS)。

格式：

```
MOV  AH, 4CH
INT  21H
```

入口参数：无。

出口参数：无。

4. 直接控制台输入/输出单字符——6 号系统功能调用

功能：可以实现由键盘输入单字符或由显示器显示单字符功能。若 DL=0FFH，表示由

键盘输入单字符到 AL 中；若 DL≠0FFH，表示将 DL 内容送到屏幕显示输出。

格式：

```
MOV  DL, 0FFH
MOV  AH, 6
INT  21H            ; 从键盘输入单字符到 AL
 ⋮
MOV  DL, '1'
MOV  AH, 6
INT  21H            ; 将字符'1'显示在屏幕上
```

入口参数：DL，存放要显示字符的 ASCII 码。

出口参数：AL，存放键入字符的 ASCII 码。

出口参数：无。

4.6.2 BIOS 功能调用

BIOS(basic input and output system)即计算机的基本输入/输出系统，指固化在 ROM 中的一组程序，是 IBM PC 及 PC/XT 的基本 I/O 系统。BIOS 提供了最底层、最直接的访问主要 I/O 设备的服务程序，是硬件与软件之间的接口。BIOS 主要包括系统测试程序、初始化引导程序、一部分中断向量装入程序及外设的服务程序。

①系统自检及初始化。例如，系统加电启动时对硬件进行检测，对外设进行初始化，设置中断向量，引导操作系统等。

②系统服务。BIOS 为操作系统和应用程序提供系统服务，这些服务主要与 I/O 设备有关，如读取键盘输入等。为了完成这些操作，BIOS 必须直接与 I/O 设备打交道。它通过端口与 I/O 设备之间传送数据，使应用程序脱离具体的硬件操作。

③硬件中断处理。BIOS 提供硬件中断服务程序。

与 DOS 功能调用类似，BIOS 功能调用同样包含以下四个步骤：

①AH＝功能号；

②设置该功能所要求的入口参数；

③执行 INT　n 指令(n 为 BIOS 功能调用的中断向量号)；

④分析和使用出口参数。

1. INT 10H：显示器输出

显示器是微型计算机的主要输出设备，它的接口电路又称为显示适配器或显示卡。显示卡种类很多，包括 MDA 卡、HGC 卡、CGA 卡、EGA 卡、VGA 卡等。其中，MDA (monochrome display adapter)卡是单色显示卡，仅支持 80 列 25 行的文本显示方式(字符方式)，不支持图形显示方式；HGC(Hercules graphics card)卡也是单色显示卡，具有文本和图形两种显示方式，在文本显示方式下与 MDA 卡兼容，但在图形显示方式下需要用户自己编写初始化程序；CGA(color graphics adapter)卡是彩色显示卡，支持文本和图形两种显示方式，可以选择单色、彩色显示方式。

BIOS 功能调用(INT 10H)包含强大的显示器输出功能，可用来设置显示方式、光标类型和位置，显示字符和图形等。下面对 INT 10H 的应用做简单介绍。

(1)显示方式的设置——AH=0。

INT 10H 的 0 号功能用来设置显示器的显示方式,可以根据显示卡的型号在 21 种显示方式中进行选择。

入口参数:AL,存放显示方式编号。

(2)在光标位置显示字符——AH=0AH。

功能:在光标处显示字符,且显示后光标不动。

入口参数:AL,存放欲显示字符的 ASCII 码。

功能号为 0EH 的功能类似于 0AH 功能,但显示字符后,光标随之移动,并可接收回车符、换行符和退格符等控制符。

(3)当前显示页上滚或屏幕初始化——AH=6。

在程序设计中,在显示器显示字符和图形时,一般先进行清屏。INT 10H 的 6 号功能可以实现清屏功能。

入口参数:CH:CL=窗口左上角行列坐标;DH:DL=窗口右下角行列坐标;BH=窗口顶部卷入行属性;AL=上卷行数,若 AL=0,则清除整个窗口内容。

例如:

```
…
MOV    AH, 6         ; 设置功能号为 6
MOV    AL, 0         ; 清屏
MOV    CH, 0         ; 屏幕左上角坐标行号送 CH
MOV    CL, 0         ; 屏幕左上角坐标列号送 CL
MOV    DH, 24        ; 屏幕右下角坐标行号送 DH
MOV    DL, 79        ; 屏幕右下角坐标列号送 DL
MOV    BH, 7         ; BH=7, 上卷行属性正常(黑底白字)
INT    10H
…
```

7 号功能和 6 号功能类似,只是屏幕进行下滚,这一功能常用来进行显示前的清屏。

2. INT 16H:键盘输入

(1)从键盘读入键入字符——AH=0。

入口参数:无。

出口参数:AL=ASCII 码,AH=扫描码。

功能:从键盘读入一个键入字符后返回,键入字符不显示在屏幕上。对于无相应 ASCII 码的键,如功能键等,AL 返回 0。

(2)判断是否有键按下——AH=1。

入口参数:无。

出口参数:若 ZF=0,则表示在键盘缓冲区有键入字符可读,且字符的 ASCII 码存入 AL 中,AH=扫描码;若 ZF=1,则表示键盘缓冲区中无字符,无键可读。

(3)返回变换键的当前状态——AH=2。

入口参数:无。

出口参数:AL=变换键的状态。

【例 4-14】 读键盘输入,显示其中的 ASCII 码字符,按回车键退出,源程序如下:

```
CODE        SEGMENT
            ASSUME   CS:CODE
NEXT:       MOV  AH, 1
            INT  16H               ;调用 1 号系统功能调用
            CMP  AL, 0DH           ;判断是否是回车符
            JZ   EXIT              ;如果是回车符,则执行 EXIT 程序段
            MOV  AH, 0AH           ;否则,将字符显示在屏幕上
            INT  10H
            JMP  NEXT
EXIT:       MOV  AH, 4CH           ;结束程序, 返回 DOS
            INT  21H
CODE        ENDS
            END   NEXT
```

4.6.3 综合举例

【例 4-15】 编程实现简单的人机对话,具体要求如下:

在屏幕上显示:Welcome, please input your name!

用户输入:zhangsan ↙

屏幕再显示:Hello, zhangsan!

分析:屏幕显示多字符可使用 DOS 09H 号系统功能调用,由键盘输入多字符使用 DOS 0AH 号系统功能调用。

源程序如下:

```
DATA   SEGMENT
       BUF   DB   30                      ; 定义输入字符串缓冲区,要求输入字符不超过 30 个
       LEN   DB   ?                       ; 预留 1 个字节,由系统填写实际键入的字符数
       STR   DB   30 DUP(?)               ; 输入字符串的 ASCII 码从 STR 开始存放
       SHOW1  DB  'Welcome, please input your name!', 0DH, 0AH, '$'
                                          ; 0DH,0AH 分别是回车符和换行符的 ASCII 码,
                                          ;$ 是 09H 号子功能中要求的待显示字符串的结束标志
       SHOW2  DB  0DH,0AH, 'Hello,$'      ;为第二次显示打招呼内容做准备
DATA   ENDS
CODE   SEGMENT
       ASSUME CS:CODE, DS:DATA
START: MOV  AX, DATA
       MOV  DS, AX
       LEA  DX, SHOW1
       MOV  AH, 09H
       INT  21H        ; 屏幕显示'Welcome, please input your name!',
                       ; 并且回车换行
       LEA  DX, BUF
       MOV  AH, 0AH
```

```
        INT  21H                            ; 从键盘接收用户输入的信息
        MOV  AL, LEN                        ; 取得键入字符串的实际长度
        CBW                                 ; 将 AL 转换成 AX
        MOV  SI, AX
        LEA  BX, STR
        MOV  BYTE PTR [BX+SI], '!'          ; 在键入的字符串后加'!'
        MOV  BYTE PTR [BX+SI+1], '$'        ; 在'!'后加'$',以便显示
        LEA  DX, SHOW2                      ; 显示'Hello'
        MOV  AH, 09H
        INT  21H
        LEA  DX, STR                        ; 显示键入的姓名, 后加!, 遇到'$'结束显示
        MOV  AH, 09H
        INT  21H
        MOV  AH, 4CH
        INT  21H
CODE    ENDS
        END  START
```

4.7 汇编语言程序设计

在前面章节中介绍了 8086/8088 CPU 的指令系统、汇编语言源程序的结构、常用伪指令以及 DOS 功能调用和 BIOS 功能调用,在编写汇编语言源程序时需要综合运用上述内容。本节将通过具体的编程实例说明汇编语言源程序设计的一般步骤和方法。

4.7.1 程序设计概述

编写一个完整的程序,应首先保证程序结构满足要求,指令功能及格式正确。除此之外,程序应尽量采用结构化、模块化的设计方法,每个程序模块完成一个独立功能。为便于程序的理解及调试,应在程序中添加必要的注释,以说明程序的功能、参数的定义等。另外,还需要考虑程序对内存的占用情况、程序的执行时间等因素。

1. 程序设计步骤

编写一个完整的汇编语言源程序,一般应遵循以下几个步骤:

①分析问题,建立数学模型,确定算法。这一步是能否编制出高质量程序的关键,应该仔细分析题目,理解题意,找出合理的算法及适当的数据结构。

②根据算法画出程序流程图。这点对初学者特别重要,这样做可以减少出错的可能性。画图可以从粗到细,把算法逐步地具体化。

③确定该程序中内存的分配情况,定义程序中用到的变量,确定使用的寄存器。

④根据程序流程图编写程序。

⑤上机调试程序。

2. 程序流程图的绘制

程序流程图是人们对解决问题的方法、思路或算法的一种描述,采用简单规范的符号表

示程序的功能及执行方向，画法简单，结构清晰，逻辑性强，便于描述，容易理解。

程序流程图采用的符号包括起止框、功能框、判断框、流向线，如图 4-10 所示。起止框表示程序的开始和结束，功能框表示某个具体的功能，判断框表示程序中的分支情况，流向线表示程序的执行方向。

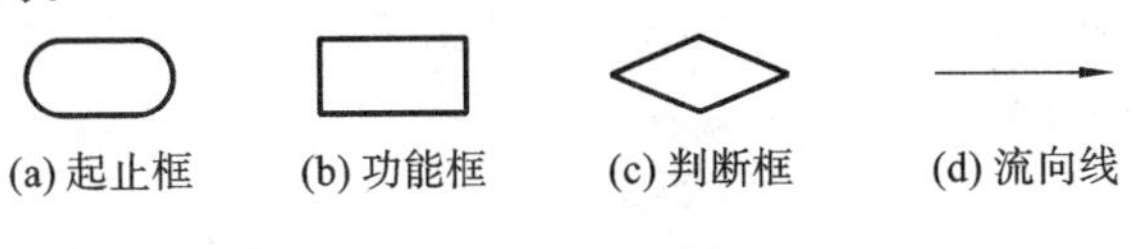

图 4-10 流程图符号

3. 汇编语言源程序的基本结构

从程序执行的角度来看，任何一个复杂的程序都由以下几种程序结构组成：顺序程序、分支程序、循环程序、子程序。顺序程序按照程序的书写顺序执行，程序中没有判断指令，也没有转移指令，是最简单的程序结构。分支程序中有条件转移指令，满足判断条件执行一个程序段，不满足判断条件则执行另外的程序段。分支程序可以根据判断条件的多少分为双分支和多个分支两类。循环程序是指在满足循环条件时会重复执行的程序段，一般包含循环初始化、循环体、循环控制、循环结束判断四部分。循环程序可以缩短源程序的长度，但执行速度相比顺序程序略慢。子程序可以理解为高级语言中的函数，是具有固定格式、功能独立的模块。子程序一般和主程序放在同一个源程序中，主程序中用 CALL 指令调用子程序。在一些复杂的程序中，子程序可以单独定义成一个源程序并单独进行编译，然后通过连接形成一个完整的可执行程序。

实际进行程序设计时，这四种结构可根据实际情况单独使用或组合使用。

4.7.2 顺序程序设计

顺序程序设计，又叫直接程序设计，从第一条指令开始，按指令的排列顺序执行每一条指令，在运行期间，CPU 既不跳过某些指令，也不重复执行某些指令，一直执行到最后一条指令为止。

【例 4-16】 设 MEM1 和 MEM2 都是 8 位无符号数，编写程序计算 16×MEM1＋MEM2，将结果存放到 RESULT 中，MEM1 和 MEM2 初值分别为 12H 和 34H。

程序分析：

①逻辑段的确定：代码段必须有；由于需要定义变量，因此必须有数据段。

②变量定义：MEM1 和 MEM2 都是字节类型，需要定义 MEM1 和 MEM2 为字节类型。

RESULT 存放运算结果，因为有乘法运算，结果应该是字类型(16 位)，因此需要将 RESULT 定义成字类型，预留 1 个字的内存空间。

③运算中需要用到 8 位无符号数乘法指令 MUL，要求一个乘数必须放在 AL 中，乘积存放在 AX 中。

程序流程图如图 4-11 所示，源程序如下：

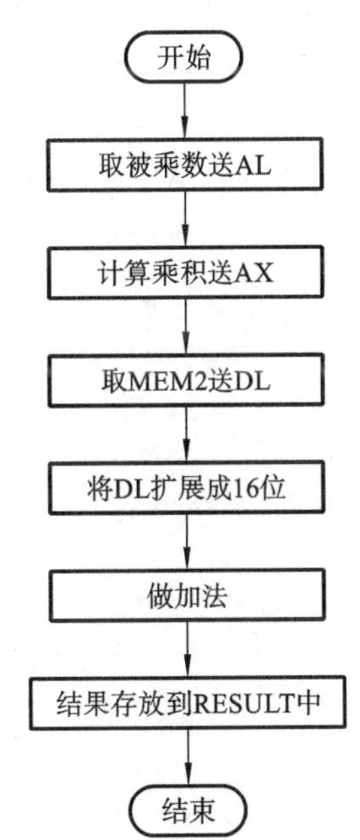

图 4-11 顺序程序流程图

```
DATA        SEGMENT
            MEM1    DB    12H                       ;定义 MEM1 并赋初值 12H
            MEM2    DB    34H                       ;定义 MEM2 并赋初值 34H
            RUSULT  DW    ?                         ;定义 RESULT
DATA        ENDS
CODE        SEGMENT
            ASSUME  CS:CODE, DS:DATA
START:      MOV     AX, DATA
            MOV     DS, AX                          ;初始化 DS
            LEA     SI, MEM1                        ;MEM1 偏移地址送 SI
            LEA     DI, MEM2                        ;MEM2 偏移地址送 DI
            LEA     BX, RESULT                      ;RESULT 偏移地址送 BX
            MOV     AL, 16                          ;AL=16
            MUL     BYTE PTR [SI]                   ;16×MEM1→AX
            MOV     DH, 0;DH=0
            MOV     DL, [BX]                        ;MEM2→DL
            ADD     AX, DX                          ;16×MEM1+MEM2→AX
            MOV     [DI], AX                        ;结果送到 RESULT 中
            MOV     AH, 4CH                         ;返回 DOS
            INT     21H
CODE        ENDS
            END     START
```

【例 4-17】 编写程序，计算(X×Y+Z)/100，其中 X,Y,Z 均为 16 位带符号数，计算结果的商存入 AX,余数存入 DX。

程序分析:有符号数乘法需要用 IMUL 指令，有符号数除法需要用 IDIV 指令。IMUL 指令要求 16 位二进制数乘法的一个乘数放到 AX 中；乘积为 32 位二进制数，存放在 DX 和 AX 中。IDIV 指令要求 16 位二进制数除法的被除数为 32 位，存放在 DX 和 AX 中；运算结果的商存放在 AX 中，余数存放在 DX 中。源程序如下：

```
DATA     SEGMENT
         X  DW  43
         Y  DW  -154
         Z  DW  -237
DATA     ENDS
CODE     SEGMENT
         ASSUME  CS:CODE, DS:DATA, SS:STACK
START:   MOV  AX, DATA
         MOV  DS, AX
         MOV  AX, X                    ; 计算 X×Y
         IMUL Y
         MOV  CX, AX                   ; 用 CX 存储结果低位
         MOV  BX, DX                   ; 用 BX 存储结果高位
         MOV  AX, Z                    ; 计算 X×Y+Z
```

```
        CWD                          ；把 Z 扩展成 32 位数，存放在 AX，DX 中
        ADD  AX, CX
        ADC  DX, BX
        MOV  BX, 100
        IDIV BX                      ；商存入 AX 中，余数存入 DX 中
        MOV  AH, 4CH
        INT  21H
CODE    ENDS
        END  START
```

【例 4-18】 编写程序，将 2 位压缩 BCD 码 NUM 转换成对应十进制数的 ASCII 码，将结果存放到 ASC 指向的内存中。

程序分析：压缩 BCD 码用 4 位二进制数表示 1 位十进制数，2 位压缩 BCD 码占用 8 位二进制数即 1 个字节，低 4 位存放 1 个 BCD 码，高 4 位存放 1 个 BCD 码。BCD 码与对应十进制数的 ASCII 码之间的差为 30H，因此只要将 BCD 码加 30H 就可以得到对应的 ASCII 码。对应源程序如下：

```
DATA     SEGMENT
         NUM  DB  86H                ；定义 NUM
         ASC  DB  2 DUP(0)           ；定义 ASC
DATA     ENDS
CODE     SEGMENT
         ASSUME  CS:CODE, DS:DATA
START:   MOV  AX, DATA
         MOV  DS, AX                 ；初始化 DS
         LEA  SI, ASC                ；ASC 偏移地址送 SI
         MOV  AL, NUM                ；NUM→AL
         AND  AL, 0FH                ；保留低 4 位
         ADD  AL, 30H                ；将 BCD 码低 4 位转换成 ASCII 码
         MOV  [SI], AL               ；保存 ASCII 码到低地址
         MOV  AL, NUM                ；NUM→AL
         MOV  CL, 4                  ；移位次数→CL
         SHR  AL, CL                 ；将 BCD 码高 4 位右移到低 4 位
         ADD  AL, 30H                ；将 BCD 码高 4 位转换成 ASCII 码
         MOV  [SI+1], AL             ；保存 ASCII 码到高地址
         MOV  AH, 4CH
         INT  21H
CODE     ENDS
         END  START
```

4.7.3 分支程序设计

分支程序设计的关键在于根据对条件的判断而选择不同的处理方法，类似高级语言程序中的 if/else 语句，程序中一般会利用条件测试指令和条件转移指令等实现程序的分支。分支程序结构可以有三种形式，如图 4-12 所示。

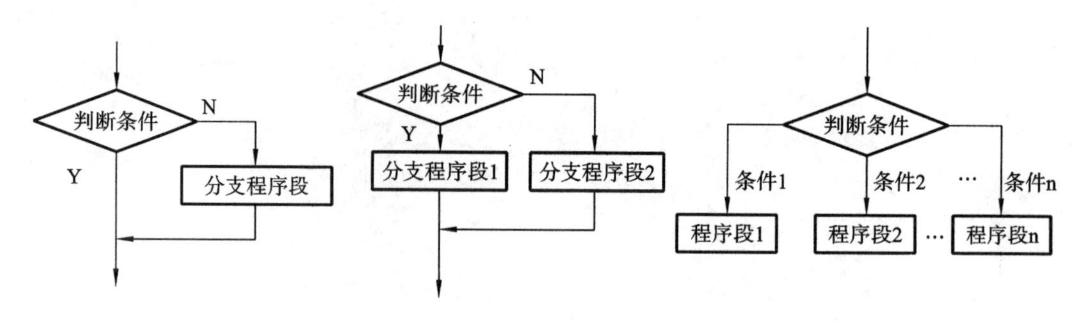

图 4-12　分支程序结构

【例 4-19】 已知 X 是 8 位带符号数，请设计实现下列表达式功能的程序。

$$Y=\begin{cases}X;\text{当 } X\geqslant 0 \text{ 时}\\ -X;\text{当 } X<0 \text{ 时}\end{cases}$$

程序分析：有符号数的比较程序，需要用到比较指令和有符号数的条件转移指令，当 X 小于 0 时对 X 的取反可以用取补指令实现。源程序如下：

```
DATA     SEGMENT
         X  DB  -5
         Y  DB  ?
DATA     ENDS
CODE     SEGMENT                 ; 代码段
         ASSUME  CS:CODE, DS:DATA
         MOV  AX, DATA           ;初始化 DS
         MOV  DS, AX
         MOV  AL, X              ; 取数 X
         CMP  AL, 0              ; 准备条件
         JNS  PLUS               ; X≥0 则转移
         NEG  AL                 ; X<0 则求补
PLUS:    MOV  Y, AL              ; 计算结果送 Y
CODE     ENDS
END      START                   ;汇编结束
```

【例 4-20】 在内存数据段中以 BUFFER 开始的单元存放有 3 个字节类型无符号数，编写程序将这 3 个数据按从大到小的顺序排列。

程序分析：3 个无符号数的排序需要依次对 3 个数进行比较，可以先比较前 2 个数，将大数放到低地址、小数放到高地址；然后再将第三个数和最低地址的数据比较，将大数放到低地址、小数放到高地址；最后将第二个数和第三个数进行比较。程序中需要用到无符号数的转移指令。

源程序如下：

```
DATA          SEGMENT
              BUFFER  DB  34, 56, 98
DATA          ENDS
CODE          SEGMENT
```

```
        ASSUME  CS:CODE, DS:DATA
START:  MOV     AX, DATA
        MOV     DS, AX
        MOV     SI, OFFSET BUFFER
        MOV     AL, [SI]                ;把第一个数存到AL中
        CMP     AL, [SI+1]
        JAE     ABIG1
        XCHG    AL, [SI+1]              ;大数放到低地址，小数放到高地址
        MOV     [SI], AL
ABIG1:  CMP     AL, [SI+2]
        JAE     ABIG2
        XCHG    AL, [SI+2]
        MOV     [SI], AL
ABIG2:  MOV     AL, [SI+1]
        CMP     AL, [SI+2]
        JAE     ABIG3
        XCHG    AL, [SI+2]
        MOV     [SI+1], AL
ABIG3:  MOV     AH, 4CH
        INT     21H
CODE    ENDS
        END     START
```

4.7.4 循环程序设计

循环程序是指按照一定规律，多次重复执行一段指令的程序。循环程序一般由四个部分组成：

①循环初始化部分：这是为了保证循环操作而必须做的初始化工作，一般包括设定地址指针、循环次数或循环中会用到的条件等。

②循环工作部分：即需要重复执行的程序段。这是循环的中心，称为循环体。

③循环控制部分：按一定规律修改操作数地址及控制变量，以便每次执行循环体时得到新的数据。

④循环结束判断部分：判断循环是否结束，以保证循环程序按规定的次数或特定条件正常循环。

循环的控制一般有两种方法：计数控制和条件控制。计数控制是指循环完规定次数后就结束循环，如图4-13(a)所示，这种是先循环，直到条件成立退出循环，所以叫直到型循环；条件控制是指满足特定条件后就退出循环，如图4-13(b)所示，循环程序设计时要先判断再循环，当条件满足时才进入循环，所以叫作当型循环。对于循环次数未知的情况，常用条件来控制循环。

【例4-21】 以BUF为首地址的内存区中存放了400个16位带符号数，编写程序找出其中最大的数，并存入MAX单元。

程序分析：先假设第一个数是最大数并与第二个数比较，将比较得到的最大数临时存储

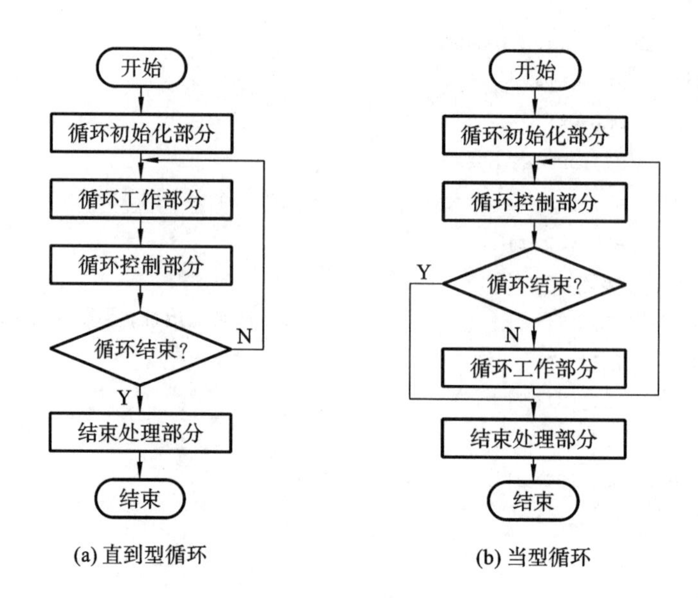

图 4-13 循环程序结构

在 AX 中，之后将 AX 中的数与第三个数比较并保存最大数到 AX 中，依次比较完 400 个数，需要比较 399 次。程序流程图见图 4-14，源程序如下：

```
DATA     SEGMENT
         BUF  DW  23H
         MAX  DW  ?
DATA     ENDS
CODE     SEGMENT
         ASSUME  CS:CODE, DS:DATA
START:   MOV  AX, DATA
         MOV  DS,  AX
         LEA  SI, BUF
         MOV  AX, [SI]          ；取第一个数作为最大数送 AX
         MOV  CX, 399           ；循环次数送 CX
  LP:    ADD  SI, 2             ；修改地址
         CMP  [SI],  AX
         JNG  NEXT
         MOV  AX, [SI]          ；大数存放到 AX 中
NEXT:    LOOP LP
         MOV  MAX, AX           ；AX 中的数送 MAX
STOP:    MOV  AH, 4CH
         INT  21H
CODE     ENDS
         END  START
```

【例 4-22】 一个数据块存放在以 VAR 开始的内存区中，已知数据是 8 位有符号数并以'$'为结束字符，数据总长度不超过 65 535 个字节，编写程序统计数据块中正数、负数和 0 的个数，分别存入 PLUS,MINUS 和 ZERO 单元。

程序分析：由于数据总长度不超过 65 535 个字节，因此无论是正数、负数还是 0 的个数

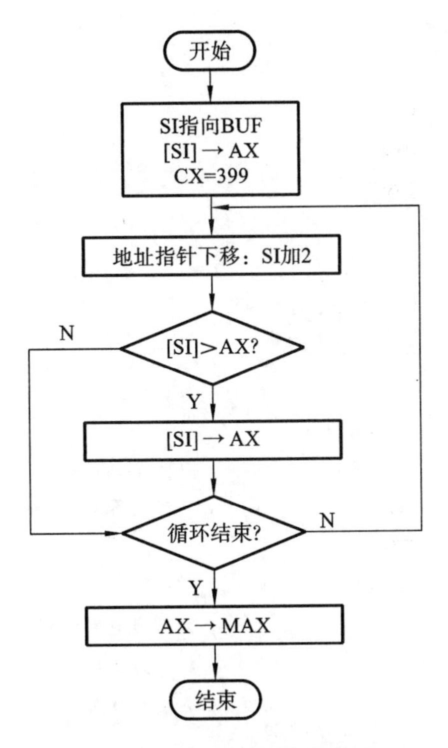

图 4-14 例 4-21 程序流程图

都不超过 65 535 个字节,PLUS,MINUS,ZERO 都是字类型数据。数据具体个数没有给出,但给出了数据结束字符,可以用'$'作为循环结束判断条件。程序流程图见图 4-15,源程序如下:

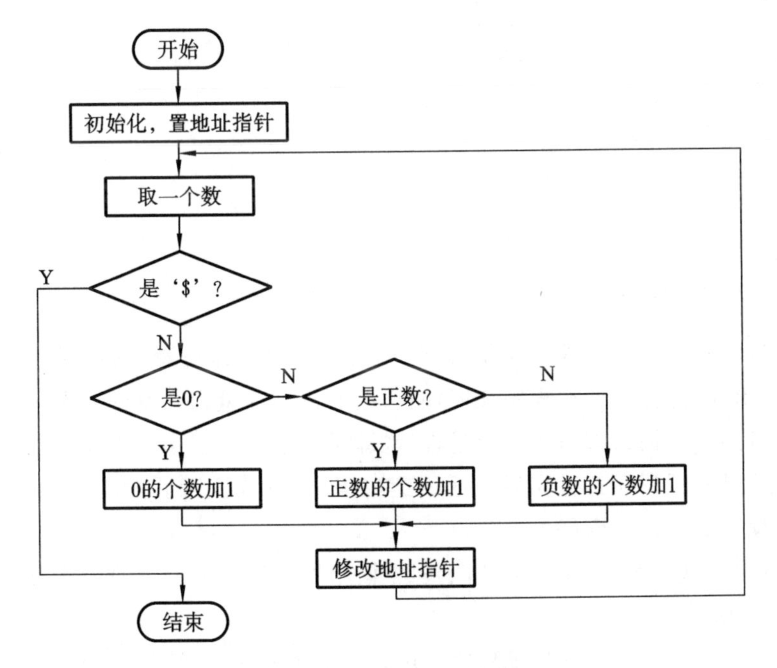

图 4-15 例 4-22 程序流程图

```
DAT      SEGMENT
         DATA   DB1, 2, …, '$'
         PLUS   DW0
         MINUS  DW0
         ZERO   DW0
DAT      ENDS
CODE     SEGMENT
         ASSUME DS:DAT, CS:CODE
START:   MOV    AX, DAT
         MOV    DS, AX
         LEA    SI, DATA
LP1:     MOV    AL, [SI]          ；取一个数送 AL
         CMP    AL, '$'           ；判断是否是数据块结束字符
         JZ     STOP
         OR     AL, AL
         JZ     LING              ；数据为 0 则转到 LING 处
         JNS    ZHSH              ；数据为正数则转到 ZHSH 处
         INC    MINUS             ；负数个数加 1
         JMP    NEXT
LING:    INC    ZERO              ；0 的个数加 1
         JMP    NEXT
ZHSH:    INC    PLUS              ；正数个数加 1
NEXT:    INC    SI
         JMP    LP1
STOP:    MOV    AH, 4CH
         INT    21H
CODE     ENDS
         END    START
```

4.7.5 子程序设计

在程序设计中，可能会要求多次实现同一功能，如果不做处理，则实现该功能的程序段在程序中多次出现，这样会使得程序长度加长，因而占用大量内存空间。把这些重复的程序段单独列出，按照一定格式编写成一个过程(也即子程序)，主程序在需要的地方通过调用指令来调用该子程序，子程序执行完后又返回到主程序，继续执行后面的程序段，可以使得程序长度变短、程序的易读性变好。

子程序可用 PROC 和 ENDP 定义，子程序调用用 CALL 指令实现。子程序调用有多种形式，如图 4-16 所示。

为了进一步简化程序，可以让子程序调用另一个子程序，这种程序的结构称为子程序嵌套。在编程中使用较多的是二重嵌套。

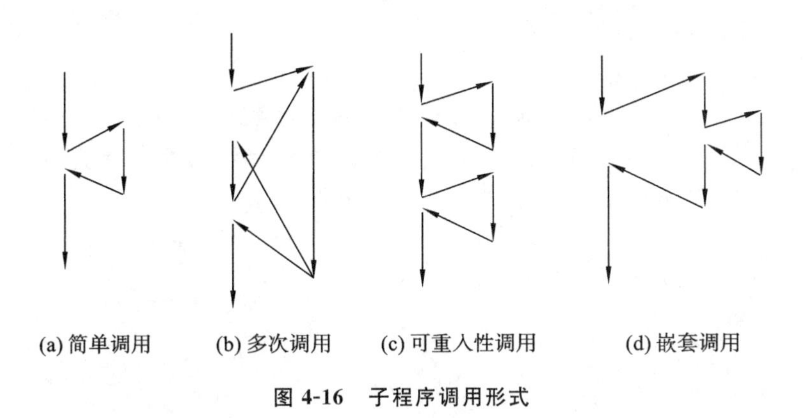

图 4-16 子程序调用形式

1. 子程序调用与返回

子程序调用与返回分别由 CALL 和 RET 指令实现,其中调用分为近调用(NEAR)和远调用(FAR)两种,具体参见前一章两条指令说明。

2. 子程序设计时应注意的问题

(1) 现场保护与恢复:调用子程序后,CPU 转去处理子程序,转去子程序之前的有关寄存器和内存单元是主程序的工作现场,如果这个现场信息,即寄存器或存储器的数据还有用,那么在子程序开始执行前必须对这些数据进行保护,而在子程序结束执行前要进行现场的恢复,恢复原来相关的数据。现场的保护和恢复可用 PUSH 和 POP,PUSHF 和 POPF 进行,采用堆栈段暂时存放现场信息。

(2) 参数传递:参数传递指主程序和子程序之间进行的相关信息数据的传递,其中在主程序中设置的且需要子程序处理的参数称为入口参数,子程序处理的结果称为出口参数。参数传递方式一般有三种:寄存器传递、内存区域传递、堆栈段传递。

(3) 子程序的嵌套:在子程序中调用另外的子程序,称为子程序嵌套。程序中涉及子程序嵌套时,需要考虑所设置堆栈空间的大小。

(4) 返回断点:执行完子程序后要返回主程序断点处继续执行,一般在子程序结尾用 RET 指令返回断点位置。

【例 4-23】 设计程序将两个 8 位无符号数 MEM1 和 MEM2 相加,将结果保存到 SUM 单元,并把运算结果(8 位)以十进制形式显示在屏幕上。

程序分析:根据题目要求,可以将两数相加部分及调用 DOS 系统功能调用的 09H 号功能部分交由主程序完成;子程序 CONV 实现将 8 位无符号二进制数先转换成用非压缩 BCD 码表示的十进制数,之后再转换成 ASCII 码字符串的功能。8 位无符号数转换为 ASCII 码可以采用除 10 取余的方法,每次除 10,余数一定在 0～9,第一次除 10,得到的余数是个位对应的非压缩 BCD 码,将商再次除 10,得到十位对应的非压缩 BCD 码,得到的商第三次除 10 得到百位对应的非压缩 BCD 码,子程序循环执行除法 DIV 操作,直到 DIV 运算得到的商为 0 为止,所以变量定义时 STR 初值设为 0 会方便后面程序的运行,之后将非压缩 BCD 码依次加 30H 即得到对应的 ASCII 码。在主程序中用 CALL 指令调用该子程序。源程序如下:

```
DATA   SEGMENT
        MEM1  DB  12H
        MEM2  DB  34H
        SUM   DB ?                  ; SUM 存放和,作子程序的入口参数
        STR   DB  3 DUP(0), '$'     ; 存放转换得到的 ASCII 字符串,作子程序的出口参数
DATA    ENDS
STACK   SEGMENT
        DB    100DUP(0)
STACK   ENDS
CODE    SEGMENT
        ASSUME  CS:CODE, DS:DATA
MAIN    PROC  FAR
START:  MOV   AX, DATA
        MOV   DS, AX
        MOV   AX, STACK
        MOV   SS, AX
        MOV   AL, MEM1
        ADD   AL, MEM2
        MOV   SUM, AL               ; 将和保存到 SUM 中,SUM 为 CONV 程序的入口参数
        CALL  CONV                  ; 调用 CONV 子程序
        MOV   BX, OFFSET STR        ; 取出口参数 STR 的偏移地址送 BX,进行显示
        MOV   AH, 09H               ; 调用 09H 号子功能,显示转换后的 ASCII 码
        INT   21H
        MOV   AH, 4CH
        INT   21H
MAIN    ENDP
CONV    PROC                        ; 子程序 CONV
        PUSH  AX                    ; 现场保护
        PUSH  BX
        MOV   AL, SUM               ; 取要转换的数据
        MOV   AH, 0                 ; 将数据扩展成 16 位
        MOV   BL, 10
        MOV   SI, OFFSET STR        ; 将 ASCII 字符串 STR 的地址送 SI
        ADD   SI, 2                 ; SI 指向 STR 高地址
AGAIN:  DIV   BL                    ; 采用除 10 取余方法将数据转换成非压缩 BCD 码
        ADD   AH, 30H               ; 将余数转换成 ASCII 码
        MOV   [SI], AH              ; 保存 ASCII 码
        DEC   SI                    ; SI 减 1,个位 ASCII 码存放在高地址,百位 ASCII 码存放
                                    ; 在低地址
        AND   AL, AL                ; 判断商是否为 0
        JZ    NEXT                  ; 商为 0 则结束
        MOV   AH, 0                 ; AH 清 0
        JMP   AGAIN
```

```
NEXT:   POP  BX         ;现场恢复
        POP  AX
        RET
CONV    ENDP
CODE    ENDS
        END  START
```

4.8 应用程序设计举例

4.8.1 冒泡排序

冒泡排序(bubble sort)法又称为交换排序法，是较简单的排序算法，也是最常用的排序方法。它重复地走访要排序的数列，对相邻数据两两比较，如果它们的顺序错误(也即没按要求从大到小或从小到大)，就把它们交换过来。把所有数据进行比较交换之后，最大的或最小的数即会沉到数据最末，其他数据会慢慢地"浮"到数列的顶端，故名冒泡。然后再对剩下没排列好的数据重复两两比较，直到所有数据都按要求排列，就完成了该数列的排序工作。

实现冒泡排序时用到两重循环，即在循环程序中再套一个循环程序，相应的循环分别称为外循环和内循环。设计多重循环程序时，应该先设计外循环，把内循环作为一个整体来处理，之后再细化内循环。

冒泡排序法的运作如下(数据从小到大排序)：

从第一个数据开始比较相邻的数据。如果第一个数据比第二个数据大，就交换它们两个。然后把第二个数据和第三个数据相比较，同样把大数放到后面。如此类推，对每一对相邻数据做同样的工作，直到最后一个数据都比较完之后，最大的数已经找出并放到最后的位置(这是内循环的工作)。然后对除了已放好的数据之外的数据，重复以上的步骤(这是外循环的工作)。这样每次需要处理的数据会越来越少，直到处理到第一个数据，也即没有任何一对数字需要比较为止，此时所有数据都已按照从小到大的顺序排列好。

由以上说明可得 N 个数采用冒泡排序法排序的结论：至多进行 N－1 轮(外循环次数)比较；第 i 轮共需要 N－i 次(内循环次数)比较；每次比较仅比较相邻两数，并且将大数交换到下边、小数交换到上边；排序结束标记是当前一轮没有数据交换，说明所有数据已经按照要求排好。

【例 4-24】 内存缓冲区以 VAR 开始的区域中存放了 200 个 16 位带符号数字，要求按照从小到大的顺序重新排列。

```
DATA        SEGMENT
            VAR  DW  23, 57, 65, 123, 475, 20, 15, …
DATA        ENDS
CODE        SEGMENT
            ASSUME CS:CODE, DS:DATA
START:      MOV  AX, DATA
            MOV  DS, AX
```

```
        MOV  BX, 199          ; 外循环最大次数为 199
  LP1:  LEA  SI, VAR          ; 待排序数 VAR 偏移地址送 SI
        MOV  CX, BX
        MOV  DL, 0            ; 交换标志
  LP2:  MOV  AX, [SI]         ; 取低地址数据
        CMP  AX, [SI+2]       ; 与相邻高地址数据比较
        JLE  LP3              ; 小于或等于则不交换
        XCHG AX, [SI+2]       ; 否则,两数交换
        MOV  [SI], AX
        MOV  DL, 1            ; 交换标志 DL=1
  LP3:  ADD  SI, 2
        LOOP LP2              ; 内循环结束
        OR   DL, DL           ; 判断本次内循环是否有数据交换
        JZ   STOP             ; 没有数据交换则完成排序, 结束
        DEC  BX               ; 否则,外循环次数减 1
        JNZ  LP1              ; 外循环未结束则继续
STOP:   MOV  AH, 4CH
        INT  21H
CODE    ENDS
        END  START
```

4.8.2 数据处理

【例 4-25】 在数据段中以 ASC 开始的单元中存放 4 个字符的 ASCII 码,已知高位在前,将其转换成对应的二进制码并保存在以 BIN 开始的单元中。

程序分析:内存中以字符形式保存的数都以其对应的 ASCII 码的形式存放在内存中,将 ASCII 码转换成二进制码首先应将每一个 ASCII 码转换成对应的二进制码,然后再将二进制码进行合并。源程序如下:

```
DATA      SEGMENT
          ASC    DB'2', '3','A','5'
          BIND   B2DUP(0)
DATA      ENDS
CODE      SEGMENT
          ASSUME  CS:CODE, DS:DATA
START:    MOV    AX, DATA
          MOV    DS, AX
          MOV    CL, 4              ; 移位次数送 CL
          MOV    CH, 4              ; 循环次数送 CH
          LEA    SI, ASC            ; ASC 偏移地址送 SI
          XOR    AX, AX             ; AX=0, 暂存转换后的二进制码
          XOR    DX, DX             ; DX=0, 暂存转换结果
NEXT1:    MOV    AL, [SI]           ; 取要处理的数送 AL
          AND    AL, 7FH            ; 保留 ASCII 码低 7 位
```

```
        CMP  AL, '0'          ; 判断是否大于'0'
        JB   NEXT             ; 小于'0'则不处理
        CMP  AL, '9'          ; 判断是否大于'9'
        JA   NEXT2            ; 大于'9'则转到 NEXT2 处
        SUB  AL, 30H          ; 转换成对应的二进制码
        JMP  NEXT3
NEXT2:  CMP  AL, 'A'          ; 判断是否大于'A'
        JB   NEXT             ; 小于'A'则不处理
        CMP  AL, 'F'          ; 判断是否大于'F'
        JA   NEXT             ; 大于'F'则不处理
        SUB  AL, 37H          ; 转换成对应的二进制码
NEXT3:  OR   DL, AL
        ROR  DX, CL
NEXT:   INC  SI
        DEC  CH
        JNZ  NEXT1
        MOV  WORD PTR BIN,DX
        MOV  AH,4CH
        INT  21H
CODES   ENDS
        END  START
```

4.8.3 统计字符个数

【例 4-26】 由键盘输入一组字符串，字符个数不多于99个，对其进行分类统计，显示其中数字字符个数、大写字母个数、小写字母个数、其他字符个数。

程序分析：由键盘输入字符需要利用 INT 21H 系统功能调用的 0AH 号子功能，由键盘输入的字符以 ASCII 码的形式存放在内存中。数字字符对应的 ASCII 码在 30H～39H，大写字母对应的 ASCII 码在 41H～5AH，小写字母对应的 ASCII 码在 61H～7AH，分别统计这些区间的 ASCII 码。源程序如下：

```
DATA    SEGMENT
        STR     DB  0DH, 0AH,'INPUT  STRING:', '$'
        STR1    DB  0DH, 0AH, 'NUMBER1:', '$'
        STR2    DB  0DH, 0AH, 'NUMBER2:', '$'
        STR3    DB  0DH, 0AH, 'NUMBER3:', '$'
        STR4    DB  0DH, 0AH, 'NUMBER4:', '$'
        BUF     DB  99, 0, 99 DUP(?)          ; 键盘接收缓冲区
        BIG     DB  0                         ; 大写字母个数
        LITT    DB  0                         ; 小写字母个数
        DIG     DB  0                         ; 数字个数
        OTHER   DB  0                         ; 其他字符个数
DATA    ENDS
STACK   SEGMENT
```

```
        DB   100 DUP(0)
        STACK  ENDS
CODE    SEGMENT
        ASSUME  DS:DATA, CS:CODE
MAIN    PROC
START:  MOV  AX, DATA
        MOV  DS, AX
        MOV  AX, STACK
        MOV  SS, AX
        MOV  DX, OFFSET  STR            ；显示提示信息，INPUT  STRING
        MOV  AH, 9
        INT  21H
        LEA  DX, BUF                    ；键盘输入字符串，从 BUF+2 单元开始存放
        MOV  AH, 0AH
        INT  21H
        MOV  CL, BUF+1                  ；实际输入的字符个数
        XOR  CH, CH
        LEA  SI, BUF+2                  ；输入字符串首地址送 SI
NEXT:   CMP  BYTE PTR[SI], 30H          ；是否大于'0'
        JB   NEXT1
        CMP  BYTE PTR[SI], 39H          ；是否大于'9'
        JBE  DIGITAL
        CMP  BYTE PTR[SI], 41H          ；是否大于'A'
        JB   NEXT1
        CMP  BYTE PTR[SI], 5AH          ；是否大于'Z'
        JBE  CAPS
        CMP  BYTE PTR[SI], 61H          ；是否大于'a'
        JB   NEXT1
        CMP  BYTE PTR[SI], 7AH          ；是否大于'z'
        JBE  LITTLES
NEXT1:  INC  OTHER
        JMP  OK
DIGITAL:INC  DIG
        JMP  OK
LITTLES:INC  LITT
        JMP  OK
CAPS:   INC  BIG
  OK:   INC  SI
        LOOP NEXT
        LEA  DX, STR1                   ；显示统计结果
        MOV  BH, BIG
        CALL DISP
        LEA  DX, STR2
        MOV  BH, LITT
```

```
        CALL  DISP
        LEA   DX, STR3
        MOV   BH, DIG
        CALL  DISP
        LEA   DX, STR4
        MOV   BH, OTHER
        CALL  DISP
        MOV   AH, 4CH
        INT   21H
MAIN    ENDP
DISP    PROC
        MOV   AH, 9
        INT   21H
        MOV   AL, BH
        XOR   AH, AH
        AAM                          ; ASCII 码调整
        MOV   DL, AH
        MOV   DH, AL
        ADD   DL, 30H                ; 显示高位数字
        MOV  AH, 2
        INT  21H
        MOV  DL, DH                  ; 显示低位数字
        ADD  DL, 30H
        MOV  AH, 2
        INT  21H
        RET
DISP    ENDP
CODE    ENDS
        END  START
```

习题

1. 假设程序中有以下数据段定义语句：

```
DATA    SEGMENT
VAR1    DB   23H, 14H, 0DCH
VAR2    DW   23, 46, 200
VAR3    DD   3242H, 4532H
VAR4    DB   'HELLO! '
DATA    ENDS
```

说明执行以下指令后目标操作数的内容。

```
MOV      AX,WORDPTR VAR1
```

```
MOV     SI,OFFSET VAR2
MOV     CX,VAR2
LEA     BX,VAR4
MOV     AL,2
XLAT
```

2. 变量定义语句如下：

```
VAR  DW  128, 2345H, 'WORK'
```

请完成以下要求：

①用一条 MOV 指令将 VAR 的偏移地址放入 SI 中。

②将 VAR 的第二个数据的内容放入 AX 中。

3. 设数据段定义如下：

```
DATA    SEGMENT
STR     DW  'GOOD MORNING! ', '$'
ADR     DW  3 DUP(0, 2, 5)
DISP    DW  3
DATA    ENDS
```

根据数据段定义画出内存分配图，并分别用两种方法把 STR 的偏移地址送 BX。

4. 阅读程序并说明其功能。

```
CODE    SEGMENT
        ASSUME  CS:CODE
START:  MOV     CX, 10
        MOV     BL, 1
        XOR     AL, AL
AGAIN:  ADD     AL, BL
        INC     BL
        LOOP    AGAIN
        MOV     AH, 4CH
        INT     21H
CODE    ENDS
        END     START
```

5. 在数据段中以 VAR 开始的单元定义了 3 个字节类型有符号数，比较这 3 个数的大小，并把这 3 个数按从大到小的顺序存放在以 RESULT 开始的单元中。

6. 在数据段中从 NUM 开始定义了 20 个字节类型数据，编写程序将这 20 个字节置初值为 35H。

7. 编写程序，将数据段中以 DAT1 单元开始的 20 个字节的数据传送到 DAT2 单元区中。

8. 在数据段中以 BUF 开始的单元中存有 10 个 8 位无符号数，编程求这 10 个数的和，并把和(2 个字节)存放到以 SUM 开始的单元中。

9. 编写程序，统计 AL 中的 8 位二进制数中‘1’的个数。

10. 试编写一个汇编语言源程序，要求接收键盘输入的字母，并不区分大小写，都用大写字母显示出来。

11. 已知有 2 个字节字符串 STR1 和 STR2，试编写程序，比较这 2 个字符串是否完全相同，若相同则显示'match',否则显示'No match'。

12. 已知在内存以 VAR 开始存放有若干个 8 位带符号数,以'$'结束,请编写程序,将正数放入首地址为 POS 的内存区,将负数放入首地址为 NEV 的内存区,并分别计算正数、负数和 0 的个数,分别放入 NUMP,NUMN 和 NUMZ 单元。

13. 编写程序,将一个 16 位无符号二进制数转换成十进制数 ASCII 码,按从高位到低位的顺序存放在以 STRING 开始的单元中,并在屏幕上显示出来。

第5章 存储器

存储器是计算机的重要组成部分，由内存储器和外存储器组成。内存储器在主机内部，也称为主存或内存；而磁盘、磁带等存储设备在主机外部，属于外存储器，也称作辅助存储器，简称外存或辅存。

主存作为计算机记忆信息的装置，就像一个大资料库，既能存放数据、符号等信息，也能随机取出这些信息供给计算机其他部件。面对计算机信息处理量的激增，总是希望存储器能够容纳更多的信息。同时，为了 CPU 能高速处理存储器中的信息，又希望存储器的存取速度尽量与 CPU 匹配。从某种意义上说，CPU 执行指令的速度取决于主存的存取速度。

辅存的速度允许慢一些，相对价格低廉，存储容量很大，大量静止的、待命的后援信息分布在辅存中。一旦需要，就可以将辅存中的信息调入主存供 CPU 访问。因此，主存和辅存所构成的二级存储体系很好地形成了计算机的一个存储器系统。主存能即时为 CPU 提供存放信息的空间，而辅存则提供了存放大量的计算机后备数据的存储空间，两者很好地协调了有关存储器容量、速度、价格之间的矛盾。

除了二级存储体系以外，由高速缓冲存储器、内存、外存组成的三级存储体系在存储器系统的整体性能上得到了更好的体现。

5.1 存储器概述

5.1.1 存储器的分类

出于不同的考虑，对存储器有着不同的分类方法。例如：按存储器在计算机系统中的地位，存储器可分为内存储器和外存储器；按存储特性，存储器可分为易失性存储器和非易失性存储器；按寻址特征，存储器可分为随机访问存储器、顺序访问存储器和直接访问存储器。

如果按存储介质和存储器的工作原理,则存储器可分为半导体存储器、磁介质存储器和光碟存储器等。

1. 按存储器与 CPU 的连接方式分类

(1)内存储器。内存通过系统总线直接与 CPU 相连,主要用来存放当前机器运行的程序和数据。存储器把要处理的程序和所需的原始数据存储起来,处理时 CPU 自动而连续地从存储器中取出程序中的指令并执行指令规定的操作,中间数据也利用存储器保存起来。这就是说,计算机每完成一条指令,至少有一次为取指令而访问存储器的操作。内存储器是计算机主机的一部分。一般把具有一定容量的、速度较高的存储器作为内存储器,CPU 可直接用指令对内存储器进行读/写。在微机中,通常将半导体存储器作为内存储器。

(2)外存储器。外存通过 I/O 接口与 CPU 相连,主要用来存放机器暂时不用的程序和数据。这类存储器一般存储容量大、速度低。CPU 不能直接用指令对外存储器进行读/写,要使用外存储器中的信息,必须先将它调入内存储器。在微机中,常将硬磁盘、软磁盘、光盘和磁带作为外存储器。

2. 按存储信息的器件或媒体的不同分类

按存储信息的器件或媒体的不同分类,存储器大致可分为半导体存储器、磁介质存储器、光盘存储器等。随着大规模集成电路技术的发展,内存储器一般使用半导体存储器。本章仅对作为内存储器的半导体存储器进行讨论。

3. 按存储器存取的不同方式分类

按存储器存取的不同方式分类,存储器大致可分为随机读写存储器 RAM 和只读存储器 ROM。

(1)随机读写存储器(random access memory,RAM)。RAM 主要用于存放各种现场输入/输出的数据、中间结果、与外存储器交换的信息以及作堆栈。RAM 可以随机地、个别地对任意一个存储单元进行读/写。断电后,RAM 中的数据会全部丢失,所以 RAM 是掉电易失性存储器。按照存储信息的电路原理方式的不同,RAM 又分为静态 RAM(static RAM,SRAM)和动态 RAM(dynamic RAM,DRAM)。

(2)只读存储器(read only memory,ROM)。ROM 是指在正常工作情况下只能读出信息而不能写入信息的存储器。ROM 主要用于存放固定的程序(监控程序、汇编程序等)和各种常数、表格等。断电后,ROM 中所存的信息仍保持不变,所以 ROM 是掉电非易失性存储器。按照构成 ROM 的集成电路内部结构的不同,ROM 又分为掩膜式 ROM(MROM)、可编程 ROM(programmable ROM,PROM)、可擦除 PROM(erasable PROM,EPROM)和电擦除 PROM(electrically erasable PROM,E^2PROM)等。

5.1.2 半导体存储器的一般结构

半导体存储器芯片的内部结构基本相同,都由存储体和外围电路两部分组成,如图 5-1 所示。随着大规模集成电路技术的发展,已将存储体和外围电路两部分集成在一块芯片内,称为存储器芯片。存储器芯片通过地址总线、数据总线和控制总线与 CPU 相连接。

1. 存储体

存储体由一系列按行/列排列的存储单元组成,每个存储单元又由若干个基本存储电路

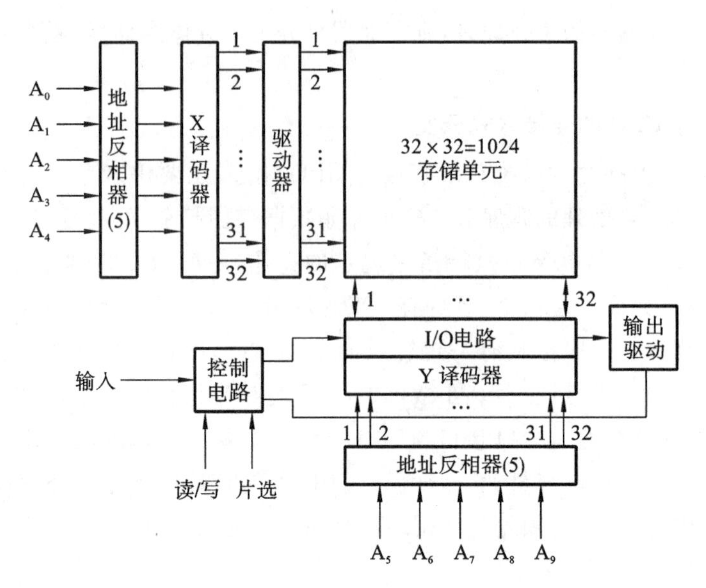

图 5-1　半导体存储器芯片的一般结构

(或称存储元)组成。不同性质的半导体存储器,基本存储电路也不同。每个基本存储电路可存放一位二进制信息。通常一个存储单元为一个字节,存放 8 位二进制信息,即以字节来组织。为了区分不同的存储单元和便于读/写操作,每个存储单元有一个地址,CPU 访问时按地址进行。存储体内基本存储电路的排列结构有两种:一种是多字一位结构,即把多个存储单元的同一位组织在一片芯片中,这样的存储器芯片称为多字一位片,如 256K×1 位、521K×1 位等;另一种是多字多位结构,即把多个存储单元的多个位组织在一片芯片中,这样的存储器芯片称为多字多位片,如 256K×4 位、1K×8 位等。

2. 外围电路

外围电路由地址译码器、I/O 电路、片选控制电路和输出驱动电路组成。

(1)地址译码器。地址译码器用以对 n 条地址线译码,以选择 2^n 个存储单元中的一个。地址译码器根据输入地址来选择存储单元,通常采用行/列双译码方式。

(2)I/O 电路。I/O 电路介于数据总线与被选中的单元之间,用于控制被选中单元的读出或写入,并具有驱动作用。

(3)片选控制端$\overline{CS}$(chip select)。片选控制电路用于控制本芯片是否被选中。由于每一片芯片的存储容量总是有限的,因此,一个存储器往往由一定数量的片子组成。在选择地址时,首先要选片,用地址译码器输出和一些控制信号(如 8086 的 M/$\overline{IO}$)形成片选信号。只有当某一片的$\overline{CS}$输入信号有效时,该片所连的地址线才有效,才能对这一片上的存储单元进行读或写操作。

(4)集电极开路或三态输出缓冲器。为了扩展存储器的字数,常需将几片 RAM 的数据线并联使用,或与双向的数据总线连接,因而需要用到集电极开路或三态输出缓冲器。输出驱动电路通常是三态输出,既便于连接数据总线,又具有驱动功能。

另外,在动态 MOS 型 RAM 中,还有预充、刷新等方面的控制电路。

3. 地址译码方式

存储器芯片的地址译码有两种方式:一种是单译码方式,又称字结构方式;另一种是双译码方式,又称重合译码结构方式。

(1)单译码结构。在单译码结构中,芯片中只有一个地址译码器,字选择线直接选中对应的存储单元的所有位。单译码结构适用于小容量的存储器芯片。

图 5-2 所示是一种单译码结构的存储器芯片示意图。为了说明问题,假设它只是一个 16 字 4 位的存储器,并且把它排成 16 行 4 列,每一行对应一个字,每一列对应其中的一位。每一行的选择线和每一列的数据线是公共的。在这种结构中,n 根地址输入线经全译码有 2^n个输出,用以选择 2^n个字,如 16 个字对应 $A_0 \sim A_3$共 4 根地址线,经译码获得 $2^4=16$ 根选择线。显然,随着存储字数的增加,译码的输出线数及相应的驱动电路会急剧增加,存储器成本也将迅速增加。

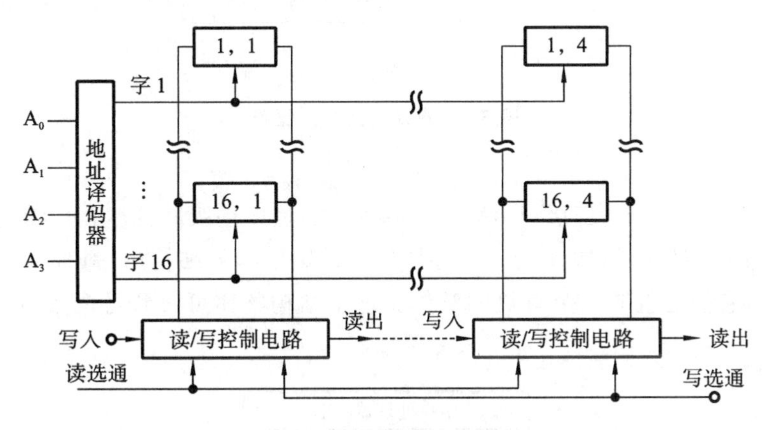

图 5-2 单译码结构存储器

(2)双译码结构。双译码结构的存储器芯片由两个译码电路分别译码,利用行选择线和列选择线组合选择存储单元,这样可以减少选择线的数目。双译码结构适用于大容量的存储器芯片。双译码结构往往用于地址位数 n 很大的芯片,这时把 n 位地址线分成接近相等的两段,分别译码,产生一组 X 地址线和一组 Y 地址线,然后让 X 地址线和 Y 地址线在存储单元排列为矩阵形式的存储体中一一相"与",选择相应的存储单元。

图 5-3 给出了一个有 1K(1024) 个字的存储器的双译码电路。1024 个字排成 32×32 的矩阵,10 根地址线分成 $A_0 \sim A_4$和 $A_5 \sim A_9$两组。前组经 X 地址译码器输出 32 条行选择线,后组经 Y 地址译码器输出 32 条列选择线。根据行选择线和列选择线的组合可找到 1024 个单元中的任何一个,而译码器输出的总线数仅为 $2^5+2^5=64$ 根,而不是采用单译码结构时的 $2^{10}=1024$ 根。

5.1.3 存储器的层次结构

随着计算机软、硬件系统的不断发展,计算机应用的领域不断扩大,对存储器的要求也越来越高,需要存储器的存储容量大、存取速度快、成本价格低,但这种要求本身是相互矛盾的,也是相互制约的。在同一个存储器中要求同时兼顾这三方面是困难的:半导体存储器虽然有较高的存取速度,但容量有限;磁盘、磁带存储器存储容量大,但存取速度慢。因此,要取得一个兼有大容量、高速度、低成本的存储器系统,应该按照一定的体系结构,综合利用各种存储器的特长优势,将它们有机地组合起来,构成一个较为合乎理想的存储器系统。目前各类计算机系统中广泛采用三级存储器结构,即高速缓冲存储器、内存储器和外存储器,如

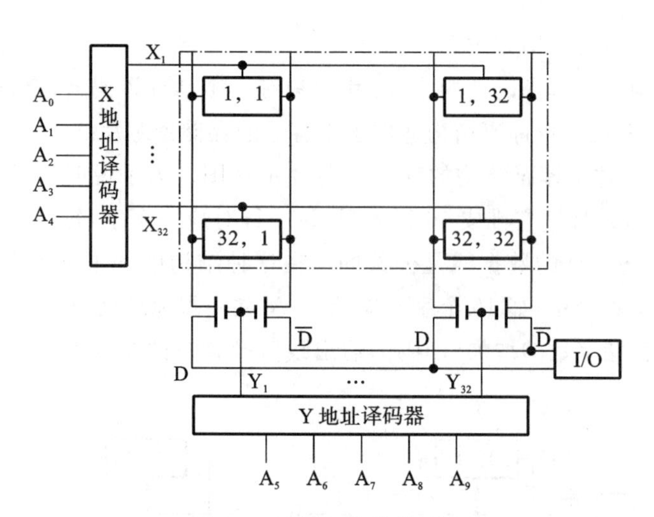

图 5-3　双译码结构存储器

图 5-4 所示。

图 5-4 中从上到下分为三级，存储容量逐级增大，速度逐级降低。整个结构可以分为两个层次：主存-辅存（外存）层次；cache-主存层次。采用这样的结构后，每种存储器不再是孤立的存储部件，它们已组成一个有机的整体。这个结构整体可大致看成具有 cache 的速度和辅存的容量。

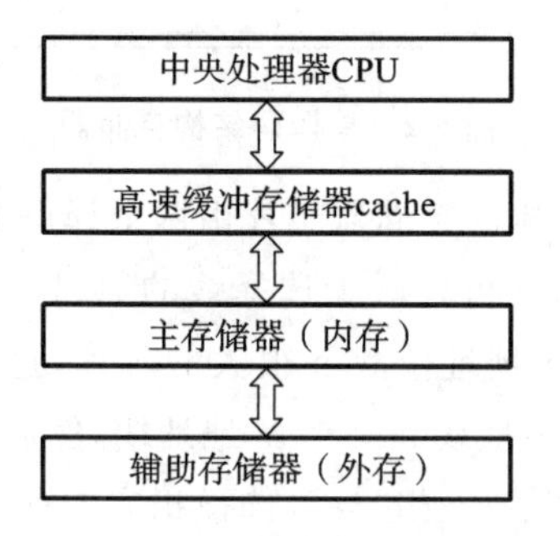

图 5-4　三级存储器结构

1. 主存-辅存层次

在主存-辅存层次中，根据主存、辅存的特点，可以把 CPU 所需的现行程序和数据存放在存取速度快、容量有限的主存中，供 CPU 直接使用。主存必须具有与 CPU 相匹配的工作速度，才能保证整个计算机运算速度的提高。一般情况下，MOS 存储器（特别是 DRAM）在速度、容量、每位价格上均可满足要求。主存-辅存构成的存储层次如图 5-5 所示。从这个层次的整体上看，它具有接近主存的存取速度，又有辅存的容量和接近辅存的每位平均价格，较好地解决了大容量和低成本之间的矛盾。辅存只与主存交换信息，CPU 不直接访问辅存，因此，允许辅存的速度慢些。当采用可拆卸式的磁盘、磁带作辅存时，这一层次的容量可看成是无限的。

2. cache-主存层次

上述的主存-辅存层次，较好地解决了存储器大容量和低成本之间的矛盾，而 cache-主存层次主要用以弥合 CPU 与主存间在速度上的差异。通常主存的工作速度要比 CPU 的工作速度差一个数量级，如果在 CPU 与主存间增设一级存储容量不大但速度很高的高速缓冲存

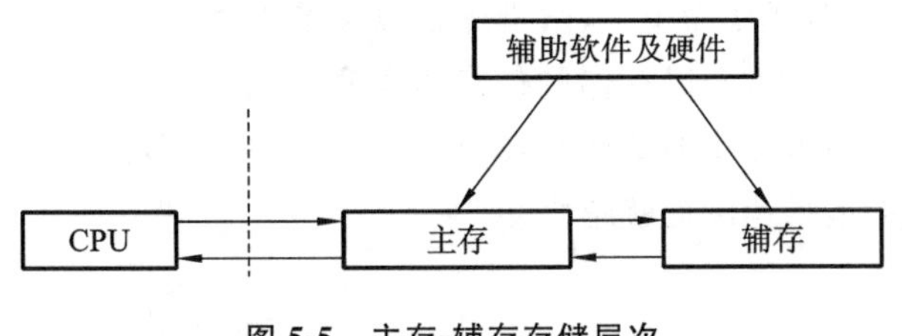

图 5-5　主存-辅存存储层次

储器(cache),借助于辅助硬件使 cache 和主存构成一个整体,如图 5-6 所示,就能弥补主存的速度不足。从 CPU 的角度看,cache-主存层次具有接近 cache 的速度、接近主存的容量和接近主存的每位平均价格,因此,较好地解决了高速度和低成本之间的矛盾。

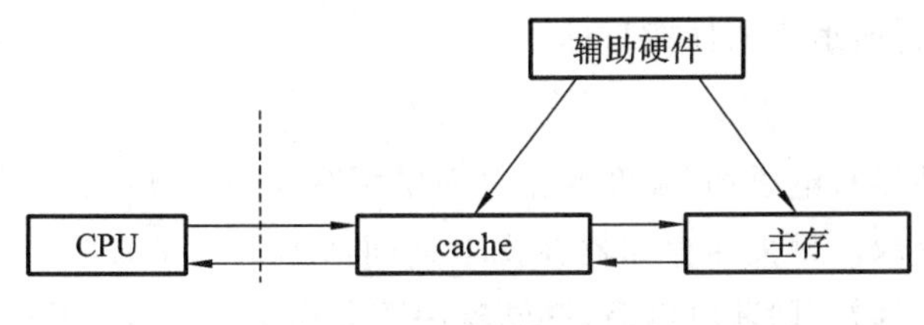

图 5-6　cache-主存存储层次

根据 cache、主存、CPU 三者间的关系,在这个层次中,不仅具有 CPU⇌cache⇌主存的数据通路,还有 CPU⇌主存的直接通路。具有这个存储层次的计算机,必须事先把 CPU 在某一小段时间所要执行的程序从主存调入 cache 中,当 CPU 要执行这些程序时,就直接在 cache 中存取,因此,大大提高了 CPU 的执行速度。

在这个层次中,cache 与主存间地址映象和调度所采用的技术与主存-辅存层次所采用的技术相仿,所不同的是它的速度要求高,完全是由硬件实现的,不需要辅助软件干预,因此,它是透明的。

在现代计算机中,大多数系统都同时采用上述两级存储层次,从而构成了 cache-主存-辅存三级存储层次的典型结构(实质上是主存-辅存和 cache-主存两个两级结构)。

5.1.4　半导体存储器的主要技术指标

随着计算机制造技术的发展,存储器技术的发展也很快,各种存储器的性能都在不断提高。存储器应用场合不同,对存储器的要求也会有所差异。总体而言,对于存储器,可从以下几方面考虑。

1. 存取速度

存储器存取速度的快慢直接关系到整个系统的工作效率,尤其是对于直接运行程序的主存储器,更是希望它的存取速度快;否则,处理速度再快的 CPU 也无法充分发挥其性能。因此,存取速度的快慢应是首先要考虑的因素。存储器的工作速度与存取时间和存储周期有关。存取时间是指从启动一次读出或写入操作到完成该操作所需要的时间,一般为几十到几百纳秒;存储周期是指连续启动两次独立的存储器读/写操作所需的最小间隔时间。通常,存储周期略大于存取时间,这是因为,存储器在读出数据之后还要用一定的时间来完成内部操作,这一时间称为恢复时间。读出时间和恢复时间加起来才是读周期。

2. 存储容量

存储容量是指存储器所能存储的二进制信息的总位数,即存储单元数×每个单元的位数。存储容量也常以字节或字为单位，微机中常以字节 B 为单位，如 64 KB、20 MB、10 GB 等。存储器的存储容量越大，可以存储的信息越丰富，尤其是多媒体通信技术，要求存储器的容量很大。例如，一幅未经压缩的图像，就要存储数百兆字节。存储容量越大，可存储的信息就越多，计算机的运行速度也就越快。

3. 功耗

存储器，特别是半导体存储器，都由大规模集成电路组成。半导体存储器集成度高、体积小，但不容易散热，因此在保证速度的前提下应尽量减小功耗。

4. 体积、重量

体积越小，相对集成度就越高。无论是用于台式计算机，还是用于便携式计算机，体积小、重量轻都是存储器所追求的性能目标。

5. 可靠性

可靠性是指存储器对电磁场、湿度变化等因素所造成的干扰的抵抗能力，以及在高速使用时是否能正确地存取。易失性存储器在供电期间数据在未做修改的情况下存储稳定；非易失性存储器非易失性好，即断电以后，存储器中的数据仍能保持完整。

6. 存取操作

对存储器信息的存取，通常根据需要有选择地进行，因此，希望存储器的存取操作越方便越好，希望很快就能选中想要读取或修改的存储内容。

此外，任何产品在性能相同的情况下，价格越低，便越受欢迎，存储器也不例外。因此，对存储器的评价与选择，往往要综合考虑。因为不可能各方面都能满足要求，所以需要根据应用的具体要求加以选择，并考虑存储器的性能价格比。

5.2 随机读写存储器

随机读写存储器(RAM)是指在工作时间可以随时读出或写入信息的存储器。按照 RAM 芯片内部基本存储电路结构的不同，RAM 又分为静态 RAM(即 SRAM)和动态 RAM(即 DRAM)。

5.2.1 静态 RAM

1. 静态 RAM 基本存储电路

静态 RAM 基本存储电路通常由 6 个 MOS 管组成的 RS 双稳态触发器电路组成，如图 5-7 所示。

在这个电路中，T_1，T_2为工作管，构成一个双稳态触发器；T_3，T_4分别为 T_1，T_2的负载电阻。由 T_1，T_2，T_3，T_4构成的双稳态触发器可以存储一位二进制信息 0 或 1。当 T_1截止时，A 点为高电平，即 A＝1，它使 T_2导通，于是 B＝0，而 B＝0 又保证了 T_1可靠截止，这是一个稳定状态；当 T_1导通、T_2截止时，B 点为高电平，即 B＝1，A＝0，这也是一种稳定状态。T_5，T_6为两个控制门，起开关作用。

读出操作时，当该存储元被选中时，字选择线为高电平，该存储元的 T_5，T_6，T_7，T_8管均导通，A，B 两点与位线 D 与$\overline{D}$相连存储元的信息被送到 I/O 与$\overline{I/O}$线上。I/O 与$\overline{I/O}$线接着

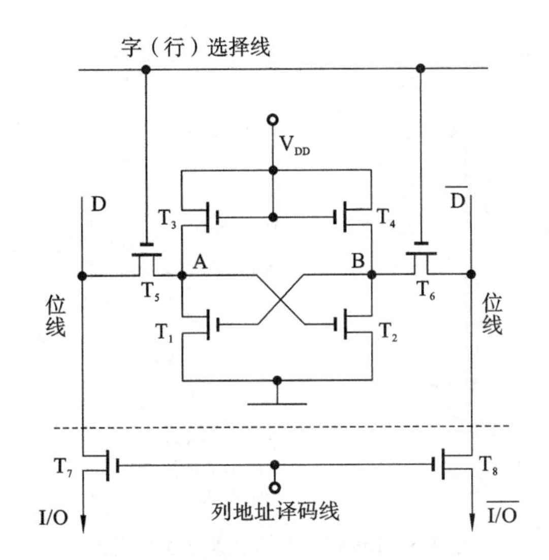

图 5-7　6 管静态 RAM 基本存储电路

一个差动读出放大器，从其电流方向可以判断所存信息是“1”还是“0”。读出时，触发器不受影响，原来存储器内容不变，即读出为非破坏性读出。

写入操作时，若要写入“1”，在 I/O 线上输入高电位，在$\overline{I/O}$线上输入低电位，开启 T_5，T_6，T_7，T_8这 4 个晶体管，把高、低电位分别加在 A，B 点上，使 T_1截止、T_2导通，将“1”写入存储元。若要写入“0”，在 I/O 线上输入低电位，在$\overline{I/O}$线上输入高电位，打开 T_5，T_6，T_7，T_8这 4 个开门管，把低、高电位分别加在 A，B 点上，使 T_1导通、T_2截止，将“0”信息写入存储元。

由于静态 RAM 的基本存储电路中所含晶体管较多，因此它的集成度较低。另外，由 T_1，T_2管组成的双稳态触发器总有一个管处于导通状态，所以，会持续地消耗功耗，从而使静态 RAM 的功耗较大。静态 RAM 的主要优点是工作速度快、稳定，不需要外加刷新电路，从而简化了外围电路的设计。根据静态 RAM 的特点，静态 RAM 在实际中常用作高速缓冲存储器 cache 和小规模的存储器系统。

2. 静态 RAM 芯片的结构

静态 RAM 芯片内部是由很多基本存储电路组成的。静态 RAM 的容量为单元数与数据线位数的乘积。为了选中某一个单元，往往利用矩阵式排列的地址译码电路。例如 1K 单元的内存，需 10 根地址线，其中 5 根用于行译码，另 5 根用于列译码。译码后在芯片内部排列成 32 条行选择线和 32 条列选择线，这样可选中 1024 个单元中的任何一个，每一个单元的基本存储电路个数与数据线位数相同。常用的典型静态 RAM 芯片 Intel 6116 的引脚及功能框图如图 5-8 所示。

Intel 6116 芯片的容量为 2K×8 位，有 2048 个存储单元，需 11 根地址线，7 根用于行地址译码输入，4 根用于列地址译码输入，每条列线控制 8 位，从而形成了 128×128 存储矩阵，即体中有 16 384 个存储元。Intel 6116 芯片的控制线有 3 条，即片选$\overline{CS}$、输出允许$\overline{OE}$和读/写控制$\overline{WE}$。Intel 6116 芯片的工作过程如下。

(1)读出时，地址输入线 A_{10}～A_0送来的地址信号经译码器送到行、列地址译码器，经译码后，选中一个存储单元(其中有 8 个存储位)，由$\overline{CS}$，$\overline{OE}$，$\overline{WE}$构成读出逻辑($\overline{CS}$＝0，$\overline{OE}$＝0，$\overline{WE}$＝1)，打开右边的 8 个三态门，被选中单元的 8 位数据经 I/O 电路和三态门送到 D_7～

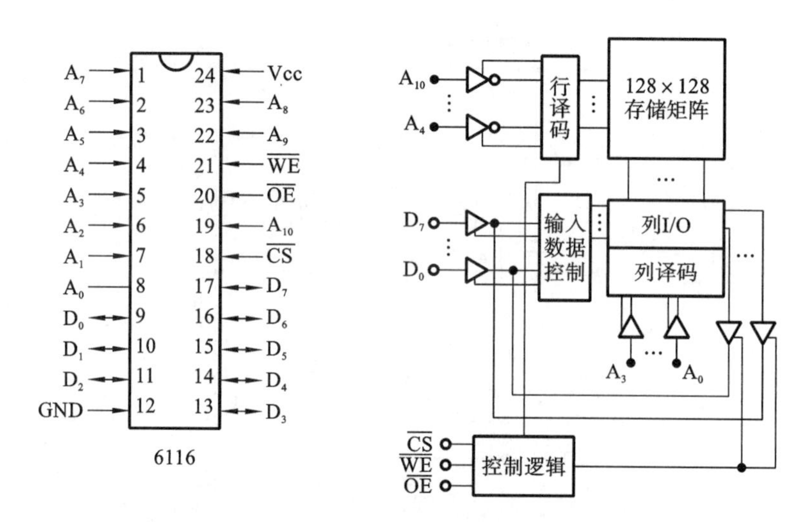

图 5-8　Intel 6116 的引脚及功能框图

D_0输出。

(2)写入时，地址选中某一存储单元的方法和读出时相同，不过这时$\overline{CS}=0$，$\overline{OE}=0$，$\overline{WE}=0$。打开左边的三态门，从 D_7～D_0端输入的数据经三态门的输入控制电路送到 I/O 电路，从而写到存储单元的 8 个存储位中。

(3)当没有读/写操作时，$\overline{CS}=1$，即片选信号处于无效状态，输入/输出三态门呈高阻状态，从而使存储器芯片与系统总线“脱离”。Intel 6116 芯片的存储时间在 85～150 ns 之间。

5.2.2　动态 RAM

1. 动态 RAM 基本存储电路

在动态 RAM 中，存储信息的基本电路可以采用四管电路、三管电路和单管电路。由于基本存储电路使用的元件数目减少，因而集成度可进一步提高。目前多利用单管电路作为存储器基本存储电路。

单管动态 RAM 基本存储电路如图 5-9 所示。数据信息存储在电容 C_s上，C_s是 MOS 管栅极与衬底之间的电容。C_s上存有电荷，表示信息为“1”，否则为“0”。由三管或四管组成的一个基本存储电路，也是靠 MOS 管栅极与衬底之间分布电容来记忆信息的。虽然 MOS 管是高阻器件，漏电流小，但总还是存在的，因此 C_s上的电荷经一段时间就会泄放掉(一般约为几毫秒)，故 C_s 不能长期保留信息。为了维持动态存储单元所存储的信息，必须进行刷新，使信息再生。

MOS 管 T_2起开关作用，T_1为同一列基本存储电路所共用。写数时，行选择线、列选择线置“1”，此时 T_2导通，该存储元被选中，外部信息通过数据线加至位线，然后再通过 T_2加至 C_s上。若写入“1”，数据线上为高电平，经刷新放大器和 T_1向 C_s充电至高电平；若写入“0”，数据线上为低电平，C_s通过 T_2，T_1放电至低电平。

读数时，先对行地址译码，产生行选择信号(为高电平)。该行选择信号使本行上所有基本存储电路中的 T_2均导通，于是连接在列线上的刷新放大器，读取对应电容 C_s上的电压值并转换成相应的逻辑“1”或逻辑“0”。

在每次读出后，由于 C_s上的电荷被泄完，原先的存储内容遭到破坏(而且选中行上所有

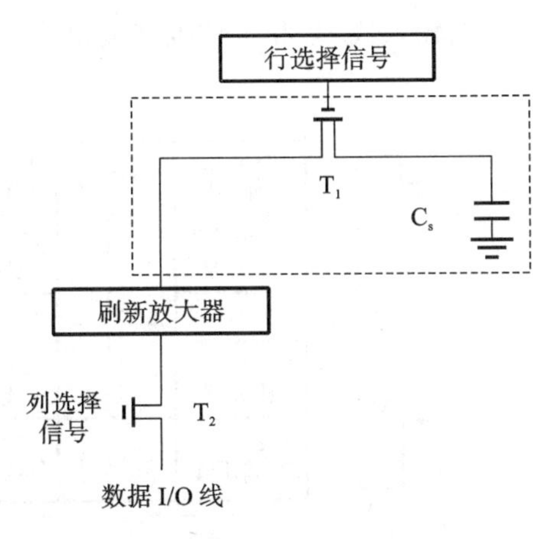

图 5-9　单管动态 RAM 基本存储电路

的基本存储电路中的电容 C_s 都遭到破坏)。为使 C_s 在读出后仍能保持原存信息(电荷)不变,刷新放大器又必须对这些电容进行重写操作,把原来信号重新写入,以补充电荷,使 C_s 保持原信息不变。所以,读出过程实际上是读出、回写的过程,回写也称为刷新。

由于动态 RAM 的每一个存储位仅用一个晶体管和一个小电容,因此它的集成度可以做得很高,价格也低于静态 RAM。但由于电容有漏电存在,会使电容存储的电荷逐渐泄掉,从而造成数据丢失,因此,需要对动态 RAM 进行刷新,定时对每个存储单元进行重新充电。由于需要刷新,因此一般动态 RAM 的连接电路要复杂一些。与静态 RAM 相比,动态 RAM 的存取速度也较慢。

2. 动态 RAM 芯片的结构

动态 RAM 芯片的内部结构与静态 RAM 大致相同,也是由许多基本存储电路按行、列组成二维存储矩阵。但由于动态 RAM 的集成度高,有动态刷新要求,动态 RAM 在具体构造上与静态 RAM 相比还是有一些区别的。

(1)为降低芯片的功耗,保证足够高的集成度,减少芯片对外封装引脚数目和便于刷新控制,动态 RAM 芯片一般设计成位结构形式,即每个存储单元只有一位数据位。一个芯片上含有若干个字,如 4K×1 位、8K×1 位、64K×1 位等。

(2)由于动态 RAM 芯片的集成度高,存储单元多,因此地址线引脚也多,如 64K×1 位的存储器芯片就有 16 位地址输入线。为了减少封装引脚,地址线分行地址和列地址分时输入。这样,在动态 RAM 的结构中,就要支持地址的行/列分时输入,其中包括具有行/列选通信号及相应的控制电路、地址锁存器等。

(3)动态 RAM 的刷新是按行进行的,在行地址输入到行地址锁存器以后,就可以对该行内的所有存储单元进行一次刷新,也就是对存储的信号进行放大。为了完成刷新功能,在动态 RAM 内部存储体电路中,每一列都有读出放大电路,以便在行地址选中以后对一行中的所有单元同时刷新。

图 5-10 所示是 Intel 2164 芯片的引脚和内部结构图。Intel 2164 是 64K×1 位的动态 RAM 芯片,片内共有 64K 个存储单元,所以要有 16 位地址线。为了减少地址引脚数目,采用行和列两部分地址线各 8 条,内部设有行、列地址锁存器。利用外接多路开关,先由行选通信号 $\overline{RAS}$ 选通 8 位行地址并锁存,随后再由列选通信号 $\overline{CAS}$ 选通 8 位列地址并锁存,16 位地址选中 64K 个存储单元中的任何一个单元。Intel 2164 芯片外部有用于提供行地址和列

地址的 8 位地址输入线、1 位数据输入线 D_{in} 和 1 位数据输出线 D_{out}，以及行/列地址选通信号线等。

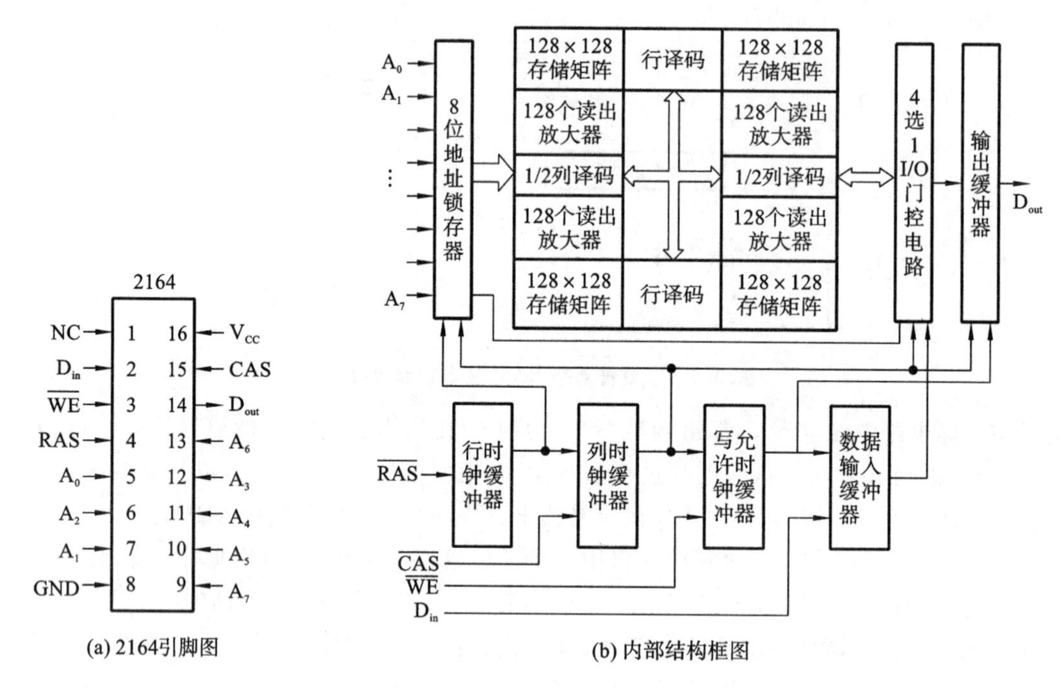

(a) 2164引脚图

(b) 内部结构框图

图 5-10　Intel 2164 芯片引脚和内部结构框图

A_0～A_7—地址输入；CAS—列地址选通；RAS—行地址选通；$\overline{WE}$—写允许；D_{in}—数据输入；D_{out}—数据输出；V_{CC}—电源；GND—地；NC—空脚

64K×1 位的存储体由 4 个 128×128 存储矩阵构成，每个 128×128 存储矩阵由 7 位行地址线和 7 位列地址线进行选择。7 位行地址线经过译码产生 128 条选择线，分别选择 128 行；7 位列地址线经过译码后也产生 128 条选择线，分别选择 128 列。

锁存在行地址锁存器中的 7 位行地址线 RA_0～RA_6 同时加到 4 个存储矩阵上，在每个存储矩阵中选中一行，共有 4×128＝512 个存储单元被选中，存放的信息被选通到 512 个读出放大器，经过鉴别后锁存或重写。

锁存在列地址锁存器中的 7 位列地址线 CA_0～CA_6 在每个存储矩阵中选中一列，然后由 4 选 1 的 I/O 门控电路（由 RA_7，CA_7 控制）选中一个存储单元，可对该单元进行读/写。

Intel 2164 芯片数据的读出和写入由 $\overline{WE}$ 控制。当 $\overline{WE}$ 为高电平时读出，即所选中单元的内容经三态门、输出缓冲器在 D_{out} 引脚读出；当 $\overline{WE}$ 为低电平时写入，D_{in} 引脚上的信号经输入三态缓冲器对选中单元进行写入。Intel 2164 芯片没有片选信号，实际上用行选通信号 $\overline{RAS}$、列选通信号 $\overline{CAS}$ 作为片选信号。

3. 动态 RAM 的刷新

所有的动态 RAM 都是采用电容存储电荷的原理来保存信息的，但由于电容有漏电存在，会使电容存储的电荷逐渐泄掉，从而造成数据丢失，因此，必须定时对动态 RAM 的所有基本存储单元电路补充电荷，即对动态 RAM 进行刷新操作，以保证存储的信息不变。所谓刷新，就是每隔一定的时间（一般每隔 2 ms）便对动态 RAM 的所有基本存储单元进行读出，经读出放大器放大后再重新写入原电路中，以维持电容上的电荷，进而使所存的信息保持不变。

虽然每次进行的正常读/写存储器的操作就相当于进行了刷新操作，但由于 CPU 对存储器的读/写是随机的，并不能保证在 2 ms 时间内对内存的所有单元都进行一次读/写操作，以达到刷新的效果，因此，还必须设置专门的外部控制电路，安排专门的刷新周期，系统地对动态 RAM 进行刷新。刷新方式有以下 3 种。

(1)每隔几毫秒刷新一次，以 Intel 2116 为例，在 2 ms 时间内要刷新 128 行，若每 15 μs 刷新一行，则在 1.92 ms 时间内可将 128 行轮流刷新一遍。

(2)在 2 ms 时间内集中一段时间进行刷新操作，在这段时间内存储器不能进行读/写操作，这段时间被称为死时间。

(3)在每一个指令周期中利用 CPU 不进行访问操作的时间进行刷新。

4. 高集成度 DRAM 与 SIMM 内存条

随着微机性能的迅速提高，微机内存的实际配置从 640 KB 发展到 64 MB、128 MB 和 256 MB，因此要求配套的 DRAM 集成度越来越高。容量为 1M×1 位、1M×4 位、4M×1 位以及更高集成度的 DRAM 芯片已大量使用，而且由于 DRAM 具有集成度高、功耗低、价格便宜的特点，因此，设计存储器时，主要还是用 DRAM。

由于 386 以上档次的微机不能通过 ISA 总线插槽来扩充 32 位数据宽度的内存，因此，只能采用 SIMM(single inline memory module)内存条的方式来扩充内存。所谓内存条，就是在长条形印刷电路板上焊接多片规格相同的 DRAM 芯片而制成的标准的插件。在系统主板上，设有专门安装内存条的单列直插式插座，用户只需把内存条直接插到系统主板上的内存条插座上即可实现对内存的扩充。

内存条上有统一的引线标准，且分为 30 线、72 线和 168 线 3 种。单条上的容量有 512 KB、1 MB、4 MB、8 MB、16 MB、32 MB、64 MB 和 128 MB 等。单元位数有 8 位和 9 位 2 种，其中后者有一位是奇/偶校验位。

30 线内存条提供 8 位有效数据；72 线内存条体积较大，可提供 32 位有效数据。随着 Intel 80486 和 Pentium 微处理器的普及，为了便于存储 32 位和 64 位数据，现在大量使用的是 72 线内存条。72 线内存条可以提供 32 位数据，因此对于 32 位微处理器，仅安装 1 条也能工作。对于 Pentium 微处理器，它的数据线为 64 位，若要一次能存取 64 位数据，72 线内存条应按偶数安装。

顺便指出，用户在扩充内存容量时，选择内存条应注意引脚数、容量、速度和奇/偶校验 4 项指标，并要考虑与已有内存条的匹配及将来再扩充的余地等因素。现在的主机板上有 2～4 个 SIMM 槽口，其中 1～2 个 168 线至少有 2 个 72 线的插座。

(1)引脚数。内存条的引脚数必须与主板上的 SIMM 槽口一致。例如，对于 72 线内存条，带奇/偶校验的用 36 位内存条，不带奇/偶校验的用 32 位内存条。

(2)容量。72 线内存条的容量有 4 MB、8 MB、16 MB 等。72 针引脚系统中，选用 32 位或 36 位(带奇/偶校验)的内存条，它的数据宽度为 32 位，对于 32 位的微处理器可以单条使用。168 线内存条的容量为 64 MB，适合在 Pentium 机上使用。

(3)速度。一般内存条的速度有 40 ns、60 ns、80 ns 和 120 ns 等几种，在内存条的芯片上有相应的标记，如标有“－4”“－6”“－7”“－8”等字样。标记的数值越小，速度越快。当内存条速度和主板速度匹配时，效率最高，否则影响系统效果。

(4)奇/偶校验。微机一般都要求内存条有奇/偶校验，但没有奇/偶校验也能工作。一般内存条上的芯片为 2 或 8 片，不带奇/偶校验，而有 3 片或 9 片芯片的内存条应带奇/偶校验。是否带奇/偶校验也可以通过 BIOS SETUP 程序来检查：开机后执行 BIOS SETUP 程序，选择允许奇/偶校验，若机器可以引导，则证明内存条带奇/偶校验；若屏幕上有奇/偶校验错的提示后死机，则说明内存条不带奇/偶校验。

5.3 只读存储器

只读存储器的信息在使用时是不能被改变的，即只能读出，不能写入，故只读存储器一般只能存放固定程序和常量，如监控程序、IBM PC 中的 BIOS 程序等。ROM 的特点是具有非易失性，即掉电后再上电时存储信息不会改变。ROM 芯片种类很多，根据编程方式的不同，ROM 可分为掩膜式 ROM（MROM）、可编程 ROM（PROM）、可擦除 PROM（EPROM）和电擦除 PROM（E^2PROM）。

5.3.1 掩膜式 ROM(MROM)

掩膜式 ROM 中的信息是厂家根据用户给定的程序和数据对芯片图形掩膜后进行两次光刻而制成的，所以该 ROM 称为掩膜式 ROM。这类 ROM 可由二极管、双极型晶体管和 MOS 型晶体管构成，制成后，用户不能修改。图 5-11 所示为一个简单的 4×4 位 MOS 管 ROM，采用单译码结构。在图 5-11 所示的矩阵中，在行和列的交点，有的连有管子，有的没有连管子，这是生产厂家根据用户提供的程序所决定的。因此，掩膜式 ROM 的内容取决于制造工艺，一旦制好后，用户无法改变。掩膜式 ROM 存储的信息是不可失的，即当电源掉电后又上电时，存储的信息不变。

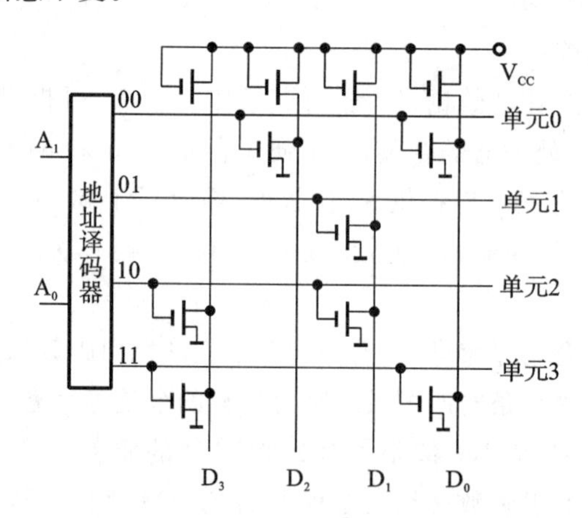

图 5-11 掩膜式 ROM 示意图

5.3.2 可编程 ROM(PROM)

为了便于用户根据自己的需要来确定 ROM 中的内容，出现了可编程的只读存储器，简称为 PROM。PROM 常采用二极管或双极型三极管作存储单元。图 5-12 所示是一种熔丝式 PROM 存储电路结构图。在这种存储单元中，每一位三极管的发射极上串接一个可熔金属丝，出厂时所有的管子发射极上的熔丝是完整的。管子可将位线和字线连通，表示存有信息“0”。用户编程时，根据程序要求，把某些熔丝烧断，相当于存入“1”信息，未烧断的位仍为

“0”,从而实现了信息的一次性写入。PROM 除具有掩膜式 ROM 的特点外,还具有可以由用户自己编程的特点。但由于熔丝一旦编程烧断就无法恢复,因此,PROM 只允许用户编程一次,这对需要经常修改程序内容的应用场合是很不方便的。

5.3.3 可擦除 PROM(EPROM)

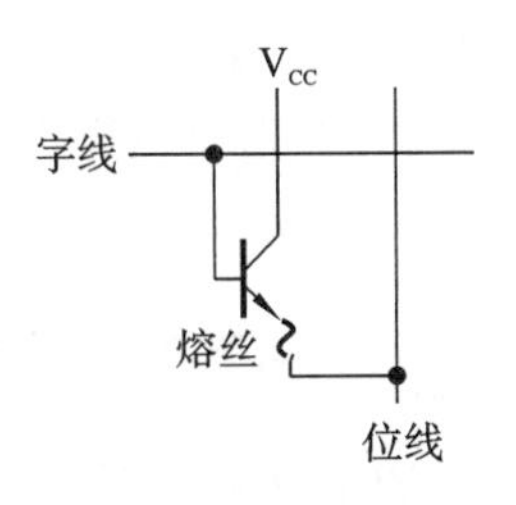

图 5-12 熔丝式 PROM 存储电路结构图

在某些应用中,程序需要经常修改,因此能够重复擦写的 EPROM 被广泛应用。这种存储器利用编程器写入后,信息可长久保持,因此可作为只读存储器。当内容需要变更时,可利用擦抹器(由紫外线灯照射)将其擦除,使各存储元内容复原(为 FFH),再根据需要利用 EPROM 编程器编程,因此这种芯片可反复擦写。

通常 EPROM 存储电路是利用浮栅 MOS 管构成的,又称 FAMOS 管(floating gate avalanche injection metal-oxide-semiconductor,即浮栅雪崩注入 MOS 管)。它的构造如图 5-13 所示。

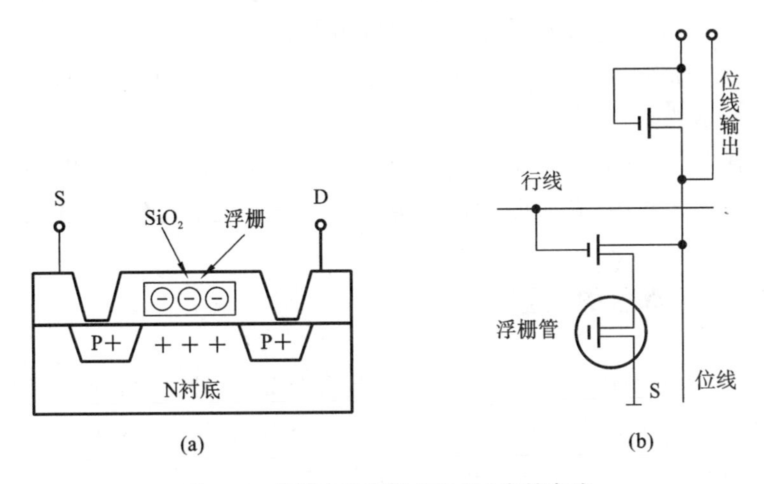

图 5-13 浮栅 MOS 管 EPROM 存储电路

该电路和 P 沟道增强型 MOS 管相似,只是栅极没有引出端,而被 SiO_2 绝缘层包围,即处于浮空状态,故称为“浮栅”。

在原始状态,栅极上没有电荷,该管没有导通沟道,D 和 S 是不导通的。如果将源极和衬底接地,在衬底和漏极形成的 PN 结上加一个约 24 V 的反向电压,可导致雪崩击穿,产生许多高能量的电子,这样的电子比较容易越过绝缘层进入浮栅。注入浮栅的电子数量由所加的电压脉冲和宽度来控制。如果注入的电子足够多,这些负电子在硅表面上感应出一个连接源、漏极的反型层,使源、漏极呈低阻态。在外加电压取消后,在浮栅上的电子没有放电回路,因而在室温和无光的条件下可长期保存在浮栅中。将一个浮栅管和 MOS 管串起来,组成如图 5-13(b)所示的基本存储电路,于是浮栅中注入了电子的 MOS 管源、漏极导通。当行线选中该存储元时,相应的位线为低电平,即读取值为“0”;而未注入电子的浮栅管的源、漏极是不导通的,故读取值为“1”。在原始状态,即出厂时,没有经过编程,浮栅中没有注电,位线上总是“1”。

消除浮栅电荷的办法是利用紫外线灯照射,紫外线光子的能量较高,可使浮栅中的电子获得能量，形成光电流从浮栅流入基片，使浮栅恢复初态。EPROM 芯片上方有一个石英玻璃窗口，只要将此芯片放入一个靠近紫外线灯的小盒中照射 20 min，读出各基本存储电路的内容均为 FFH，则说明该 EPROM 已擦除。

由于每一次紫外线灯照射都是通过石英玻璃窗口对整个芯片进行照射，因此，想部分擦除是不行的，这是 EPROM 的不足之处。EPROM 芯片有多种型号，如 2716(2K×8 位)、2732(4K×8 位)、2764 (8K×8 位)、27128(16K×8 位)、27256(32K×8 位)等。

5.3.4 电擦除 PROM(E^2PROM)

E^2PROM 是一种新型的只读存储器，近年来被广泛应用。它的主要特点是，能在应用系统中采用加电的方法进行在线读/写，擦写次数大于 10 000 次，且在断电情况下不会丢失数据信息，数据可保留 10 年以上，使用较 EPROM 更为方便。

E^2PROM 对硬件电路没有特殊要求，且省去了电路中的高压电源，给用户带来了极大方便，操作十分简单。早期产品，如 2816 和 2817 是依靠片外高压电源(约 20 V)进行擦除的。后来把高压电源集成在片内，构成了新型 E^2PROM 芯片，如 2816A，2817A，2864A 等。

E^2PROM 采用+5 V 电擦写，是在写入过程中自动进行擦写的。但目前 E^2PROM 擦写时间较长，约需 10 ms 左右，需要保证有足够的写入时间。有的 E^2PROM 芯片设有写入结束标志，可供查询或中断使用。

E^2PROM 具有广泛的应用前景，除了有并行传送数据芯片外，还有串行传送数据芯片。串行 E^2PROM 具有体积小、成本低、电路连接简单、占用系统地址线和数据线少的优点。

5.4 CPU 与存储器的连接

半导体存储器主要用作微机的内存。内存包含两部分，即只读存储器 ROM 和随机存取存储器 RAM。其中，ROM 用于存放固化程序、表格、常数等；RAM 用于存放当前系统执行的各种程序，包括应用程序、当前处理的数据及结果。

用作内存的半导体存储器与 CPU 的连接，就是存储器芯片与 CPU 芯片的连接。就 CPU 而言，CPU 与外部通过地址总线 ABS、数据总线 DBS 以及控制总线 CBS 交换信息。因此，存储器芯片与 CPU 芯片的连接就是与 CPU 芯片的三种总线的连接。

5.4.1 存储器芯片的组织

存储器芯片的外部引线主要有数据线、地址线、片选线及读/写控制线。数据线可双向传递存储器中的存储内容，其根数一般与一个存储单元的存储位数相同，如 256×4 位的芯片，数据线有 4 根。地址线总是单向输入的，用来选择存储单元的地址信号，其根数取决于存储器的容量，如容量为 1024×4 位的芯片，地址线有 10 根。片选线用来选择存储器芯片，当片选信号有效时，表示某存储器芯片被选中。读/写控制线用来决定芯片进行读/写操作，读/写控制线有效，便打开被选中的芯片被选中单元的数据通道，存储内容可通过数据通道取出或存入。对存储器进行读/写操作，首先由地址总线给出地址信号，然后发出进行读或写操作的控制信号，最后在数据线上进行信息交换。

目前生产的存储器芯片的容量是有限的，它在字数和字长方面与实际存储器的要求都有很大差距，所以需要在字和位两方面进行扩充才能满足实际存储器的容量要求。在实际应用中，经常遇到如何用容量较小、位数较少的芯片组成微机所需的存储器，即存储器芯片的扩充问题。根据选择的芯片规格不同，通常采用位扩展（即位数的扩充）、字扩展和字位扩展 3 种扩展方法。

1. 位扩展

位扩展，即存储单元的字数保持不变，而加大字长（位数的扩充）。位扩展的方法是采用位并联，即将各芯片的地址线和读/写控制线并联在一起，将数据线分别接到数据总线的各位。例如，使用 8 片 1 K×1 位的存储器芯片，组成容量为 1 K×8 位的存储器，可采用图5-14所示的位扩展法。此时只加大字长，而存储字数与存储器芯片字数一致（字数保持不变）。图中：每片是 1 K×1 位，故其地址线为 10 根（A_0～A_9），可满足整个存储容量的要求；每一片对应于数据的 1 位（只有 1 条数据线），故只需将它们分别接至数据总线上的相应位即可。在这种方式下，片选线均按已被选中来考虑，有片选端（$\overline{CS}$），可将它们直接接地。在这种连接中，每一条地址总线接有 8 个负载，每一条数据线接有 1 个负载。

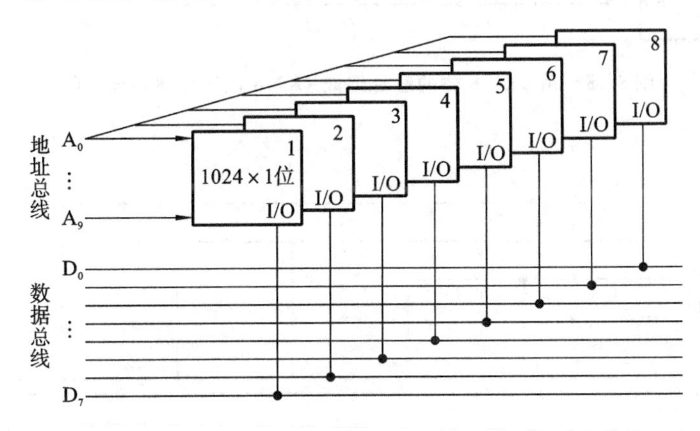

图 5-14　采用位并联方式组成 1 K×8 位的存储器连接图

2. 字扩展

字扩展就是当存储器芯片的字长与系统要求相同，而容量（单元数）不同时，要求对字向进行扩充，而位数不变，以满足系统容量的要求。

图 5-15 表示出用 1K×8 位的芯片，采用字扩展法组成 4K×8 位的存储器连接图。图中 4 片芯片的数据端与数据总线 D_0～D_7 相连，地址总线低位地址 A_0～A_9 与各芯片的 10 位地址端相连，而 2 位高位地址 A_{10}，A_{11} 经 2 线-4 线译码器分别与 4 个片选端$\overline{CS}$相连。

3. 字位扩展

字位扩展，即同时扩充位数和存储单元的容量。假设一个存储器的容量为 MK×N 位，若使用 1 K×k 位的芯片（1<M，k<N），需要在字向和位向同时进行扩展。此时共需要（M/1）×（N/k）片存储器芯片。例如，用 SRAM 芯片 2114（1K×4 位）构成 4K×8 位存储器，就单片芯片来说，无论是位向还是字向都有满足不了的要求，需进行扩展。根据给定芯片规格，总共需要（4/1）×（8/4）＝8 片芯片。为了满足字长要求，应使 2 片并联起来同时工作，每片有 4 位数据位，2 片正好 8 位数据宽度，可以满足字长的要求。所以，8 片共分 4 组，这 4 组用高 2 位地址（A_{10}，A_{11}）经译码器产生片选（本例中也是组选）信号，将地址线低 10 位（A_0～A_9）直接连接到每一个芯片的地址引脚，实现芯片内存储单元地址选择，如图 5-16 所示。

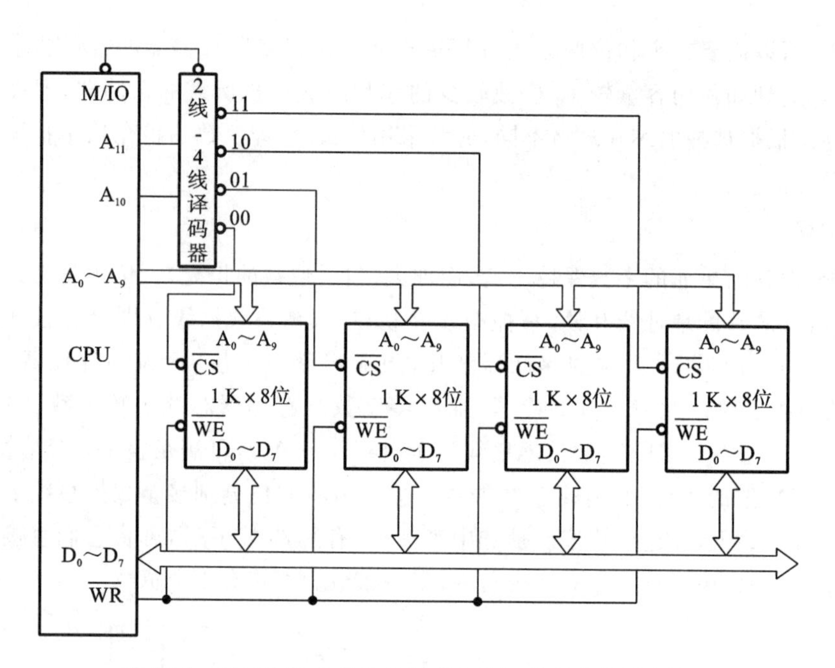

图 5-15 用 1K×8 位的芯片组成 4K×8 位的存储器连接图

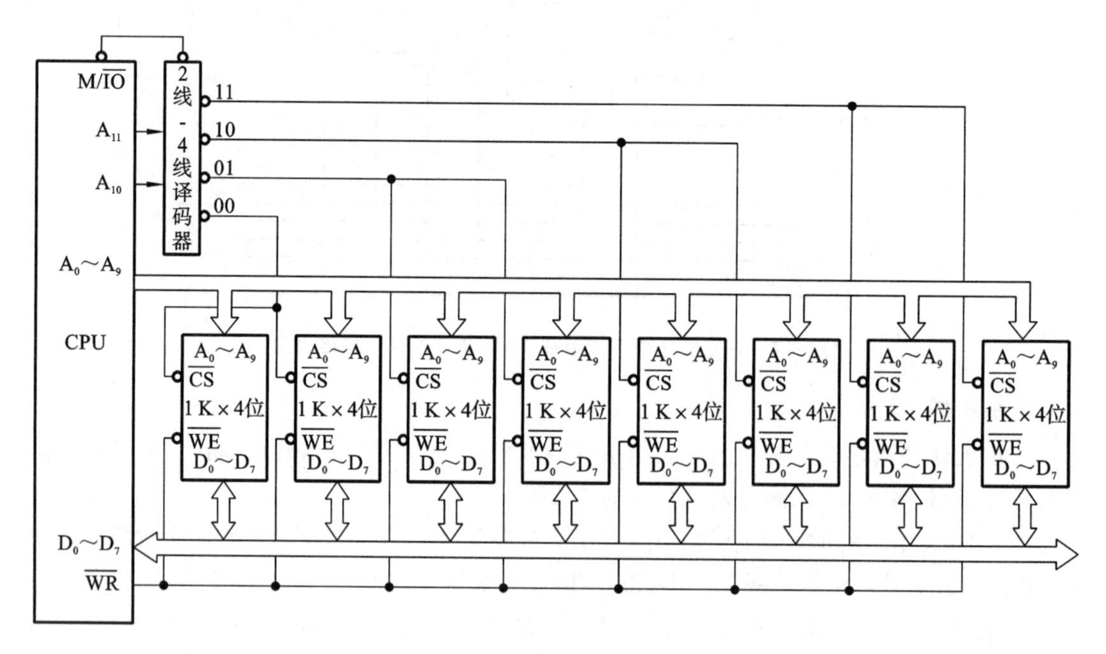

图 5-16 用 2114（1K×4 位）芯片构成 4K×8 位存储器连接图

5.4.2 存储器地址的选择

由于单片容量有限，现在总是由多片存储器芯片组成一个存储器。当用多片存储器芯片组成存储器时，还有一个片选信号的问题。

用容量较小的芯片组成容量较大的微机系统存储器时，需要考虑存储器地址选择问题，这就使得存储器的地址译码被分为片选控制译码和片内地址译码两部分。在实际应用中，常将地址总线的低位地址线直接连接到存储器芯片的地址引脚，由片内的译码器实现片内存储单元的寻址；对高位地址线（或和 CPU 的控制信号组合）进行译码后产生存储器芯片的片选信号$\overline{CS}$，实现片间寻址。实现片选控制译码的方法主要有线选法、全译码法、部分译码法三种。

1. 线选法

线选法即线性选择法，是指地址总线的低位实现对芯片的片内选择(片内寻址)，将剩余的高位地址线直接连接到存储器芯片的片选端$\overline{CS}$上，只要该地址线有效，就选中该芯片，实现片间选择(寻址)。

例如，用4片均为4K×8位的存储器芯片，组成16K×8位的存储器系统，采用线选法对4片4K×8位的存储器芯片进行片选，如图5-17所示。

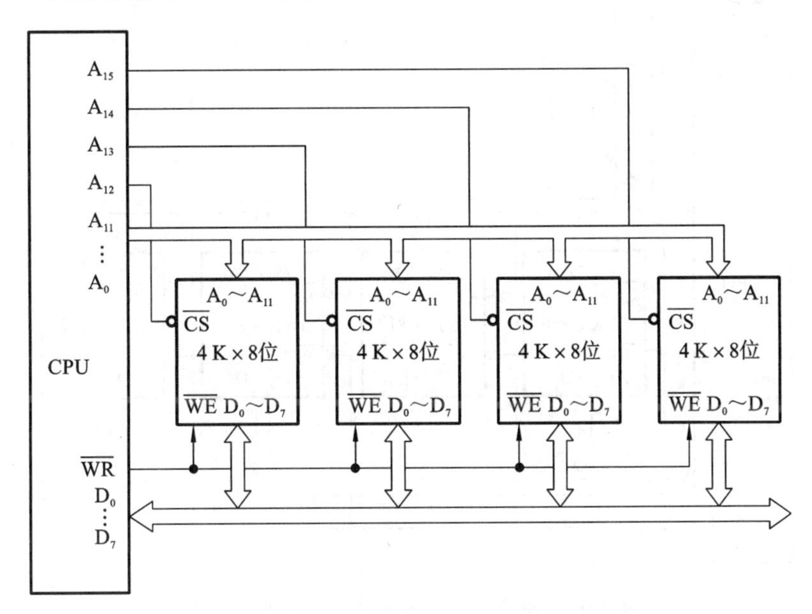

图5-17　用线选法组成的16 KB的存储器系统

地址总线的低位地址线$A_0 \sim A_{11}$与各片的地址引脚相连，用于片内选址；$A_{12} \sim A_{15}$为片选地址，分别与4片存储器芯片的片选端$\overline{CS}$相连。当$A_{12} \sim A_{15}$分别为0(即同一时间只有一位高位地址线为0)时，相应芯片的片选信号$\overline{CS}$有效，即选中该芯片。

采用线选法时，电路连接简单，无需任何别的译码逻辑电路，因此线选法是一种非常经济的地址选择法。但线选法不能充分利用系统的存储空间，每片芯片所占地址空间把整个地址空间分成了相互隔断的区间，地址空间不连续，空间利用率低，给编程带来一定的困难。所以，这种方法只用在芯片较少的存储器系统中。

2. 全译码法

全译码法是将低位地址线用于片内选址，而用译码器对剩余的全部高位地址线进行译码，将译码器的输出信号作为各芯片的片选信号，分别连接到存储器芯片的片选端，以实现片间选择(寻址)。

图5-18所示为采用全译码法对由16K×8位的芯片组成的64K×8位的存储器实现片选的连接图。图中将地址总线的低位地址线$A_0 \sim A_{13}$与各芯片的14位地址端相连，实现片内寻址；将剩余的2位高位地址A_{14}，A_{15}线经2线-4线译码器分别与4个片选端$\overline{CS}$相连，实现片间寻址。4个存储器芯片占用的地址空间分别是：

①第一片($\overline{CS}$=00):地址范围为0000H~3FFFH。

②第二片($\overline{CS}$=01):地址范围为4000H~7FFFH。

③第三片($\overline{CS}$=10):地址范围为8000H~BFFFH。

④第四片($\overline{CS}$=11):地址范围为C000H~FFFFH。

可见,全译码法不浪费可利用的存储器地址空间,各芯片之间的地址相互邻接,且不致因考虑不周而使地址重复,这便于编程和内存扩充。但全译码法要求用译码器,对译码电路的要求较高。

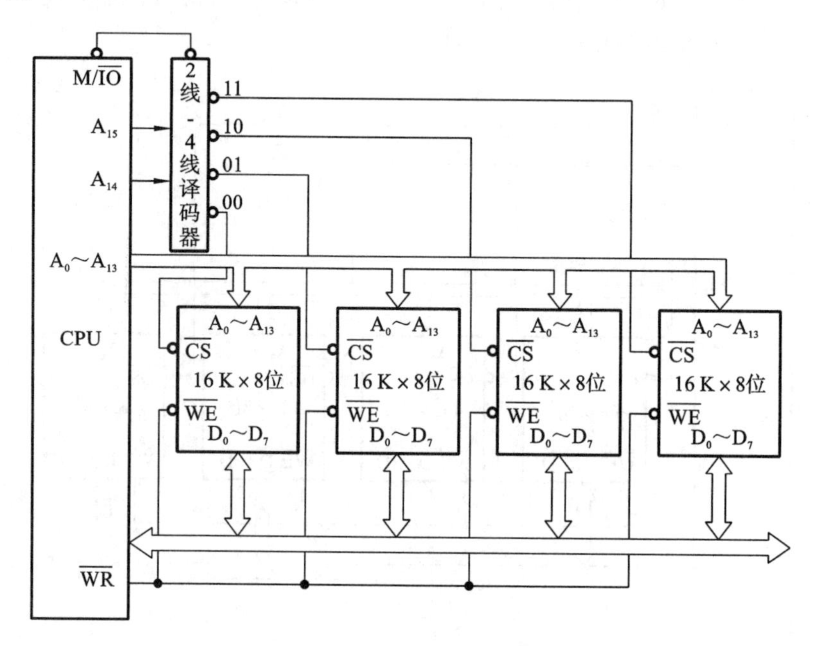

图5-18 用全译码法实现片选的系统连接图

在实际应用中,当芯片所需的片选信号多于可利用的地址线时,就不能采用线选法,而要采用全译码法。全译码法适用于存储器芯片较多的存储器系统。

3. 部分译码法

部分译码法是将低位地址线用于片内选址,用译码器对高位地址线中的部分地址线(不是全部高位地址线)进行译码,将译码器的输出信号作为各芯片的片选信号以实现片选。该方法常用于不需要具备全部地址空间的寻址能力,但采用线选法时地址线又不够用的情况。

采用部分译码法时,由于未参加译码的高位地址与存储器地址无关,即这些地址的取值可随意,因此存在地址重叠的问题。另外,从高位地址线中选择不同的地址线参加译码,将对应不同的地址空间。

5.4.3 存储器与CPU的连接

在微机系统中,组成主存储器的存储器芯片类型不同,其接口特性不同。存储器芯片的接口特性实质上就是指有哪些与CPU总线相关的信号线,以及这些信号线相互间的定时关系。而存储器芯片的外部引脚信号线不外乎有地址线、数据线和控制线3种。其中,控制线又有片选线、输入/输出控制线(也叫读/写控制线)和联络线等。了解存储器芯片的接口特性,就是要弄清楚这些信号线与CPU数据总线、地址总线、控制总线的连接关系。

1. 静态 RAM 与 CPU 的连接

当微型计算机系统的存储器容量较小时，应采用 SRAM 芯片而非 DRAM 芯片，因为大多数 DRAM 芯片属于位片式，如 16K×1 位或 64K×1 位。DRAM 芯片要求有动态刷新支持电路，这种附加的支持电路反而增加了存储器的成本。SRAM 与 CPU 连接时，芯片地址线与 CPU 低位地址线直接相连，用于片内选址；数据线与 CPU 数据线直接相连；片选线$\overline{CS}$或$\overline{CE}$与 CPU 余下的高位地址线经译码后产生的片选信号相连。

SRAM 读/写控制线的设置方法通常有两类：一类有读允许$\overline{OE}$和写允许$\overline{WE}$ 2 根读/写控制线；另一类只有 1 根读/写控制线$\overline{WE}$。$\overline{WE}$=0 时写允许，$\overline{WE}$=1 时读允许，读/写控制线与 CPU 的读/写控制线连接。

图 5-19 所示为由两片静态 RAM 芯片 6264 构成 16 KB 的存储器。低位地址线 A_{12}～A_0直接连接至每一片 6264 芯片的地址输入端，高位地址线经译码以后产生片选信号，并分别连接到两片 6264 芯片的片选输入端。地址译码器 74LS138 是一个常用的 3 线-8 线译码器。当地址 A_{19}～A_{16}=1110 时，该译码器被选中，也就是说，该译码器$\overline{Y_7}$～$\overline{Y_0}$输出的地址范围为 E0000H～EFFFFH。其中，当 A_{15}～A_{13}=000 时，$\overline{Y_0}$输出有效，其地址范围为 E0000H～E1FFFH；当 A_{15}～A_{13}=001 时，$\overline{Y_1}$输出有效，其地址范围为 E2000H～E3FFFH。

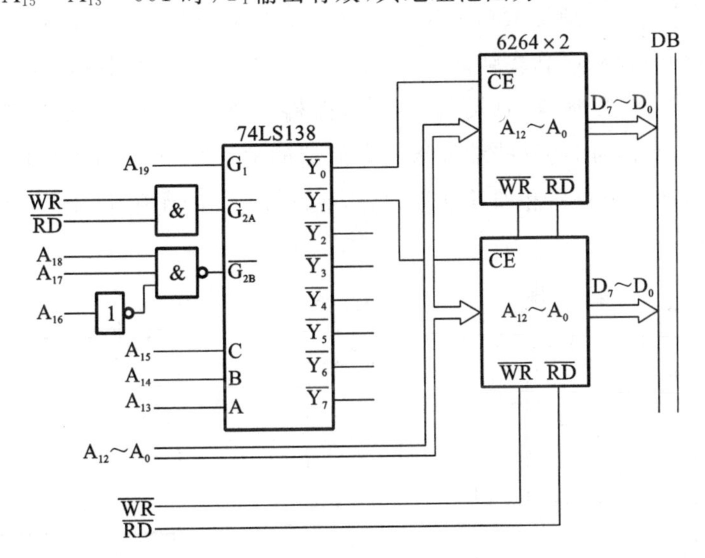

图 5-19　用 8K×8 位的存储器芯片组成的 16 KB RAM 电路

6264 存储器芯片的地址线和控制线，直接与 CPU 的数据线和对应的控制线相连接即可。在控制信号的连接中必须注意以下两点。

(1)CPU 的写控制线与 SRAM 芯片的写控制相连，CPU 的读控制线与 SRAM 芯片的读控制线或输出控制线相连。如果某些 RAM 芯片的读/写控制线合为一根控制线，则可根据其电平要求连接 CPU 的写控制线或读控制线。

(2)为了区别于 I/O 端口访问，保证只有在存储器读或写操作期间才能访问到存储器芯片，CPU 与存储器的接口电路中要体现存储器访问这一操作性质，例如使 M/$\overline{IO}$信号参与控制，用于片选的地址译码器，以保证只有在存储器访问期间地址译码器才工作。

2. 动态 RAM 与 CPU 的连接

与静态 RAM 的连接一样，CPU 输出的地址总线的高位部分用于进行地址译码产生片选信号，地址总线的低位部分用于选择存储器内部的存储单元。但是动态 RAM 在原理和构造上与静态 RAM 差别较大，在与 CPU 相连构成动态 RAM 存储器系统时，以下两方面必须考虑。

（1）地址信号输入问题。由于动态 RAM 芯片集成度高，存储容量大，引脚数量不够，动态 RAM 芯片的地址输入一般采用两路复用锁存方式，即把地址信号分为两组，共用几根地址输入线分两次按行、列分时输入。

（2）动态 RAM 有刷新的要求、需要加定时刷新支持电路。因此，针对动态 RAM，除了在静态 RAM 连接中所要考虑的数据线的连接要求、地址线的译码要求等方面以外，还要考虑到如何提供地址以及在什么时候提供地址。由于动态 RAM 的地址输入是分行、列进行的，因此不能直接将 CPU 的低位地址线直接连接至存储器的地址线，而是需要将这部分地址一分为二，按行、列分时输入存储器。

与此同时，由于动态 RAM 有刷新要求，既需要刷新控制信号，也需要为动态 RAM 提供刷新地址，因此，动态 RAM 与 CPU 的连接，还需要有一个产生刷新地址的电路，并通过选择电路，在需要刷新的时候将刷新地址送入动态 RAM。

图 5-20 所示为动态 RAM 与 CPU 的接口电路。图中行地址由地址总线 $A_7 \sim A_0$ 提供，并且同刷新计数器的 7 位地址 $RA_6 \sim RA_0$ 通过一个多路开关（刷新多路器）送到行/列多路器。由刷新控制信号控制刷新多路器，只有在刷新操作时才选通刷新地址输出，否则输出行地址。列地址由 $A_{15} \sim A_8$ 提供，且送到行/列多路器。由多路控制信号控制行/列多路器输出的是行地址还是列地址，将这些地址送到存储器的地址线 $A_7 \sim A_0$ 中，由选通信号 $\overline{RAS}$ 和 $\overline{CAS}$ 选通，送到行地址锁存器和列地址锁存器，在 $\overline{WE}$ 信号的作用下对所寻址的存储单元实现读操作或写操作。

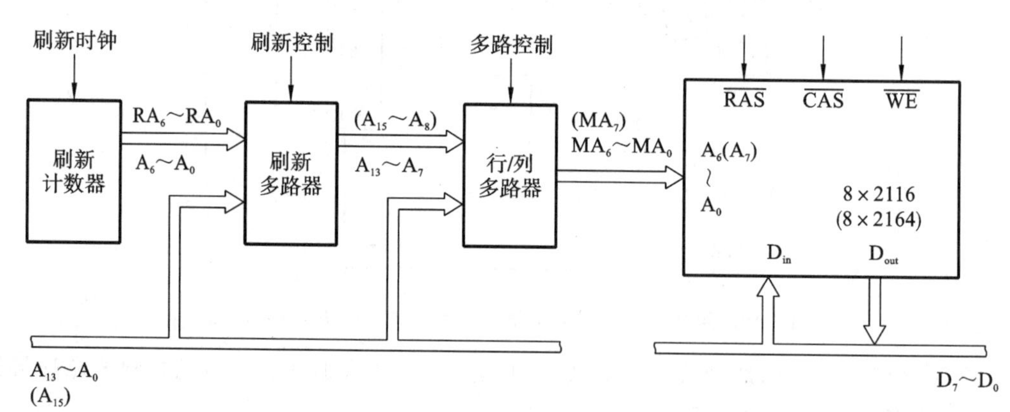

图 5-20　动态 RAM 与 CPU 的接口电路

3. EPROM 与 CPU 的连接

由于常用的 EPROM 芯片的外部引脚与静态 RAM 相似，因此 CPU 与 EPROM 的连接和 CPU 与静态 RAM 的连接相似。数据线直接相连，CPU 地址总线的高位部分用于片选，低位部分连至 EPROM 的地址线。对于控制线，由于 CPU 对 EPROM 不存在写操作，因此只需要考虑存储器读操作的控制信号。针对 EPROM，要注意编程控制信号 PGM 和编程电压 U_{PP} 的引脚输入。通常，在不需要对 EPROM 进行编程时，PGM 输入高电平无效，U_{PP} 接电源。

显然，计算机系统在合闸上电后就能自动启动，必须把初始化程序和引导程序放在

ROM 中。IBM PC/XT 一般在系统板上安装了 40 KB 的 ROM，它们占据了存储器的最高地址端 FE000H～ FFFFFH，用于存放 BIOS 和 ROM BASIC 程序。其中 BIOS 程序的功能就是对系统进行初始化，并为硬件功能调用提供接口。

图 5-21 所示为 IBM PC/XT 的 ROM 系统控制电路图。系统板上 40 KB 的 ROM 信息存放在两片 ROM 芯片中：一片是 8 KB 的芯片，另一片是 32 KB 的芯片。

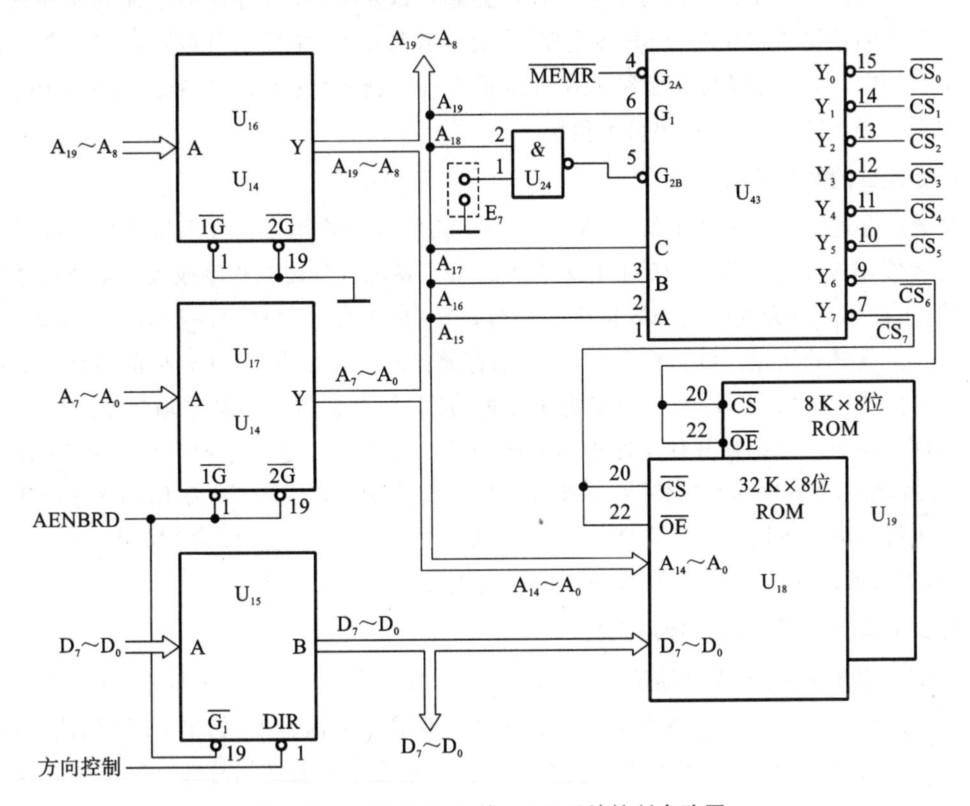

图 5-21　IBM PC/XT 的 ROM 系统控制电路图

系统的地址总线 A_{19}～A_0，经过 U_{14}，U_{16}，U_{17} 缓冲，形成 ROM 子系统中的地址总线，其中 A_{14}～A_0(32 KB 地址)直接与 ROM 芯片的地址线 A_{14}～A_0 相连(其中 8 KB 的 ROM 芯片地址线为 A_{12}～A_0)，高位地址与控制信号一起作为 ROM 芯片的片选信号。系统数据总线 D_7～D_0 经过 U_{15} 的缓冲，直接与两片 ROM 芯片的 D_7～D_0 相连。

片选信号由 3 线-8 线译码器 74LS138(U_{43})产生，它的允许工作控制端 G_1 直接连至 A_{19}，$\overline{G_{2A}}$ 直接连至系统的存储器读控制线 $\overline{MEMR}$，$\overline{G_{2B}}$ 同非门 U_{24} 相连。U_{24} 的 2 个输入端一个是 A_{18}，另一个是跨接线 E_7。通常情况下 E_7 断开，U_{24} 的输出就是 A_{18} 的反相信号。因此，U_{43} 能正常工作的条件是在存储器读周期，且 $A_{19}=1$，$A_{18}=1$。若跨接线 E_7 接地，则 U_{24} 的输出为高电平，将禁止 U_{43} 工作，这时就禁止系统板上的基本 ROM 工作，用户可自己编写 BIOS 程序，插入 I/O 通道工作。

U_{43} 的译码输入端 A，B，C 分别连至地址总线 A_{15}，A_{16}，A_{17}，译码输出端 $\overline{CS_6}$ 的地址范围是 F0000H～F7FFFH，连至 8 KB ROM 的 $\overline{CS}$ 和 $\overline{OE}$ 端；$\overline{CS_7}$ 的地址范围是 F8000H～FFFFFH，连至 32 KB ROM 的 $\overline{CS}$ 和 $\overline{OE}$ 端。

◆ 5.4.4　存储器芯片与 CPU 连接时必须注意的问题

在存储器芯片与 CPU 的连接中，除了正确实现数据总线、地址总线、控制总线的连接以外，还需要考虑以下几方面的问题，使存储器系统可以正常工作。

1. CPU 的负载能力

在 CPU 的设计中，一般输出线的直流负载能力为带一个 TTL 负载；而在连接中，CPU 的每一根地址线或数据线，都有可能连接多片存储器芯片。所以，在存储器芯片与 CPU 的连接过程中，要考虑 CPU 外接有多少个存储器芯片以及 CPU 与存储器芯片的物理距离等因素。现在的存储器芯片都为 MOS 电路，直流负载都很小，主要的负载是电容负载，因此，在小型系统中，CPU 可以与存储器芯片直接相连；而在较大的系统中，就要考虑 CPU 是否需要加缓冲器，由缓冲器的输出再带负载。

2. 存储器的地址分配

系统内存通常分为 ROM 和 RAM 两部分。其中，ROM 用于存放系统监控程序等固化程序及常数，RAM 可分为系统区和用户区两部分。系统区是监控程序或操作系统存放数据的区域；用户区又分为程序区和数据区两部分，分别用于存放用户程序和数据。所以，内存分配是一个重要的问题。就目前而言，单片的存储器芯片容量有限，计算机的内存储器系统需要由多片芯片组成，因此，针对存储器地址的分配，要知道哪些地址区域需要 ROM、哪些地址区域需要 RAM，即在具体电路中需要明确地址译码与片选信号的产生。以 Intel 8086 CPU 为例，根据 Intel 8086 的特性，高地址区域应该是 ROM 区域，因为 Intel 8086 CPU 复位以后执行的第一条指令一定在高地址区域；而低地址区域必须连接 RAM 芯片作为 RAM 系统区，因为低地址区域是 CPU 存放中断向量表等信息的系统区。

3. CPU 与存储器芯片的速度匹配

CPU 在执行取指令或存储器读/写操作时，是有固定时序的，因此需要考虑 CPU 与存储器芯片的速度匹配问题。也就是说，在 CPU 主频确定的情况下，如果 CPU 的读/写存储器总线周期固定，就需要选择合适的存储器芯片，以便在存储器访问总线周期中一定能完成存储器的读/写操作。否则，CPU 需要插入一个或多个 T_W 等待周期，以便能正确实现存储器读/写操作。

以 Intel 8086 CPU 的存储器读操作为例，能够正确完成存储器读操作，对存储器芯片而言，有两个时间参数必须满足：第一，有足够的地址译码时间，即存储器芯片接收到地址信息以后，有足够的时间选中相应的存储单元；第二，存储器芯片有足够的时间将存储单元中的数据送到外部数据线，也就是存储器芯片从读控制信号有效到存储器有效数据输出之间的时间是充足的。这两个参数是存储器芯片的重要速度指标。

5.5 高速缓冲存储器

32 位以上的微处理器和微型计算机可以有很高的工作频率，访问存储器插入等待周期，等于降低 CPU 的工作速度。系统设计者所追求的是 CPU 在不插入等待周期（即在零等待状态）条件下高速运行。为了加快处理器的运行速度，普遍在 CPU 和常规主存之间增设一级或两级高速小容量存储器。这种高速小容量存储器被称为高速缓冲存储器，简称 cache。

高速缓冲存储器的存取速度要比主存快一个数量级，大体与 CPU 的处理速度相当。

cache中存放着主存的部分副本，可被CPU直接访问，是解决计算机系统速度瓶颈切实可行的办法。

5.5.1 cache的基本工作原理

cache处于CPU和主存之间，和主存组成cache-主存层次的存储器系统。在该存储器系统中，运行程序存放在主存中，而在cache中存放着最近访问和将要访问的指令和数据，它们是主存中相应内容的副本。

CPU与cache之间的数据交换以字为单位，cache与主存之间的数据交换以块为单位，而一个块由若干定长字组成。CPU读取主存中的一个字时，便发出此字的内存地址到cache和主存。此时cache控制逻辑部件依据地址判断此字当前是否在cache中，若在，把此字立即传送给CPU；若不在，则用主存读周期把此字从主存读出送到CPU。与此同时，把含有这个字的整个数据块从主存读出送到cache中。由始终管理cache使用情况的硬件逻辑电路来实现LRU替换算法。

当CPU访问存储器时，高速缓存控制器首先验证被访问存储单元的内容是否已在cache中。若在cache中，则立即访问cache进行存取，这时称此次访问高速缓存命中(hit)；若要访问的内存单元内容不在cache中，则要做一次常规的存储器访问，同时将所访问的内容及相关数据块复制到cache中，这时称为访问高速缓存未命中(miss)。当cache已爆满时，应按某种调度算法更新cache中的内容；如果重新被分配的cache单元已被修改过，则还需将其写入主存中。

命中率是命中cache的访问次数与CPU访问次数的百分比。它与cache的容量和物理结构、缓存淘汰算法以及运行程序等有关。通常当cache容量为32 KB时，命中率达86%；而当cache容量为64 KB时，命中率接近92%。一般来说，CPU对cache访问的命中率在90%以上，甚至高达99%。为了提高命中率，高速缓存控制器将主存划分成块(页)，cache与主存间交换信息总是以字块(或页)为单位，cache中可容纳一定数量的字块(或页)。

图5-22给出了cache的结构框图。cache用于存放要访问的内容，即当前访问最多的程序代码和数据；地址索引机构中存放着与cache中内容相关的高位地址，当访问cache命中时，用来和地址总线上的低位地址一起形成访问cache地址；而置换控制器则根据一定的置换算法控制cache中内容的更新。

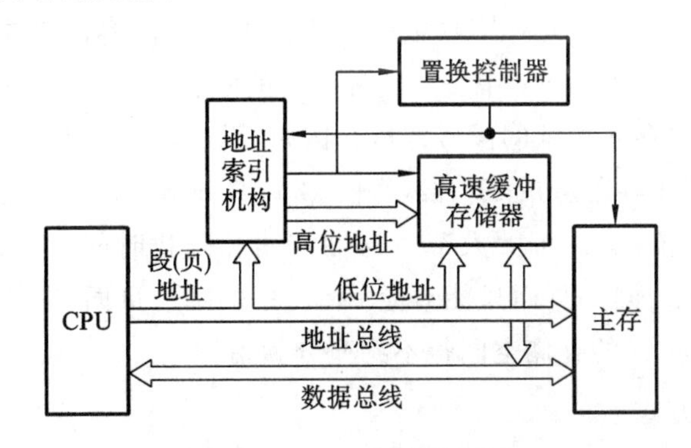

图5-22 cache的结构框图

高速缓存及其控制逻辑都是由硬件实现的。例如：在80836微机中配有32 KB或64 KB的SRAM作为cache，并配有高速缓存控制器82385；80486将一个82385控制器和一个

8 KB cache 一起集成于同一片处理器芯片内；Pentium 微处理器内含有两个 8 KB 的 cache，分别用作指令 cache 和数据 cache。因此，cache 对用户来说是透明的，不必自己去控制和操作。

5.5.2 主存与 cache 的地址映射

cache 的容量很小，所保存的内容只是主存内容的一个子集，且 cache 与主存的数据交换以块为单位。信息在主存中的存放位置与在 cache 中的存放位置之间的映射关系，不仅直接决定高速缓冲存储器系统的复杂程度，而且与寻址的命中率相关。地址映射即是应用某种方法把主存地址定位到 cache 中。常用的地址映射方式有全相联映射方式、直接映射方式和分组相联映射方式 3 种。

1. 全相联映射方式

从主存中将信息调入 cache 通常是以页为单位进行的。例如，假定以 256 B 为一页，则每次调动的就是 256 个字节。全相联映射是一种较为灵活的映射方式。该方式允许主存中的每一个页面映射到 cache 中的任何一个页面位置上，也允许采用某种置换算法，从已占满的 cache 中替换出任何一个旧页面。在这种地址空间随意安排的条件下，为了能对 cache 准确寻址，必须将调入页的页地址编码全部存入地址索引机构中。例如，假定 cache 共 32 KB，分为 128 页，每页 256 个字节。主存地址为 24 位，寻址空间为 16 MB，也按 256 B 为一页，共 2^{16} 页。当 CPU 送出 24 位地址寻址时，低 8 位页内地址直接送 cache，高 16 位地址作为页号编码送到地址索引机构与调入页的各编码相比较。若比较发现有一致的编码，即命中，此时地址索引机构将送出一个 7 位页地址指明这一页属于 cache 中 128 页中的哪一页。由 7 位页地址与 8 位页内地址合成一个 15 位地址，选中 32 KB cache 的某一存储单元进行访问。显然，该地址索引机构中应有 128 个页号编码，且每个页号为 16 位长。由此可见，采用该方式查找十分费时，以致由于对地址索引机构工作速度要求很快而使成本过高，故该方式实用较困难。

2. 直接映射方式

直接映射方式与全相联映射方式相比，地址索引机构存储的信息量大大减少。该方式将 cache 的全部存储单元划分成固定的页；主存先划分成段，段中再划分成与 cache 中相同的页。该方式规定 cache 中各页只接收主存中相同页号的内容的副本，即不同段中页号相同的内容只有一个能复制到 cache 中去。这种映射的限制使对 cache 的寻址变得相当简单，在地址索引机构中只要存入地址的段号即可。例如，假定将 32 KB 的 cache 分成 128 页，每页 256 B，则 16 MB 的主存可分成 512 段，每段 128 页，每页 256 B。这时地址索引机构中存储的信息只需 128×9 位，从而可大大节省存储空间和查找时间。该方式的缺点是不够灵活，因为主存中多个段的同一页面只能对应 cache 中的唯一页面，即使 cache 中别的页面空着也不能占用，因而 cache 的存储空间得不到充分利用。

3. 分组相联映射方式

分组相联映射方式是全相联映射方式与直接映射方式的折中方案。它将 cache 分成若干个组，每组包含若干个页面，组内采用直接映射方式，而组间采用全相联映射方式，从而允许不同段中相同页号的内容能存放在 cache 内不同的组中。

5.5.3 地址索引机构

不管采用哪种地址映射方式，在将主存中的内容复制到 cache 中去的同时，必须将该页的页地址或所在段的段地址写入地址索引机构中相应的存储单元中。如果地址索引机构采用一般的存储器，并按读出后再比较的方式工作，必将使 cache 的优点全部丧失。所以，地址索引机构一般采用按内容存取的相联存储器（CAM）实现。它是一种 TTL 器件，本身读/写的时间延迟极小，且全部比较一次完成。

CAM 中各单元存放的是对应于 cache 中那一页所属的页号（或段号），或者说是 cache 中这一页各单元的高位地址。当 CPU 送出地址对存储器寻址时，将高位地址（页或段号）送到 CAM 的数据输入端，若对应页在 cache 中，则 CAM 产生相应输出，经编码后形成 cache 的高位地址，与低位地址总线上提供的页内地址一起实现对 cache 的寻址。若 CMA 在地址比较后表明该页不在 cache 中，则接着对主存寻址，并进行调页操作。

5.5.4 置换控制策略

在 cache 中，选择置换控制策略追求的目标是获得最高的命中率。目前使用的策略有先进先出（FIFO）策略和最近最少使用（LRU）策略。

FIFO 策略选择将最早装入 cache 的页作为被置换的页。实现该策略时，cache 中的每一页都与一个“装入顺序数”相联系，每当一个页送入 cache 或从 cache 中取走时，更新“装入顺序数”，通过检查“装入顺序数”即可确定最先进入的页。该策略的优点是容易实现，缺点是经常使用的页也可能由于它最先进入而被置换掉。

LRU 策略选择将 CPU 最近最少访问的页作为被置换的页。该策略建立在一种合理的假设之上，即当前最少使用的页也可能是短期内最少被访问的页，从而避免了 FIFO 策略的缺点，但 LRU 策略实现起来比较复杂。实现 LRU 策略需要对 cache 中的每一页引入一个硬件或软件计数器，每当访问一页时，该页的计数器加上一个预先确定的正数，在固定的时间间隔之后，所有页的计数器都减去一个固定的数。这样，任意时刻最少使用的页即是计数器值最小的页。

最后需要指出的是，除了在微处理器和主存之间设置 cache 之外，目前大多数 32 位微处理器芯片中已经包含有 cache 和存储管理部件。cache 的容量从 256 B 发展到 32 KB。为了提高性能，除了片内 cache 之外，还增设一个片外的二级 cache，且其容量一般在 256 KB 以上。

5.6 光盘存储器

5.6.1 光盘概述

光盘存储器是一种利用激光的单色性和相干性，通过聚焦激光束在盘式介质上非接触地记录高密度信息的新型存储器。和磁盘存储器相比，光盘存储器由于具有记录密度高、存储容量大、数据传输速度快、信息保存时间长、制造成本低、易于大量复制、工作稳定可靠、使用环境要求低等特点，广泛应用于存储和管理各种数字化信息，如用于计算机外存、磁盘机的后援设备、工作站、大型数据系统、办公自动化系统中文件和图像的存档与检索、影视信息存储等领域。另外，光盘不用固定在光盘驱动器中，更换容易，因此，光盘存储容量是无限的。目前，光盘记录的线密度已达 10^3 B/mm，面密度为 $10^7 \sim 10^8/\text{cm}^2$。大直径（14 in，1 in＝2.54 cm）的光盘容量可达 10 000 MB，中直径（8～12 cm）的光盘容量可达 700～2000 MB，小直径（2～2.25 cm）的光盘容量可达几十至几百兆字节，如目前计算机中广泛使用的 5.25 英寸只读光盘容量为 650 MB。所以，相同尺寸的光盘要比磁盘的容量大 10～100 倍，光盘的数据传输速度可达几十兆字节每秒，寿命一般在 10 年以上，每位的价格为 8～10 美分。

目前，按光盘的读/写类型来分，光盘可分为只读型光盘（ROM）、一次写入型光盘（WORM）、可擦除重写光盘（REWRITE）、直接重写光盘（DVERWRITE）。

只读型光盘由光盘生产厂家将视频、音频、数字信息预先用激光束蚀刻在盘片上，用户使用时只能读出、不能改写，如激光视盘（LV）、数码唱盘（CD）、计算机系统中使用的 CD-ROM 等均属于这一类。

一次写入型光盘 WORM（write once read many）是指允许用户写入数据，但只能写一次，可多次反复读出，不能擦除的光盘。要修改的数据只能追记在盘片的空白处，故它也称为追记型光盘。它适用于不需要修改的大型数据库系统存储图像、文件、资料或开发的应用软件。人们平常用来复制软件的光盘属此类。

可擦除重写光盘是属可读/写光盘，早期是改写型，后来发展为重写型，利用激光照射引起介质的可逆性物理变化来记录信息，因此，可写可擦。这种光盘按照存储介质工作机理的不同又可分为磁化光盘和相变光盘。其中，磁化光盘采用的是用稀土和过渡金属合金制成的存储介质。这种合金具有垂直于薄膜表面的易磁化轴，可利用光致退磁效应和偏置磁场作用下磁化强度“正”和“负”的方向来区分二进制数中的 0 和 1。这种存储介质属磁性相变介质，故用这种介质制成的光盘称为磁化光盘，简称磁光盘。磁化光盘既具有光记录信息的高密度，又有磁记录介质的可擦除重写特点，故在可擦除重写光盘中占有重要地位。相变光盘采用多元半导体元素配制成存储介质，再利用激光照射的热和光效应，使介质在晶态和玻璃态之间发生可逆相变，从而实现反复写/擦工作。这种介质属结构相变介质，它有两个稳定状态，分别表示二进制数 0 和 1。因此，用这种介质制成的光盘称为相变光盘。

5.6.2 光盘存储器的工作原理及其组成

为便于理解，这里以只读型光盘为例说明信息存储机理，所有的只读型光盘都采用这一原理。

1. 光盘的基本构造

单面只读型光盘的构造如图 5-23 所示。它是由三种物质重叠在一起组成的，从底层向上依次是基片（衬底）、存储介质（光敏膜层）和保护层。基片是一个关键的光学器件，存储介质材料就附在基片上，所以，基片实际起保护信息层的作用。

保护层常采用聚合物材料，用来防止信息层受划伤，避免灰尘和指纹等的影响。保护层和存储介质之间常涂有一层铝的反射层，以便读出时激光束有良好的反射层和反射特性。

存储介质的选择对光盘质量是起决定性作用的，聚焦在存储介质上的激光束点只有约 1

μm 的直径，而且记录密度非常高，故要求存储介质材料的颗粒非常细，分辨率要达到 1000 线/nm。

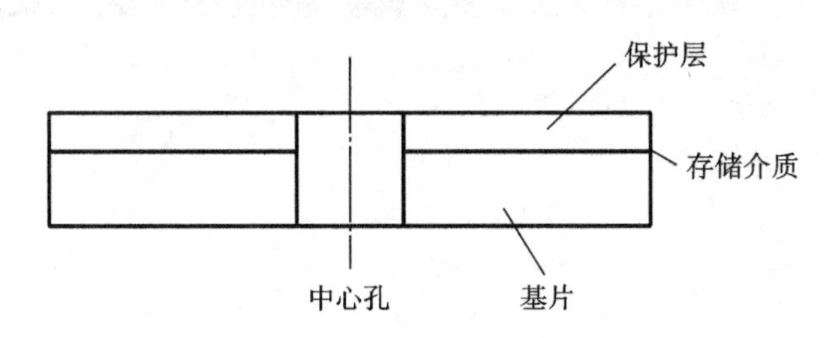

图 5-23　单面只读型光盘的构造

2. 光盘的读/写原理

光盘的读/写原理很简单，读/写工作由计算机控制。写入时，CPU 发出启动激光器的命令，读/写控制电路进入写状态，要写入的数据经校验后送记录格式器和编码器，经编码输出控制调制激光器，使调制激光器发出高强度调制激光束，激光束经聚光透镜照射到光盘表面（即存储介质）的相应部分，使存储介质发生物理、化学变化，在存储介质上烧出相应的凹坑（或者显著改变被照射部分的反射率），实现信息的写入。光盘由直流电动机驱动，读/写头安装在小车上，可沿光盘径向移动定位。随着光盘的转动，光盘上的信息以坑点形式分布，一系列的坑点（信息元）形成的纹迹即为信息记录道。对于激光视盘（LV）和数码唱盘（CD）来说，这种坑点分布用于读出或写入光点的导引。

读出时，读/写控制电路进入读状态，向调制激光器加一较低的直流电压，使它输出功率较小的连续激光束。激光束照射到光盘表面，形成微小光点，聚焦透镜收集反射光，并由一个偏振分束器把读出光束分离出来送探测器（检测反射光强度，有信息部分与无信息部分的光强相差可达 10 倍），经读出格式器和解码器（译码器）并经校验后输出读出数据。

3. 光盘存储器的组成

光盘存储器（或光盘的读/写系统）是一个比较复杂的系统，主要由光盘控制器、光盘驱动器及接口电路组成。

光盘控制器又包括数据输入缓冲器、记录格式器、编码器、读出格式器和数据输出缓冲器等。光盘驱动器又包括主轴电动机驱动机构、定位机构、激光枪装置以及控制电路等。

4. 只读型光盘的数据记录格式

单面只读型光盘表面分为若干光道即信息道，每道分为若干段，同一区域的所有段构成扇区。扇区中存储数据的区域称为数据区，数据区有两个测试区（测试区 1,2）供测试使用。信息道、扇区、数据区字节等数目随不同光盘系统而异。目前，光盘按容量大小可分为大容量（10 000 MB）、中容量（700～1000 MB）和小容量（几十至几百兆字节）3 种。目前微机中用得最广泛的是 5.25 英寸、存储容量为 650 MB 的只读型光盘。

光盘存储器的主要技术指标包括存储密度与存储容量、数据传输率、取数时间、信噪比等。

习题

1. 试述 ROM 和 RAM 的区别。

2. 试述两种地址译码方式的特点与区别。

3. 试述存储器芯片地址选择方法的分类及特点。

4. 在计算机中，存储器有哪几种常用的分类方法？

5. 在由高速缓存、主存、辅存组成的三级存储体系中，高速缓存、主存和辅存各自承担着什么作用？

6. 何谓 SRAM？何谓 DRAM？它们在使用上有何特点？两者有何区别？

7. 只读存储器按功能和制造工艺可分为哪几种？各种只读存储器的特点是什么？

8. 微机系统中存储器与 CPU 连接时应考虑哪几方面的问题？

9. 某微机有 16 条地址线，现用 DRAM 芯片 2118(16K×1 位)组成存储器系统。问：

(1)采用线选法译码时，系统的存储器容量最大为多少？此时需要多少片 2118 存储器芯片？

(2)若采用全译码法译码，系统的存储器容量最大为多少？此时需要多少片 2118 存储器芯片？

10. 某微机系统中，ROM 的存储容量为 2 KB，最后一个单元的地址为 1FFFH；RAM 的存储容量为 3 KB。已知二者的地址是连续的，且 ROM 在前，RAM 在后。求该存储器的首地址和末地址。

11. 某微机系统中，用 2 片 EPROM 芯片 2716(2K×8 位)和 2 片 SRAM 芯片 2114(1K×4 位)组成存储器系统。已知 EPROM 在前，SRAM 在后，起始地址为 0800H。试写出每一片存储器芯片的地址空间范围。

12. 某微机系统中，用 2 片 EPROM 芯片 27128(16K×8 位)和 2 片 SRAM 芯片 6264(8K×8 位)组成存储器系统。已知 EPROM 在前，SRAM 在后，起始地址为 0000H。试写出每一片存储器芯片的地址空间范围。

13. 用 SRAM 芯片 2114(1K×4 位)和 74LS139(2 线-4 线译码器)构成一个有 4 K 个存储单元的存储器系统，试画出存储器系统与 CPU 的连接图，并写出每一片存储器芯片的地址空间范围。

第6章 输入/输出系统

在微机系统中，输入/输出（I/O）是指微型计算机与外界的信息交换，即通信（communication）。微型计算机与外界的通信，是通过外设进行的。微型计算机使用的外设种类很多，一般可以分为电子设备、机电设备、机械设备等，它们的工作速度及信号的表示方法与微型计算机不同。按照外设与CPU之间数据传输的方向，外设可以分为输入设备（键盘、鼠标、数码相机等）、输出设备（显示器、打印机等）、复合输入/输出设备（磁盘等）。由于这些设备的工作原理、驱动方式、信息格式以及工作速度等各不相同，因此这些输入/输出设备往往不能和CPU直接相连。我们把各种外设同微型计算机连接起来实现数据传送的连接电路称为输入/输出接口电路，简称I/O接口，也称适配器。微机系统中，各种输入/输出设备通过接口与系统相连，并在接口的支持下实现各种方式的数据传送。

6.1 输入/输出系统概述

6.1.1 输入/输出系统的构成

输入/输出系统包括I/O接口、连接的外设和输入/输出软件。输入/输出系统通过I/O接口实现信息在主机与外设之间的交换。输入/输出系统的构成如图6-1所示。

I/O接口是CPU与外设通过系统总线进行连接的逻辑部件（或称电路），是CPU与外界进行信息交换的中转站。

现代计算机一般通过总线把主机与输入/输出系统连接起来，接口电路插入总线插槽，为外设提供相应的连线和信号。

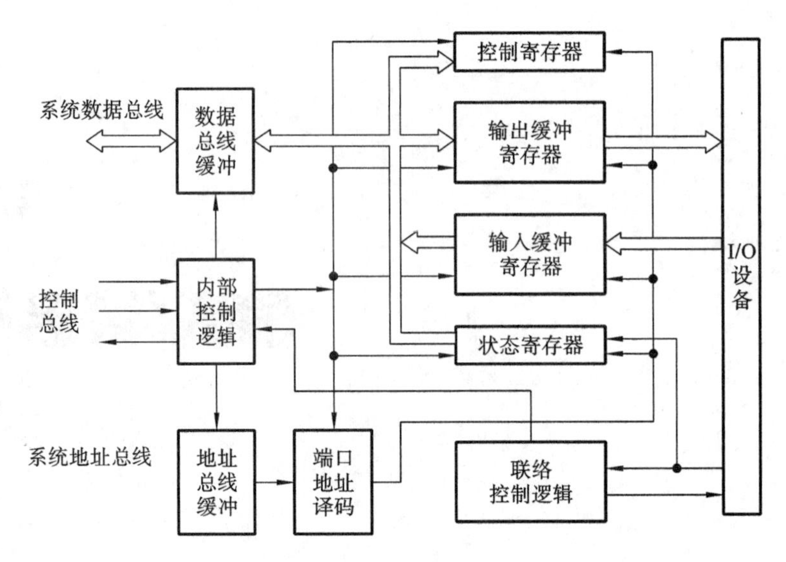

图 6-1 输入/输出系统的构成

6.1.2 I/O 信号的形式

I/O 信号主要有以下几种形式。

1. 开关量

只有两种稳定状态的信号，可以用逻辑符号 0 和 1 表示，称为开关量，如开关的“断”和“通”，LED 灯的“亮”和“灭”等。

2. 数字量

多位 0 和 1 按一定的规则组合所表示的信号称为数字量，如 8 位二进制数、7 位 ASCII 码等。

3. 脉冲量

信号在 0 和 1 两个稳态之间变化，例如由 0 变到 1 称为信号发生正跳变(或信号的上升沿)。实际使用时常用脉冲量进行计数、申请中断等。

4. 模拟量

模拟量是指在数值和时间上都能连续变化的信号。一般，反映生产过程状态的各种参数(如压力、流量、温度、速度、位置等)都是随时间变化的模拟量。它们可以通过检测元件和变送器转换成相应的模拟标准电流或电压信号，如直流 4～20 mA 或 1～5 V 等。在数字计算机内部只有二进制这一种表示形式，因此在模拟量输入时要先经过 A/D 转换；而输出的数字量要经过 D/A 转换才能变成模拟量输出。

事实上由于 I/O 设备种类繁多，I/O 信号的形式远不止上面几种，但在 I/O 过程中 I/O 信号都必须调整成计算机内部统一的二进制数形式，这就是 I/O 接口的功能。

6.1.3 I/O 接口的定义和功能及 I/O 信息分类

1. I/O 接口的一般定义

I/O 接口是连接主机系统和外设的一种电路。I/O 接口一边面向计算机系统，另一边面向外设或其他系统。一个完整的I/O接口不仅包含一些硬件电路，还包含相应的软件驱动程序。

在PC中，这些软件有些放在接口的ROM中，有些放在主机板的ROM中，也有些放在磁盘上，需要时才装入内存，这些软件称为基本I/O系统，即BIOS程序。应用程序可以通过调用BIOS程序来操作I/O接口，形成接口硬件、驱动程序、应用程序三层结构，保持每个层次相对独立，避免由应用程序直接控制硬件，提高底层的通用性和高层的可移植性与灵活性。这样，I/O接口通过BIOS程序可以提供一个易于标准化的软件接口。

I/O接口并不局限在中央处理器与存储器或外设之间，也可在存储器与外设之间，如直接存储器存取DMA接口就是控制存储器与外设之间数据传送的电路。

2. I/O接口的功能

一般来说，I/O设备的工作速度要比CPU慢很多，而且由于种类不同，它们之间的速度差异也很大。I/O设备都有自己的定时控制电路，以自己的速度传输数据，无法与CPU的时序取得统一，而且不同I/O设备采用的信号类型不同，有些是数字信号，而有些是模拟信号，把各种要求的外设与微机进行连接时，就需要通过I/O接口来解决CPU与I/O设备进行数据交换时存在的诸如速度不匹配、时序不匹配、信号形式不匹配等问题。

通常I/O接口有以下一些功能：

(1)能够进行信号形式的转换。

CPU只处理数字信号，而外设的信号形式多式多样。有些外设使用的是数字量或开关量，而有些外设使用的是模拟量，因此I/O接口应能够进行信号形式的转换，例如数/模或模/数转换。

(2)能够协调CPU和外设两者电平的差异。

CPU的信号都是TTL电平(一般在0～5 V之间)，而且提供的功率很小；而外设需要的电平要比这个范围宽得多，需要的驱动功率也大。例如，异步串行通信设备采用的RS-232C电平处于－15～＋15 V的范围，因此异步串行通信接口就要具有实现两种电平之间互相转换的功能。

(3)设置数据的寄存或缓冲。

即使I/O信号已经是规范的数字量，CPU和I/O设备在时序上也不一定匹配。为适应CPU与外设之间的速度差异，可在输出接口中安排锁存器，CPU执行OUT指令时用控制信号(如IOW)将数据置入锁存器，以后I/O设备再按自己的时序从锁存器中获取数据。输入也一样。一般来说，I/O设备提前准备好传送的数据，接到三态缓冲器的输入端，三态缓冲器的输出端连接内部总线。CPU执行IN指令时，发出控制信号(如IOR)，打开三态门，I/O设备的数据就进入总线，CPU获取数据。

(4)实现信号的并行和串行转换。

CPU和计算机内部的数据总线都是8位、16位甚至更宽，数据传送时，数据的各位经数据总线同时读出或写入称为并行传送；如果将组成数据的各位分离，一位接着一位地进行传送，则称为串行传送。CPU通过系统总线与I/O接口之间的传送一般是并行的，而I/O接口和I/O设备之间若以并行方式传送则称为并行I/O接口，若以串行方式传送则称为串行I/O接口。串行I/O接口和CPU之间的传送仍然用I/O指令，通过系统总线并行实现，因此串行I/O接口必须具有并行和串行的转换功能。

(5)地址译码和设备选择功能。

所有外设都通过I/O接口挂接在系统总线上,在同一时刻,系统总线只允许一个外设与CPU进行数据传送。因此,只有通过地址译码选中的I/O接口允许与系统总线相通;而未被选中的I/O接口则呈现为高阻态,与系统总线隔离。

(6)设置中断和DMA控制逻辑。

设置中断和DMA控制逻辑,以保证在中断和DMA允许的情况下产生中断和DMA请求信号,并在接收到中断和DMA应答信号之后完成中断处理和DMA传送。

(7)可编程功能。

可编程的接口芯片在不改变硬件的情况下,只需修改程序就可以改变接口的工作方式,大大增加了接口的灵活性和可扩充性,使接口具有替代CPU的控制功能而成为智能化接口。

3. I/O信息分类

I/O信息反映I/O设备不同的物理意义,CPU和I/O设备之间传送的信息可分为数据信息、状态信息和控制信息。

(1)数据信息。

数据信息是I/O信息的主要内容,其他信息都是为数据信息传送服务的。例如传感器测量的数据结果、文本文件的内容等在传送过程中都属于数据信息。

(2)状态信息。

CPU在和I/O设备进行数据传送时,往往还要了解I/O设备的状态,如打印机是否“忙”等,这些状态可以用一位或多位开关量表示。CPU在和I/O设备进行数据传送时,首先要读入状态信息,只有在状态“不忙”时才能进行数据传送。

(3)控制信息。

控制信息是CPU给I/O设备的命令,用于控制I/O接口的工作方式以及外设的启动和停止等,如启动、清除、屏蔽、读、写等。输出字节的每一位都可以表示一个开关命令。

◆ 6.1.4 I/O接口的组成

微机的I/O接口系统在功能上既需要通过由硬件电路构成和连接实现,也需要通过软件的设置、驱动以及数据传输的控制实现,所以I/O接口实际上应该包括接口硬件和接口软件两个层次。

1. 接口硬件

如图6-2所示,I/O接口硬件电路除了总线驱动、地址译码和控制逻辑三部分外,主要由传送数据信息、状态信息及控制信息的寄存器构成,具有访问地址,可通过对这些寄存器编程实现程序员的访问,通常叫作端口。从软件设计的角度来看,整个I/O接口可抽象化为程序员可见的数据端口、状态端口、控制端口等。

(1) 数据端口。用来接收CPU的数据或将外设数据送往CPU的端口称为数据端口。对于数据端口来说,输出端口应有锁存器,输入端口必须有三态缓冲功能。从CPU输出的数据送到数据端口锁存,I/O设备再从数据端口获得该数据。输入数据时,I/O设备先准备好数据,CPU读该数据时才将三态门打开,数据进入内部总线。

根据I/O设备的需要,数据端口可能是单向输出端口、单向输入端口或双向端口。双向

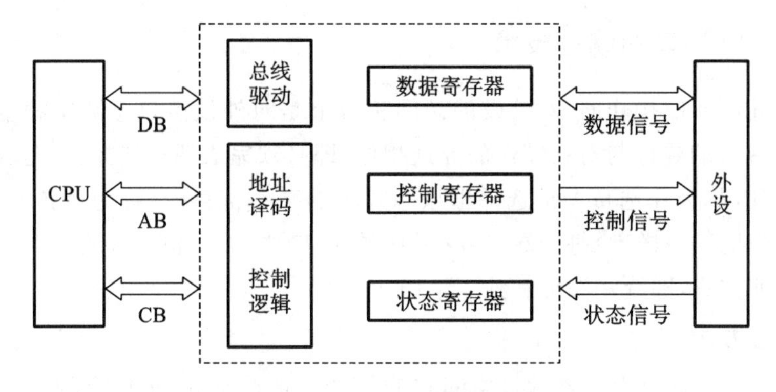

图 6-2 I/O 接口的组成框图

端口往往具有锁存及三级缓冲功能。数据端口是 I/O 接口中最重要的一部分,一个 I/O 接口中至少有一个数据端口,其他接口往往是为了配合数据端口更好地工作而设置的。

(2)状态端口。用来接收反映外设或接口本身工作状态的端口称为状态端口。CPU 通过读状态端口了解 I/O 设备的工作状态,这些状态对能否进行数据传送起到肯定或否定的作用,因此多数是开关量。硬件可以将多个开关类型的状态信号组织成字节,分配一个共同的地址,构成状态端口。

(3)控制端口。对 I/O 设备的控制命令通过写控制端口发出。写到控制端口字节中的每一位都可以表示一个开关控制信号。控制端口是只写端口,一般都具有锁存功能。

执行输入指令时,无论是读数据端口还是读状态端口,输入的内容都通过数据总线 DB 到达 CPU;执行输出指令时,无论是写数据端口还是写控制端口,输出的内容也都经数据总线 DB 流出。所以,对于 I/O 指令而言,三类端口仅地址不同而已,三者的内容都看成是在数据总线上传输的数据。

I/O 接口从简单到复杂差别很大,并非所有 I/O 接口都有数据端口、状态端口、控制端口,例如无条件 I/O 接口只有数据端口,而具有中断功能的 I/O 接口可能需要多个中断控制端口。

I/O 端口是逻辑上的划分,物理上与实际的寄存器联系起来,并通过不同的操作指令区分不同的功能。例如对一个具有双向工作(既可输入又可输出)的接口电路,通常有四个端口,即数据输入端口、数据输出端口、控制端口和状态端口。其中,数据输出端口和控制端口是只写的,而数据输入端口和状态端口是只读的。在实际接口电路芯片中,系统为了节省地址空间,往往对数据输入、输出端口赋予同一端口地址。这样,当 CPU 利用该端口地址进行读操作时,实际是从数据输入端口读取数据;而当进行写操作时,实际是向数据输出端口写入数据。同样,对状态端口和控制端口也可赋予同一端口地址,根据读/写的操作方向不同予以区分。

2. 接口软件

接口软件是为完成处理器与外设之间输入/输出操作而编写的驱动程序。一个完整的接口软件应该包含初始化程序段、传送控制程序段、主控程序段、错误处理与退出程序段以及辅助程序段等,分别用于可编程接口芯片工作方式的设置、数据传送过程的控制、基本环境的设置、错误处理、人机交互等。

6.1.5 I/O端口的编址技术

微处理器进行I/O操作时，对外设的访问实质上是对外设接口电路中相应的端口进行访问。对I/O端口的寻址与对存储器的寻址相似，即必须完成两种选择：一是选择出所选中的I/O接口芯片(称为片选)；二是选择出该芯片中的某一寄存器(称为字选)。微机系统像对内存空间划分地址一样，给每个端口分配相应的端口地址。通常，系统对I/O端口的地址分配有两种编址方式，即统一编址和独立编址。

1. 统一编址方式

这种编址方式不区分存储器地址空间和I/O端口地址空间，把所有的I/O接口的端口都当作存储器的一个单元对待。这种编址方式是把端口地址映像到存储空间，相当于把存储空间的一部分划作端口地址空间，一旦地址空间分配给I/O端口后，存储器就不能再占有这一部分的地址空间，所以这种编址方式也叫存储器映像编址，如图6-3所示。

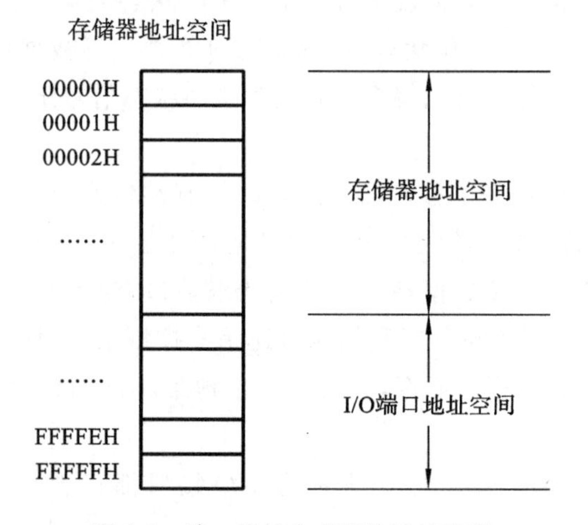

图6-3 统一编址方式下的地址空间

在这种编址方式下，由于I/O端口地址是存储器地址空间的一部分，因此可用存储器读/写控制信号来控制I/O端口的读/写，不用设专门的I/O指令，所有传送和访问存储器的指令都可用来对I/O端口进行操作。统一编址方式的优点是：可以用访问内存的方法来访问I/O端口，访问内存的所有指令都可用于I/O操作，数据处理功能强；I/O端口可与存储器部分共用译码和控制电路，外设的数目不受限制，从而给应用带来了很大的方便。

统一编址方式的缺点是：I/O端口地址要占用存储器地址空间的一部分，使内存地址资源减少，而且没有专门的I/O指令，程序中较难区分是对内存还是对I/O端口进行操作。

采用统一编址方式的典型代表是Motorola公司生产的MC6800/68000系列等。

2. 独立编址方式

这种编址方式是对存储器地址空间和I/O端口地址空间分别进行地址的编排，使用时用不同的操作指令予以区分，编程访问互不影响，如图6-4所示。

独立编址方式的优点是：I/O端口的地址码较短，译码电路比较简单；存储器与I/O端口的操作指令不同，程序比较清晰；存储器与I/O端口的控制结构相互独立，可以分别设计。它的缺点是需要有专用的I/O指令。

8086/8088微机采用独立编址方式。内存地址空间是1 MB，I/O端口地址空间单独设

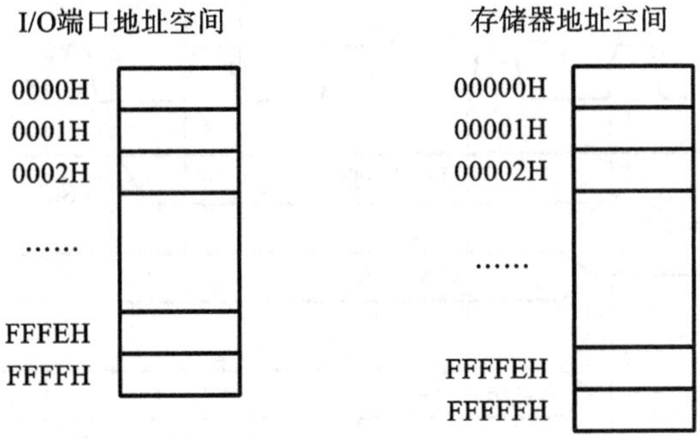

I/O端口地址空间
0000H
0001H
0002H
……
FFFEH
FFFFH

存储器地址空间
00000H
00001H
00002H
……
FFFFEH
FFFFFH

图 6-4 独立编址方式下的地址空间

置。访问 I/O 端口的地址线为 A_{15}～A_0，可编址 I/O 端口达 64K 个。CPU 在寻址内存和外设时，使用不同的控制信号来区分当前是对内存还是对 I/O 端口进行操作。当 8088 CPU 的 IO/$\overline{M}$引脚为低电平时，表示当前 CPU 执行的是对存储器的读/写操作，这时地址总线上给出的是某个内存单元的地址；当 IO/$\overline{M}$引脚为高电平时，表示当前 CPU 执行的是对 I/O 端口的读/写操作，这时地址总线上给出的是某个 I/O 端口的地址。例如：

```
MOV  [10H], AL          ; 对内存进行操作
IN   10H, AL            ; 对 I/O 端口进行操作
```

6.1.6 I/O 端口的寻址方式

8086/8088 微机设置专用的 I/O 指令，如指令 IN、OUT 完成对 I/O 端口的读、写操作。专用的 I/O 指令对 I/O 端口具有直接寻址、间接寻址两种寻址方式。在直接寻址方式下，指令中直接给出 8 位的 I/O 端口地址，寻址范围为 00H～FFH；在间接寻址方式下，使用 16 位寄存器 DX 间接给出 I/O 端口的 16 位地址，寻址范围为 0000H～FFFFH。例如：

```
IN    AL, 20H         ; 从地址为 20H 的 I/O 端口读取一个字节数据到 AL
OUT   20H, AL         ; 将 AL 的内容输出到地址为 20H 的 I/O 端口
MOV   DX, 0380H
IN    AL, DX          ; 从地址为 0380H 的 I/O 端口读取一个字节数据到 AL
OUT   DX, AL          ; 将 AL 的内容输出到地址为 0380H 的 I/O 端口
```

对于数据宽度为 32 位、16 位的 CPU，还可以使用 AX，AX 通用数据寄存器传送数据。但对于一般的 I/O 系统，8 位数据宽度基本可以满足需要。此外，还有串输入、串输出指令 INS、OUTS 等块 I/O 指令，可以实现存储器与 I/O 端口间的数据块传送。

6.1.7 CPU 的输入/输出时序

当 8088 CPU 工作在最大工作模式下时，基本 I/O 操作由 T_1，T_2，T_3，T_W，T_4 组成，占用 5 个时钟周期。8088 CPU 的输入/输出时序如图 6-5 所示。

CPU 的输入、输出过程与读、写存储器的过程相似，不同之处如下：

（1）$\overline{IOR}$、$\overline{IOW}$变为低电平，CPU 操作 I/O 端口。

（2）I/O 端口的地址信号出现在 A_{15}～A_0 上。

（3）增加了一个 T_W 等待周期。

例如，假设端口 218H 的内容为 7BH，执行如下指令：

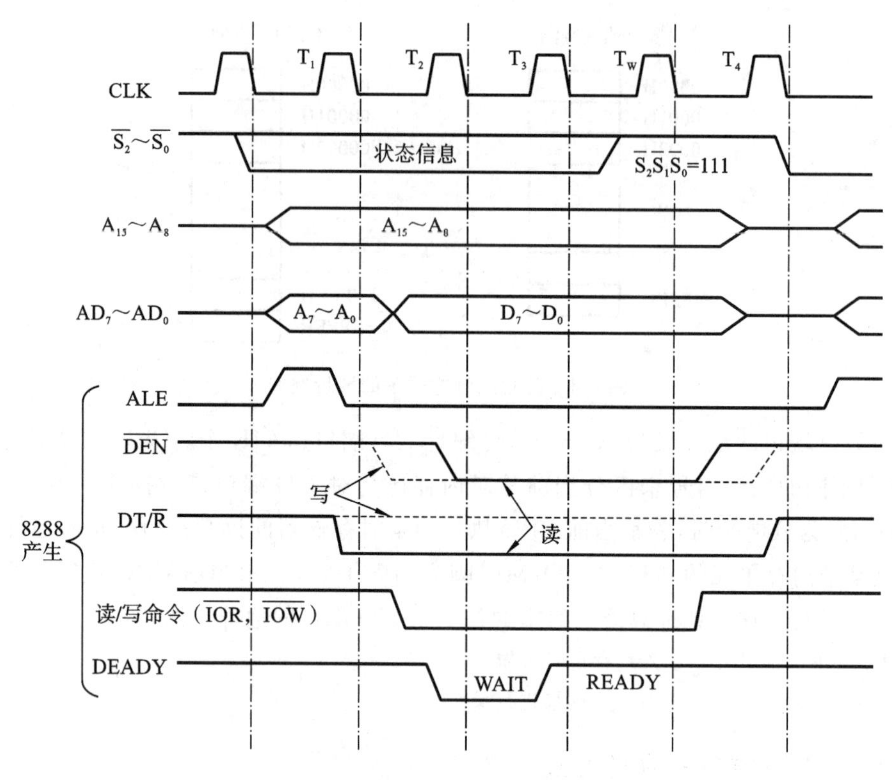

图 6-5　8088 CPU 的输入/输出时序

```
MOV  DX,218H
IN   AL, DX
```

信号变化过程如下：

①T_1 时刻：$A_{15}\sim A_0$上出现地址信号 0000 0010 0001 1000B(由 CPU 发出)；ALE 出现正脉冲信号。

②T_2 时刻：$\overline{IOR}$变为低电平。

③$T_3\sim T_W$时刻：等待 I/O 端口将数据送入数据总线。

④T_4 时刻：$D_7\sim D_0$上出现有效信号 0111 1011B(由 I/O 端口送出)；在$\overline{IOR}$的上升沿，数据被进入 AL。

6.1.8　I/O 端口地址的译码技术

在 IBM PC 中，所有 I/O 接口与 CPU 之间的通信都是由 I/O 指令来完成的。在执行 I/O 指令时，CPU 首先需要将要访问 I/O 端口的地址放到地址总线上(即选中该 I/O 端口)，然后才能对该 I/O 端口进行读/写操作。将地址总线上的地址信号转换为某个 I/O 端口的“使能”(Enable)信号，接通或断开接口数据线与系统的连接，这个操作就称为 I/O 端口地址的译码。

有关译码的技术在第 5 章讲的存储器系统已接触过，对于存储器系统来说，存储器芯片的地址范围是通过高位地址信号的译码来确定的。在输入/输出技术中，I/O 端口的地址也是通过地址信号的译码来实现的，只是要注意以下几点：

(1)8088 CPU 能够寻址的内存空间为 1 MB，故 20 根地址信号线全部使用，其中高位($A_{19}\sim A_i$)用于确定芯片的地址范围，低位($A_{i-1}\sim A_0$)用于片内寻址。8088 CPU 能够寻址的I/O端口为64 K个，只使用了地址总线的低16位地址线，若只有单一的I/O端口，则这16根地址线一般应全部参与译码，译码输出直接选择该I/O端口；对于具有多个I/O端口的外设，16位地址线的高位参与译码，而低位则用于确定要访问哪一个I/O端口。

(2)当CPU工作在最大工作模式下时，对存储器的读/写控制信号为$\overline{MEMR}$和$\overline{MWMW}$，而对I/O端口的读/写控制信号为$\overline{IOR}$和$\overline{IOW}$。

(3)当CPU工作在最小工作模式下时，地址总线上呈现的信号是内存的地址还是I/O端口的地址取决于8088 CPU的IO/$\overline{M}$引脚的状态。当IO/$\overline{M}$=0时，为内存地址，即CPU正在对内存进行读/写操作；当IO/$\overline{M}$=1时，为I/O端口地址，即CPU正在对I/O端口进行读/写操作。

I/O端口地址译码的方式是多种多样的，译码电路和存储器的译码电路基本相同，可用门电路、译码器或者两者的组合实现。注意：设计译码电路时：端口的选通信号通常为低电平有效；除端口的地址信号参与译码外，控制信号$\overline{IOW}$，$\overline{IOR}$，IO/$\overline{M}$，$\overline{DEN}$也可参与译码。

【例6-1】 设计端口地址为218H的译码电路。

分析：CPU执行IN/OUT指令。

```
MOV     DX, 218H
IN      AL, DX          ; 或 OUT  DX, AL
```

当CPU发出218H端口的地址信号（取$A_9 \sim A_0$）$A_9 \sim A_0$=1000011000B = 218H时，译码电路输出0，使I/O端口的$\overline{CS}$有效；否则，输出1，使I/O端口的$\overline{CS}$无效。只要满足此地址取值的译码电路均可。

注意：译码电路中，高位地址线$A_{15} \sim A_{10}$未参与译码，即地址$A_{15} \sim A_0$为×××× ××10 0001 1000B，译码电路均能输出0；一个I/O端口对应多个地址（共2^6=64个）。

方法一，用门电路实现218H的地址译码，如图6-6所示。

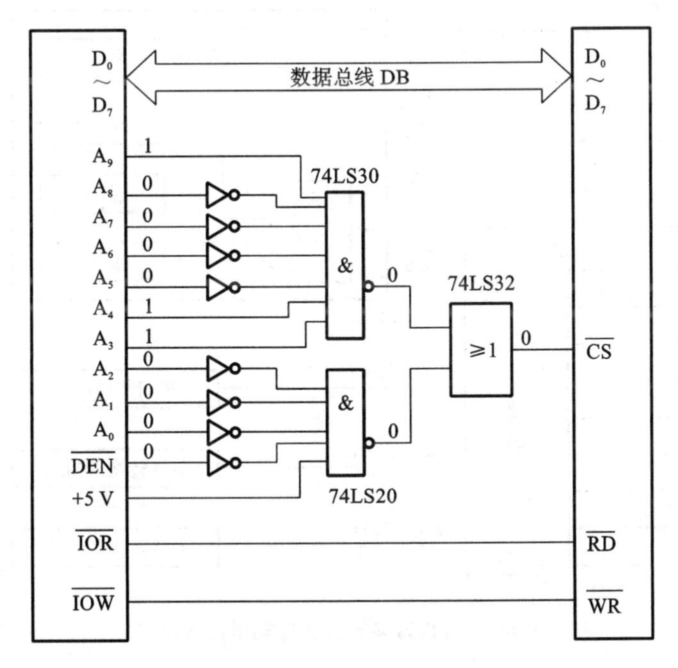

图6-6 用门电路实现的地址译码

方法二，用译码器、门电路实现 218H 的地址译码。

当端口地址信号为 $A_9 \sim A_0 = 1000011000B$，即 218H 时，$\overline{Y_0}$ 输出 0，使 I/O 端口的 $\overline{CS}$ 有效。译码电路如图 6-7 所示。

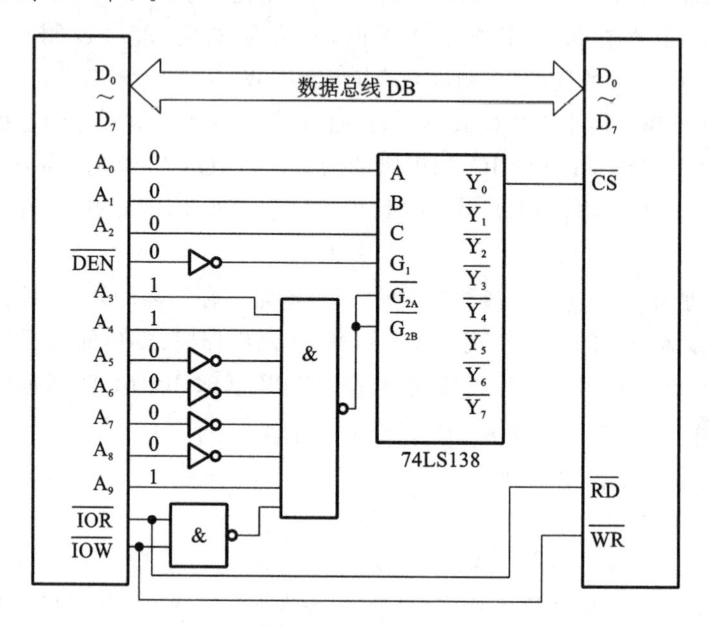

图 6-7 用译码器、门电路实现的地址译码

【例 6-2】 片内译码和片选译码。片内译码：由在芯片内部的译码电路完成，以区分芯片内部不同的 I/O 端口。片选译码：由在芯片外部的译码电路完成，以选择不同的芯片或 I/O 端口。图 6-8 所示为 8088 CPU 与并行接口 8255 的片内译码和片选译码电路连接图。

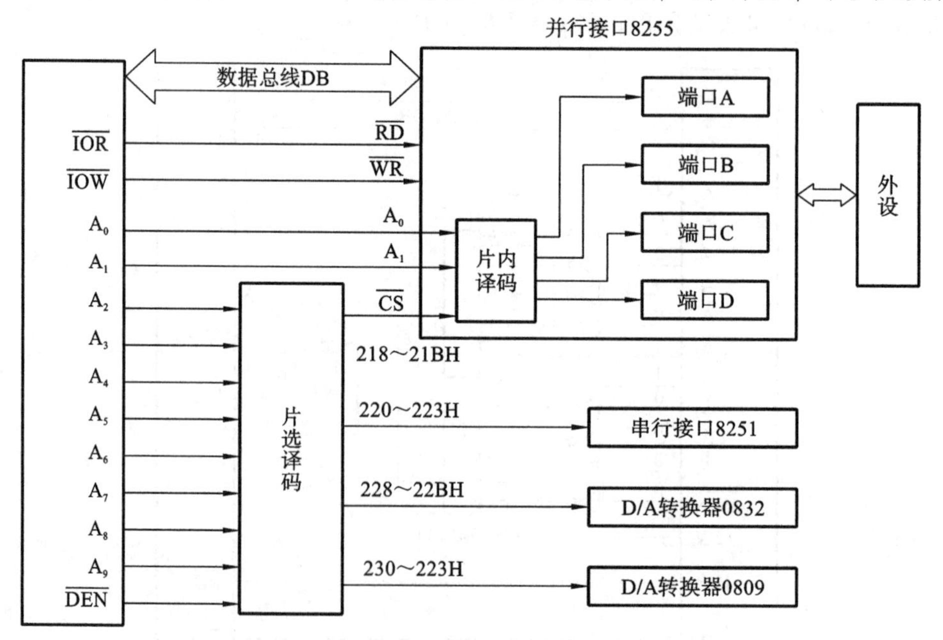

图 6-8 片内译码和片选译码电路连接图

通常将低位地址线（1 位或几位）直接连在芯片上，用于片内译码，而其余的高位地址线用于片选译码。片选译码通常译出的是一个地址范围。

6.2 简单接口电路

6.2.1 接口电路的基本组成

I/O接口(端口)按传输信息的方向可分为输入接口(端口)和输出接口(端口)。负责把信息从外设送入CPU的接口(端口)叫作输入接口(端口),而负责将信息从CPU输出到外设的接口(端口)则称为输出接口(端口)。

输入数据时,由于外设处理数据的速度比CPU慢,数据在外部总线上保持的时间相对较长,数据总线又有其他信息需要传送(由于总线公用,系统各个部分都要通过总线传送数据,在某一时刻只能有一个设备向总线发送数据),这就要求输入接口必须具有对数据的控制能力,即只有当外部数据准备好、CPU可以读取时(该输入接口的片选信号有效且读控制信号有效时),才将数据送入系统数据总线。若外设本身具有数据保持能力,通常可以仅用一个三态缓冲器作为输入接口。当三态门控制信号有效时,三态门导通,外设与数据总线连通,CPU将外设准备好的数据读入;当三态门控制信号无效时,三态门断开,该外设与数据总线脱离,数据总线又可用于其他信息的传送。

输出数据时,同样由于外设速度比较慢,因此要求输出接口必须具有数据的锁存能力。输出接口输出的数据通过总线进入接口锁存,由接口将数据一直保持到被外设取走。

以上三态门和锁存器的控制端一般与I/O端口地址译码的输出信号线相连。

6.2.2 三态门接口

1. 单向三态缓冲器74LS244

典型的三态门接口芯片74LS244的逻辑功能图和引脚图如图6-9所示。从图中不难看出,该芯片由8个三态门构成,其中每4个三态门由一个控制端(1 $\overline{OE}$或2 $\overline{OE}$)来控制。当控制端口有效(为低电平)时,三态门导通;当它们为高电平时,相应的三态门呈高阻状态。

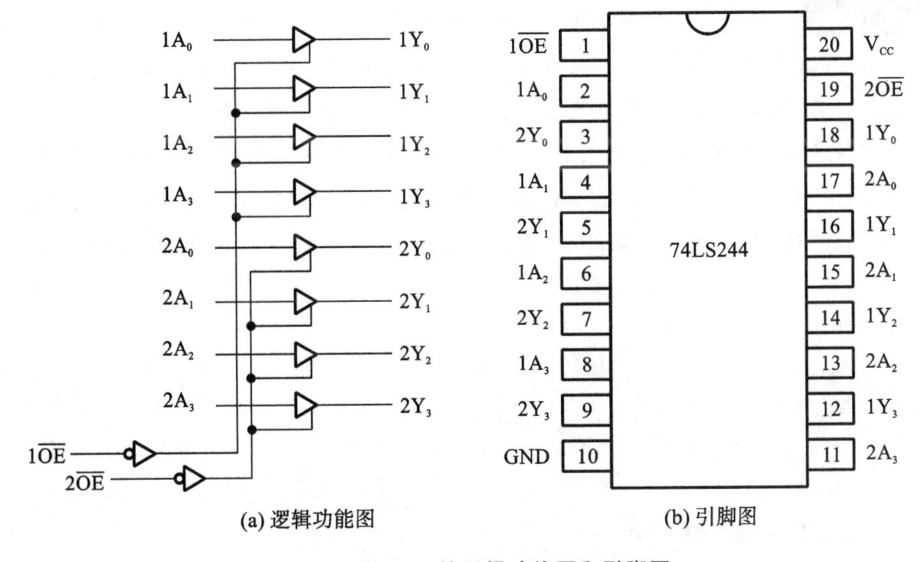

(a) 逻辑功能图　　(b) 引脚图

图6-9　74LS244的逻辑功能图和引脚图

实际使用中，通常是将 2 个控制端并联，这样就可用一个控制信号来使 8 个三态门同时导通或同时断开。三态门由于具有通断控制能力，因此可作为输入接口，但它没有数据的保持能力。

图 6-10 所示是一个利用 74LS244 作为开关量输入接口的例子。当 CPU 读该接口时，总线上的 16 位地址信号通过译码使 $1\,\overline{OE}$和 $2\,\overline{OE}$有效，三态门导通，4 个开关的状态经数据线 $D_0 \sim D_7$ 被读入 CPU 中，由此测量出开关当前的状态是打开还是闭合。当 CPU 不读此接口时，$1\,\overline{OE}$和 $2\,\overline{OE}$为高电平，三态门的输出为高阻态，三态门和数据总线断开。

如果有更多的开关状态，可以用类似的方法将两片或更多的芯片并联使用。

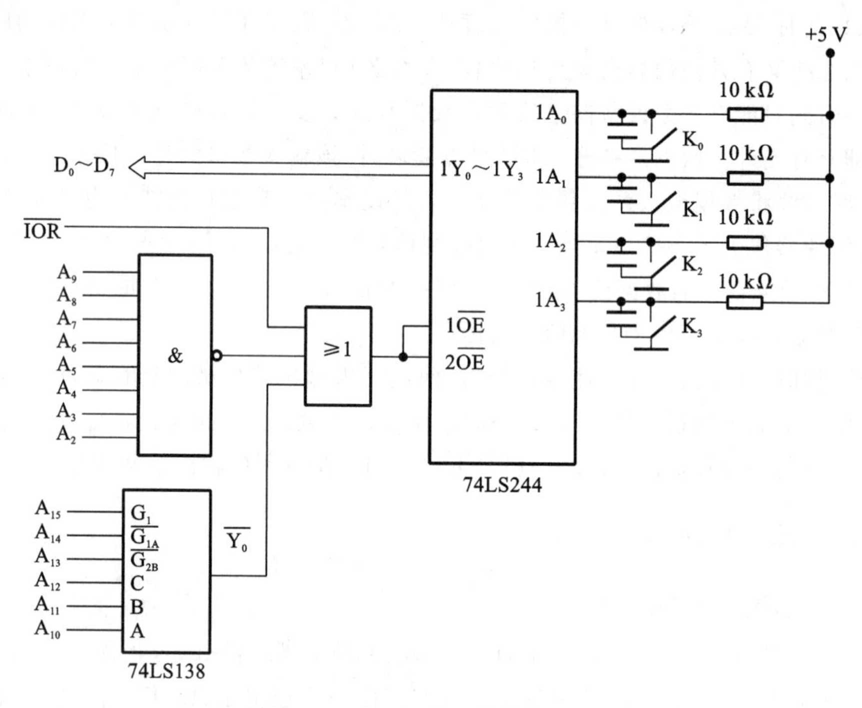

图 6-10 74LS244 作开关量输入接口

【例 6-3】 编写程序判断图 6-10 中的开关状态。如果 $K_0 \sim K_3$ 开关闭合，则程序转向标号为 KEYON 的程序段执行；如果 $K_0 \sim K_3$ 开关断开，则程序转向标号为 KEYOFF 的程序段执行。另外，由图 6-10 可以看出，当开关闭合时，输入低电平。

分析：74LS244 作为开关量输入接口时，I/O 地址采用了部分地址译码，地址 A_0 和 A_1 未参与译码，其中 $A_9 \sim A_2 = 11111111$，$A_{15} = 1$，$A_{14}A_{13} = 00$，$A_{12}A_{11}A_{10} = 000$，故它所占用的地址为 83FCH～83FFH。可以用其中任何一个地址，而将其他重叠的 3 个地址空着不用。程序如下：

```
MOV     DX, 83FCH
IN      AL, DX
AND     AL, 0FH
JZ      KEYON
JMP     KEYOFF
```

2. 双向三态缓冲器 74LS245

74LS245 是 8 路双向三态缓冲驱动器，也叫作总线驱动门电路或线驱动器。它主要用于数据的双向缓冲。它除和 74LS244 一样用作输入接口外，还常作为信号的驱动器。74LS245 的逻辑功能图如图 6-11 所示。它比 74LS244 多了一个方向控制端 DIR。当 $\overline{G}$ 为低电平且 DIR 为低电平时，74LS245 的传送方向为由 B 到 A；当 $\overline{G}$ 为低电平且 DIR 为高电平时，74LS245 的传送方向为由 A 到 B。

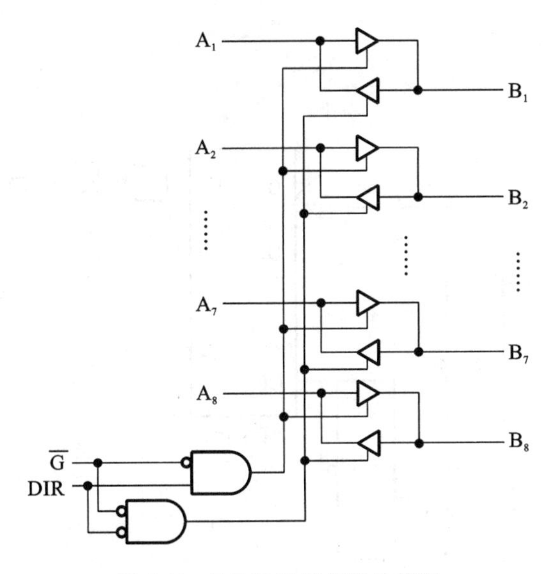

图 6-11　74LS245 的逻辑功能图

6.2.3 锁存器接口

输出接口必须具有数据的锁存能力。由于三态门器件没有数据的保持能力，因此它一般只用作输入接口，不能直接用作输出接口。输出接口通常采用具有信息存储能力的双稳态触发器来实现。最简单的输出接口可用触发器构成，例如常用的锁存器 74LS273。74LS273 的引脚图和真值表如图 6-12 所示。它内部包含 8 个 D 触发器，可存放 8 位二进制信息，具有数据锁存的功能。其中：D_7～D_0 是输入端；Q_7～Q_0 是输出端，常用来作为并行输出端口，将 CPU 的数据传送到外部 I/O 设备；S 为复位端，低电平有效；CP 为脉冲输入端，在每个脉冲的上升沿将输入端 D_i 的状态锁存在 Q_i 输出端，并将此状态保持到下一个时钟脉冲的上升沿。

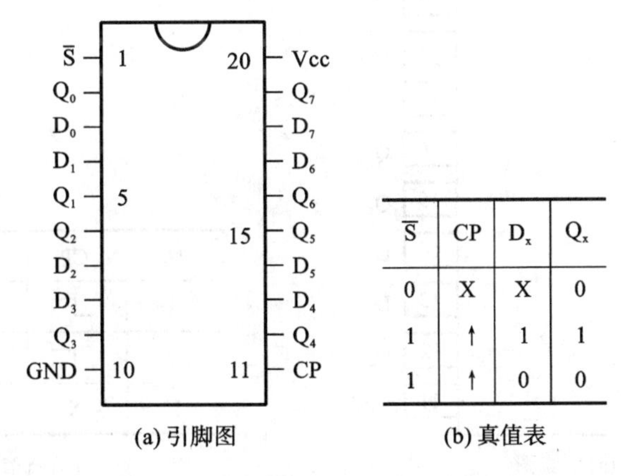

$\overline{S}$	CP	D_x	Q_x
0	X	X	0
1	↑	1	1
1	↑	0	0

(a) 引脚图　　(b) 真值表

图 6-12　74LS273 的引脚图和真值表

74LS273 作输出接口的一个例子如图 6-13 所示。在图 6-13 中，外设是简单的发光二极管。此外设的接口是用锁存器 74LS273 来实现的。锁存器在输入脉冲 CP 的上升沿将输入端 D 的数据锁存在它的输出端 Q。若该输出接口的地址为 FFFFH，则点亮发光二极管的程序如下：

```
MOV  DX, 0FFFFH
MOV  AL, 01H
OUT  DX, AL
```

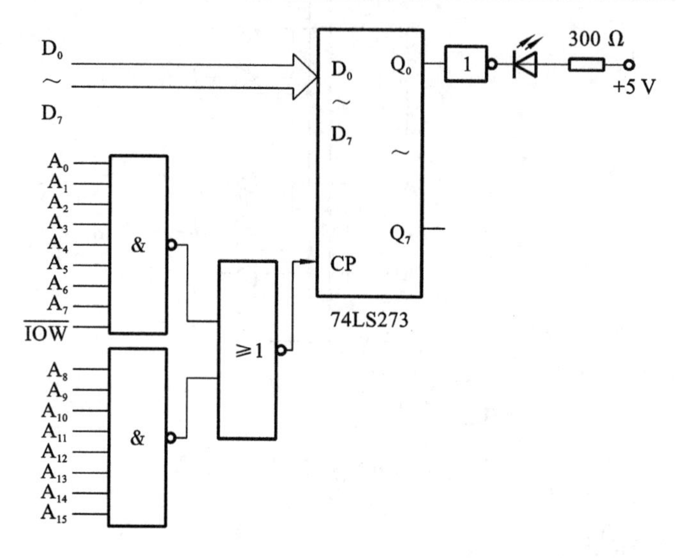

图 6-13　74LS273 作输出接口

74LS273 的数据锁存输出端 Q 是一个 D 触发器的输出端，只要 74LS273 正常工作，那么它的 Q 端总有一个确定的逻辑状态（0 或 1）输出，即只有二态。因此，74LS273 无法直接用作输入接口，即它的 Q 端绝对不允许与系统的数据总线相连。74LS273 如果在 Q 端加一个三态门，就可以既作输出接口又作输入接口用了。74LS374 就是通过这样改进而得到的芯片。

74LS374 也是经常用到的电路芯片，它的引脚图和真值表如图 6-14 所示。

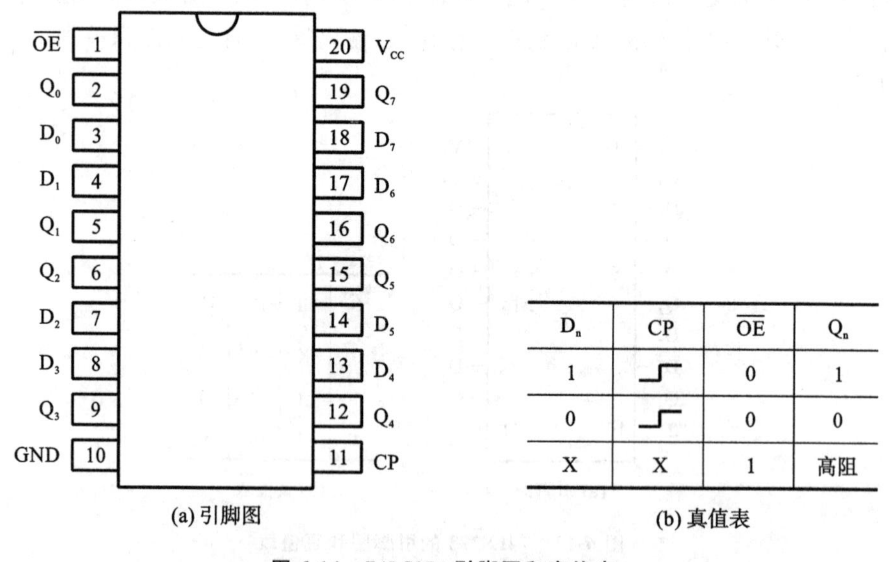

(a) 引脚图

D_n	CP	$\overline{OE}$	Q_n
1	↑	0	1
0	↑	0	0
X	X	1	高阻

(b) 真值表

图 6-14　74LS374 引脚图和真值表

由引脚图可知，它比74LS273多了一个输出允许端$\overline{OE}$。74LS374的内部结构如图6-15所示。只有当$\overline{OE}=0$时，74LS374的输出三态门才导通。当$\overline{OE}=1$时，74LS374的输出三态门呈高阻状态。

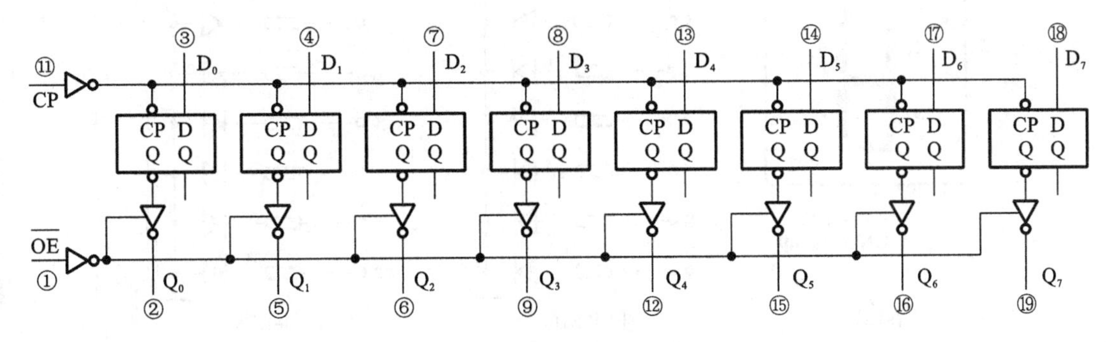

图6-15　74LS374的内部结构

74LS374用作输入接口时，端口地址信号经译码电路接到$\overline{OE}$端，外设数据通过外设提供的选通脉冲锁存在74LS374内部。当CPU读该接口时，译码器输出低电平，使74LS374的输出三态门打开，读取外设的数据。74LS374用作输出接口时，也可将$\overline{OE}$端接地，使输出三态门一直处于导通状态，这样就与74LS273一样使用了。

另外，还有一种常用的带有三态门的锁存器芯片74LS373。它与74LS374在结构和功能上完全一样，区别是数据锁存的时机不同，74LS373在CP脉冲的高电平期间将数据锁存。

总之，简单接口电路芯片在构造上比较简单，使用上也很方便，需要注意的是和系统总线相连的不仅仅是对地址信号译码的输出信号，而且包含输入和输出的读或写控制信号。若使用的仅仅是对地址信号译码的输出信号，则要将它和$\overline{IOR}$或者$\overline{IOW}$相与后才能用作读缓冲器或写锁存器的信号。

◆ 6.2.4　简单接口的应用举例

下面利用74LS244和74LS273分别作为输入、输出接口，实现控制LED数码显示器显示不同的数字和符号。

1. LED数码显示器

LED数码显示器是一种由LED发光二极管组合显示字符的显示器件。它使用了8个LED发光二极管，其中7个用于显示字符，1个用于显示小数点，故通常称之为7段LED发光二极管数码显示器。它的内部结构如图6-16所示。

LED数码显示器有两种连接方法：一种是共阳极接法，即把LED发光二极管的阳极连在一起构成公共阳极，使用时公共阳极接+5 V，每个LED发光二极管的阴极通过电阻与输入端相连；另一种是共阴极接法，即把LED发光二极管的阴极连在一起构成公共阴极，使用时公共阴极接地，每个LED发光二极管的阳极通过电阻与输入端相连。

由于LED发光二极管发光时，通过的平均电流为10～20 mA，而通常的系统总线不能提供这么大的电流，因此LED数码显示器各段必须接驱动电路，由段驱动电路提供额定的段导通电流。另外，还需根据外接电源及额定段导通电流来确定相应的限流电阻。

为了显示字符，要为LED数码显示器提供显示段码(或称字形码)，组成一个“8”字形字符的7段，再加上1个小数点位，共计8位，因此提供给LED数码显示器的显示段码为1个

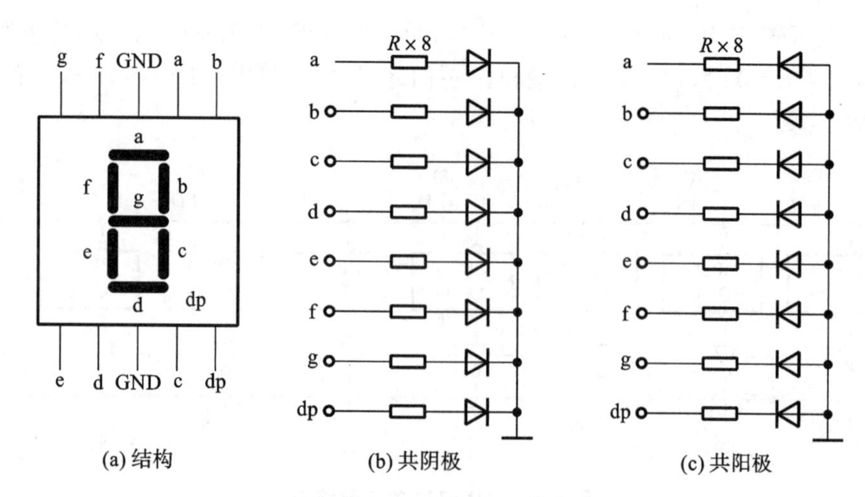

(a) 结构 (b) 共阴极 (c) 共阳极

图 6-16 LED 数码显示器

字节。一般情况下，各段码位的对应关系如表 6-1 所示。

表 6-1 LED 数码显示器各段码位的对应关系

段码位	D_7	D_6	D_5	D_4	D_3	D_2	D_1	D_0
显示段	dp	g	f	e	d	c	b	a

要使 LED 数码显示器显示出相应的数字或者字符，必须使数据端口输出相应的字形码。字形码各位定义如下：数据线 D_0 与 a 字段对应，D_1 与 b 字段对应，依次类推。如果使用共阳极 LED 数码显示器，数据为 0 表示对应字段亮，数据为 1 表示对应字段暗；如果使用共阴极 LED 数码显示器，数据为 0 表示对应字段暗，数据为 1 表示对应字段亮。例如显示“0”，共阳极 LED 数码显示器的字形码为 11000000B(即 C0H)，共阴极 LED 数码显示器的字形码为 00111111B(即 3FH)。依次类推，可求得 LED 数码显示器字形码如表 6-2 所示。

表 6-2 LED 数据显示器字形码表

字形	共阳极	共阴极	字形	共阳极	共阴极
0	C0H	3FH	9	90H	6FH
1	F9H	06H	A	88H	77H
2	A4H	5BH	B	83H	7CH
3	B0H	4FH	C	C6H	39H
4	99H	66H	D	A1H	5EH
5	92H	6DH	E	86H	79H
6	82H	7DH	F	8EH	71H
7	F8H	07H	L	C7H	38H
8	80H	7FH	P	8CH	73H

续表

字形	共阳极	共阴极	字形	共阳极	共阴极
R	CEH	31H	—	BFH	40H
U	C1H	3EH	.	7FH	80H
Y	91H	6EH	熄灭	FFH	00H

2. 应用与连接

【例 6-4】 利用前面提到的 74LS273 锁存器作为输出接口，将 7406 集电极开路门作为驱动器连接 LED 数码显示器。另外，用 74LS244 作输入接口，输入开关的状态。接口电路图如图 6-17 所示。根据开关状态在 LED 数码显示器上显示数字或符号，当开关的状态分别为 0000～1111 时，在 LED 数码显示器上对应显示'0'～'F'。

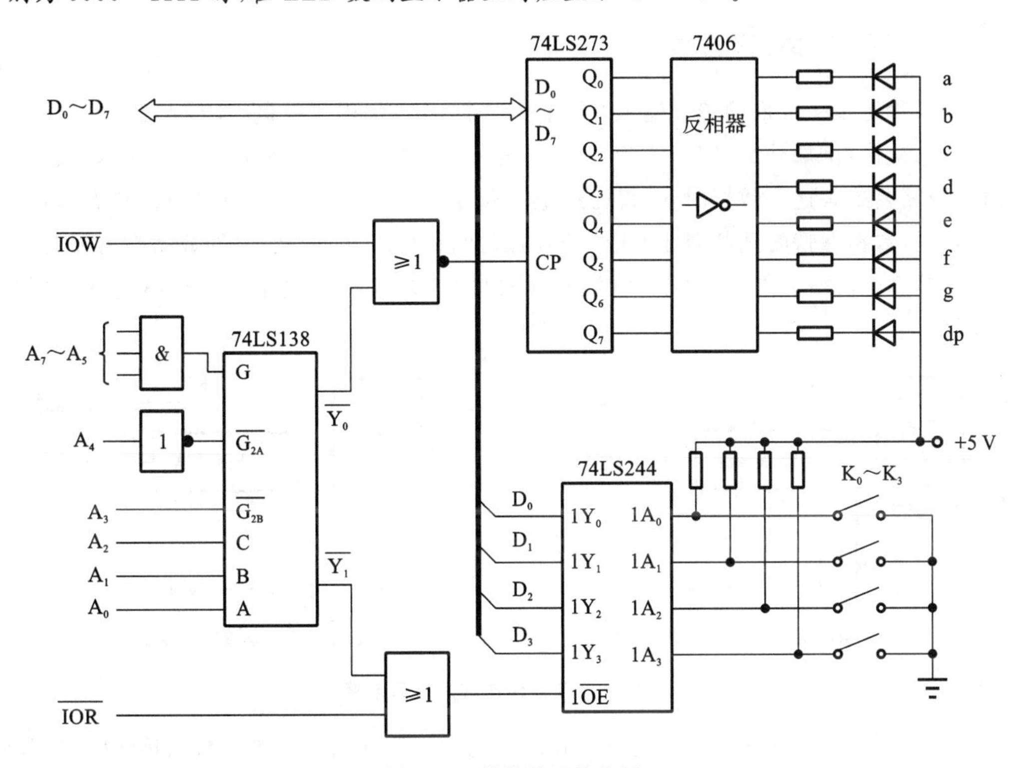

图 6-17　简单接口的应用

分析：输出接口的地址为 F0H，输入接口的地址为 F1H。开关合上为"0"，开关断开为"1"，有 4 个开关输入，只用了 74LS244 的低 4 位。当开关的状态分别为 0000B～1111B 时，CPU 应从 74LS273 送出相应的字形码，多用查表法。程序段如下：

```
        ……
LEDDM   DB      3FH, 06H, 5BH, 4FH, 66H, 6DH, 7DH
        DB      07H, 7FH, 67H, 77H, 7CH, 39H, 5EH, 79H, 71H
        ……
        LEA     BX, LEDDM
        MOV     AH, 0
```

```
DISP:  IN     AL, 0F1H
       AND    AL, 0FH
       MOV    SI, AX
       MOV    AL, [BX+SI]
       OUT    0F0H, AL
       JMP    DISP
       ……
```

6.3 接口的数据传送方式

接口电路和CPU配合采用不同的数据传送控制方式。微机常用的数据传送方式有无条件传送方式、程序查询方式、中断方式、DMA方式。另外，计算机系统常用的数据传送方式还有通道方式、I/O处理机方式等。

6.3.1 无条件传送方式

无条件传送是一种最简单的输入/输出控制方法，一般用于控制CPU与低速I/O接口之间的信息交换，例如开关、继电器和数码管、发光二极管、A/D转换器等。由于这些信号变化缓慢，当需要采集这些数据时，外设已经把数据准备就绪，不需要检查端口的状态，可以立即采集数据，数据保持时间相对于CPU的处理时间长得多，因此，输入的数据不需要另设锁存器而直接用三态缓冲器与系统总线连接，输出的数据直接通过锁存器输出给外设，如图6-18所示。

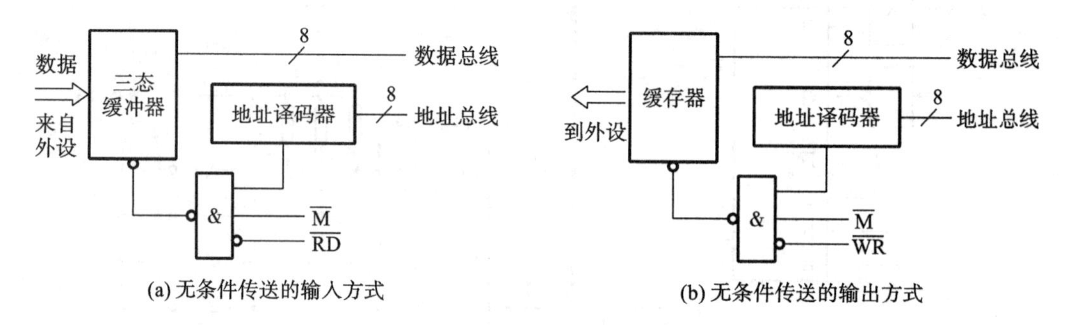

(a) 无条件传送的输入方式　　(b) 无条件传送的输出方式

图 6-18　无条件传送方式接口电路

特点：适用于外设动作时间固定且已知的情况，在CPU与外设进行数据传送时，外设保证已准备好，如开关、发光二极管等；要求严格的时序配合。

优点：软件及接口硬件简单。

缺点：CPU效率低，只适用于简单外设，适应范围较窄。

实现无条件传送的方法是：CPU不查询外设的工作状态，与外设速度的匹配通过在软件上延时完成，在程序中直接用I/O指令完成与外设的数据传送。

【例 6-5】 要求某数据采集系统每秒钟定时采样某点的温度信号24次。温度传感器将温度信号转换成电信号，经过A/D转换器转变为数字量送入输入端口。当CPU读取端口时端口中的温度数字量已"准备好"。设端口地址为40H，每分钟采样1440次，定时可采用软件延时程序DELAY或硬件定时/计数器完成。

相应的采集程序如下：

```
START:   MOV   CL,90H      ;置采集次数
         MOV   BX,2000H    ;置存放温度值首地址
LOOPA:   IN    AL,40H      ;取温度值
         MOV   [BX],AL     ;存入内存
         INC   BX          ;修改内存偏移地址
         CALL  DELAY       ;调用延时子程序
         DEC   CL          ;修改采集次数
         JNZ   LOOPA       ;未采完返回
         HLT
```

6.3.2 程序查询方式

程序查询方式也叫条件传送方式，是指在程序控制下进行信息传送。采用此数据传送方式时，接口电路中除具有数据缓冲器或数据锁存器外，还具有外设状态标志位，以反映外设数据的情况。比如，在输入时，如果数据已经准备就绪，则将该标志位置位；在输出时，若数据已空（数据被取走），则将该标志位置位。在接口电路中，标志寄存器也占用端口地址，因此，要求外设提供反映其状态的信号，并将该信号储存到接口的标志寄存器中。例如，对于输入设备来说，它能够提供“准备好”（“READY”）信号，“READY”＝1 表示输入数据已准备好；输出设备则提供“忙”（“BUSY”）信号，“BUSY”＝1 表示当前时刻不能接收 CPU 发来的数据，只有当“BUSY”＝0 时，它才可以接收来自 CPU 的数据。

程序查询方式下数据输入的接口电路如图 6-19 所示。输入设备将数据送入锁存器，同时发出选通信号，将输入设备状态置为就绪（READY＝1），CPU 查询输入设备的状态（读 READY），判断数据是否已准备好，若 READY＝1，则 CPU 通过执行 IN 指令读取数据，同时 IN 指令又使 READY＝0，清除准备就绪信号。

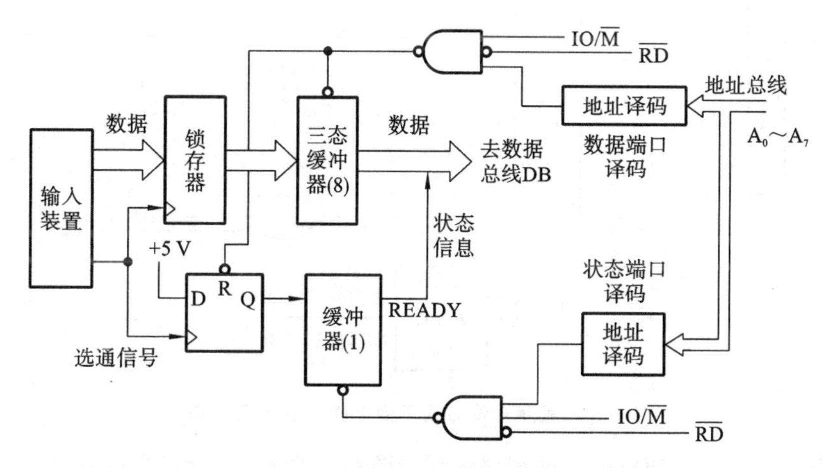

图 6-19 程序查询方式下数据输入的接口电路

使用程序查询方式控制数据的输入，通常要按图 6-20 所示的流程进行。首先读入设备状态标志信息，接着根据读入的设备状态标志信息进行判断：如果设备没有准备好，则 CPU 转移去执行某种操作，或循环回去，重新执行读入设备状态标志信息指令；如果设备准备好了，则 CPU 执行完成数据传送的 I/O 指令。数据传送结束后，CPU 转去执行其他任务，刚

才所操纵的设备脱离 CPU 的控制。

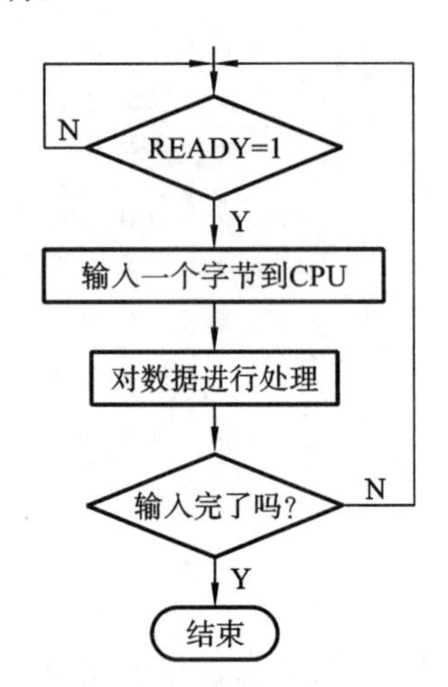

图 6-20 在程序查询方式下数据输入程序流程图

程序查询方式下的数据输出与数据输入工作方式类似。CPU 在输出数据前，首先判断 BUSY 信号是否有效，若无效(BUSY=0，表示外设不忙)，CPU 可输出新的数据；否则，CPU 等待，直到 BUSY 无效后再执行数据输出指令。CPU 通过执行 OUT 指令将输出数据锁存在数据锁存器，同时令 BUSY=1，在外设读取数据后，由外设输出的回答信号 $\overline{\text{ACK}}$ 使 BUSY=0，这样 CPU 在判断 BUSY 无效后可继续输出新的数据。程序查询方式下数据输出的接口电路如图 6-21 所示。

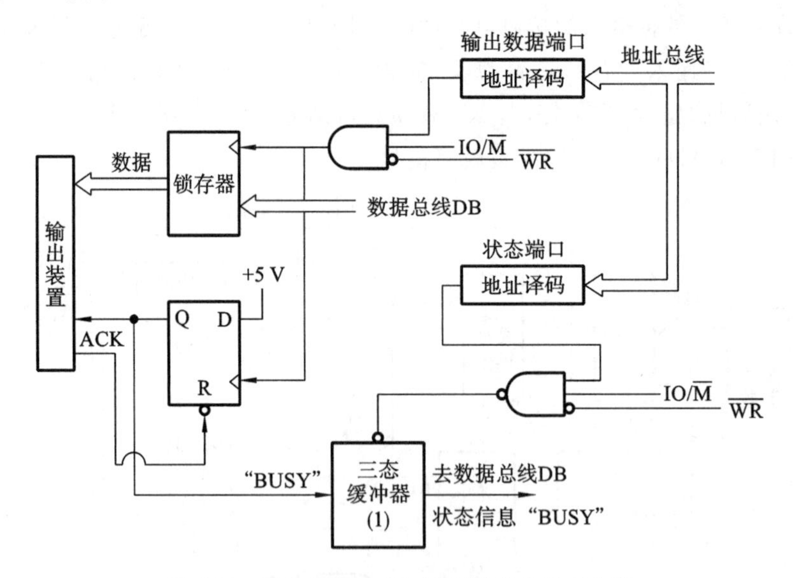

图 6-21 程序查询方式下数据输出的接口电路

在程序查询方式下，数据输出的程序流程与图 6-20 类似，读者可自行画出。

采用程序查询方式进行数据输入/输出，当 CPU 同时面对多个设备进行查询时，需要解决优先级问题。CPU 执行程序是按顺序进行的，对外设状态的查询也是按顺序进行的，因此查询的先后就决定了优先级的顺序，即先查询的设备具有较高的优先级。查询优先级流程图如图 6-22 所示。

由图 6-22 可以看出，A 设备的优先级最高，其次是 B 设备，C 设备的优先级最低，但是

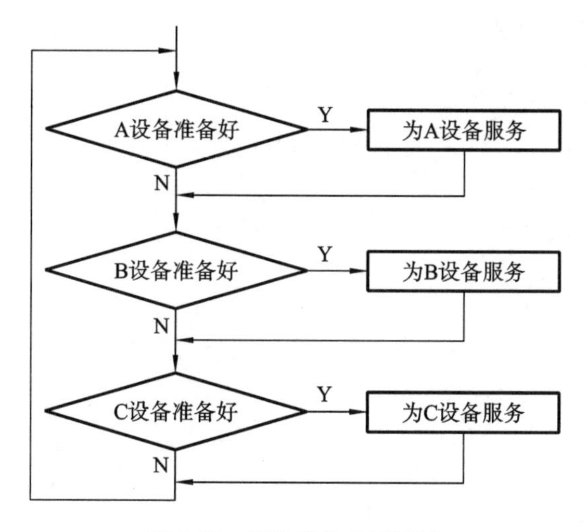

图 6-22 查询优先级流程图

在为 B 设备服务以后，这时即使 A 设备已准备好，CPU 也不理睬 A 设备，而是继续查询 C 设备，也就是说 A 设备的优先地位并不固定(即不能保证随时处于优先地位)。为了保证 A 设备随时具有较高的优先级，可采用加标志的方法：在 CPU 为 B 设备服务完以后，先查询 A 设备是否已准备好，若此时发现 A 设备已准备好，立即转向对 A 设备进行查询，而不是为 C 设备服务。

【例 6-6】 假设状态端口的地址为 62H，状态位接数据线 D_0，输入数据端口的地址为 60H，传送数据的总字节数据为 100 个，则在程序查询方式下输入数据程序段如下：

```
             ……
             MOV    BX,0            ;初始化地址指针 BX
             MOV    CX,100          ;字节数
BEGAIN:      IN     AL,62H          ;读入状态标志位
             TEST   AL,01H          ;数据是否准备好
             JZ     BEGAIN          ;未准备好,继续测试
             IN     AL,60H          ;已准备好,读入数据
             MOV    [BX],AL         ;存到内存缓冲区
             INC    BX
             LOOP   BEGAIN          ;未传送完,继续传送
             ……
```

【例 6-7】 图 6-23 所示为将内存数据段(段基址为 0D200H)中以 BUFF 为首地址的 100 个字节的数据送出给输出设备的电路图及外设工作时序。相关程序段如下：

```
             ……
DAOUT:       MOV    AX, 0D200H
             MOV    DS,AX
             LEA    BX,BUFF              ;初始化内存首地址
             MOV    CX,100               ;初始化计数器
             MOV    DX,02F9H
             MOV    AL,01H
             OUT    DX,AL                ;初始化选通信号
```

```
NEXT:    MOV    DX,02FAH
WAT:     IN     AL,DX
         AND    AL,80H
         JNZ    WAT            ;状态查询环
         MOV    DX,02F8H
         MOV    AL,[BX]
         OUT    DX,AL          ;数据输出
         MOV    DX,02F9H
         MOV    AL,00H
         OUT    DX,AL
         OR     AL,1
         OUT    DX,  AL
         INC    BX
         LOOP   NEXT
         ……
```

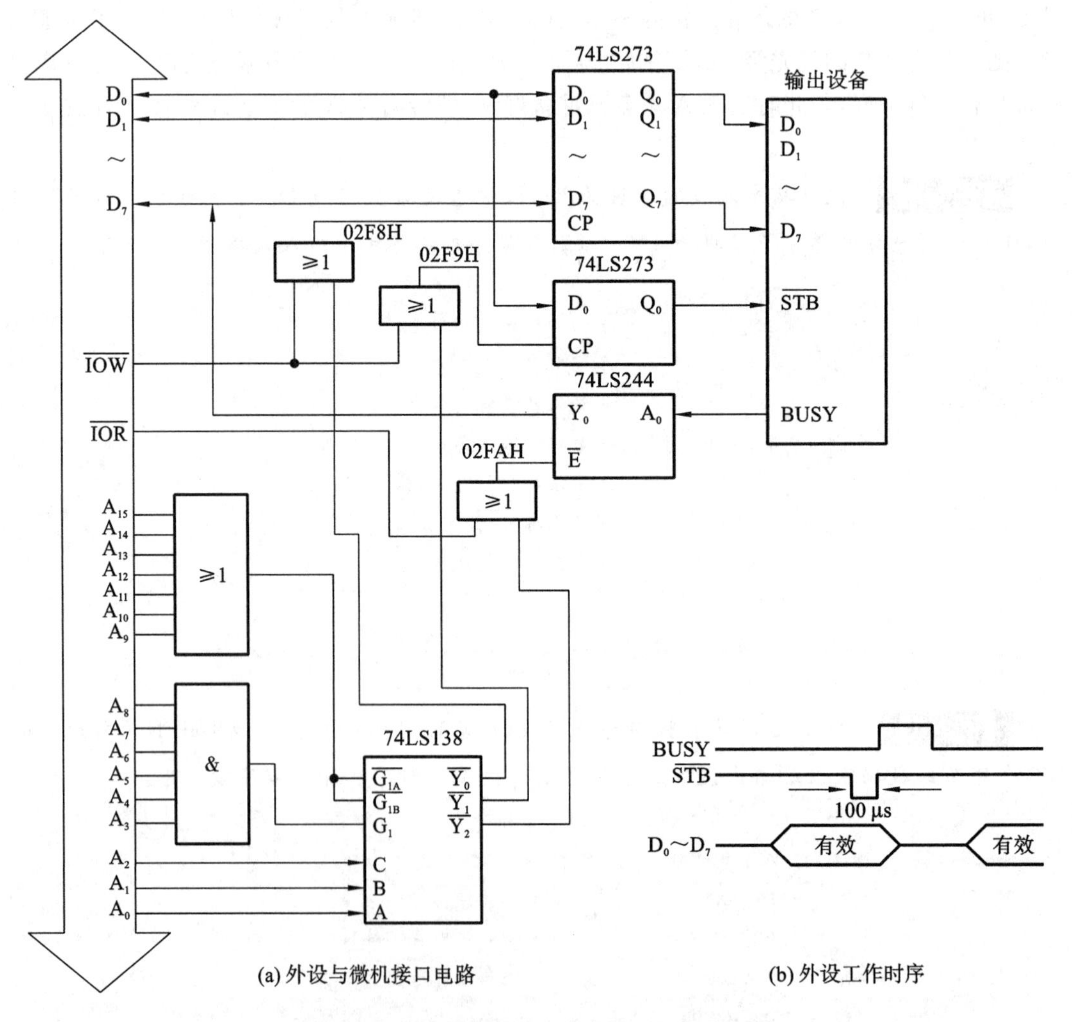

(a) 外设与微机接口电路　　　　(b) 外设工作时序

图 6-23　采用程序查询方式实现 I/O 传送示例

程序查询方式的优点是:接口比较简单,软件容易实现,传送可靠,适应面宽。缺点是:

CPU需要不断查询标志位的状态，这将占用CPU较多的时间，尤其是和中速或慢速的外设交换信息时，CPU真正花费在传送数据上的时间极少，绝大部分时间都消耗在查询上。为克服这一缺点，可以采用中断方式。

6.3.3 中断方式

在程序查询方式下，CPU通过执行程序主动地循环读取状态字和检测状态位，如果状态位表示外设状态未准备就绪，则CPU必须继续查询等待，这占用了CPU大量的执行时间，而CPU真正用于传送数据的时间却很短，计算机的工作效率非常低。当有多个外设在程序查询方式下工作时，由于CPU只能轮流对每个外设进行查询，而这些外设的速度往往并不相同，这时CPU显然不能很好地满足各个外设对CPU的及时输入/输出数据的要求，因此，在实时系统以及具有多个外设的系统中，采用程序查询方式进行数据传送是不太理想的选择。

为了提高CPU的效率，使系统具有实时输入/输出数据的能力，可以采用中断方式。在中断方式下，外设需要进行数据传送时主动向CPU申请服务。输入/输出设备已将数据准备好，或者输出设备可以接收数据时，便可以向CPU发出中断请求，CPU暂时停下正在执行的程序而和外设进行一次数据传送，输入或输出操作完成后，CPU再回到原来的程序处继续执行。这时的CPU不用去循环查询等待，而可以去处理其他事情，可见，采用中断方式，CPU和外设能有一定的并行性，这样不但大大提高了CPU的效率，对外设的请求也能做到实时地响应和处理。

以中断方式下的数据输入为例，接口原理图如图6-24所示。外设准备好一个输入数据时，便发一个选通信号STB，将数据输入接口电路的锁存器中，并使中断请求触发器置“1”。若此时中断屏蔽触发器的状态为“1”，则由控制电路产生一个向CPU发出请求中断的信号INTR。

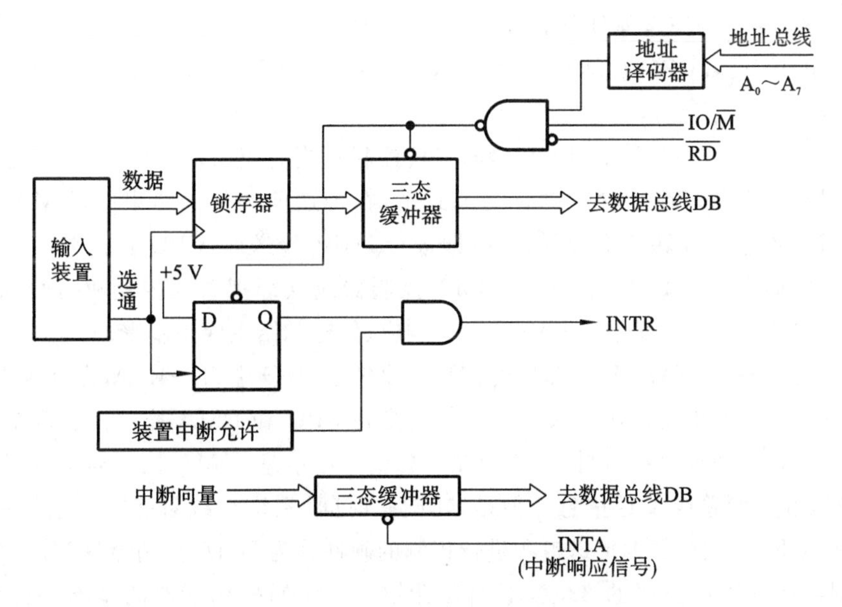

图6-24 中断方式下数据输入的接口电路

CPU接收到中断请求信号后，如果CPU内部的中断允许触发器(8086/8088 CPU中为

IF 标志)状态为“1”,则在当前指令被执行完后,CPU 响应中断,并发回中断响应信号$\overline{INTA}$,将中断请求触发器复位,准备接收下一次的选通信号。CPU 响应中断后,立即停止执行当前的程序,转去执行一个为外设服务的程序,此程序称为中断处理子程序或中断服务程序。中断服务程序的任务是完成外设的数据传送,执行完后 CPU 又返回到刚才被打断的程序处,接着原来的程序继续执行。

对于一些慢速而且随机地与计算机进行数据交换的外设来说,采用中断方式可以大大提高系统的工作效率。中断是现代计算机非常重要的技术,有着非常广泛的应用。中断技术还需要解决如何进行中断的优先级划分、中断排队、中断屏蔽、中断嵌套等一系列问题,更详细的内容在第 7 章中具体介绍。

6.3.4 DMA 方式(直接存储器存取方式)

采用中断方式,信息的传送是依赖 CPU 执行中断服务程序来完成的,因此,每进行一次 I/O 操作,都需要 CPU 暂停执行当前程序,自动转移到优先级最高的 I/O 程序。在中断服务中,需要有保护现场和恢复现场的操作,而且 I/O 操作都是通过 CPU 来进行的。当从存储器输出数据到 I/O 端口时,首先需要 CPU 执行传送指令,将存储器中的数据读入 CPU 中的通用数据寄存器 AL(对于字节数据)或 AX(对于字数据)中,然后需要 CPU 执行 OUT 指令,把数据由通用数据寄存器 AL 或 AX 传送到 I/O 端口;当从 I/O 端口向存储器存入数据时,过程正相反。CPU 执行 IN 指令时,将 I/O 端口数据读入通用数据寄存器 AL 或 AX 中,然后 CPU 执行传送指令,将 AL 或 AX 的内容存入存储单元。这样,每次 I/O 操作都需要几十甚至几百微秒。对于一些高速外设,如高速磁盘控制器或高速数据采集系统来说,中断方式往往满足不了需要。为此,提出了数据在 I/O 接口与存储器之间,不经 CPU 的干预,而是在专用硬件电路的控制下直接传送。这种方法称为直接存储器存取(direct memory access,缩写为 DMA)方式。

DMA 方式是一种完全靠硬件独立工作,不需要 CPU 执行程序的高速数据传送方式。在 DMA 方式下,只需 CPU 启动和授权,传送过程无须 CPU 干预,在 DMA 控制器的控制下完成数据传送。

在实现 DMA 传送时,由 DMA 控制器直接控制总线的使用,在外设与内存之间建立起直接的数据传送通路。在这种数据传送方式下,在传送前和传送结束时,DMA 控制器与 CPU 有一个总线控制权转移交接的过程,即进行 DMA 传送前,CPU 要把总线控制权交给 DMA 控制器,而在结束 DMA 传送后,DMA 控制器应立即把总线控制权再交回给 CPU。一个完整的 DMA 传送过程包括 DMA 请求、响应、传送和结束四个步骤。

DMA 传送包括 RAM→I/O 端口的 DMA 读传送、I/O 端口→RAM 的 DMA 写传送、RAM→RAM 的存储单元传送。系统总线分别受到 CPU 和 DMA 控制器这两个器件的控制,即 CPU 可以向地址总线、数据总线和控制总线发送信息,DMA 控制器也可以向地址总线、数据总线和控制总线发送信息。但是,在同一时间,系统总线只能受一个器件的控制。在 DMA 方式下,对这一数据传送过程进行控制的硬件称为 DMA 控制器(DMAC)。典型的 DMA 控制器是英特尔公司的 8237,下面仅介绍一下 DMA 控制器的基本功能和工作过程等。

1. DMA 控制器的基本功能

DMA 控制器是控制存储器和外设之间直接高速地传送数据的硬件电路，应能取代CPU 用硬件完成各项功能。DMA 控制器应具有以下功能：

（1）能接收外设的请求，向 CPU 发出 DMA 请求信号；

（2）在 CPU 发出 DMA 响应信号之后，接管对总线的控制，进入 DMA 方式；

（3）能寻址存储器，即能输出地址信息和修改地址；

（4）能向存储器和外设发出相应的读/写控制信号；

（5）能控制传送的字节数，判断 DMA 传送是否结束；

（6）在 DMA 传送结束以后，能结束 DMA 请求信号，释放总线，使 CPU 恢复正常工作。

2. DMA 控制器的工作过程

DMA 控制器的硬件方框图如图 6-25 所示。

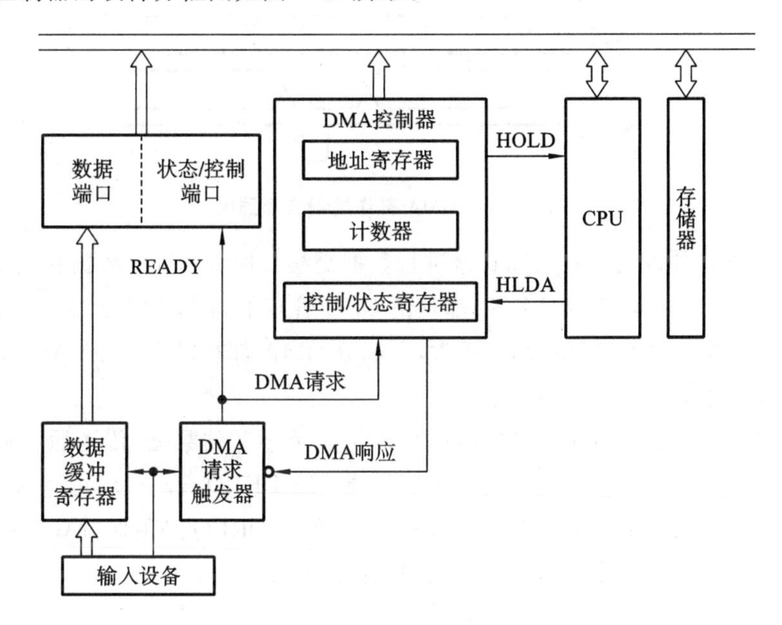

图 6-25　DMA 控制器的硬件方框图

DMA 传送的工作流程如下：

（1）I/O 端口向 DMA 控制器发出 DMA 申请，请求进行数据传送。

（2）DMA 控制器在接到 I/O 端口的 DMA 申请后，向 CPU 发出总线请求信号，请求CPU 脱离系统总线。

（3）CPU 在执行完当前指令的当前总线周期后，向 DMA 控制器发出总线请求应答信号。

（4）CPU 和系统的控制总线、地址总线及数据总线脱离关系，进入等待状态，由 DMA 控制器接管这 3 个总线的控制权。

（5）DMA 控制器向 I/O 端口发出 DMA 应答信号。

（6）DMA 控制器把进行 DMA 传送涉及的 RAM 地址送到地址总线上。如果进行 I/O 端口→RAM 传送，DMA 控制器向 I/O 端口发出 I/O 读命令，向 RAM 发出存储器写命令；如果进行 RAM→I/O 端口传送，DMA 控制器向 RAM 发出存储器读命令，向 I/O 端口发出I/O 写命令，从而完成一个字节的传送。

(7)设定的字节数传送完毕,DMA 传送过程结束,也可以由来自外部的终止信号迫使传送过程结束。DMA 传送结束后,DMA 控制器就将总线请求信号变成无效的,并放弃对总线的控制,CPU 检测到总线请求信号无效后,也将总线请求响应信号变成无效的,于是,CPU 重新控制三个总线,继续执行被中断的当前指令的其他总线周期。

DMA 工作过程波形图如图 6-26 所示。

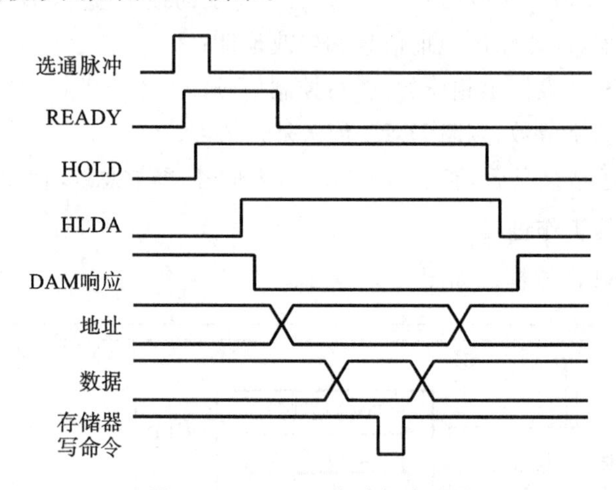

图 6-26 DMA 工作过程波形图

DMA 用硬件在外设与内存之间直接进行数据交换。通常系统的数据总线、地址总线和一些控制信号线(如 IO/$\overline{\text{M}}$,$\overline{\text{WR}}$,$\overline{\text{RD}}$等)都是由 CPU 管理的,在 DMA 方式下,要求 CPU 让出总线,而由 DMA 控制器接管总线。通常,大部分 DMA 都有以下三种 DMA 方式:

(1)单字节传送方式。

在单字节传送方式下,每次 DMA 传送只传送一个字节的数据,传送后释放总线,CPU 至少控制一个完整的总线周期,然后测试 DMA 请求线 DREQ,若有效,再进入 DMA 周期。在这种方式下要注意:在 DMA 响应信号 DACK 有效前,DREQ 必须保持有效;若 DREQ 在传送过程中一直保持有效,则在两次传送之间也必须释放总线。

(2)成组传送方式。

在成组传送方式下,一个 DMA 请求可以传送一组信息。在 DMA 控制器初始化时,通过编程决定这一组信息的字节数,只要在 DACK 有效之前 DREQ 保持有效即可。一旦 DACK 有效,不管 DREQ 是否有效,DMA 控制器一直不放弃总线控制权,直到整个数组传送完。

(3)请求传送方式。

请求传送方式又称查询传送方式。该方式的传送类似于成组传送方式,但每传送一个字节后,DMA 控制器就检测 DREQ:若无效,则挂起;若有效,继续进行 DMA 传送,直到一组信息传送结束或由外加信号强制 DMA 控制器中止操作为止。

3. DMA 方式的特点

DMA 方式具有下列特点:

(1)它使主存既可被 CPU 访问,又可被外设直接访问;

(2)当传送数据块时,主存地址的确定、传送数据的计数控制等都用硬件电路直接实现;

(3)主存中要开设专用缓冲区,以及时供给和接收外设的数据。

6.3.5 I/O处理机方式

上述几种微机接口数据传送的方式只能由用户实现对数据的输入/输出传送控制和安排,在大型计算机上存在安全方面的漏洞。

专用I/O处理机的传送方式,把原来由CPU完成的各种I/O操作与控制全部交给I/O处理机(IOP)去完成。I/O处理机的功能包括:

(1)完成通道处理机的全部功能,完成数据的传送。

(2)实现数据的码制转换,如十进制数与二进制数之间的转换、ASCII码与BCD码之间的转换。

(3)实现数据传送的校验和校正。各种外设都有比较复杂而有效的校验方法,必须通过执行程序予以实现。

(4)进行故障处理及系统诊断。I/O处理机负责处理外设和通道处理机以及各种I/O控制器出现的故障,并通过定时运行诊断程序,诊断外设及自身的工作状态,并予以显示。

(5)进行文件管理。文件管理、设备管理是操作系统的工作,可以由I/O处理机承担其中的大部分任务。

(6)承担人机对话处理、网络及远程终端的处理工作。

通道处理机是IBM公司首先提出来的一种I/O处理机,中央处理机靠管态(系统态)指令控制外设的输入/输出操作,用户在目态(用户态)程序中通过访管指令进入管理程序进行通道程序的编制,引起中断,进行管态下的I/O处理,这能够显著提高CPU运算与外设操作的重叠程度,系统中多个通道连接多台外设,各自运行自己的通道程序,使多种外设、多台外设可以做到充分地并行。

外围处理机(PPU)方式还可以做到独立于主处理机进行异步工作。外围处理机是独立的处理机,通过输入/输出交叉开关网络连接通道,真正把CPU从输入/输出操作中解脱出来,专注于运算任务。外围处理机可以自由选择通道和设备进行通信,主存、外围处理机、通道和设备控制器相互独立,程序动态控制它们之间的连接,使工作更灵活。另外,外围处理机不仅具有一定的运算能力,可以承担一般的外围运算处理和操作控制,还能够让外设之间直接交换信息,进一步减少了CPU对I/O的介入,这都提高了整个计算机系统的工作效率。

总之,I/O处理机因为具有数据处理功能及一定的存储能力,所以可以完成I/O所需的尽量多的工作,与主机系统完全并行工作,从而大大提高了系统的性能。具有I/O处理机的系统,中央处理机不与外设直接联系,由I/O处理机进行全部的管理与控制,I/O处理机是独立于中央处理机异步工作的。从结构上看,I/O处理机可分为两大类。一类与中央处理机共享主存,I/O处理机要执行的管理程序一般放在主存,为所有I/O处理机所共享。每台I/O处理机可以有一个小容量的局部存储器(简称局存),在需要的时候,才将本I/O处理机所要执行的程序加载到局存中。采用此类I/O处理机的机器有CDC公司的CYBER、Texas公司的ASC。另一类采用非共享主存的结构,各台I/O处理机具有自己大容量的局部存储器,用以存放本I/O处理机运行所需的管理程序。这种结构的优点是减少了主存的负担。目前大多数的并行计算机系统都是这种结构,例如STAR-100。

进一步扩展,I/O处理机可超出单纯的I/O设备管理和数据传送,发展前端机、后台机,智能外设和智能接口使管理和操作控制工作在端点完成,调用外设的过程就是I/O系统各个处理机之间及存储缓冲之间传送信息的过程，从而进一步让 CPU 摆脱 I/O 负担，提高 I/O 系统的数据吞吐率。

6.4 可编程并行接口芯片 8255A

6.4.1 8255A 的基本特性

(1)8255A 是一个具有两个 8 位(A 口和 B 口)和两个 4 位(C 口高/低 4 位)并行 I/O 端口的接口芯片。它为 Intel 系列 CPU 与外设之间提供 TTL 电平兼容的接口，如打印机、A/D 转换器、D/A 转换器、键盘、步进电动机以及需要同时传送两位以上信息的一切形式的并行接口。另外，它的 C 口还具有按位置位/复位功能，为按位控位提供了强有力的支持。

(2)8255A 具有两条功能很强、内容丰富的控制命令(方式字和控制字)，为用户根据外界条件(I/O 设备需要哪些信号线以及它能提供哪些状态线)来使用 8255A 构成多种接口电路，组建微机应用系统，提供了灵活方便的编程环境。8255A 在执行命令的过程中和执行命令完毕之后，所产生的状态保留在状态字中，以供查询。

(3)8255A 能适应 CPU 与 I/O 接口之间多种数据传送方式，如无条件传送方式、程序查询方式和中断方式的要求。与此相应，8255A 设置了工作方式 0、工作方式 1 以及工作方式 2(双向传送)。

(4)8255A C 口的使用比较特殊：除作数据端口外，当工作在工作方式 1 和工作方式 2 下时，它的大部分引脚信号被分配作专用联络信号；C 口可以进行按位控制；在 CPU 设置 8255A 状态时，C 口又作工作方式 1,2 的状态端口用等。

(5)8255A 芯片内部主要由控制寄存器、标志寄存器和数据寄存器组成，因此，以后的编程主要也是对这 3 类寄存器进行。

6.4.2 8255A 的内部结构

8255A 的内部结构如图 6-27 所示。它由以下 4 个部分组成。

(1)数据总线缓冲器。它是一个 8 位三态双向缓冲器，是 8255A 与 CPU 系统数据总线的接口。所有数据的发送与接收，以及 CPU 发出的命令字和从 8255A 来的状态信息都是通过该缓冲器传送的。

(2)读/写控制逻辑部件。读/写控制逻辑部件由读控制信号$\overline{RD}$、写控制信号$\overline{WR}$、片选信号$\overline{CS}$以及端口选择信号 A_1A_0组成。读/写控制逻辑部件控制了总线的开放、关闭和信息传送的方向，以便把 CPU 控制命令或输出数据送到相应的端口，或把外设的信息或输入数据从相应的端口送到 CPU。

(3)输出/输入端口 A,B,C。8255A 有 3 个 8 位输入/输出端口(port)。每个端口都有一个数据输入寄存器和一个数据输出寄存器。输入时端口有三态缓冲器的功能，输出时端口有数据锁存器的功能。

(4)A 组和 B 组控制电路。A 组和 B 组控制电路的功能是：控制 A,B 和 C 三个端口的工作方式，A 组控制 A 口和 C 口的上半部($PC_4 \sim PC_7$)的工作方式和输入/输出，B 组控制 B 口和 C 口的下半部($PC_0 \sim PC_3$)的工作方式和输入/输出。A 组和 B 组控制电路中的命令寄

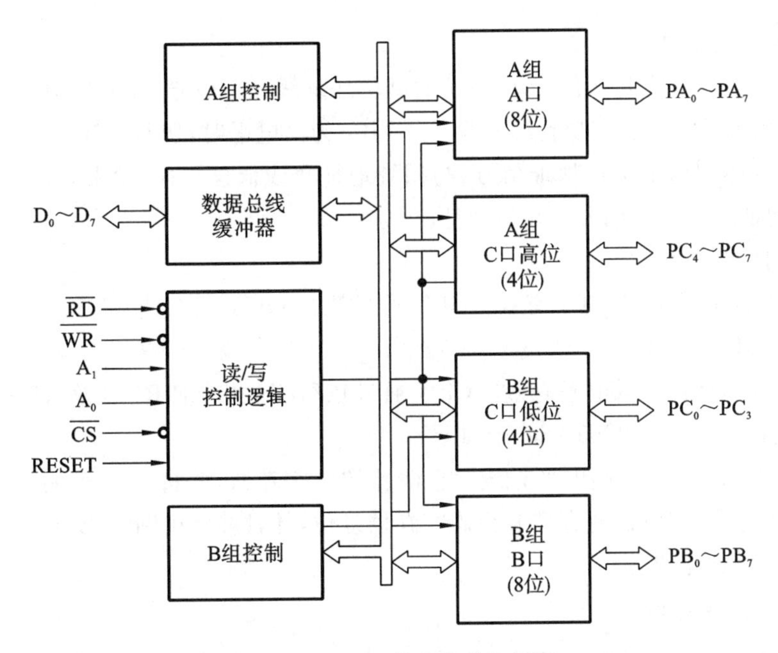

图 6-27 8255A 的内部结构框图

存器还接收按位控制命令，以实现对 C 口的按位置位/复位操作。

6.4.3 8255A 的引脚及其功能

8255A 是一个由单 5 V 电源供电、有 40 个引脚的双列直插式芯片。它的引脚如图 6-28 所示。作为接口电路的 8255A，具有面向 CPU 和面向外设两个方向的连接能力。因此，它的引脚分为两个部分。

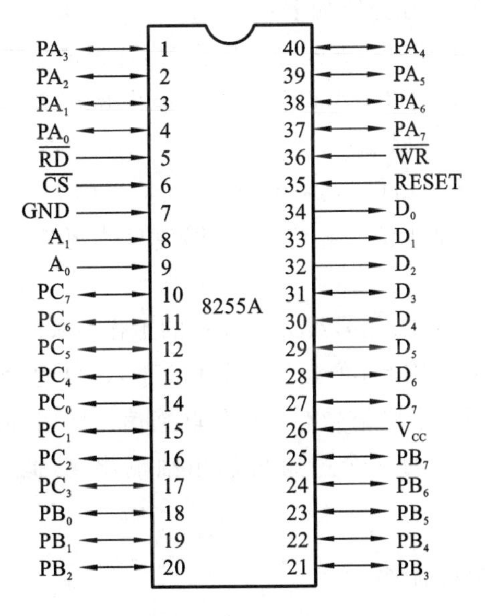

图 6-28 8255A 引脚图

1. 与系统总线的连接信号

(1) 面向数据总线。

$D_0 \sim D_7$：双向数据线，用于向 8255A 发送命令、数据或向 CPU 回送状态、数据。

(2) 面向地址总线。

①$\overline{CS}$:片选信号,低电平有效,由系统的高位地址线经 I/O 端口地址译码电路产生。$\overline{CS}$为低电平时,才能对 8255A 进行读/写操作。当$\overline{CS}$为高电平时,切断 CPU 与 8255A 的联系。

②A_1,A_0:芯片内部端口地址信号,与系统地址总线低位相连,用来寻址 8255A 内部寄存器。2 位地址可形成片内 4 个端口地址。

(3) 面向控制总线。

①$\overline{WR}$:写控制信号,低电平有效。CPU 通过执行 OUT 指令使$\overline{WR}$有效,即发出写控制信号,将命令代码或数据写入 8255A。

②$\overline{RD}$:读控制信号,低电平有效。CPU 通过执行 IN 指令使$\overline{RD}$有效,即发出读控制信号,将数据或状态信号从 8255A 读至 CPU。

③RESET:复位信号,高电平有效。它清除控制寄存器,并将 8255A 的 A,B,C 三个端口均置为输入方式;将输出寄存器和标志寄存器复位,并且屏蔽中断请求;使 24 条面向外设的信号线呈高阻悬浮状态。

2. 与外设的连接信号

$PA_0 \sim PA_7$,端口 A 的输入/输出线;$PB_0 \sim PB_7$,端口 B 的输入/输出线;$PC_0 \sim PC_7$,端口 C 的输入/输出线。这 24 根信号线均可用来连接 I/O 设备和传送信息。其中,A 口和 B 口只作输入/输出的数据端口用,尽管有时也利用它们从 I/O 设备读取一些状态信号,如打印机的“忙”(BUSY)状态信号、A/D 转换器的“转换结束”(EOC)状态信号,但对于 A 口和 B 口来说,都是作 8255A 的数据端口读入的,而不是作 8255A 的状态端口读入的。A 口和 B 口作数据端口进行输入/输出时,是 8 位一起传送的,即使只用到其中的某 1 位,也要同时输入/输出 8 位。C 口的作用与 8255A 的工作方式有关,它除了作数据端口以外,还有其他用途,故 C 口的使用比较特殊,单独介绍如下:

(1)作状态端口。8255A 在工作方式 2 下工作时,有固定的状态字,且是从 C 口读入的。此时,C 口就是 8255A 的状态端口。A 口和 B 口不能作 8255A 本身的状态端口使用。

(2)作数据端口。C 口作数据端口时与 A 口、B 口不一样,它是把位分成高位和低位两部分,高 4 位 $PC_4 \sim PC_7$ 与 A 口组成 A 组,低 4 位 $PC_0 \sim PC_3$ 与 B 口组成 B 组。因此,C 口作数据端口进行输入/输出时,是 4 位一起传送的,即使只使用其中的 1 位,也要同时输入/输出 4 位。

(3)作专用(固定)联络(握手)信号线。8255A 的工作方式 1,2 是应答方式,在传送过程中需要进行应答的联络信号。因此,在工作方式 1,2 下,C 口的大部分引脚信号作为固定的联络信号。虽然,A 口、B 口的引脚信号有时也作联络信号使用,但不是固定的。

(4)用于按位控制。C 口的 8 个引脚可以单独输出高/低电平,此时,C 口用于按位控制。

6.4.4 8255A 的编程命令

8255A 的编程命令包括工作方式命令和对 C 口的按位操作命令。它们是用户使用 8255A 来组建各种接口电路的重要工具,要熟练掌握。

由于这两个命令被送到 8255A 的同一个命令端口,因此,为了让 8255A 能识别是哪个命令,采用在命令代码中设置特征位的方法。若写入的命令位的最高位 $D_7=1$,则是工作方式命令;若写入的命令字 $D_7=0$,则是 C 口的按位置位/复位命令。

1. 工作方式命令

作用:指定 8255A 的工作方式及指定工作方式下 3 个并行 I/O 端口(A,B,C),是用于输入还是用于输出。

格式:8 位,其中最高位是特征位,一定要写 1,其余各位应根据用户的要求填写 1 或 0,如图 6-29 所示。

1	D_6	D_5	D_4	D_3	D_2	D_1	D_0
特征位	A组方式 00=工作方式0 01=工作方式1 10=工作方式2 11=不用		PA 0=输出 1=输入	PC_4~PC_7 0=输出 1=输入	B组方式 0=工作方式0 1=工作方式1	PB 0=输出 1=输入	PC_0~PC_3 0=输出 1=输入

图 6-29　工作方式命令的格式

从工作方式命令的格式可知,A 组有 3 种方式。端口 C 分成两部分,上半部属于 A 组,下半部属于 B 组,置 1 指定为输入,置 0 指定为输出。利用工作方式的不同代码组合,可以分别选择 A 组和 B 组的工作方式和某个端口是用于输入还是用于输出。

例如,若把 A 口指定为以工作方式 1 输入,把 C 口上半部定为输出;把 B 口指定为以工作方式 0 输出,把 C 口下半部定为输入,则工作方式命令代码是 10110001B 或 B1H。

将此工作方式命令代码写到 8255A 的命令寄存器,即可实现对 8255A 工作方式及端口功能的设置。初始化的程序段为:

```
MOV   DX,303H          ;8255A 命令口地址
MOV   AL,0B1H          ;初始化命令
OUT   DX,AL            ;送到命令口
```

2. 按位置位/复位命令

作用:指定 C 口的某一位(某一个引脚)输出高电平或低电平。

格式:8 位,最高位是特征位,一定要写 0,其余各位应根据用户的设计要求填写 1 或 0,如图 6-30 所示。

0	D_6	D_5	D_4	D_3	D_2	D_1	D_0
特征位	不用 (写0)			位选择 000=C口0位 001=C口1位 ⋮ 111=C口7位			1=置位 (高电平) 0=复位 (低电平)

图 6-30　按位置位/复位命令的格式

利用按位置位/复位命令可以将 C 口 8 根线中的任意 1 根置成高电平或低电平输出。

例如,若把 C 口的 PC_2 引脚置成高电平输出,则命令字应该为 00000101B 或 05H。

将该命令的代码写入 8255A 的命令寄存器,就会从 C 口的 PC_2 引脚输出高电平。相应的程序段为:

```
MOV  DX,303H         ;8255A的命令口地址
MOV  AL,05H          ;使PC2=1的命令字
OUT  DX,AL           ;送到命令口
```

如果要使引脚 PC_2 输出低电平，则程序段为：

```
MOV  DX,303H         ;8255A的命令口地址
MOV  AL,04H          ;使PC2=0的命令
OUT  DX,AL           ;送到命令口
```

按位置位/复位命令产生的输出信号，可作为控制开关的通/断、继电器的吸合/释放、电机的启/停等操作的选通信号。

利用C口的按位控制特性还可以产生并输出正、负脉冲或方波，对外设进行控制。

例如，利用8255A的 PC_7 产生负脉冲，用作打印机接口电路的数据选通信号，程序段为：

```
MOV  DX,303H              ;8255A的命令口地址
MOV  AL,00001110B         ;使PC2=0的命令
OUT  DX,AL
NOP                       ;维持低电平
NOP
MOV  AL,00001111B         ;置PC7=1
OUT  DX,AL
```

又例如，利用8255A的 PC_6 产生方波，并经滤波和功放后送到喇叭，产生不同频率的声音，程序段为：

```
OUT  SPK  PROC
MOV  DX,303H                   ;8255A的命令口地址
MOV  AL,00001101B              ;置PC6=1
OUT  DX,AL
CALL DELAY1                    ;PC6输出高电平维持的时间
MOV  AL,00001100B              ;置PC6=0
OUT  DX,AL                     ;
CALL DELAY1                    ;PC6输出低电平维持的时间
RET
OUTSPKENDP
```

改变DELAY1的延迟时间，即可改变喇叭发声的频率。

3. 关于两个命令的讨论

(1)工作方式命令用于对8255A的3个端口的工作方式及功能进行初始化，初始化工作要在使用8255A之前进行。也就是说，要使用8255A，就一定要先进行初始化。

(2)按位置位/复位命令只用于对C口的输出进行控制，使用它并不破坏已经建立起来的3种控制方式，而是为它们实现动态控制提供支持。它可放在初始化程序之后的任一地方。

(3)两个命令的最高位(D_7)都分配作了特征位，之所以要设置特征位，是为了识别两个不同的命令。在命令代码中设置特征位(标志位)是解决多个命令写入同一个地址时如何进行识别问题而采用的方法之一。由于8255A两个命令的特征位不同，$D_7=1$ 时为工作方式命令，$D_7=0$ 时为按位置位/复位命令，因此，可以判断命令代码的值等于、大于80H的是工

作方式命令；而小于80H的是按位置位/复位命令，并且奇数值是置位命令，而偶数值是复位命令。

(4)按位置位/复位命令的代码只能写入命令口。这个问题经常有人弄错，因为表面看起来，按位置位/复位命令是对C口进行的操作，所以，也就以为可以把按位置位/复位命令的代码写到C口(数据端口)。这是错误的想法，因为按位置位/复位是一个命令，它就要按命令的定义格式来处理每一位，如果把它写入C口，就会按C口的数据定义格式来处理。这两种定义完全不同的格式是不能互换的，所以，它只能写到命令口，按命令定义处理。

4. A口和B口另一个有趣的使用方法

A口、B口也可以按位输出高/低电平，但是，它与前面的按位置位/复位命令有本质的差别，并且实现的方法也不同。C口按位输出是以命令的形式送到命令寄存器中执行的，而A口、B口的按位输出是以送数据到A口、B口来实现的。具体做法是，若要使某一位置高电平，则先对端口进行读操作，将读入的原输出值"或"上一个字节，在字节中使该位为1、其他位为0，然后再送到同一个端口，即可使该位置位；若要使某一位置低电平，则先读入一个字节，再将它"与"上一个字节，在字节中使该位为0、其他位为1，然后再送到同一个端口，即可实现对该位的复位而不影响其他位。

当然，能够这样做的条件是8255A有锁存能力。若定义数据端口为输出端口而对其实行IN指令时，所读到的内容就是上次输出时锁存的数据，而不是外设送来的数据。

例如，若要使PA_7位输出高/低电平，则用下列程序段：

使PA_7输出高电平：

```
MOV  DX,300H          ;A口地址
IN   AL,DX            ;读入A口原输出内容
MOV  AH,AL            ;保存A口原输出内容
OR   AL,80H           ;使PA7=1
…
MOV  AL,AH            ;恢复原输出内容
OUT  DX,AL
```

使PA_7输出低电平：

```
MOV  DX,300H          ;A口地址
IN   AL,DX            ;读入该端口原输出值
MOV  AH,AL            ;保存该端口原输出值
AND  AL,7FH           ;使PA7=0
OUT  DX,AL            ;输出PA7
…
MOV  AL,AH            ;恢复原输出值
OUT  DX,AL
```

用这种方法不仅可以单独使一位输出高/低电平，还可以使几位同时输出高/低电平。

又例如，使B口的PB_1和PB_0同时置位/复位，程序如下：

```
MOV  DX,301H          ;B口地址
IN   AL,DX            ;读入原输出值
MOV  AH,AL            ;保存原输出值
OR   AL,80H           ;使PB0PB1=11
```

```
OUT  DX,AL          ;同时输出 PB1 PB0
…
AND  AL,0FCH        ;使 PB1 PB0=00
OUT  DX,AL          ;同时输出 PB1 PB0
```

6.4.5 8255A 的工作方式

1. 工作方式 0

这是 8255A 中各端口的基本输入/输出方式。它只完成简单的并行输入/输出操作，CPU 可从指定的端口输入信息，也可向指定的端口输出信息。如果 3 个端口均处于工作方式 0 下，则可用工作方式控制字定义 16 种工作方式的组合。在这种情况下，工作方式控制字的具体格式应如图 6-31 所示。

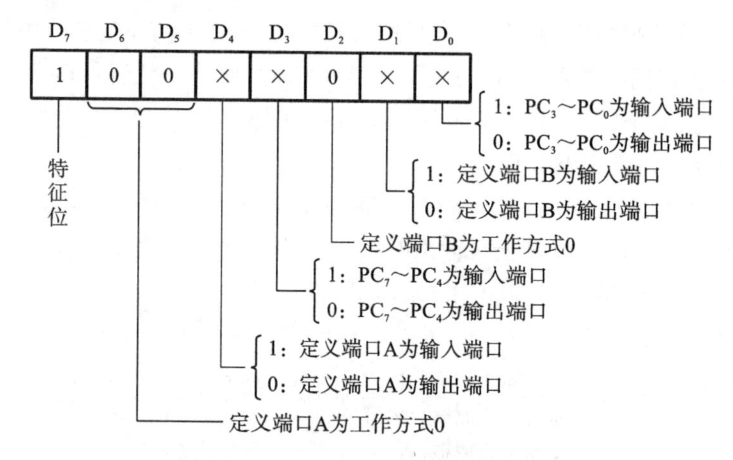

图 6-31 工作方式 0 下控制字的格式

由控制字中 $D_4D_3D_1D_0$ 这 4 位不同的取值可定义工作方式 0 的 16 种工作方式的组合，如表 6-3 所示。

在这种情况下，端口 C 分成 2 个 4 位端口，它们可分别被定义为输入或输出端口，CPU 与 3 个端口之间交换数据可直接由 CPU 执行 IN 和 OUT 指令来完成。

表 6-3 工作方式 0 下的工作状态组合

序号	控制字 $D_7,\cdots,D_0$	A 组		B 组	
		端口 A	端口 C 高 4 位 (PC_7～PC_4)	端口 B	端口 C 低 4 位 (PC_3～PC_0)
1	10000000	输出	输出	输出	输出
2	10000001	输出	输出	输出	输入
3	10000010	输出	输出	输入	输出
4	10000011	输出	输出	输入	输入
5	10001000	输出	输入	输出	输出
6	10001001	输出	输入	输出	输入

续表

序号	控制字 $D_7,\cdots,D_0$	A组		B组	
		端口A	端口C高4位 ($PC_7 \sim PC_4$)	端口B	端口C低4位 ($PC_3 \sim PC_0$)
7	10001010	输出	输入	输入	输出
8	10001011	输出	输入	输入	输入
9	10010000	输入	输出	输出	输出
10	10010001	输入	输出	输出	输入
11	10010010	输入	输出	输入	输出
12	10010011	输入	输出	输入	输入
13	10011000	输入	输入	输出	输出
14	10011001	输入	输入	输出	输入
15	10011010	输入	输入	输入	输出
16	10011011	输入	输入	输入	输入

2. 工作方式1

工作方式1又被称作选通输入/输出方式。在这种工作方式下，数据输入/输出操作要在选通信号的控制下完成。采用工作方式1进行输入操作时，需要使用的控制信号如下：

(1)$\overline{STB_1}$：选通信号，由外部输入，低电平有效。$\overline{STB}$有效时，表示由输入设备输入的数据已占用该端口的输入锁存器。对于A组来说，指定端口C的第4位(PC_4)用来接收向端口A输入的$\overline{STB}$信号；对于B组来说，指定端口C的第2位(PC_2)用来接收向端口B输入的$\overline{STB}$信号。

(2) IBF：输入缓冲存储器满信号，向外部输出，高电平有效。IBF有效时，表示由输入设备输入的数据已占用该端口的输入锁存器。它实际上是对$\overline{STB}$信号的回答信号，待CPU执行IN指令时，$\overline{RD}$有效，将输入的数据读入CPU，而后把IBF置"0"，表示输入缓冲存储器已空，外设可继续输入后续数据。对于A组来说，指定端口C的第5位(PC_5)作为从端口A输入的IBF信号；对于B组来说，指定端口C的第1位(PC_1)作为从端口B输入的IBF信号。

(3) INTR：中断请求信号，向CPU输出，高电平有效。在A组和B组控制电路分别设置一个内部中断触发器$INTE_A$和$INTE_B$，前者由$\overline{STB_A}$(PC_4)控制置位，后者由$\overline{STB_B}$(PC_2)控制置位。

当任一组中的$\overline{STB}$有效时，把IBF置"1"，表示当前输入缓冲存储器已满，并由$\overline{STB}$后沿将各组的INTE置"1"，于是输出INTR有效，向CPU发出中断请求信号。待CPU响应这一中断请求，可在中断服务程序中安排IN指令，将读取数据后置IBF为"0"，外设才可继续输入后续数据。

显然，端口 A 和端口 B 均可工作于工作方式 1 下，完成输入操作功能。在这种情况下，工作方式控制字的具体格式如图 6-32 所示，经过这样定义的端口状态如图 6-33 所示。

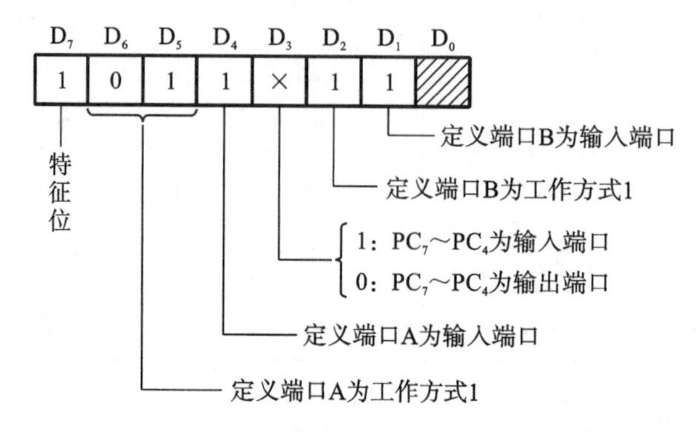

图 6-32　工作方式 1 下输入控制字的格式

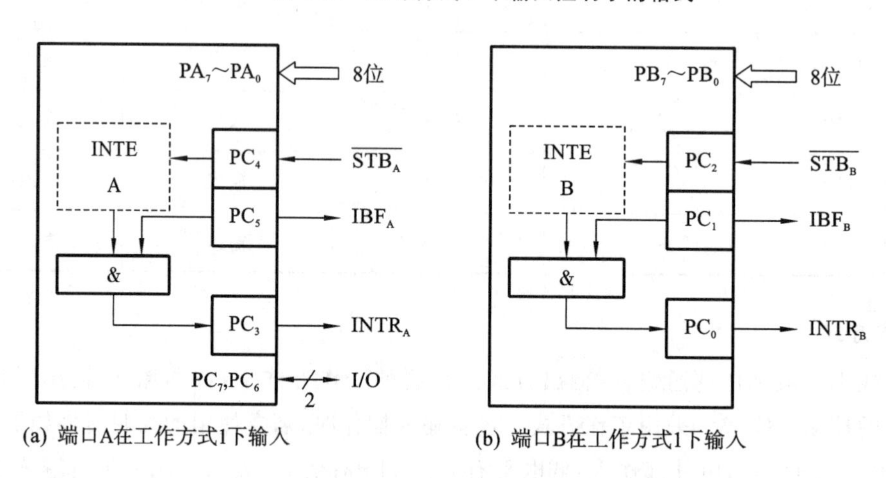

图 6-33　工作方式 1 下输入端口状态

从图 6-32 可看出，当端口 A 和端口 B 同时被定义为在工作方式 1 下完成输入操作时，端口 C 的 PC_5～PC_0 被用作控制信号，只有 PC_7～PC_6 可完成数据输入/输出操作，因此这实际上可构成两种组合状态：①端口 A，B 输入，PC_7，PC_6 输入；②端口 A，B 输入，PC_7，PC_6 输出。采用工作方式 1 也可以完成输出操作，这时所需要的控制信号如下：

①$\overline{OBF}$：输出缓冲存储器满信号，向外部输出，低电平有效。$\overline{OBF}$有效时，表示 CPU 已将数据写入该端口，正等待输出。当 CPU 执行 OUT 指令，$\overline{WR}$有效时，表示将数据锁存到数据输出缓冲存储器，由$\overline{WR}$的上升沿将$\overline{OBF}$置为有效。对于 A 组，系统规定将端口 C 的第 7 位（PC_7）用作从端口 A 输出的$\overline{OBF}$信号；对于 B 组，系统规定将端口 C 的第 1 位（PC_1）用作从端口 B 输入的$\overline{OBF}$信号。

②$\overline{ACK}$：外部应答信号，由外部输入，低电平有效。$\overline{ACK}$有效时，表示外设已收到由 8255A 输出的 8 位数据。它实际上是对$\overline{OBF}$信号的回答信号。对于 A 组，指定端口 C 的第 6 位（PC_6）用来接收向端口 A 输入的$\overline{ACK}$信号；对于 B 组，指定端口 C 的第 2 位（PC_2）用来接收从端口 B 输入的$\overline{ACK}$信号。

③INTR：中断请求信号，向 CPU 输出，高电平有效。对于端口 A，内部中断触发器

$INTE_A$由$PC_6(\overline{ACK_A})$置位；对于端口B，$INTE_B$由$PC_2(\overline{ACK_B})$置位。当ACK有效时，$\overline{OBF}$被复位为高电平，并将相应端口的INTE置"1"，于是INTR输出高电平，向CPU发出输出中断请求，待CPU响应该中断请求，可在中断服务程序中安排OUT指令以继续输出后续字节。对于A组，指定端口C的第3位(PC_3)作为由端口A发出的INTR信号；对于B组，指定端口C的第0位(PC_0)作为由端口B发出的INTR信号。如果将8255A中的端口A和端口B均定义为在工作方式1下完成输出操作功能，那么工作方式控制字的具体格式如图6-34所示，经过这样定义的端口状态如图6-35所示。

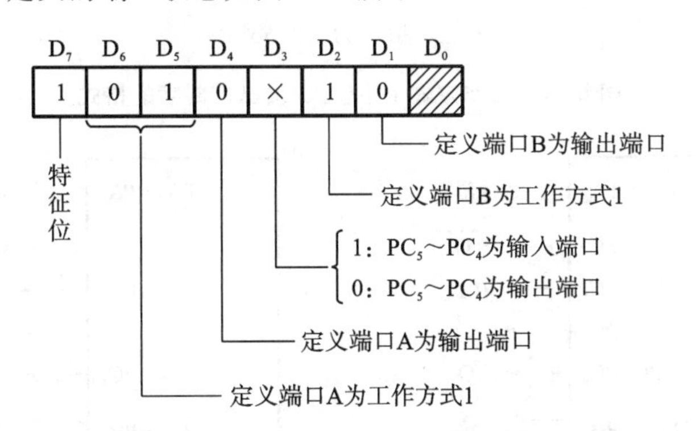

图6-34 工作方式1下输出控制字的格式

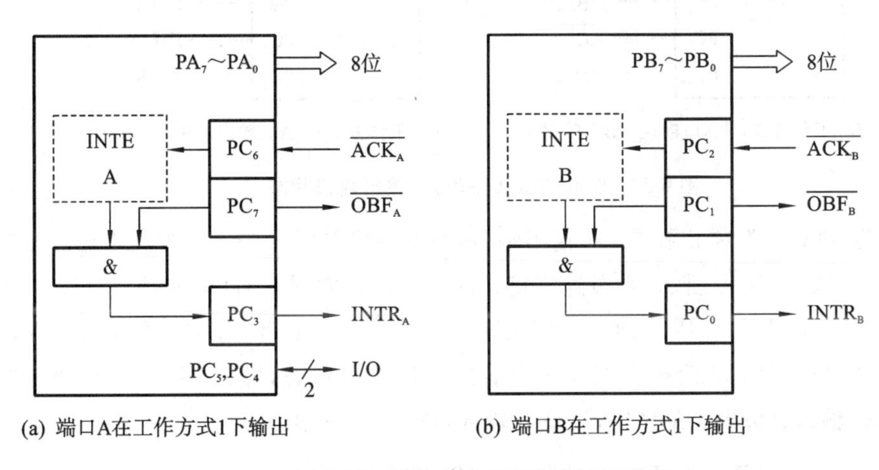

(a) 端口A在工作方式1下输出　　(b) 端口B在工作方式1下输出

图6-35 工作方式1下输出端口状态

从图6-34可以看出，当端口A和端口B同时被定义为在工作方式1下完成输出操作时，端口C的PC_7，PC_6和PC_3～PC_0被用作控制信号，只有PC_5，PC_4两位可完成数据输入或输出操作，因此这实际上可构成两种组合状态：①端口A，B输出，PC_5，PC_4输入；②端口A，B输出，PC_5，PC_4输出。

采用工作方式1时，还允许将端口A和端口B分别定义为输入和输出端口。如果将端口A定义为工作方式1输入端口，而将端口B定义为工作方式1输出端口，则方式控制字的格式如图6-36所示。

经定义的端口状态如图6-37所示。从图6-37(a)可看出，在这种情况下，端口C的PC_5～PC_0用作控制信号，只有PC_7，PC_6可完成数据输入/输出操作，这又能构成两种状态：①端口A输入，端口B输出，PC_7，PC_6输入；②端口A输入，端口B输出，PC_7，PC_6输出。

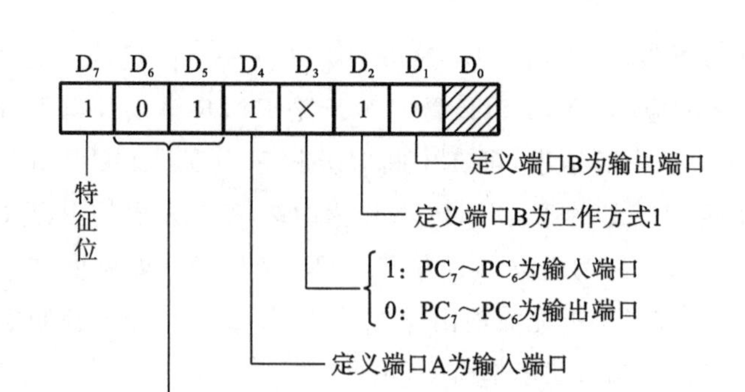

图 6-36　工作方式 1 下输入/输出控制字的格式

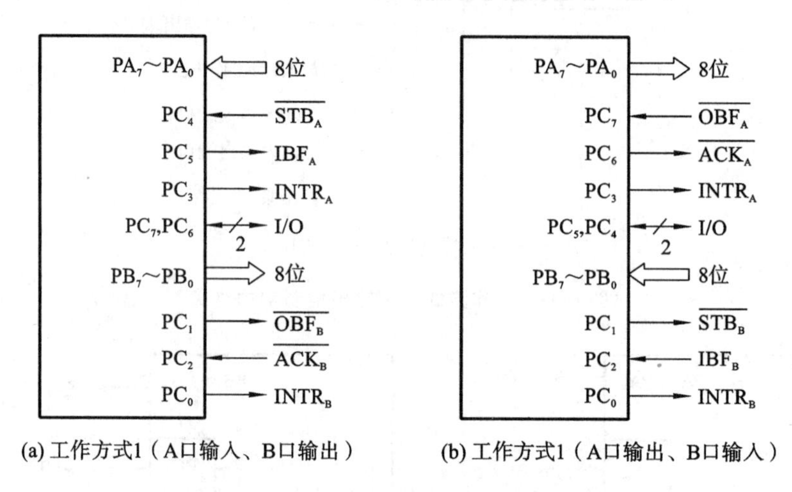

图 6-37　工作方式 1 下输入/输出端口状态

如果将端口 A 定义为工作方式 1 输出端口，而将端口 B 定义为工作方式 1 输入端口，方式控制字的格式如图 6-38 所示，经过这样定义的端口状态如图 6-37(b)所示。从图 6-37(b)可以看出，端口 C 的 PC_7 和 PC_6，PC_3～PC_0 用作控制信号，只有 PC_5 和 PC_4 可完成数据输入/输出操作，根据 PC_5，PC_4 的两种方式又可组合成两种端口状态，即：①端口 A 输出，端口 B 输入，PC_5，PC_4 输入；②端口 A 输出，端口 B 输入，PC_5，PC_4 输出。

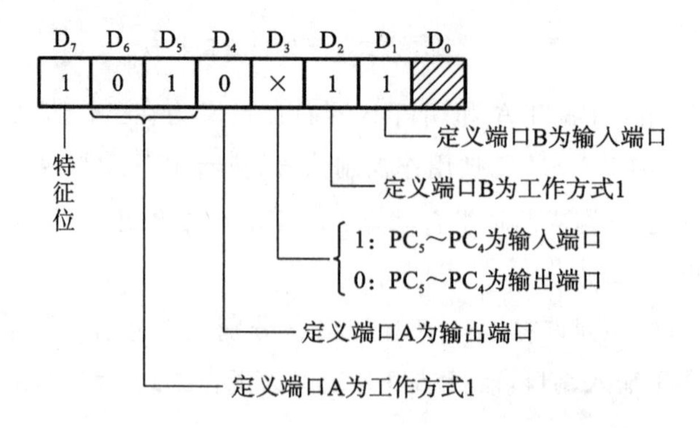

图 6-38　工作方式 1 下输出/输入控制字的格式

综上所述，8255A 中的端口 A 和端口 B 工作在工作方式 1 下时，可构成 8 种状态组合方式，如表 6-4 所示。

表 6-4　方式 1 下状态组合方式

序号	控制字	A组					B组				
		端口A	端口C								端口B
	D_7 D_6 D_5 D_4 D_3 D_2 D_1 D_0		PC_7	PC_6	PC_5	PC_4	PC_3	PC_2	PC_1	PC_0	
1	1 0 1 1 1 1 1 ×	输入	输入	输入	IBF_A	$\overline{STB_A}$	$INTR_A$	$\overline{STB_B}$	IBF_B	$INTR_B$	输入
2	1 0 1 1 0 1 1 ×	输入	输出	输出	IBF_A	$\overline{STB_A}$	$INTR_A$	$\overline{STB_B}$	IBF_B	$INTR_B$	输入
3	1 0 1 0 1 1 0 ×	输出	$\overline{OBF_A}$	$\overline{ACK_A}$	输入	输入	$INTR_A$	$\overline{ACK_B}$	$\overline{OBF_B}$	$INTR_B$	输出
4	1 0 1 0 0 1 0 ×	输出	$\overline{OBF_A}$	$\overline{ACK_A}$	输出	输出	$INTR_A$	$\overline{ACK_B}$	$\overline{OBF_B}$	$INTR_B$	输出
5	1 0 1 1 1 1 0 ×	输入	输入	输入	IBF_A	$\overline{STB_A}$	$INTR_A$	$\overline{ACK_B}$	$\overline{OBF_B}$	$INTR_B$	输出
6	1 0 1 1 0 1 0 ×	输入	输出	输出	IBF_A	$\overline{STB_A}$	$INTR_A$	$\overline{ACK_B}$	$\overline{OBF_B}$	$INTR_B$	输出
7	1 0 1 0 1 1 1 ×	输出	$\overline{OBF_A}$	$\overline{ACK_A}$	输入	输入	$INTR_A$	$\overline{STB_B}$	IBF_B	$INTR_B$	输入
8	1 0 1 0 0 1 1 ×	输出	$\overline{OBF_A}$	$\overline{ACK_A}$	输出	输出	$INTR_A$	$\overline{STB_B}$	IBF_B	$INTR_B$	输入

从表 6-4 可以看出，端口 C 的低 4 位总是用于控制，而高 4 位中总是保持两位仍然可完成数据输入/输出操作，因此控制字中的 D_0 位可为任意值，由 D_1，D_3，D_4 位的不同取值构成 8 种不同的状态组合方式。当然，应该允许将端口 A 或端口 B 定义为工作方式 0，与另一端口的工作方式 1 配合工作，这种状态组合下所需控制信号减少，情况更简单些，不再详细论述。

3. 工作方式 2

工作方式 2 又称为带选通的双向传送方式。8255A 只允许端口 A 处于工作方式 2 下，可用来在两台处理机之间实现双向并行通信。有关的控制信号由端口 C 提供，并可向 CPU 发出中断请求信号。

当端口 A 工作于工作方式 2 下时，允许端口 B 处于工作方式 0 或工作方式 1 下完成输入/输出功能，如图 6-39 所示。

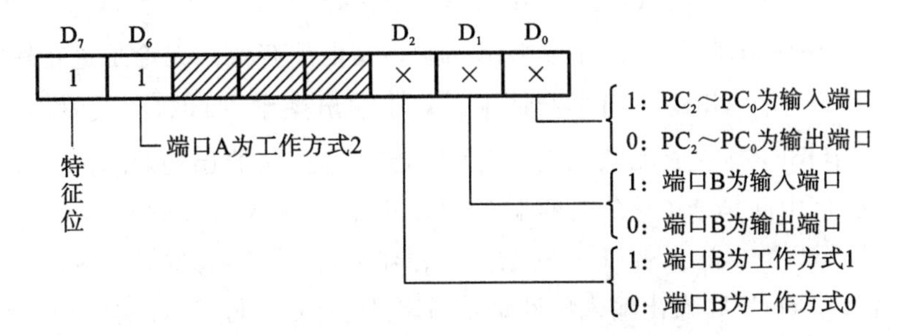

图 6-39　端口 A 在工作方式 2 下控制字的格式

端口 A 工作于工作方式 2 下的端口状态如图 6-40 所示。由图可以看出，端口 A 工作于工作方式 2 下所需要的 5 个控制信号分别由端口 C 的 PC_7～PC_3 来提供。如果端口 B 工作于工作方式 0 下，那么 PC_2～PC_0 可完成数据输入/输出操作；如果端口 B 工作于工作方式 1 下，那么 PC_2～PC_0 用来作端口 B 的控制信号。端口 A 工作于工作方式 2 下所需的控制信号如下：

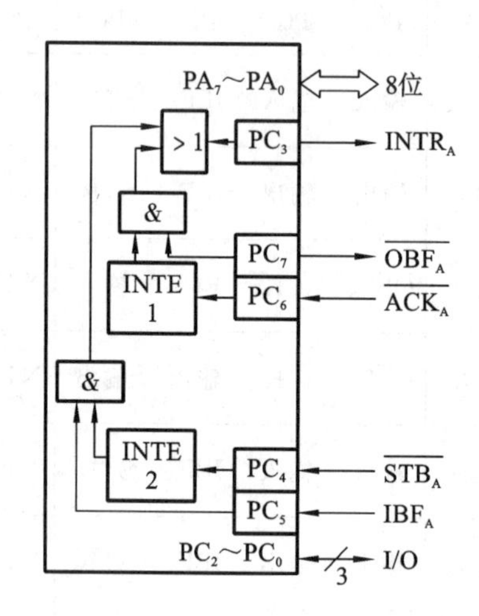

图 6-40　端口 A 工作在工作方式 2 下的端口状态

(1) $\overline{OBF_A}$：输出缓冲存储器满信号，向外部输出，低电平有效。$\overline{OBF_A}$ 有效时，表示要求输出的数据已锁存到端口 A 的输出锁存器中，正等待向外部输出。CPU 用 OUT 指令输出数据时，由 $\overline{WR}$ 信号后沿将 $\overline{OBF_A}$ 置成有效的。系统规定端口 C 的第 7 位(PC_7)用作由端口 A 输出的 $\overline{OBF_A}$ 信号。

(2) $\overline{ACK_A}$：应答信号，由外部输入，低电平有效。$\overline{ACK_A}$ 有效时，表示外部已收到端口 A 输出的数据，由 $\overline{ACK_A}$ 将 $\overline{OBF}$ 置成无效的(高电平)，表示端口 A 输出缓冲存储器已空，CPU 可继续向端口 A 输出后续数据。它实际上是 $\overline{OBF_A}$ 的回答信号。系统规定端口 C 的第 6 位(PC_6)用来接收输入的 $\overline{ACK_A}$ 信号。

(3) $\overline{STB_A}$：数据选通信号，由外部输入，低电平有效。$\overline{STB_A}$ 有效时，将外部输入的数据锁存到数据输入锁存器中。系统规定端口 C 的第 4 位(PC_4)用来接收输入的 $\overline{STB_A}$ 信号。

(4) IBF_A：输入缓冲存储器满信号，由外部输出，高电平有效。IBF_A 有效时，表示外部已将数据输入端口 A 的数据输入锁存器中，等待向 CPU 输入。它实际上是对 $\overline{STB_A}$ 的回答信号。系统规定端口 A 的第 5 位(PC_5)用作输出的 IBF_A 信号。

(5) $INTR_A$：中断请求信号，向本端 CPU 输入，高电平有效。无论是进行输入还是输出操作，都利用 $INTR_A$ 向 CPU 发出中断请求。对于输出操作，$\overline{ACK_A}$ 有效时，将内部触发器 INTE1 置"1"，当 $\overline{OBF_A}$ 被置成无效的时，表示输出缓冲存储器已空，中断请求($INTR_A$)有效，待 CPU 响应该中断请求，可在中断服务程序中继续输入后续数据；对于输入操作，当 $\overline{STB_A}$ 有效时，外部将数据送入端口 A 的输入锁存器后，使 IBF_A 有效，$\overline{STB_A}$ 的后沿将内部触发器 $INTE_2$ 置"1"，向 CPU 发出输入中断请求($INTR_A$ 有效)，待 CPU 响应该中断请求，可在中断服务程序中安排 IN 指令，以读入从端口 A 输入的数据。系统规定端口 C 的第 3 位(PC_3)用作 $INTR_A$ 信号。

8255A 中端口 A 工作于工作方式 2 下时，允许端口 C 工作于工作方式 0 或工作方式 1

下，完成输入/输出功能。4 种组合状态及其工作方式控制字的格式如表 6-5 所示。

表 6-5　工作方式 2 下组合状态与控制字的格式

控制字	A 组					B 组				
	端口 A	端口 C								端口 B
D_7 D_6 D_5 D_4 D_3 D_2 D_1 D_0		PC_7	PC_6	PC_5	PC_4	PC_3	PC_2	PC_1	PC_0	
1 1 — — — 0 1 ×	(方向 2) 双向	$\overline{OBF_A}$	$\overline{ACK_A}$	IBF_A	$\overline{STB_A}$	$INTR_A$	I/O	I/O	I/O	方式 0 输入
1 1 — — — 0 0 ×	(方向 2) 双向	$\overline{OBF_A}$	$\overline{ACK_A}$	IBF_A	$\overline{STB_A}$	$INTR_A$	I/O	I/O	I/O	方式 0 输出
1 1 — — — 1 1 —	(方向 2) 双向	$\overline{OBF_A}$	$\overline{ACK_A}$	IBF_A	$\overline{STB_A}$	$INTR_A$	$\overline{STB_B}$	IBF_B	$INTR_B$	方式 1 输入
1 1 — — — 1 0 —	(方向 2) 双向	$\overline{OBF_A}$	$\overline{ACK_A}$	IBF_A	$\overline{STB_A}$	$INTR_A$	$\overline{OBF_B}$	$\overline{ACK_B}$	$INTR_B$	方式 1 输出

注：—表示无效位，× 表示该位可为 0 或 1。

在上述 4 种组合方式下，8255A 芯片的 4 种端口状态如图 6-41 所示。

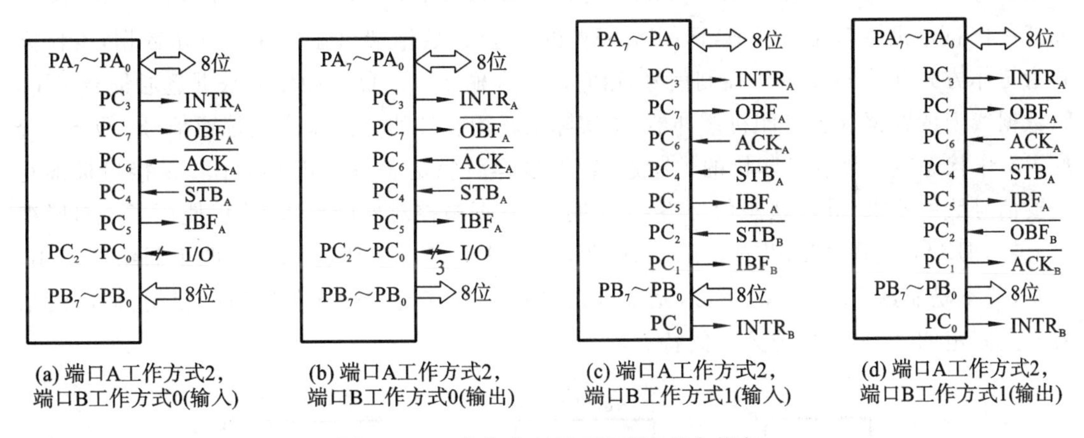

(a) 端口A工作方式2，端口B工作方式0(输入)　(b) 端口A工作方式2，端口B工作方式0(输出)　(c) 端口A工作方式2，端口B工作方式1(输入)　(d) 端口A工作方式2，端口B工作方式1(输出)

图 6-41　工作方式 2 下四种端口组合状态

6.5 可编程并行接口芯片 8255A 的应用

6.5.1 并行打印机接口设计

1. 要求

为某应用系统配置一个并行打印机接口，并且通过该接口，CPU 采用程序查询方式把存放在 BUF 缓冲区的 256 个字符(ASCII 码)送去打印。

2. 分析

由于打印机接口直接面向的对象是打印机接口标准，而不是打印机本身，因此打印机接口要按照打印机接口标准的要求进行设计。采用程序查询方式时，打印机与 CPU 之间传送数据的过程如下：

(1)查询打印机接口中的忙信号 BUSY。若 BUSY＝1，打印机忙，则等待；若 BUSY＝0，打印机不忙，则送数据。

(2)通过并行接口把数据送给打印机接口中的 $DATA_8$～$DATA_1$ 数据线上，此时数据并未进入打印机。

(3)送一个数据选通信号 $\overline{STB}$(负脉冲)给打印机接口，把数据线上的数据送入打印机的内部缓冲器。

(4)打印机在收到数据后，发出“忙”信号(BUSY＝1)，表明打印机正在处理输入的数据。等到输入的数据处理完毕(打印完 1 个字符或执行完 1 个功能操作)，打印机撤销“忙”信号，即置 BUSY＝0。

(5)打印机接口送一个回答信号 $\overline{ACK}$ 给主机，表示上一个字符已经处理完毕。如此重复工作，直到把全部字符打印出来。

3. 设计

接口电路的设计包括硬件接口电路和软件驱动程序两部分。

(1)打印机接口电路。打印机接口电路原理框图如图 6-42 所示。该电路的设计思路是：按照 Centronics 接口标准对打印机接口信号线的定义，最基本的信号线包括 8 根数据线($DATA_8$～$DATA_1$)、1 根控制线($\overline{STB}$)、1 根状态线(BUSY)和 1 根地线。为此，采用 8255A 作打印机接口比较合适，选用 8255A 的 A 口作数据端口输出 8 位打印数据，工作方式为工作方式 0；分配 PC_7 作控制信号，由它产生和输出 1 个负脉冲作为数据选通信号 $\overline{STB}$，将数据线上的数据送入打印机缓冲器，这实际上是用软件的方法来产生选通信号。另外，分配 PC_2 作状态线来接收打印机的忙状态信号，这样就满足了打印机 Centronics 接口标准对主要信号线的要求(其他状态信号略)。很明显，根据被控对象的要求，这里使用了一对联络信号线，即 $\overline{STB}$ 和 BUSY，并选定 8255A 的 PC_7 和 PC_2 两个引脚分别作这两个联络线使用。但是，并不是非选 PC_7 和 PC_2 不可，完全可以选 C 口的其他引脚来作联络线使用，即联络信号不是固定的，这是工作方式 0 的特点。

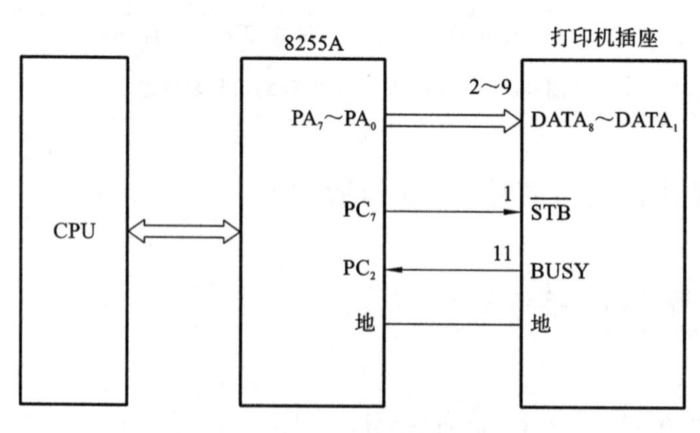

图 6-42　8255A 并行打印机接口电路框图

(2)接口驱动程序。接口驱动程序的流程是根据打印机接口标准的时序要求拟定的。打印机接口驱动程序流程图如图 6-43 所示。

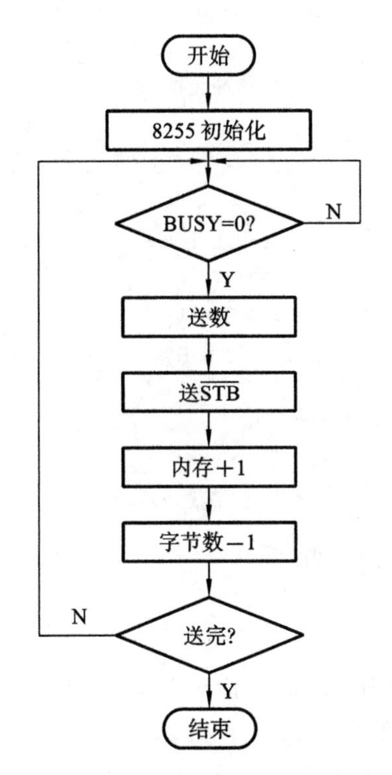

图 6-43 打印机接口驱动程序流程图

驱动程序的程序段如下：

```
CODE   SEGMENT
ASSUME   CS:CODE,DS:CODE
ORG100H
START:MOV   AX,CODE
      MOV   CS,AX
      MOV   DS,AX
      MOV   DX,303H              ;8255A命令口
      MOV   AL,10000001B         ;初始化工作方式字
      OUT   DX,AL                ;(定义A口工作于工作方式0下,作输出端口;PC7～PC4作
                                 ;输出端口,PC0～PC3作输入端口)
      MOV   AL,00001111B         ;PC7位置高电平,使STB=1
      OUT   DX,AL
      MOV   SI,OFFSET  BUF       ;打印字符的内存首址
      MOV   CX,0FFH              ;打印字符个数
      MOV   DX,302H              ;C口地址
      IN    AL,DX                ;查BUSY=0? (PC2=0)
      AND   AL,04H
      JNZ   L                    ;忙,则等待;不忙,则向A口送数
      MOV   DX,300H              ;A口地址
      MOV   AL,[SI]              ;从内存取数
      OUT   DX,AL                ;送数到A口
      MOV   DX,303H              ;8255A命令口
      MOV   AL,00001110B         ;置STB信号为低电平(PC7=0)
```

```
        OUT   DX,AL
        NOP                       ;负脉冲宽度(延时)
        NOP
        MOV   AL,00001111B        ;置STB为高电平(PC7=1)
        OUT   DX,AL
        INC   SI                  ;内存地址加 1
        DEC   CX                  ;字符数减 1
        JNZ   L                   ;未完,继续
        MOV   AX,4COOH            ;已完,退出
        INT   21H
        BUF   DB  256个ASCII字符代码
CODE    ENDS
END     START
```

6.5.2 双机并行通信接口设计

1. 两种方式并行传送接口设计

(1)要求。在甲、乙两台微机之间并行传送 1 K 字节数据,甲机发送,乙机接收。甲机一侧的 8255A 采用工作方式 1 工作,乙机一侧的 8255A 采用工作方式 0 工作。两机的 CPU 与接口之间都采用程序查询方式交换数据。

(2)分析。根据题意,双机均采用可编程并行接口芯片 8255A 构成接口电路,只是 8255A 的工作方式不同。此时,双方的 8255A 把对方视为 I/O 设备。

(3)设计。

① 硬件连接。根据上述要求,接口电路的连接如图 6-44 所示。甲机一侧的 8255A 采用工作方式 1 发送数据,因此,把 A 口指定为输出端口,发送数据,而 PC_7 和 PC_6 引脚分别固定作联络线 $\overline{OBF}$ 和 $\overline{ACK}$。乙机一侧的 8255A 采用工作方式 0 接收数据,故把 A 口定义为输入端口,同时选用引脚 PC_7 和 PC_3 作联络线。虽然两侧的 8255A 都设置了联络线,但有本质的差别。甲机一侧的 8255A 采用工作方式 1,其联络线是固定的、不可替换的;乙机一侧的 8255A 采用工作方式 0,其联络线是不固定的,可以选择其他引脚,比如可选择 PC_4 和 PC_1 或 PC_5,PC_2 等任意组合。

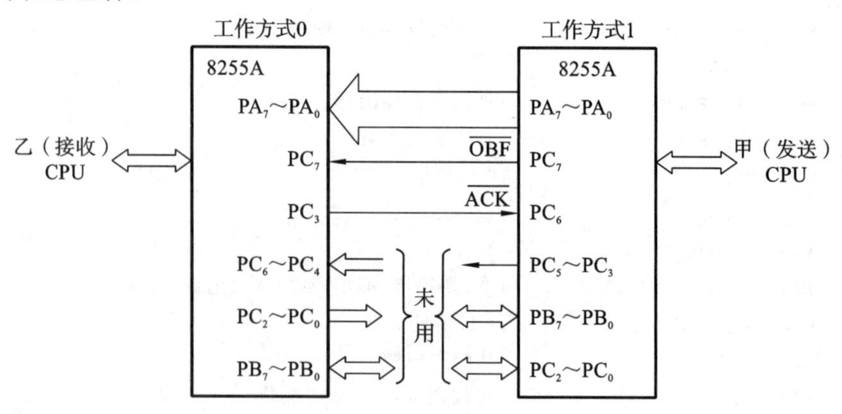

图 6-44 两种方式的并行传送接口电路框图

② 软件编程。接口驱动程序包含发送与接收两个程序。程序流程图如图 6-45 所示。

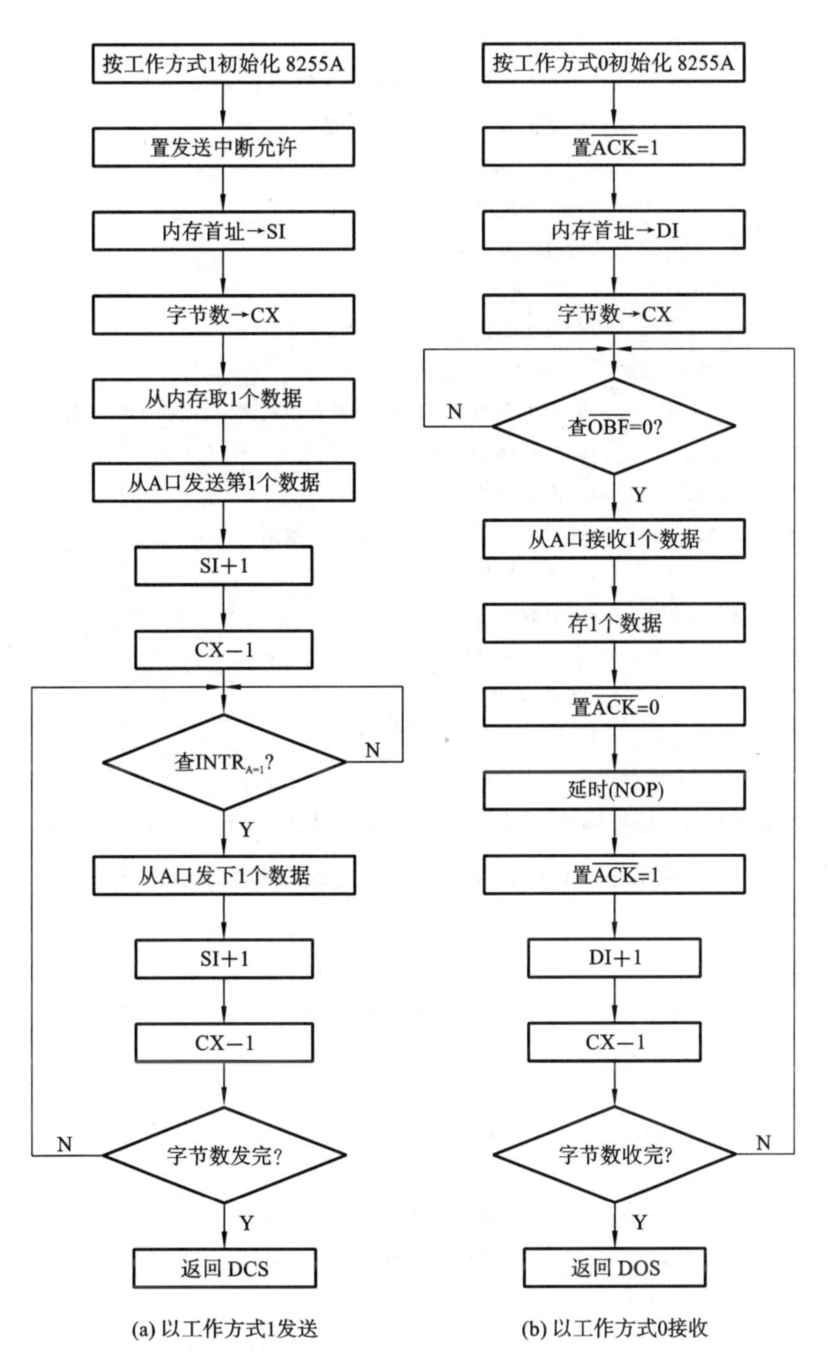

(a) 以工作方式1发送　　(b) 以工作方式0接收

图6-45　两种方式的并行传送程序流程图

甲机发送程序段：

```
MOV  DX,303H              ;8255A命令口
MOV  AL,10100000B         ;初始化工作方式字
OUT  DX,AL
MOV  AL,0DH               ;置发送中断允许INTE_A=1
OUT  DX,AL                ;PC6=1
MOV  SI,OFFSET  BUFS      ;设置发送数据区的指针
```

```
        MOV  CX,3FFH         ;发送字节数
        MOV  DX,300H         ;向A口写第一个数据,产生第一个OBF信号
        MOV  AL,[SI]         ;送给乙方,以便获取乙方的ACK信号
        OUT  DX,AL
        INC  SI              ;内存地址加1
        DEC  CX              ;传送字节数减1
L1:     MOV  DX,302H         ;8255A状态口
        IN   AL,DX           ;查发送断请求 INTRA=1?
        AND  AL,08H          ;PC3=1?
        JZ   L               ;若无中断请求,则等待;若有中断请求,则向A口写数
        MOV  DX,300H         ;8255A PA口地址
        MOV  AL,[SI]         ;从内存取数
        OUT  DX,AL           ;通过A口向乙机发送第二个数据
        INC  SI              ;内存地址加1
        DEC  CX              ;字节数减1
        JNZ  L               ;字节未完,继续
        MOV  AH,4C00H        ;已完,退出
        INT  21H             ;返回DOS
        BUFS DB  1024  DUP(?)
```

在上述发送程序中,是查输出时的状态字的中断请求INTR位(PC_3),实际上,也可以查发送缓冲器$\overline{OBF}$(PC_7)的状态。只有当发送缓冲器空时,CPU才能送下一个数据,读者可根据情况,修改程序。

乙机接收程序段:

```
        MOV  DX,303H              ;8255A命令口
        MOV  AL,10011000B         ;初始化工作方式字
        OUT  DX,AL
        MOV  AL,00000111B         ;置ACK=1(PC3=1)
        OUT  DX,AL
        MOV  DI,OFFSET  BUFR      ;设置接收数据区的指针
        MOV  CX,3FFH              ;接收字节数
L1:     MOV  DX,302H              ;C口地址
        IN   AL,DX                ;查甲机的OBF=0? (乙机的PC7=0)
        ADD  AL,80H               ;即查甲机是否有数据发来
        JNZ  L1                   ;若无数据发来,则等待
                                  ;若有数据,则从A口读数
        MOV  DX,300H              ;A口地址
        IN   AL,DX                ;从A口读入数据
        MOV  [DI],AL              ;存入内存
        MOV  DX,303H              ;产生ACK信号,并发回给甲机
        MOV  AL,00000110B         ;PC3置"0"
        OUT  DX,AL
```

```
        NOP
        NOP
        MOV  AL,00000111B          ;PC3置"1"
        OUT  DX,AL
        INC  DI                    ;内存地址加 1
        DEC  CX                    ;字节数减 1
        JNZ  L1                    ;字节未完,则继续
        MOV  AX,4C00H              ;已完,退出
        INT  21H                   ;返回 DOS
        BUFR  DB  1024  DUP(?)
```

2. 中断方式下的双向并行接口设计

(1) 要求。主从两个微机进行并行传送,共传送 256 个字节。主机一侧的 8255A 采用工作方式 2,并且用中断方式传送数据。从机一侧的 8255A 工作在工作方式 0 下,并且采用程序查询方式传送数据。

(2) 分析。为了适应矢量中断的要求,接口电路中使用中断控制器 8259A,并且利用 IBM-PC 的中断资源将 8255A 的中断请求线 INTR 接到系统总线的 IRQ_2 上。

由于在工作方式 2 下输入中断请求和输出中断请求共用一根线,因此,要在中断服务程序中用读取状态字的办法查询 IBF 和 $\overline{OBF}$ 状态位,从而决定是执行输入操作还是执行输出操作。

(3) 设计。

①硬件设计。从图 6-46 可知,主机一侧的 8255A 的 A 口用于双向传送,既输出又输入,它的中断请求线接到 8259A 的 IR_2 上。从机一侧的 8255A 的 A 口和 B 口用于单向传送,分别作输出端口和输入端口。

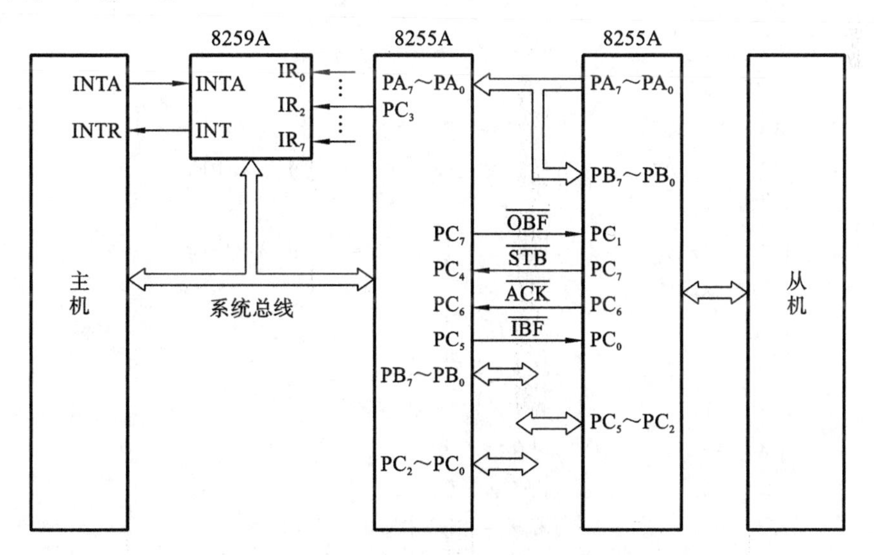

图 6-46 中断方式下的双向并行接口电路框图

②软件设计。下面进行主机一侧的编程,包括初始化程序、主程序和中断服务程序:

```
        …
        ;8255A初始化
        MOV   DX,303H          ;8255A控制端口
        MOV   AL,0C0H          ;设置工作方式字,A口采用工作方式2
        OUT   DX,AL
        MOV   AL,09H           ;置位PC4,置INTE2=1,输入中断允许
        OUT   DX,AL
        MOV   AL,0DH           ;置位PC6,设置INTE1=1,输出中断允许
        OUT   DX,AL
        MOV   SI,300H          ;发送数据块首址
        MOV   DI,410H          ;接收数据块首址
        MOV   CX,0FFH          ;发送与接收字节数
        …
        …
AGAIN:  STI                    ;开中断
        HLT                    ;等待中断
        DEC   CX               ;字节数减1
        JNZ   AGAIN            ;未完,继续
        MOV   AX,4C00H         ;已完,退出
        INT   21H              ;返回DOS
        ;中断服务程序
T-R     PROC  FAR              ;中断服务程序入口
Assume  CS:CODE,DS:DATA,SS:STACK
        PUSH  AX               ;保存寄存器
        PUSH  DX
        PUSH  DI
        PUSH  SI
        MOV   DX,303H          ;8255A控制端口
        MOV   AL,08H           ;复位PC4,使INTE2=0,禁止输入中断
        OUT   DX,AL
        MOV   AL,OCH           ;复位PC6,使INTE1=0,禁止输出中断
        OUT   DX,AL
        CLI                    ;关中断
        MOV   DX,302H          ;8255A状态端口
        IN    AL,DX            ;查中断源,读状态字
        MOV   AH,AL            ;保存状态字
        AND   AL,20H           ;检查状态位IBF=1?
        JZ    OUTP             ;若不是,则跳至输出程序OUTP
INP:    MOV   DX,300H          ;若是,则从A口读数
        IN    AL,DX
        MOV   [DI],AL          ;存入内存区
        INC   DI               ;接收数据块内存地址加1
        JMP   RETURN           ;跳至RETURN
```

```
OUTP:    MOV  DX,300H          ;向 A 口写数
         MOV  AL,[SI]          ;从内存取数
         OUT  DX,AL            ;输出
         INC  SI               ;发出数据块内存地址加 1
RETURN:  MOV  DX,303H          ;8255A 控制口
         MOV  AL,0DH           ;允许输出中断
         OUT  DX,AL
         MOV  AL,09H           ;允许输入中断
         OUT  DX,AL
         MOV  AL,62H           ;OCW2,中断结束
         OUT  20H,AL
         POP  SI               ;恢复寄存器
         POP  DI
         POP  DX
         POP  AX
         IRET                  ;中断返回
T-R      ENDP
```

习题

1. I/O 接口有哪些主要功能?

2. 为什么要在 CPU 与外设之间设置 I/O 接口?

3. 设计与分析接口电路的基本方法是什么?

4. I/O 接口的寻址方式有哪几种? 各有何特点?

5. 在设计 I/O 设备接口卡时,选用 I/O 地址应注意些什么?

6. I/O 接口地址译码方法的一般原则是什么?

7. 什么叫 I/O 端口? 一般的接口电路中可以设置哪些 I/O 端口? 计算机对 I/O 端口编址时采用哪两种方法?

8. CPU 与外设间传送数据主要有哪几种方式? 它们各应用在什么场合?

9. 可编程并行接口芯片 8255A 的编程命令有哪两个? 它们的作用及其命令格式中每位的含义是什么?

10. 可编程并行接口芯片 8255A 有哪几种工作方式? 各自的特点是什么?

11. 在工作方式 1 下输入和输出时,8255A 的专用联络信号是如何定义的? 联络信号线之间的工作时序关系如何?

12. 编一初始化程序,使 8255A 的 PC_5 端输出一个负跳变。如果要求 PC_5 端输出一个负脉冲,则初始化程序又是怎样的?

13. 8255A 的 3 个端口在功能上各有什么不同特点?

14. 8255A 的工作方式选择字和置位/复位字都写入什么端口? 用什么方式区分它们?

15. 对 8255A 的控制寄存器写入 B0H,则其端口 C 的 PC_5 引脚是什么作用的信号线?

16. 简述并行接口的重要特点及可编程并行接口芯片 8255A 的组成和特点。

17. 简述 8255A 的三种基本工作方式在微机系统中在连接方法上有何不同。

第7章 中断技术

7.1 中断的基本原理

7.1.1 中断基本概念

1. 中断

在 CPU 正常运行程序的过程中，由于随机事件(包括 CPU 内部或外部的某些事件或紧急、异常情况需要及时处理)，CPU 暂停正在执行的程序，转去执行处理该事件的程序(称为中断服务程序)，并在处理完毕返回原程序处继续执行被暂停的程序，这一过程称为中断。中断过程示意图如图 7-1 所示。中断时，在被打断执行的程序中，下一条被暂停执行的指令所在的地址称为断点。

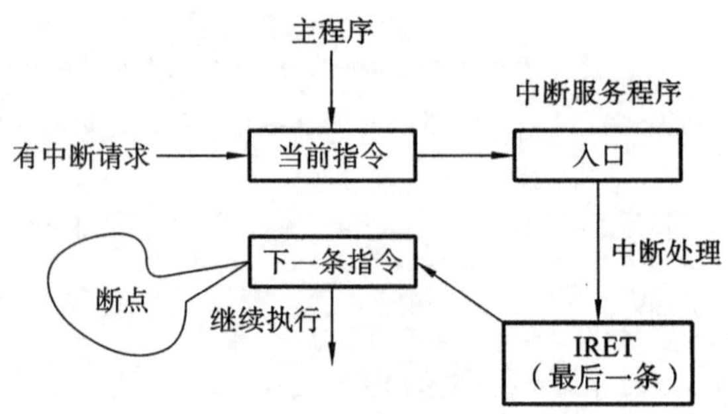

图 7-1　中断过程示意图

2. 中断源

能引起 CPU 产生程序中断的随机事件叫作中断源。中断源主要分为两大类，即内部中断源和外部中断源。

(1)内部中断源,即中断源在微处理器内部,主要包括三类:第一类是CPU执行指令时产生的异常,如计算溢出、单步运行、断点、被0除等;第二类是特殊操作引起的异常,如存储器越界、缺页等;第三类是程序员安排在程序中的INT n软件中断指令。

(2)外部中断源,即引起中断的原因是外设。例如,外设的I/O请求、定时时间到、设备故障、电源掉电等都是外部中断源。

对于内部中断,中断的控制完全是在CPU内部实现的;而对于外部中断,利用CPU的两个输入引脚INTR和NMI向CPU申请中断。INTR为可屏蔽中断输入信号。CPU能否响应该信号,还受到中断标志IF的控制,只有IF=1时才允许中断。在系统复位以后,中断标志IF=0。另外,任意一种中断(内部中断、NMI中断、INTR中断)被响应后,IF=0。所以,必须在一定的时候用STI指令来开放中断。出现在NMI线上的中断请求对应的是非屏蔽中断。非屏蔽中断不受标志位IF的影响,在当前指令执行完以后,CPU就响应。

3. 中断系统的功能

中断系统是指为实现计算机的中断功能而配置的相关硬件、软件的集合。一个完整的中断系统应具备以下功能。

(1)设置中断源:中断源是系统中允许请求中断的事件。设置中断源就是确定中断源的中断请求方式。

(2)中断源识别:当中断源有请求时,CPU能够正确地判别中断源,并能够转去执行相应的中断服务程序。

(3)中断源判优:当有多个中断源同时请求中断时,系统能够自动地进行中断优先级判断,优先级最高的中断请求将优先得到CPU的响应和处理。

(4)中断处理与返回:能自动地在中断服务程序与主程序之间进行跳转,并对断点进行保护。

4. 中断工作方式的优点

中断的优点有下面三点:

(1)故障检测和自动处理。

计算机系统出现故障和程序执行错误都是随机事件,事先无法预料,如电源掉电、存储器出错、运算溢出等,采用中断技术可以有效地进行系统的故障检测和自动处理。

(2)实时信息处理。

在实时信息处理系统中,需要对采集的信息立即做出响应,以避免丢失信息。采用中断技术可以进行信息的实时处理。在实时控制系统中,现场定时或随机地产生各种参数、信息,要求CPU立即响应。利用中断机制,计算机就能实时地进行处理,特别是对紧急事件进行处理。

(3)并行处理。

中断技术实现了CPU和外部的并行工作,从而消除了CPU的等待时间,提高了CPU的利用率。另外,CPU可同时管理多个外设的工作,提高了输入/输出数据的吞吐量。

CPU与外设进行数据传输的过程如下:CPU启动外设使其工作后,执行自己的主程序,此时外设也开始工作;当外设需要数据传输时,外设发出中断请求,CPU停止运行主程序,转去执行中断服务程序;中断处理结束以后,CPU继续执行主程序,外设也继续工作。如此不断重复，直到数据传送完毕。此操作过程对于CPU来说是分时的，即CPU在执行正常程序时，接收并处理外设的中断请求，CPU与外设同时运行、并行工作。

7.1.2 中断过程

当有中断源向CPU发出中断请求时，CPU接收中断请求，并在满足一定条件的情况下，暂时停止执行原来的程序而转去执行中断服务程序，处理好中断服务后再返回继续执行原来的程序，这就是一个中断过程。下面我们将中断过程分成三个阶段来讨论。

1. 中断申请

中断源需要CPU为其服务时，必须先向CPU发出一个中断请求信号。CPU都是在现行指令周期结束后，才检测有无中断请求信号。因此，在现行指令执行期间，必须把随机输入的中断请求信号锁存起来，并保持至CPU响应以后才清除。实际上，并不是在任何情况下都允许每个中断源发出中断请求的。为了有条件地开放外设的中断请求，系统为每个中断源设置了一个中断允许触发器。中断请求并非中断源，做不到一建立就可以发出并且得到响应，它须获得中断系统的允许，即系统对中断请求没有“屏蔽”时才能发出中断请求信号。中断允许触发器被置位时，才允许发出中断申请。不允许发出中断申请称为该中断被屏蔽（禁止）。中断允许触发器的状态（置位或复位）可以由软件来设置。

2. 中断响应

CPU在没有接到中断请求信号时，一直执行原来的程序。由于外设的中断申请随机发生，有中断申请后CPU能否马上为其服务，取决于中断的类型。

（1）若为非屏蔽中断申请，在现行指令周期内无总线请求，则CPU执行完现行指令后，即可去处理中断。

（2）若为可屏蔽中断申请，CPU只有满足以下3个条件才能处理中断。

①在现行指令周期内无总线请求。

②CPU被允许中断，即中断标志IF=1。

③现行指令执行完毕。

（3）CPU响应中断要自动完成3项任务。

①关闭中断（为了禁止CPU响应其他中断申请）。

②保护断点现场信息（通常将断点和标志寄存器内容入栈）。

③获得中断服务入口地址，转至中断服务程序。

3. 中断处理（服务）

一旦CPU响应中断，就可转入中断服务程序之中。中断处理要做好以下六点。

（1）保护现场。CPU响应中断时，不仅要自动完成断点和标志寄存器内容的保护，而且还要将主程序中有关寄存器的内容保护起来，以防止中断服务程序将其修改，而使中断返回后不能正常继续执行主程序。

（2）开中断。CPU接收并响应一个中断后自动关闭中断，是为了禁止其他的中断来打断它。但在某些情况下，有比该中断更优先的情况要处理。此时，CPU应停止对该中断的服务而转去处理优先级更高的中断，故需要再开中断。若不允许响应更高级别的中断请求，也可不开中断。

(3)中断服务。中断服务的核心就是对某些中断的处理,如传送数据、掉电紧急保护、对各种报警状态的控制处理等。

(4)关中断。由于有开中断,因而在此处对应一个关中断过程,以便后续恢复现场的工作能顺利进行而不被中断。

(5)恢复现场。CPU 在返回主程序前,将用户保护的寄存器内容从堆栈中弹出,以便返回主程序后继续正确执行主程序。

(6)开中断并返回。此处的开中断对应 CPU 响应中断后自动关闭中断,在返回主程序前,也就是中断服务程序的倒数第二条指令往往是开中断指令,最后一条是返回指令。执行返回指令,CPU 自动从现行堆栈中弹出 CS,IP 和 FLAGS 的内容,以便继续执行主程序。

中断过程流程示意图如图 7-2 所示。

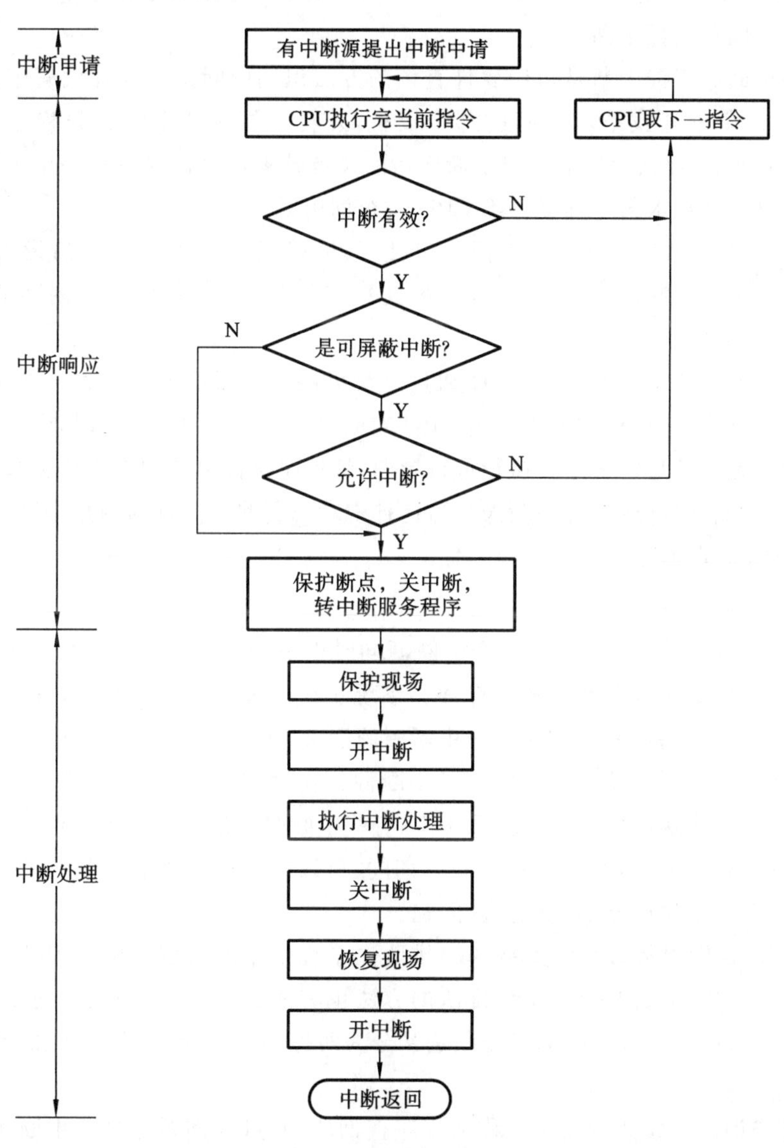

图 7-2　中断过程流程示意图

7.1.3 中断优先级管理

在微型计算机系统中，对多个中断源进行识别和优先级排队，目的是确定出最高级的中断源，并形成该中断源的中断服务程序的入口地址，以便 CPU 将控制转移到该中断服务程序去。CPU 识别中断源和优先级(权)排队，统称为中断优先级管理。

1. 中断识别

CPU 响应中断后，只知道有中断源请求中断服务，但并不知道是哪一个中断源。因此，CPU 要设法寻找中断源，即找到是哪一个中断源发出的中断请求，这就是所谓的中断识别。中断识别的目的是形成该中断源的中断服务程序的入口地址，以便 CPU 将此地址置入 CS：IP 寄存器中，从而实现程序的转移。CPU 识别中断或获取中断服务程序入口地址的方法有两种，即查询中断和向量中断。

(1)查询中断。查询中断是指用软件查询的方法识别中断源。在外设有中断请求的前提下，从多个设备中查找请求中断的那个设备，并转至相应的中断服务程序执行。一般 CPU 的中断请求信号线较少，而发出中断申请的设备较多，此时，要设置一个中断查询接口电路，用以锁存中断请求信号并提供给 CPU 供查询用。

查询中断利用一段查询程序，不但可以使 CPU 确定请求中断服务的设备，还可以使 CPU 转至相应的中断服务程序。当然，中断服务程序是预先编好存放在内存的，可以存放在内存的任意区域之中。

(2)向量中断。向量中断就是 CPU 通过外设提供的中断请求信号和中断向量标志，获得中断服务程序的入口地址的方法。当 CPU 响应某个外设的中断请求时，中断源提供一个地址信息，由该地址信息对程序的执行进行导向，将程序执行引导到中断服务程序中去。该地址信息称为中断向量(或称为中断矢量)，这种中断识别的方法称为向量中断。可见，中断向量实际上就是中断服务程序的入口地址。

2. 中断优先级的排队

在一个微机系统中，常常遇到多个中断源同时申请中断的情况。这时，CPU 必须首先确定为哪一个中断源服务以及服务的顺序。系统正在处理某一个中断时，有新的中断源发出中断申请，而 CPU 每次只能响应一个中断源的请求，在什么情况下 CPU 可响应新的中断请求呢？中断优先级是系统设计者根据各中断源工作性质的轻重缓急，给每个中断源安排优先服务的一个优先顺序即级别。在系统中，有些中断服务是不允许被其他中断打断的，有些中断要优先处理。另外，有些中断在服务期间，可以接受比它更需要紧急处理的中断等。解决这些问题就是解决中断的优先排队问题。

通常，CPU 识别中断源和优先级(权)排队在系统中是同时解决的。因此，和中断源的识别方法一样，CPU 实现中断优先级排队的方法也有两种：软件查询法和向量中断法。根据形成入口地址的机制的不同，向量中断法又分为两种，即简单硬件查询法和中断控制专用硬件方法。

(1)软件查询法。软件查询法又称为程序查询法，通过查询顺序决定中断优先级，先被查询的中断源具有较高的优先级。使用这种方法需要设置一锁存器，将各个中断源的信号保存下来，以便查询并对还没有服务的中断请求做备忘录。软件查询中断结构及查询流程如图 7-3 所示。

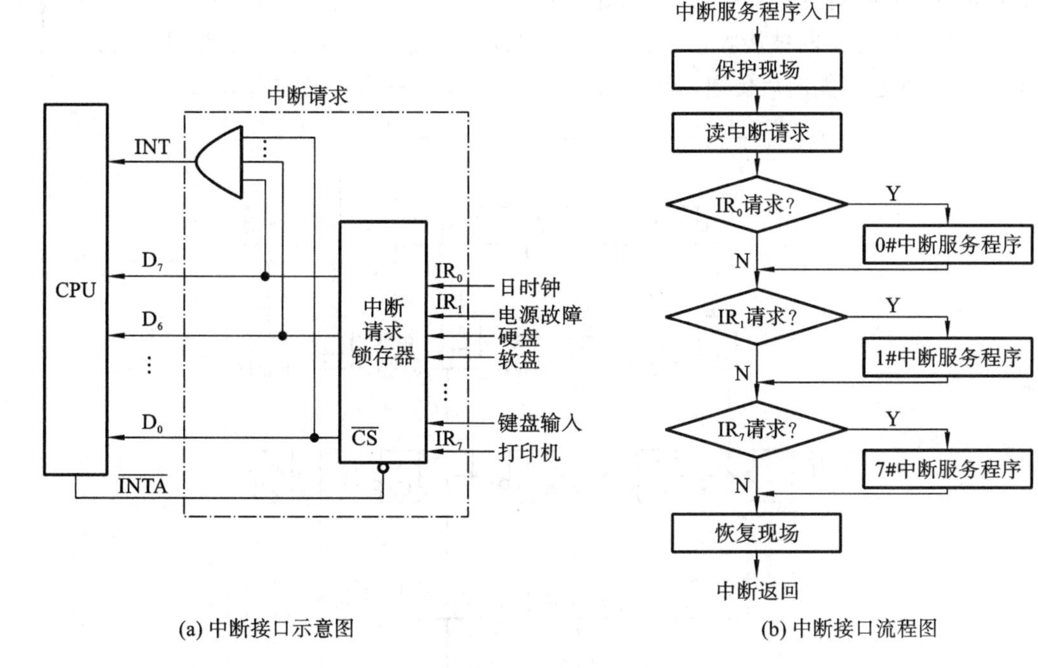

(a) 中断接口示意图　　(b) 中断接口流程图

图 7-3　软件查询中断结构及查询流程

在软件查询过程中，首先将各外设的中断请求信号接收到中断请求寄存器中，各中断请求信号可通过或门相“或”后送入 CPU 中。所有中断源共用一个中断类型号，所有中断请求状态位组成一个端口，并被赋予一个端口号。CPU 响应中断后进入查询程序，读取端口内容，对端口寄存器的内容进行逐位查询，查到哪个外设设有中断申请，就转到相应的中断服务程序。查询程序的查询顺序，决定了外设中断优先级的高低。

软件查询法的优点是：硬件简单、程序层次分明，可以通过修改软件来改变中断优先级，而不必更改硬件。软件查询法的缺点是：响应中断速度慢，服务效率低。优先级最低的中断源申请中断服务时，必须先将优先级高的设备查询一遍，若设备较多，有可能优先级低的中断源很难得到中断服务。

例如，设有 8 个中断源，将其中断请求触发器组合成一个端口，并赋予其设备号，相或后通过中断请求信号 INTR 发给 CPU。CPU 按程序设定，逐位查询，并转到相应的中断服务程序入口。查询程序段如下：

```
……
IN      AL,20H                          ;输入中断请求触发器的状态
TEST    AL,80H                          ;先查询 D7=1?
JNE     PWF                             ;不为 0,则转 PWF
IN      AL,20H,TEST AL,40H              ;查 D6=1?
JNE     DISS                            ;不为 0,则转 DISS
……
```

(2)简单硬件查询法——菊花链法。菊花链法是向量中断法中的一种，是利用外设在系统中的物理位置来决定其中断优先级的。它主要利用硬件排队电路(菊花链中断优先级排队电路)对中断源进行优先级排队，并将程序引导到相关的中断服务程序的入口。电路如图 7-4 所示。来自 CPU 的中断响应信号$\overline{INTA}$通过多个与门逐次向后传递，形成一个传送

$\overline{\text{INTA}}$信号的链条(称为菊花链)。中断源 B 发出中断请求(高电平信号),且 CPU 响应时,中断源 B 的请求信号中断被接收,其输出端通过与门 B2 输出无效信号,从而封锁传送$\overline{\text{INTA}}$信号的链条,使它不能向后传递,同时封锁中断源 C 和中断源 D 的中断请求。

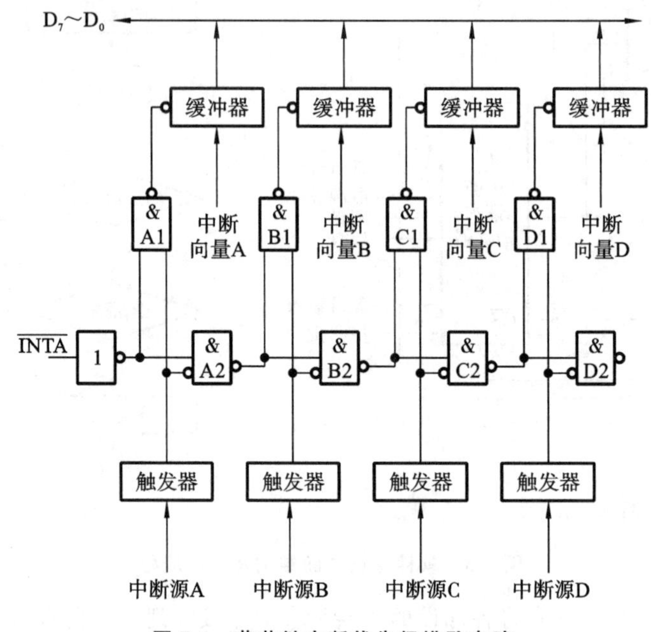

图 7-4 菊花链中断优先级排队电路

在响应中断源 B 并为其服务期间,若中断源 A 发出中断申请,则 CPU 会中断中断源 B 的中断服务,转去接收优先级高的中断源 A 的中断请求信号,并为其服务。为中断源 A 服务完毕,CPU 再继续为中断源 B 服务。

显然,处于链头的中断源具有最高的优先级,每个中断源的中断优先级由它们在链条中的位置来决定。菊花链中断优先级排队电路使优先级高的中断服务不被优先级低的中断服务打断,但可随时中断优先级低的中断服务。

菊花链法的特点是中断响应速度快,电路比较简单,但由于门电路的延迟作用,链条的长度(中断源的个数)受到限制,中断源的优先级也因硬件连接固定而不易修改。

(3)中断控制专用硬件方法。中断控制专用硬件方法是向量中断的典型方法。该方法使用专门的可编程中断优先级管理芯片来完成中断优先级的排队管理。微型计算机中广泛使用的可编程中断控制器 8259A 就是这样的一个芯片。该控制器有一个中断优先级管理逻辑电路,且有一个中断请求寄存器、一个中断服务寄存器、一个中断屏蔽寄存器和一个中断类型寄存器。中断控制器 8259A 是可编程的,可以通过软件来为各个中断请求信号分配优先级,通过中断屏蔽寄存器可以控制中断源的屏蔽与开放,使用非常灵活。CPU 响应中断申请后,通过 8259A 提供的中断类型号可以找到中断服务程序的入口地址,转移到中断服务程序去执行。

7.2 8086/8088 微处理器的中断系统

各种类型的 CPU 都有自己的中断系统,它们虽然在结构上有较大的差异,但有 3 点基本要求是相同的：一是有多少个中断源；二是如何寻找中断源的中断服务程序所在的首地址；三是各中断源的优先级。

◆ 7.2.1 8086/8088的中断源分类

8086/8088的中断属于向量中断，每个中断通过给定一个特定的中断类型号供CPU识别，共有0～255种类型的中断。按产生中断的来源不同，8086/8088的中断可分为软件中断和硬件中断。中断可来自外部（由硬件产生），也可来自内部（由软件即中断指令产生），或满足某些特定条件（陷阱）后引发CPU中断，如图7-5所示。

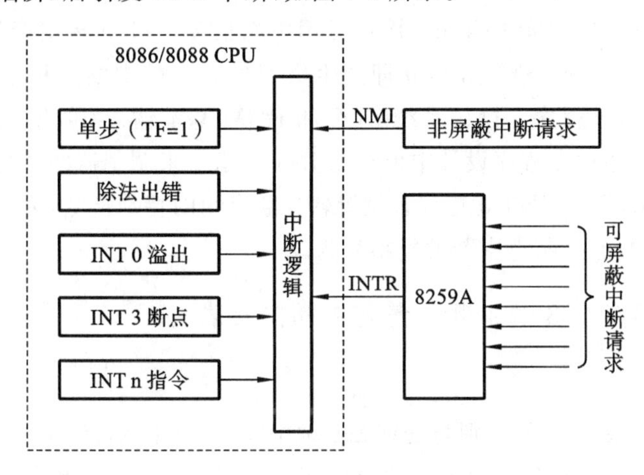

图7-5 8086/8088的中断

1. 硬件中断

硬件中断是由外部硬件（外设）产生的，所以也称为外部中断。硬件中断又分为非屏蔽中断和可屏蔽中断两种，由CPU外部中断请求引脚（两条引线）NMI和INTR输入。

（1）非屏蔽中断。非屏蔽中断（中断类型号为2）主要用于对外部紧急事件的处理（如电源掉电、存储器故障等）。它不受中断标志IF的控制，只要有中断请求，CPU在当前指令执行完后，就立即响应。若CPU的NMI引脚接收到一个正跳变信号（上升沿的边缘触发），且有效高电平至少保持两个时钟周期以上的宽度，则可能产生一次非屏蔽中断。

（2）可屏蔽中断。可屏蔽中断（中断类型号为32～255）由常用的外设向CPU的INTR引脚发出中断请求（高电平信号）。它受CPU内中断标志IF的控制。若中断标志IF＝1，则允许中断；当IF＝0时，INTR的中断请求被屏蔽。CPU响应INTR的中断后，将通过$\overline{\text{INTA}}$引脚发出两个负脉冲响应信号（中断响应周期）。通常，所有外设的中断请求信号都送至可编程中断控制器8259A，经8259A进行优先级处理后，由8259A向CPU发出中断请求信号INTR。

2. 软件中断

软件中断，也称为内部中断，是CPU在处理某些内部事件时而引起的中断。软件中断包括以下情况：

（1）除法出错中断。在CPU做除法运算时，若除数为0或商超出了有关寄存器所能表示的数值范围，则产生除法出错中断。除法出错中断的类型号为0。

（2）单步中断。标志寄存器FLAGS中的跟踪标志TF＝1时，CPU每执行一条指令就停止，进行一次单步中断。若跟踪标志 TF=0，则 CPU 按正常方式连续执行指令。单步中断的类型号是 1。单步中断是一个很好的调试手段，可用于逐条观察指令的执行结果，精确跟踪指令流程，确定程序出错的位置。

(3)INT 0 溢出中断。当溢出标志 OF=1 时，CPU 执行指令 INT 0，产生溢出中断。要注意的是，在运算过程中出现溢出标志 OF 为 1 后，CPU 并不会自动转入溢出处理服务程序，必须执行一条 INT 0 指令后，CPU 才会转入溢出处理服务程序。溢出标志 OF=0 时，INT 0 指令不产生任何操作。因此说，OF=1 和 INT 0 指令，两个条件任何一个不具备，溢出中断就不发生。INT 0 溢出中断的类型号为 4。

(4)用户定义的软件中断 INT n。用户可用中断指令 INT n 指定产生任何类型 n(0～255)的中断。CPU 执行这条指令时，立即产生类型号为 n 的中断。利用这条指令，可以方便地调试外设中断服务程序。操作系统 DOS 和 ROM 基本输入/输出系统 BIOS 提供了大量的系统功能调用，用户在程序设计中可利用 INT n 指令来调用这些系统功能调用。

(5)断点中断 INT 3。INT 3 是一条设置软件断点用的特殊指令，为单字节指令，常用于在程序调试中设置断点。断点中断的类型号为 3。

7.2.2 8086/8088 的中断向量与中断向量表

1. 中断向量

8086/8088 的中断系统能识别与处理 256 种中断，每个中断源都有一个为它服务的中断服务程序，每个中断服务程序也都有一个入口地址。CPU 响应中断后，就转到中断服务程序的入口地址去执行中断服务程序。所谓的中断向量，就是一个指针，它总是指向中断服务程序的入口地址。

2. 中断向量表

中断向量是中断服务程序的入口地址，将系统中所有的中断向量集中起来，按中断类型号从小到大的顺序放到存储器中某一区域内，这个存放中断向量的存储区就称为中断向量表。也就是说，每一个中断服务程序与表内的中断向量具有一一对应的关系。中断向量表又称为中断服务入口地址表或中断指针表。

8086/8088 CPU 把存储器的 00000～003FFH 共 1024 个存储单元作为中断向量的存储区，每个中断向量占用 4 个连续的字节存储单元。前 2 个存储单元存放中断服务程序的偏移地址，后 2 个存储单元存放中断服务程序所在段的段基址。

在中断向量表中，中断向量是按中断类型号的顺序存放的。它存放的原则是，将中断类型号乘以 4，得到存放中断向量的存储器的起始地址。按此原则，(4×n)和(4×n+1)2 个单元中的内容为偏移地址，(4×n+2)和(4×n+3)2 个单元中的内容为段基址。中断类型号和中断向量所在位置的关系如图 7-6 所示。

CPU 响应中断时，就可以根据中断类型号求出中断向量在中断向量表中的存放位置，从而获得中断向量，并将其分别装入 IP 和 CS 寄存器中，转向中断服务程序执行。例如，中断类型号为 8 的中断所对应的中断向量(入口地址)，存放在中断向量表以 4n=4×8=32D=20H 单元(即 0000:0020H)开始的 4 个连续单元中。若中断向量表中存储单元的内容为(00020H)=0200H，(00022H)=1000H，则这个中断源的中断服务程序入口地址为 10200H。CPU 一旦响应中断类型号为 8 的中断，将转去执行从地址 10200H 开始的中断服务程序。其中，中断类型号为 0～4 的中断，中断向量已由系统定义，不允许用户做任何修改；中断类型号为 5～31 的中断是系统备用中断，中断向量占用表地址 00014H～0007FH；中断类型号为 32～255 的中断，中断向量占用表地址 00080H～003FFH，可供用户使用。

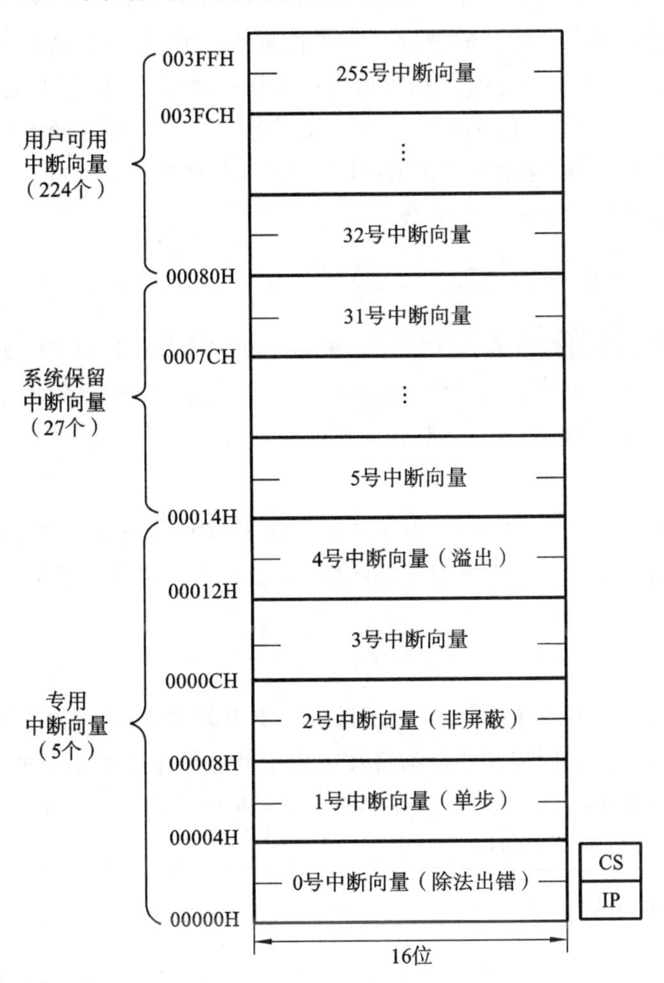

图 7-6 8086/8088 的中断向量表

7.2.3 中断处理顺序和中断嵌套

1. 中断处理顺序

8086/8088 中断系统可以识别和处理 256 种中断源，若同时有几个中断源都发出了中断申请，则 CPU 按优先级进行顺序执行。8086/8088 CPU 的中断优先级序列从高到低为：

除法出错中断	类型号 0	（软件中断）
溢出中断	类型号 4	（软件中断）
INT n	类型号 n	（软件中断）
NMI	类型号 2	（硬件中断）
INTR	类型号 32～255	（硬件中断）
单步中断	类型号 1	（软件中断）

对于可屏蔽中断 INTR，常通过中断控制器 8259A 接入各外设的中断申请，并对它们进

行优先级排队。

2. 中断嵌套

在实际应用系统中，当CPU正在处理某个中断，即正在执行中断服务程序时，可能会出现优先级更高的中断源申请中断的情况。为了使更紧急的、级别更高的中断源及时得到服务，需要暂时中断当前正在执行的级别较低的中断服务程序，去处理级别更高的中断，待处理完以后，再返回到被中断了的中断服务程序继续执行。但级别相同或级别低的中断源不能中断级别高的中断服务，这就是所谓的中断嵌套，并且称这种中断嵌套方式为完全嵌套方式。它是解决多重中断的一种常用方法。

7.2.4 中断类型号的获取

中断类型号是系统分配给每个中断源的编号。在中断发生时，CPU根据其中断类型号在中断向量表中找到对应的中断向量，从而转去执行相应的中断服务程序。根据不同类型的中断源，获取中断的中断类型号一般有以下两种方法。

1. 直接获取

对于中断类型号为0～4的中断，由于8086/8088 CPU已规定了产生中断的原因，只要有相应中断就可获得相应的中断类型号。同理，许多系统调用功能是用INT n指令直接获取中断类型号的。

2. 硬件提供

对于由外部引入的INTR中断，必须由硬件提供中断类型号。当CPU响应中断进行到第二个$\overline{\text{INTA}}$周期时，由中断控制器自动将被响应中断源的中断类型号放入数据总线，CPU从数据总线上获取中断类型号，并自动将中断类型号乘以4作为地址指针，获得中断服务程序的入口地址，转入相应的中断服务程序。

7.2.5 关于主程序和中断服务程序

在系统发生中断时，当前正在执行的程序叫作主程序，而转去执行的提供特定服务的程序称为中断服务程序。中断过程实际上是一个程序切换过程，即从主程序切换到中断服务程序，执行完毕后又切换到主程序继续执行。

1. 主程序

主程序的功能主要是对整个过程进行控制，包括主程序和中断服务程序之间的切换。在主程序中，常常需要完成系统正常的当前工作和进行初始化设置，具体包括以下几项：

(1)中断向量的设置或装入。因为用户编写的中断服务程序的入口地址要由用户自行装入中断向量表中，设置入口地址的方法可以用DOS功能调用，也可用指令。

(2)设置8259A屏蔽寄存器的屏蔽位，以决定中断的开放和禁止。

(3)设置CPU中断标志IF(开中断用STI指令，关中断用CLI指令)。

2. 中断服务程序

中断服务程序的功能与中断源的期望一致，是为某个中断源进行服务的操作，它是预先设计好的一个程序或过程，由系统和用户在程序中调用(软件中断服务程序)或由外部事件启动(硬件中断服务程序)。因此，中断服务程序的功能随中断源不同而各不相同。但所有的中断服务程序都有着相同的结构模式，具体如下：

(1)中断服务程序一开始，首先要做的工作就是利用压栈指令 PUSH 保护现场，即保护 CPU 内有关寄存器的值，以及中断服务程序中要使用的寄存器的值。

(2)若允许中断嵌套，则要用 STI 指令开中断，使 IF=1，以便在中断处理过程中允许优先级更高的中断被响应。

(3)执行中断服务程序，进行具体的中断服务，这是中断服务程序的主要部分。

(4)中断服务程序执行完后，用 CLI 指令关中断(即 IF=0)，以便在恢复现场时禁止其他中断被响应。

(5)恢复现场，通过一系列的出栈指令 POP 将保护现场时压入堆栈的内容弹出，即将 CPU 内部寄存器的值恢复。

(6)用 STI 指令开中断(IF=1)。

(7)执行中断返回指令，返回主程序。

要特别注意的是，在中断服务程序设计编写过程中，要避免 DOS 重入和子程序过长的问题，防止中断冲突和降低 CPU 的效率。

7.3 可编程中断控制器 8259A

可编程中断控制器 8259A 又称为优先级控制器，常用来对中断系统中的可屏蔽中断进行管理。8259A 由单+5 V 电源供电，具有多种工作方式，并可通过编程来加以选择。每片 8259A 芯片可为 CPU 管理和处理 8 级向量优先级中断，即单片可管理 8 级中断，并能进行中断优先级排队管理。8259A 芯片可进行级联，如可用 9 片构成多达 64 级主从式中断系统，用来扩大中断功能。优先级方式在执行主程序的任何时间里能够动态地改变，无论 8086/8088 CPU 工作在最小工作模式还是最大工作模式下，都可以与之配套使用，使 CPU 在中断响应过程中根据 8259A 提供的中断类型号找到中断服务程序的入口地址，以实现中断。

7.3.1 8259A 的内部结构及外部特性

1. 8259A 的内部结构

8259A 的内部结构框图如图 7-7 所示。它由 8 个部分组成。

(1)中断请求寄存器(IRR)。中断请求寄存器 IRR 是一个具有锁存功能的 8 位寄存器。该寄存器用来存放由外部输入的中断请求信号 $IR_7 \sim IR_0$。该寄存器的 8 位($D_7 \sim D_0$)对应于连接在 $IR_7 \sim IR_0$ 线上的外设所产生的中断请求，哪一根输入线有中断请求，哪位就置“1”。例如，若 IR_4 线上有中断请求，则 IR_4 位就置“1”。该寄存器还具有锁存功能，其内容可用 OCW_3 命令读出。

(2)中断服务寄存器(ISR)。中断服务寄存器 ISR 是一个 8 位寄存器，用来记录正在处理中的中断请求。CPU 响应某一级中断时，在第一个中断响应 $\overline{INTA}$ 周期将 ISR 中的相应位置位，表示 CPU 正在为之服务，正在执行它的中断服务程序。例如，若 IR_3 获得中断请求允许，则 ISR 中相应的 ISR_3 位置位，表明 IR_3 正处于被服务之中。在多重中断情况下，ISR 中也可有多位被同时置“1”。

(3)中断屏蔽寄存器(IMR)。中断屏蔽寄存器 IMR 是一个 8 位寄存器，它的 $IMR_7 \sim$

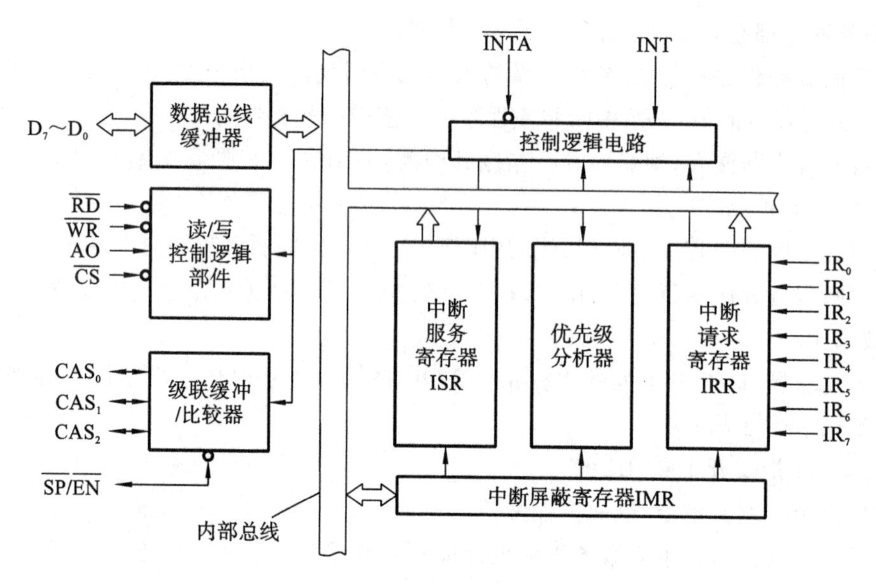

图 7-7 8259A 的内部逻辑

IMR_0与 8259A 处理的 8 级中断 IR_7～IR_0相对应。该寄存器可对各个中断源进行屏蔽或开放。当某位 IMR 置为"1"时表示相应的中断源被屏蔽(禁止)，而为"0"时则表示允许中断。对 IMR 的屏蔽设置是由屏蔽命令 OCW_1来完成的。IMR 中的内容可直接读出。

(4)优先级分析器(PR)。优先级分析器 PR 也叫优先级判别器，用来管理和识别各中断请求信号的优先级及分析中断屏蔽寄存器 IMR 的状态。若输入端 IR_7～IR_0中有多个中断请求信号同时产生，由 PR 判定没有被 IMR 屏蔽的具有最高优先级的中断请求，在$\overline{INTA}$脉冲期间把它置入中断服务寄存器 ISR 的相应位。在中断嵌套中，PR 还负责将中断源的中断请求和"正在服务中的中断"进行比较：若中断源的中断比正在服务中的中断优先级高，就允许向 CPU 发中断申请，进行中断嵌套；若中断源的中断等级等于或低于正在服务中的中断等级，就不为其向 CPU 提出申请。

(5)读/写控制逻辑部件。读/写控制逻辑部件接收 CPU 送来的读控制命令$\overline{RD}$、写控制命令$\overline{WR}$、片选信号$\overline{CS}$以及端口选择信号 A_0，以实现 CPU 对 8259A 的读/写操作。8259A 在 PC 微机和单板机 TP86 上的 I/O 端口地址及操作如表 7-1 所示。

表 7-1 8259A 在 PC 微机和单板机 TP86 上的 I/O 端口地址及操作

A_0	$\overline{CS}$	$\overline{RD}$	$\overline{WR}$	读写/操作	PIC(主)	PIC(从)	TP86A
0	0	1	0	写 ICW_1,OCW_2,OCW_3	20H	0A0H	FFDCH
1	0	1	0	写 ICW_2～ICW_4,OCW_1	21H	0A1H	FFDEH
0	0	0	1	读 IRR,ISR 和查询字	20H	0A0H	FFDCH
1	0	0	1	读 IMR	21H	0A1H	FFDEH

(6)级联缓冲/比较器。级联缓冲/比较器用于多片级联及数据缓冲方式下。在级联方式下，该部件用来存放和比较系统中各 8259A 的从设备标志。一片 8259A 只能管理 8 级中断，当超过 8 级时，可将多片 8259A 级联使用，构成主从关系。采用级联方式，最多可把中断扩展到 64 级。

(7)数据总线缓冲器。数据总线缓冲器是一个 8 位三态双向缓冲器，由它构成 8259A 与

CPU之间的数据接口。CPU向8259A发送的数据、命令、命令字，以及8259A向CPU输入的数据、状态信息，都要经过数据总线缓冲器。中断类型号也由数据总线缓冲器送到CPU。

(8)控制逻辑电路。8259A内部的控制电路，根据中断请求寄存器IRR的置位情况和优先级分析器PR的判定结果，向8259A内部的其他部件发出控制信号，并向CPU发出中断请求信号INT和接收来自CPU的中断响应信号$\overline{\text{INTA}}$，控制8259A进入中断服务状态。

2. 8259A的外部特性

8259A是一个采用NMOS工艺制造，使用单一的+5 V电源供电且具有28个引脚的双列直插式芯片。8259A芯片的引脚分配如图7-8所示。

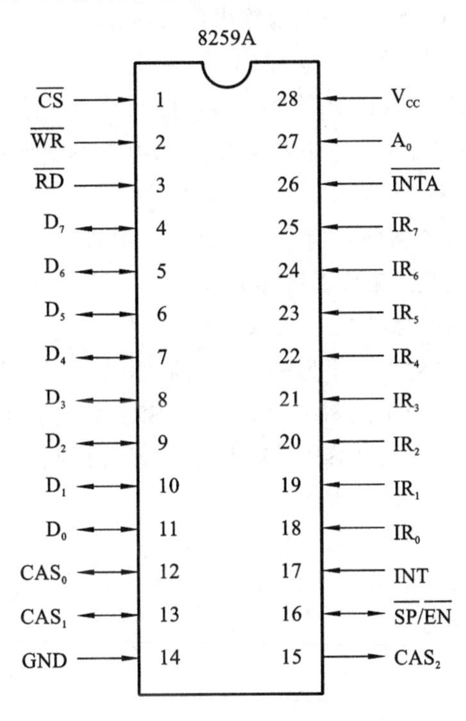

图7-8　8259A外部引脚

8259A芯片的引脚可分为以下4类。

(1)8259A与外设连接的引脚。

$IR_7 \sim IR_0$：8个中断请求输入信号线，高电平或上升沿有效，用于接收来自外设接口的中断请求输入信号。

(2)8259A与CPU连接的引脚。

①$D_0 \sim D_7$：双向数据总线，CPU与8259A间利用该数据总线传送数据及命令。

②$\overline{\text{WR}}$：写控制输入信号线，同控制总线上的$\overline{\text{IOW}}$信号线相连。

③$\overline{\text{RD}}$：读控制输入信号线，同控制总线上的$\overline{\text{IOR}}$信号线相连。

④INT：中断请求信号线，接收由8259A向CPU发出的中断请求信号，常与CPU的INTR引脚相连。

⑤$\overline{\text{INTA}}$：中断响应信号线，接收CPU送来的中断响应信号，常与CPU的$\overline{\text{INTA}}$引脚相连。

(3)端口地址选择信号引脚。

①$\overline{CS}$：片选输入信号线，低电平有效。有效时，可通过数据总线设置命令并对内部寄存器进行读出。当进入中断响应时序时，该引脚状态与进行的处理无关。它常与地址译码器产生的片选信号相连。

②A_0：地址选择信号线，用来对8259A内部的两个端口(奇/偶地址)进行选择，从而对它们所表示的内部寄存器进行操作，常与CPU的低位地址线相连。

(4)8259A级联时的引脚。

①CAS_2～CAS_0：级联信号线。这三条线是8259A级联时使用的，用来构成8259A的主从式级联控制结构。在主从式级联控制结构中，主从片8259A的CAS_2～CAS_0全部对应相连。当8259A作为主片时，CAS_2～CAS_0为输出信号线，用于发送从设备标志。在中断响应时，主8259A把申请中断的从设备标志输出到CAS_2～CAS_0上，从8259A通过CAS_2～CAS_0接收这个从设备标志并与自己级联缓冲器内的从设备标志比较，若一致，则表示本从片被选中。当$\overline{INTA}$脉冲到达时，被选中的从片把其中断类型号送至数据总线。当8259A单片使用时，不使用这些引脚。

②$\overline{SP}/\overline{EN}$：从片编程/允许缓冲器信号线。这是一根双向的信号线，低电平有效。该信号线有两个功能。一个功能是当工作在缓冲方式下时，它是输出信号线，相应的信号用作允许缓冲器接收和发送的控制信号($\overline{EN}$)。在大系统中，当多片8259A具有独立的局部数据总线时，用它来控制数据收发器的工作。另一个功能是当8259A工作在非缓冲方式下时，它是输入信号线，相应的信号用来指明该8259A是主片($\overline{SP}$=1)或从片($\overline{SP}$=0)。在实际主从式级联控制结构中，常将主片的此引脚接+5 V电源，将从片的此引脚接地。

7.3.2 8259A的工作方式

8259A具有非常灵活的中断管理工作方式。这些工作方式都可以通过编程方法设置，可满足使用者的各种不同要求。

1. 中断请求方式

中断请求方式也称为中断触发方式。8259A允许外设采用3种中断请求方式向8259A提出中断请求：边沿触发方式、电平触发方式和程序查询方式。

(1)边沿触发方式。边沿触发方式是指中断源IR_7～IR_0出现由低电平向高电平的跳变时请求中断。该方式的优点是申请中断的IR端可以一直保持高电平，这样不会误判为又发生一次中断申请。应注意的是，在CPU发回第一个$\overline{INTA}$应答信号前，已申请过中断的IR端不要发生又一次的由低电平到高电平的跳变。该方式的实现方法是使初始化命令字ICW_1的D_3位置0。

(2)电平触发方式。电平触发方式是指IR_7～IR_0的中断申请端出现高电平，触发中断服务。该方式的优点是可靠，不会因IR端引入干扰信号而引起误操作。应注意的是，中断请求信号需保持到第一个中断响应$\overline{INTA}$信号的前沿，若时间过短则会丢失该信号。另外，在CPU响应中断后，ISR的相应位置1后，必须撤除中断请求信号，否则会发生第二次中断申请。该方式的实现方法是使初始化命令字ICW_1的D_3位置1。

(3)程序查询方式。程序查询方式是指CPU不通过INTR引脚，而直接查询8259A的状态，从而了解到申请中断且级别最高的中断源，并为其服务。该方式的实现方法是对8259A发出查询命令(由OCW_3的D_2位实现)，读入查询字，用查询字来判断并获取的方式

（见7.3.3的编程命令OCW_3）。

2. 中断屏蔽方式

8259A对中断源的屏蔽方式有两种，即简单屏蔽方式和特殊屏蔽方式。

（1）简单屏蔽方式。简单屏蔽方式是指CPU向8259A的中断屏蔽寄存器IMR中发一个屏蔽字OCW_1，利用将IMR中的一位或多位置1来屏蔽一个或多个中断源的中断请求。IMR中的某位为0，表示对应的中断源被允许。

（2）特殊屏蔽方式。特殊屏蔽方式通常用于多级中断嵌套中。采用这种方式，是为了提高系统的实时性，临时改变固定的中断嵌套顺序，允许优先级低的中断源中断优先级高的中断服务程序，即实现优先级的动态改变。这时可以使低优先级的中断服务进入正在服务的高优先级的中断服务程序。该方式的实现方法是在某级中断服务程序中首先将操作命令字OCW_3的D_6，D_5位置1。

3. 优先级设置方式

优先级设置方式有完全嵌套方式、特殊全嵌套方式、优先级自动循环方式、优先级特殊循环方式4种。

（1）完全嵌套方式。完全嵌套方式又称为固定嵌套方式，是8259A最常用、最基本的工作方式。它的特点是，中断源IR_7～IR_0的优先级顺序是固定的，IR_0最高，IR_7最低。当执行某级中断时，仅允许比该级优先级高的中断源申请中断，不允许比该级优先级低或同级的中断源申请中断。例如，CPU响应中断源IR_3的中断申请，中断服务寄存器ISR的ISR_3位置1（ISR的数值为00001000B），并执行IR_3的中断服务程序。此时，若又有一个优先级更高的中断源IR_0申请中断，则CPU终止现行IR_3的中断服务，转去执行IR_0的中断服务程序，这时ISR的数值为00001001B。CPU在结束IR_0中断处理前，要发出中断结束命令EOI，使ISR的IR_0位置0；然后执行中断返回指令IRET，返回被中断的断点处，继续执行IR_3的中断服务程序。整个中断嵌套过程如图7-9所示。

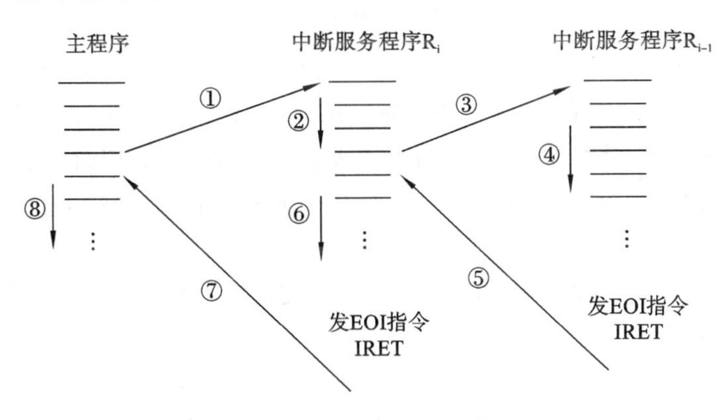

图7-9　中断嵌套过程示意图

（2）特殊全嵌套方式。特殊全嵌套方式与完全嵌套方式基本相同，中断源优先级IR_0最高，IR_7最低。二者的不同之处是：特殊全嵌套方式不但响应比该级优先级高的中断申请，而且响应同级的中断申请，从而实现一种对同级中断请求的特殊嵌套。

特殊全嵌套方式一般用于8259A的级联方式中。在级联方式下，8259A分为主8259A和从8259A，从8259A的INT输出端连到主8259A的IR_i端。若当前正在处理的某一中断是某由 8259A 的 IR_i 中断源引起的，则有可能发生该从 8259A 的 IR_{i-1} 端的中断源申请中断的情况。若从 8259A 的 IR_{i-1} 中断源比 IR_i 中断源的级别高，则从 8259A 予以响应。对于主 8259A，两个中断申请都是从主 8259A 的 IR_i 端引入的，主 8259A 视为同一级中断，不予以响应。为了能响应同一级中断，主 8259A 设为特殊全嵌套方式，从 8259A 设为完全嵌套方式。实现方法是初始化命令字 ICW_4 中的 D_4 位置 1 为特殊的全嵌套方式，置 0 为完全嵌套方式。

对于完全嵌套方式、特殊全嵌套方式，一定要设置为正常的结束方式（非自动结束方式），否则就不能屏蔽低优先级的中断源，从而使中断优先级次序混乱。

(3)优先级自动循环方式。在完全嵌套方式下，中断请求 IR_7～IR_0 的优先级是固定不变的，使得从 IR_0 引入的中断总是具有最高优先级。在某些情况下，需要能改变这种优先级顺序，使由 IR_7～IR_0 引入的中断轮流具有最高优先级。任何一级中断被处理完，它的优先级就被修改为最低，而最高优先级分配给该中断的下一级中断，即为优先级自动循环方式。例如，IR_5 的中断服务程序执行完毕后，IR_5 降为最低优先级，IR_6 变为最高优先级，IR_7 变为次高优先级，依次排列。

(4)优先级特殊循环方式。该方式和优先级自动循环方式基本相同，不同点仅在于该方式可以根据用户要求将最低优先级赋予某一中断源。该方式的实现方法是：通过将操作命令字 OCW_2 的 D_7，D_6 位均置为 1，设置为优先级特殊循环方式，同时用 OCW_2 中的 D_2，D_1，D_0 位指出哪个中断源的优先级最低。

4. 中断结束方式

当 8259A 响应某一级中断而为其服务时，中断服务寄存器 ISR 的相应位置 1，表示正在对外服务，同时为优先级分析器 PR 提供判别依据。在中断服务结束时，ISR 中相应位应清 0，以便再次接收同级别的中断。中断结束的管理就是用不同的方式将 ISR 中相应位清 0。中断结束管理有两种方式，一种是自动结束方式，另一种是非自动结束方式。非自动结束方式又有两种，即一般中断结束方式和特殊中断结束方式。

(1)自动结束方式。在自动结束方式下，中断服务寄存器的相应位清 0 是由硬件自动完成的。某一级中断被 CPU 响应后，CPU 送回第一个 $\overline{INTA}$ 应答信号，该信号使中断服务寄存器 ISR 的相应位置 1。当第二个 $\overline{INTA}$ 负脉冲结束时，自动将 ISR 的相应位置 0。此时该中断服务程序还在运行，但对于 8259A 来说，它表示对本次中断的控制已经结束。这是一种最简单的中断结束方式。但是这种方式会产生多次重复嵌套，致使中断优先级次序发生混乱，而且嵌套的深度也无法控制。因此，自动结束方式只在一些以预定速率发生中断，且不会发生同级中断互相打断或低级中断打断高级中断的情况下使用。该方式的实现方法是将初始化命令字 ICW_4 的 D_1 位设置为 1。

(2)非自动结束方式。

①一般中断结束方式。该方式通过用软件方法发一中断结束命令，使当前中断服务寄存器中优先级最高的置 1 位清 0。一般中断结束方式只能应用于完全嵌套方式下，而不能用于优先级自动循环方式和优先级特殊循环方式下。因为由一般中断结束方式结束的中断是尚未处理完的优先级最高的中断，若中断优先级改变，会使整个中断过程混乱。该方式的实现方法是：首先将初始化命令字 ICW_4 的 D_1 位清 0，定为非自动结束方式，然后通过将操作命令字 OCW_2 的 D_7，D_6，D_5 位分别设置为 0，0，1，实现中断结束。

②特殊中断结束方式。该方式也用软件方法发一中断结束命令，但同时用软件方法给

出结束中断的中断源是哪一级，使该中断源的中断服务寄存器的相应位置0。在非完全嵌套方式（如优先级自动循环、优先级特殊循环等方式）下，无法根据ISR的内容来确定哪一级中断最后响应和处理，即无法从ISR的置1位序上确定当前的最高优先级，从而也就无法确定应将哪个置1位清0而结束中断。特殊中断结束方式就是CPU在中断服务程序结束时给8259A发出特殊中断结束命令的同时，将当前结束的中断级别也传送给8259A。在这种情况下，8259A将ISR中指定级别的相应置1位清0。该方式的实现方法是：首先将初始化命令字ICW_4的D_1位置0，定为非自动结束方式，然后将操作命令字OCW_2的D_7，D_6，D_5位分别设置为0，1，1或1，1，1，并由D_2，D_1，D_0位给出结束中断处理的中断源IR_i，使该中断源在ISR中的相应位清0。

5. 连接系统总线的方式

8259A和系统总线的连接方式分为两种，即缓冲方式和非缓冲方式。

（1）缓冲方式：8259A通过数据总线驱动器和数据总线相连，使用于多片8259A级联的大系统中。该方式的实现方法是：将8259A的初始化命令字ICW_4的D_3位置1，设置为缓冲方式，并由D_2来决定是主片还是从片；把8259A的$\overline{SP}/\overline{EN}$端输出的一个低电平信号作为数据总线驱动器的启动信号。

（2）非缓冲方式：8259A直接和数据总线相连，常用于单片8259A或由片数不多的8259A组成的系统中。该方式的实现方法是：将初始化命令字ICW_4的D_3位置0，设置为非缓冲方式。在非缓冲方式下，对于单片8259A，$\overline{SP}/\overline{EN}$端用于输入，接高电平；对于具有多片8259A的级联系统，主8259A的$\overline{SP}/\overline{EN}$端接高电平，从8259A的$\overline{SP}/\overline{EN}$端接低电平。

7.3.3 8259A的编程命令

8259A是一个操作功能很强的可编程中断控制芯片。它包括中断的请求、屏蔽、排队、结束、级联以及提供中断类型号和查询等操作，并且操作的方式又各不相同。它既能实现向量中断，又能进行查询中断，这些操作功能都可以通过CPU对其编程来完成。

CPU对8259A的编程命令分为两类。一类是初始化命令，称为初始化命令字ICW。它通常是在计算机启动时由初始化程序设置，一旦设定，在系统工作过程中就不再改变。另一类是操作命令，称为操作命令字OCW。在初始化后，CPU用这些操作命令字来控制8259A，对中断处理做动态控制。操作命令字可在初始化之后的任何时刻写入并可多次设置。

CPU发出的初始化命令字有4个（ICW_1～ICW_4），操作命令字有3个（OCW_1～OCW_3），它们要分别送入8259A中7个相应的寄存器中，但8259A仅占用2个端口地址（$A_0=1$，为奇地址；$A_0=0$，为偶地址），因此8259A采用指定的命令端口（偶地址或奇地址）和按规定的顺序或以特征位标记来写入多个命令字。

1. 初始化命令字ICW_1

此命令字的格式如图7-10所示。

（1）$A_0=0$：表示此命令字必须写入偶地址端口中。

（2）D_0（IC_4）：表示后面是否需要设置ICW_4命令字。$D_0=0$，不需要设置ICW_4；$D_0=1$，需要设置ICW_4。对于8086/8088系统，必须设置ICW_4命令字，D_0位为1。

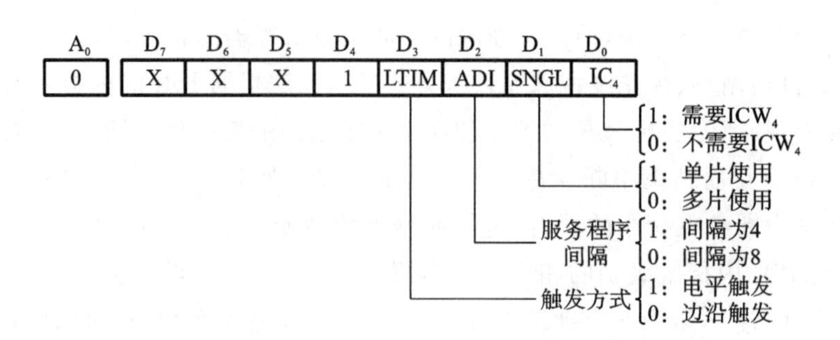

图 7-10 初始化命令字 ICW_1 的格式

(3)D_1(SNGL):表示有一片 8259A 工作还是有多片 8259A 工作。$D_1=0$,多片工作;$D_1=1$,单片工作。当有多片 8259A 工作时,它们组成主从式级联控制结构。

(4)D_2(ADI):该位对 8086/8088 系统不起作用,常设定为 0。对于 8080/8085 及 8098 系统,此位为 1 还是为 0,决定中断源中每两个相邻的中断处理程序的入口地址之间的距离间隔值。

(5)D_3(LTIM):该位设定 $IR_7 \sim IR_0$ 端中断请求方式。$D_3=0$,边沿触发方式;$D_3=1$,电平触发方式。

(6)D_4:特征位,表示当前设置的是初始化命令字 ICW_1,设定为 1。

(7)$D_7 \sim D_5$:这 3 位在 8086/8088 系统中不用,一般设定为 0。

【例 7-1】 若 8259A 采用电平触发,单片使用,需要 ICW_4,则程序段为:

```
MOV   AL,1BH        ;ICW1的内容
OUT   20H,AL        ;写入 ICW1端口(A0= 0,20H 为芯片的偶地址)
```

ICW_1 命令除了具有上述作用之外,还可对 8259A 进行复位(8259A 无 RESET 引脚),因为执行 ICW_1 命令会使中断请求信号边沿检测电路复位,使它仅在 IR 信号由低变高时,才能产生中断。ICW_1 命令还可用于清除中断屏蔽寄存器,设置完全嵌套方式的中断优先级排队,使 IR_0 优先级最高,IR_7 优先级最低。

2. 初始化命令字 ICW_2

此命令字为设置中断类型号的初始化命令字。CPU 响应中断,发出第二个中断响应信号 $\overline{INTA}$ 后,8259A 将中断类型号(即中断类型寄存器中的内容 ICW_2)送到数据总线上。初始化命令字 ICW_2 的格式如图 7-11 所示。

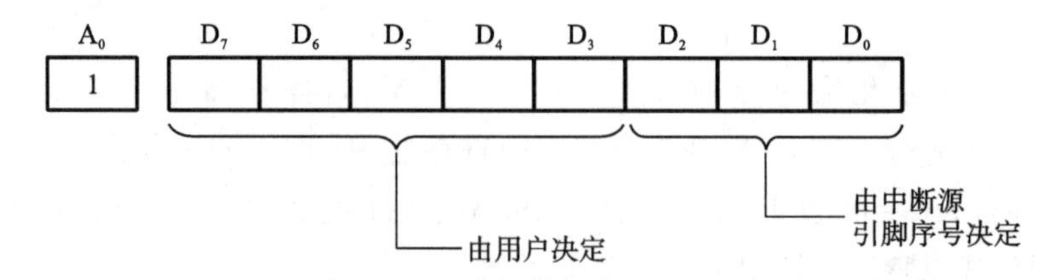

图 7-11 初始化命令字 ICW_2 的格式

(1)$A_0=1$:表示此命令字必须写入奇地址中。

(2)$D_7 \sim D_3$:由用户决定,用户根据 IR_i 中断源的中断向量在中断向量表中的位置决定该中断源的中断类型号的高 5 位。

(3)$D_2 \sim D_0$:决定中断源挂在 8259A IR_i 中哪一个引脚上,数值是由中断请求线 IR_i 的

二进制编码(如 IR_4 的编码为 100)决定，并且在第二个 $\overline{INTA}$ 到来时，由硬件自动将这个编码写入 D_2～D_0 位，作为中断类型号的低 3 位。

因此，在 8086/8088 CPU 对 8259A 所写的 ICW_2 中，只有高 5 位有效，低 3 位是无效位(写入时可为任意的 000～111)，低 3 位是在中断响应时由硬件自动产生的。

【例 7-2】 在 PC 微机中断系统中，硬盘中断类型号的高 5 位是 00001B(08H～0FH)，它的中断请求线连到 8259A 的 IR_5 上，在向 ICW_2 写入中断类型号时，只写中断类型号的高 5 位(08H)，低 3 位取 0：

```
MOV  AL,08H      ;ICW2的内容(中断类型号高5位有效)
OUT  21H,AL      ;写入ICW2的端口(A0=1,21H为芯片的奇地址)
```

当 CPU 响应硬盘中断请求后，8259A 把 IR_5 的编码 101B 作为低 3 位构成一个完整的 8 位中断类型号 00001101B 即 0DH，经数据总线提供给 CPU。可见，外部硬中断中断源的中断类型号(8 位代码)是由两部分构成的，即高 5 位(ICW_2)加低 3 位(IR_i 的编码)。

3. 初始化命令字 ICW_3

此命令字仅用于级联方式中。只有在一个系统中包含多片 8259A 时，ICW_3 才有意义。系统中是否有多片 8259A，是由 ICW_1 的 D_1 位指示的：当 ICW_1 的 D_1 位等于 0 时，初始化时需要有 ICW_3 命令字。此命令字的格式对于主 8259A 和从 8259A 是不一样的，如图 7-12 所示，需要分别写入。

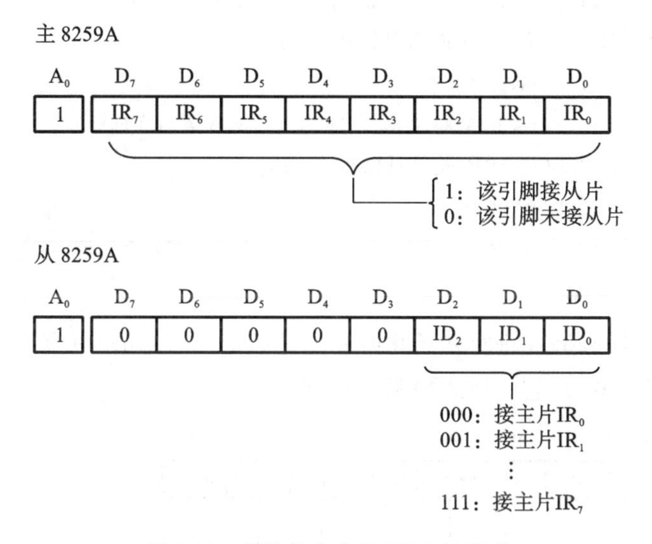

图 7-12 初始化命令字 ICW_3 的格式

A_0=1，表示此命令字必须写入奇地址端口中。主 8259A ICW_3 的 D_7～D_0 对应其 8 根中断请求线 IR_7～IR_0，若某根 IR 线上接有从 8259A，则 ICW_3 的相应位应写成 1，否则写成 0。各从 8259A 的 ICW_3 仅 D_2～D_0(ID_2～ID_0)有意义，用作该从 8259A 的标识码，高位固定为 0。这个从片标识码须和本从片所接主片 IR 线的序号一致。在中断响应时，主片通过级联信号线 CAS_2～CAS_0 送出被允许中断的从片标识码。各从片用自己的 ICW_3 和 CAS_2～CAS_0 相比较，二者一致的从片被确定为当前中断源，进而可发送自己的中断向量。

【例 7-3】 图 7-13 所示是一片 8259A 主片和两片 8259A 从片 A，B 级联的连线图，共可提供 22 个中断等级。

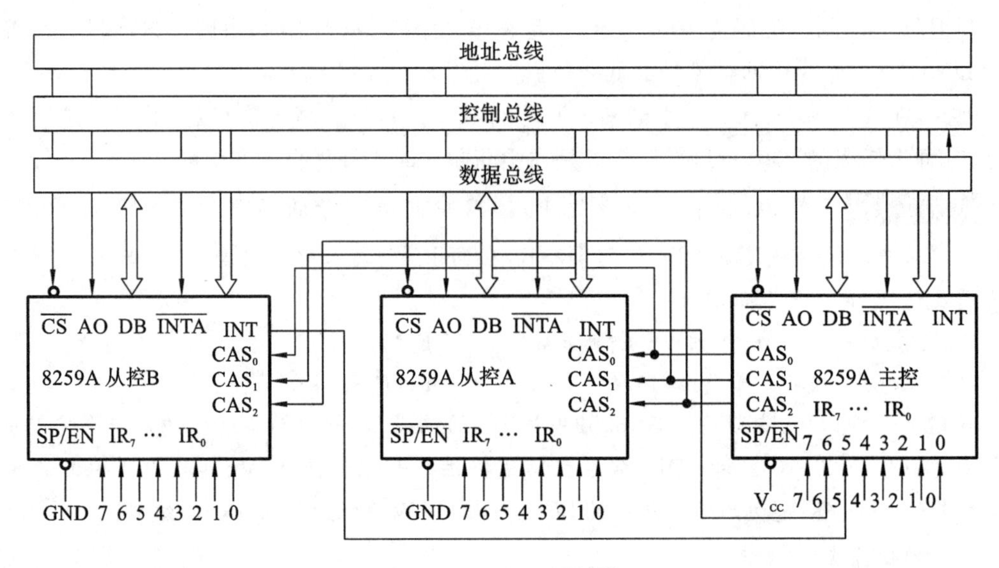

图 7-13　8259A 的级联

由于主片的 IR_5，IR_6 两个输入端分别连接了从片 A 和 B 的 INT，因此主片的 ICW_3 就为 0110000B 或 60H，编程为：

```
MOV   AL,60H        ;ICW3(主)
OUT   21H,AL        ;ICW3(主)端口(A0= 1,21H 为主片的奇地址)
```

从片 A 的 ICW_3 为 00000101B 或 05H，编程为：

```
MOV   AL,05H        ;ICW3(从片 A)
OUT   0A1H,AL       ;ICW3(从片 A)端口(A0= 1,0A1H 为从片 A 的奇地址)
```

从片 B 的 ICW_3 为 00000110B 或 06H，编程为：

```
MOV   AL,06H        ;ICW3(从片 B)
OUT   0A3H,AL       ;ICW3(从片 B))端口(A0= 1,0A3H 为从片 B 的奇地址)
```

4. 初始化命令字 ICW_4

ICW_4 命令字在对 8259A 进行初始化时并不是一定要写入的，只有当 ICW_1 的 D_0 位为 1 时才需写入命令字 ICW_4。它的格式如图 7-14 所示。

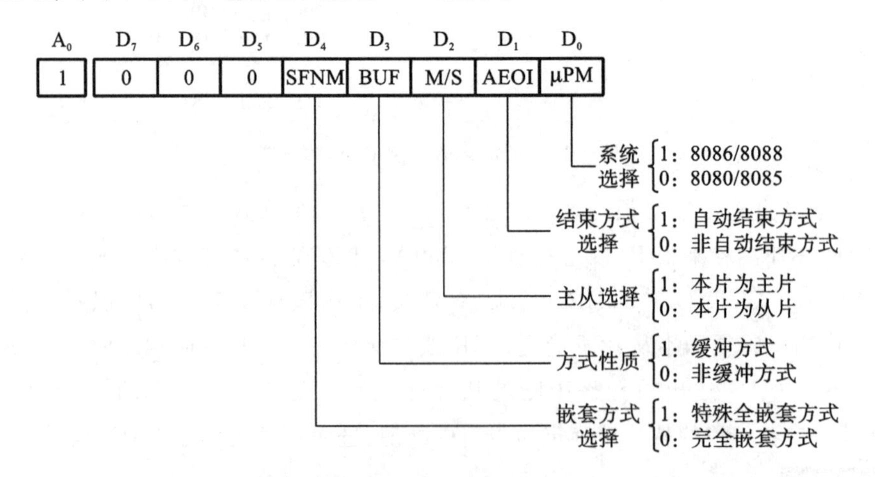

图 7-14　初始化命令字 ICW_4 的格式

(1)$A_0=1$:表示 ICW_4 必须写入 8259A 的奇地址端口中。

(2)D_0(μPM):系统选择位,选择 8259A 工作在哪类 CPU 系统中。在 8086/8088 CPU 系统中,$D_0=1$。

(3)D_1(AEOI):中断结束方式位,选择结束中断的方式。$D_1=0$,为非自动结束方式;$D_1=1$,为自动结束方式。中断结束就是使中断服务寄存器的相应位置 0,有自动和非自动两种方式。

(4)D_2(M/S):主从选择位,仅在缓冲方式下有效。因为在缓冲方式下是由多片 8259A 组成优先级中断系统,这样就有主 8259A 和从 8259A 之分。$D_2=0$,此片为从片;$D_2=1$,此片为主片。D_3 位为 1 时,D_2 位才有效;D_3 位为 0 时,D_2 位无效。

(5)D_3(BUF):用来设定是选用缓冲方式还是选用非缓冲方式。$D_3=0$,选用非缓冲方式;$D_3=1$,选用缓冲方式。缓冲方式和非缓冲方式使 8259A 的 $\overline{SP}/\overline{EN}$ 引脚有不同的作用和意义。在缓冲方式下,8259A 通过数据总线驱动器与数据总线相连,这时 $\overline{SP}/\overline{EN}$ 作输出端口用,启动数据总线驱动器;在非缓冲方式下,8259A 不通过数据总线驱动器与数据总线相连,这时 D_3(BUF)位应设置为 0。需要注意的是,在单片 8259A 系统中,$\overline{SP}/\overline{EN}$ 端须接高电平。

(6)D_4(SPNM):嵌套方式选择位。$D_4=0$,工作于特殊全嵌套方式下;$D_4=1$,工作于完全嵌套方式下。在级联方式下,主 8259A 一般设置为特殊全嵌套方式,从 8259A 一般设置为完全嵌套方式。

(7)$D_7 \sim D_5$:特征位,当这三位为 000 时,标识现在送出的命令字是 ICW_4。

若在某种应用场合,正好需要 ICW_4 各位都为 0,则可以不写 ICW_4。这是因为 8259A 在进入初始化时,已自动将 ICW_4 全部复位。

5. 操作命令字 OCW_1

OCW_1 是中断屏蔽操作命令字。该命令字是针对有多个中断源存在而设置的。在执行某段程序时,如果不希望某些中断源在该时刻申请中断,可对其进行屏蔽,当允许时,再取消屏蔽操作。因此,该命令字可根据程序员的意愿,随时对某些中断源进行屏蔽或不屏蔽操作。OCW_1 的格式如图 7-15 所示。

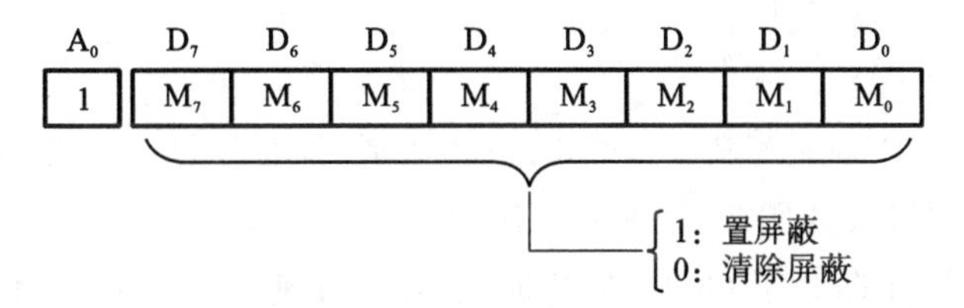

图 7-15 操作命令字 OCW_1 的格式

(1)$A_0=1$:表示 OCW_1 必须写入 8259A 的奇地址端口中。

(2)$M_7 \sim M_0$:分别对应 $IR_7 \sim IR_0$。某一位为 1,将屏蔽相应的 IR 输入,禁止它产生中断输出信号 INT;为 0,将清除屏蔽状态,允许对应的 IR 输入信号产生 INT 输出,请求 CPU 进行服务。

【例 7-4】 使 8259A 的中断源 IR_3 开放,其余均被屏蔽,$OCW_1=11110111B$ 或 0F7H。

```
MOV  AL,0F7H        ;OCW1的内容
OUT  21H,AL         ;OCW1端口(A0= 1,21H为 8259A的奇地址)
```

6. 操作命令字 OCW_2

操作命令字 OCW_2用来设置优先级控制方式和中断结束方式。OCW_2的格式如图 7-16 所示。

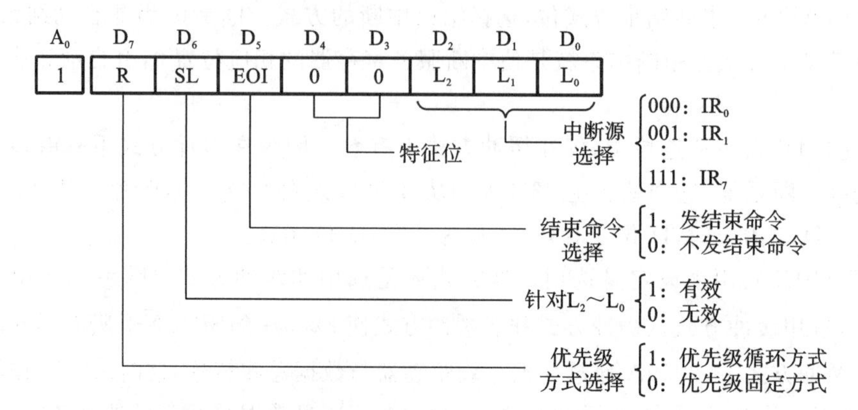

图 7-16　操作命令字 OCW_2的格式

(1)$A_0=0$:表示 OCW_2必须写入 8259A 的偶地址端口中。

(2)D_4,D_3:为操作命令字 OCW_2的特征位,必须分别是 0,0。

OCW_2命令字的 R,SL,L_2,L_1,L_0各位确定优先级控制方式。当 R=0 时,为固定的优先级方式,IR_0中断级别最高,IR_7中断级别最低,SL,L_2,L_1,L_0各位无意义;当 R=1 且 SL=0 时,为优先级自动循环方式,刚刚被服务过的中断源级别降为最低,L_2,L_1,L_0无意义;当 R=1 且 SL=1 时,为优先级特殊循环方式,此时的 L_2,L_1,L_0用来指定级别最低的中断源 IR_i。例如,OCW_2命令字为 11000011B,指明 IR_3中断源的级别最低。

命令字 OCW_2的 SL,EOI,L_2,L_1,L_0用来确定中断结束方式。当 EOI=1,且 SL=0 时,发中断结束命令,L_2～L_0位无效,使中断服务寄存器当前级别最高的置 1 位清 0,此方式称为一般中断结束方式;当 EOI=1,且 SL=1 时,发中断结束命令,使中断服务寄存器的某位置 0,置 0 位由 L_2～L_0指定,此种方式为特殊中断结束方式。例如,要使 IR_3在中断服务寄存器的相应位置 0,OCW_2命令字应为 01100011B。

7. 操作命令字 OCW_3

OCW_3具有 3 个功能,即控制 8259A 的中断屏蔽、设置中断查询方式、设置读 8259A 内部寄存器命令。它的格式如图 7-17 所示。其中:$A_0=0$ 表示 OCW_3必须写入 8259A 的偶地址端口中;D_4,D_3为操作命令字 OCW_3的特征位,必须分别是 0,1;D_7为无效位,通常取 0。

(1)设置读 8259A 内部寄存器功能。

D_1,D_0(RR,RIS):D_1位为读命令位,D_0位为选择位。当 $D_1=1$,$D_0=1$ 时,读中断服务寄存器中的内容;当 $D_1=1$,$D_0=0$ 时,读中断请求寄存器中的内容;当 $D_1=0$ 时,D_0位无意义。

8259A 的屏蔽寄存器 IMR 的内容可通过 IN 输入指令直接读出,不用发读出命令。需要注意的是,在读内部寄存器时,首先要关中断,然后输出操作命令字 OCW_3(D_1 位必须是 1,D_0 位根据所指定的寄存器设置为 0 或 1),最后将选中的内部寄存器的内容读入 CPU。

(2)设置中断查询方式 D_2(P)。D_2 为查询工作方式设置位。当 $D_2=1$ 时,设置为查询工作方式;当 $D_2=0$ 时,设置为正常中断工作方式。当设置为查询工作方式时,从 8259A 读入的查询字可表明当前有没有中断,若有中断,则表明当前级别最高的中断源是哪一个。查询字的格式如图 7-18 所示。

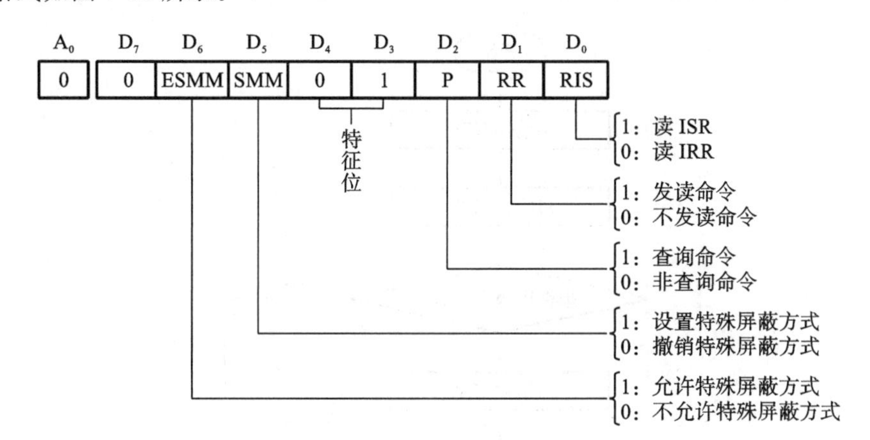

图 7-17　操作命令字 OCW_3 的格式

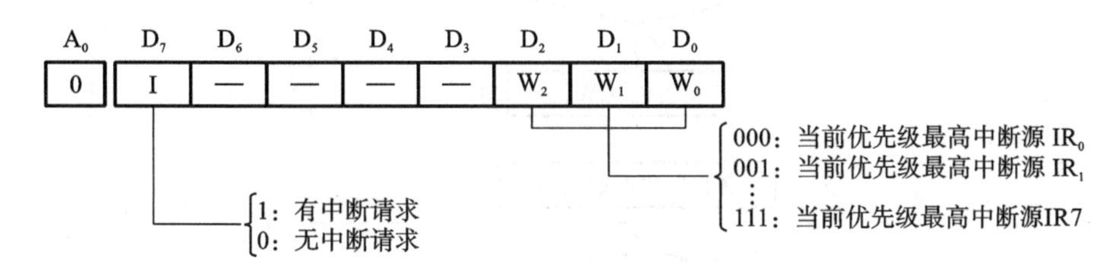

图 7-18　查询字的格式

查询字的 D_7(I)位表示是否有中断申请：$D_7=1$，有中断请求；$D_7=0$，没有中断请求。$D_2\sim D_0$($W_2\sim W_0$)位表明当前中断申请优先级最高的中断源。要读查询字，需先关中断，然后使 OCW_3 的 D_2 位等于 1，发出查询命令，最后执行 IN 指令读出查询字，了解当前有无中断申请，若有中断申请，则表明最高优先级的中断源。若使操作命令字 OCW_3 的 D_1，D_2 位都等于 1，既发查询命令又发读命令，则当执行 IN 指令时，首先读出的是查询字，然后再执行 IN 指令，读出的是中断请求寄存器或中断服务寄存器的内容。

(3)设置 8259A 的中断屏蔽方式。

①D_6(ESMM)：特殊的屏蔽模式允许位，是对 D_5 位的控制位，允许 SMM 位起作用或禁止 SMM 位起作用。

②D_5(SMM)：设置或撤销特殊屏蔽位。通常 8259A 工作在一般屏蔽方式下，通过 OCW_1 控制字对某些中断源实现屏蔽。在某些特殊场合，需对同级中断申请屏蔽，允许比它高或比它低的中断源申请中断。当操作命令字 OCW_3 的 $D_6=1$，$D_5=1$ 时，8259A 工作在特殊屏蔽方式下；当 $D_6=1$，$D_5=0$ 时，撤销特殊屏蔽方式。

7.4　可编程中断控制器 8259A 在微机中的应用

7.4.1　8259A 的初始化编程

在 8259A 进入正常工作之前，系统必须对每片 8259A 进行初始化设置。初始化是通过编程将初始化命令字按顺序(ICW_1，ICW_2，ICW_3，ICW_4)写入 8259A 的端口实现的。其中

ICW_3,ICW_4可根据实际情况决定是否写入。8259A 的初始化流程如图 7-19 所示。

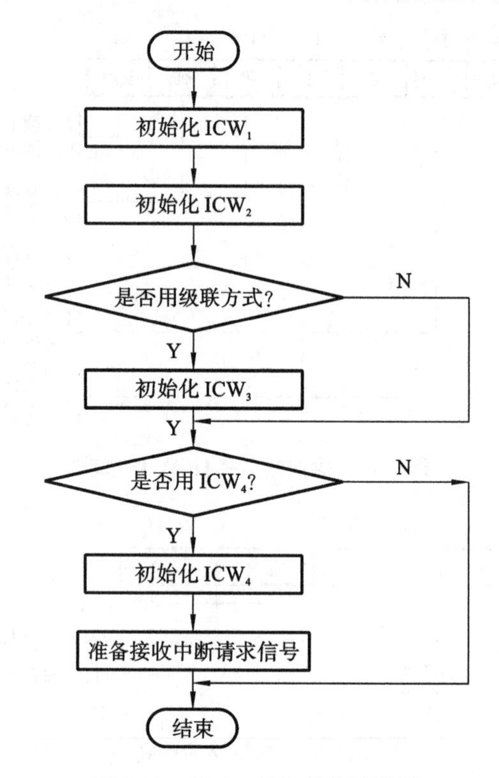

图 7-19 8259A 的初始化流程图

【例 7-5】 设在 8086 系统中,8259A 的端口地址为 1CE0H,1CE2H,中断请求信号采用电平触发方式,单片 8259A,中断类型号高 5 位为 00010,中断源接在 IR_3 中,不用特殊全嵌套方式,用非自动结束方式、非缓冲方式。编写初始化程序。

```
MOV  DX,1CE0H        ;8259A 偶地址端口
MOV  AL,00011011B    ;设置 ICW1 命令字,单片,电平触发,要写 ICW4
OUT  DX,AL
MOV  AL,00010011B    ;设置 ICW2 中断类型号,高 5 位为 00010
MOV  DX,1CE2H        ;8259A 奇地址端口
OUT  DX,AL           ;
MOV  AL,00000001B    ;设置 ICW4,普通嵌套,非自动结束,非缓冲方式
OUT  DX,AL
```

7.4.2 8259A 的级联使用

在微机系统中,为了扩充中断源,常将多片 8259A 连在一起,构成级联中断系统。其中,与 CPU 相连的 8259A 为主片,其他的 8259A 为从片。图 7-20 所示是一个多片 8259A 组成的级联中断系统图。从 8259A 的 IR_7~IR_0 直接与中断源相连,INT 与主 8259A 的 IR_7~IR_0 的某一端相连,根据需要可以选择从 8259A 的片数,级联中断系统最多可带 64 个中断源。根据 $\overline{SP}/\overline{EN}$ 引脚的高/低电平可区分 8259A 是主片还是从片:从片 $\overline{SP}/\overline{EN}$ 接低电平,主片 $\overline{SP}/\overline{EN}$ 接高电平。

若 8259A 的 D_7~D_0 数据引脚通过驱动器接到 CPU 的数据总线上,则主 8259A 的 $\overline{SP}/$

$\overline{EN}$引脚接到驱动器的输出信号允许端$\overline{OE}$端，作为驱动器输出数据的控制信号引脚(既缓冲方式)。主 8259A 的 $CAS_2 \sim CAS_0$ 和从 8259A 的 $CAS_2 \sim CAS_0$ 直接相连，构成 8259A 主从式级联控制结构。主 8259A 的 $CAS_2 \sim CAS_0$ 为输出端口，用来发送所选中的从 8259A 的标志号；从 8259A 的 $CAS_2 \sim CAS_0$ 为输入端口，用来接收主控制器发来的标志号。

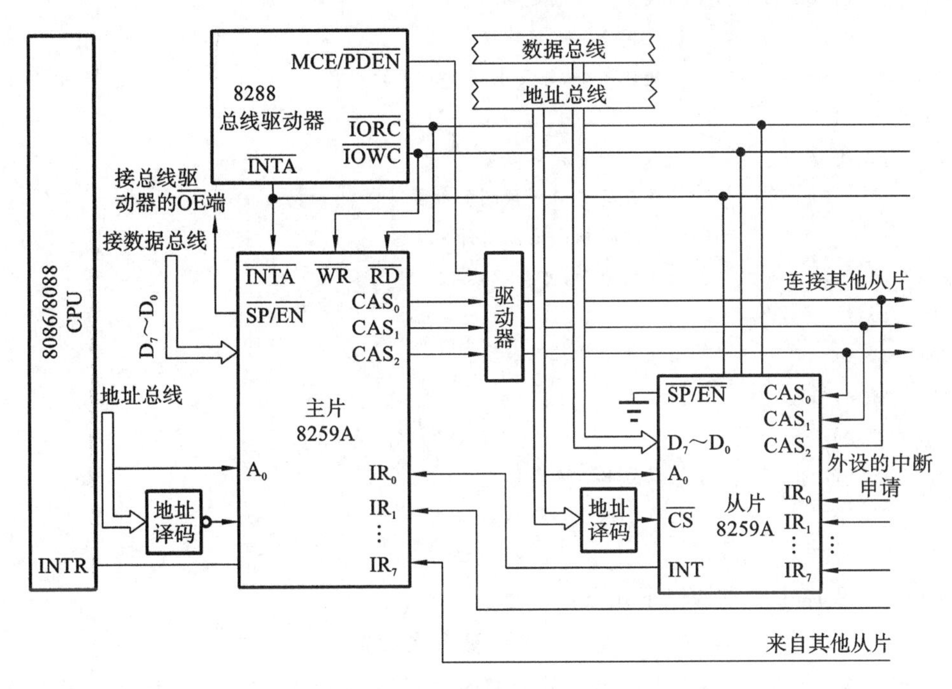

图 7-20 由多片 8259A 组成的级联中断系统图

级联中断系统中各 8259A 必须各自有一完整的初始化过程，以便设置各自的工作状态。在中断结束时，要发两次 EOI 命令，分别使主片和相应的从片执行中断结束命令。

若 8259A 初始化时没有设置为特殊全嵌套方式，则初始化完成后进入完全嵌套方式下。在此方式下，当从片的中断请求被 CPU 响应，进入中断服务时，主片的 ISR 被置位，这个从片就被屏蔽掉，来自同一从片的较高优先级的中断请求就不能通过 8259A 向 CPU 申请中断。为避免这种欠缺，在级联环境下可采用特殊全嵌套方式。

使用特殊全嵌套方式要注意以下两个问题：

(1)当某从片的中断请求进入服务时，主片的优先级控制逻辑部件不封锁这个从片，从而使来自该从片的较高级 IR 中断请求能够被主片识别，并向 CPU 发出中断请求信号 INT。

(2)中断服务程序结束时，必须用软件检查被服务的中断是否属于该从片唯一的中断请求。操作过程为：先向从片发一个中断结束命令 EOI，清除已完成服务的 ISR 位，然后读出 ISR 内容，检查它是否为 0，如果为 0，表示该从片只有一个中断请求得到响应，则向主片发 EOI 命令，清除与该从片对应的 ISR 位；如果从片 ISR 不为 0，则不向主片发 EOI 命令。

◆ 7.4.3 8259A 的应用举例

对 8259A 的使用和操作，都必须通过 CPU 向其发出各种命令字来完成(即编程实现)。前面已经举例说明了如何利用初始化命令字来设置 8259A 的各种工作方式，下面再用两个例子来阐述其操作过程。

【例 7-6】 为 PC XT 机 BIOS 编写一段程序，将中断请求寄存器 IRR、中断服务寄存器 ISR 和中断屏蔽寄存器 IMR 中的内容读出，存入地址从 0100H 开始的单元（在 PC XT 系统中，所用的芯片为 8088，8259A 中断控制器的地址为 0020H，0021H）。

```
MOV  DI,0100H           ;设置数据区首地址
MOV  DX,0020H           ;设置 8259A 偶地址
MOV  AL,0AH             ;发读命令,并要求读 IRR 中的内容
OUT  DX,AL
IN   AL,DX              ;从 IRR 中读取数据
MOV  [DI],AL            ;保存从 IRR 中读到的数据
INC  DI                 ;修改数据区地址指针
MOV  AL,0BH             ;发读命令,并要求读 ISR 中内容
OUT  DX,AL
IN   AL,DX              ;从 ISR 中读取数据
MOV  [DI],AL
INC  DI
MOV  DX,0021H           ;设置 8259A 奇地址
IN   AL,DX              ;从 IMR 中读取数据
MOV  [DI],AL
```

从例 7-6 程序中应掌握以下几点：

(1)操作命令字 OCW 在一个程序中可以被多次设置。

(2)当要求读取中断请求寄存器中的内容时，需设置 P＝0，RR＝1，RIS＝0，发出读中断请求寄存器中 IRR 中内容的命令；若要求读中断服务寄存器 ISR 中的内容，设置 P＝0，RR＝1，RIS＝1，发出读中断服务寄存器中内容的命令。

(3)在每执行一次读入操作前，必须先向 8259A 发一次读 OCW_3 命令字命令。这是因为每当 8259A 进入 OCW_3 所设置的方式下，或者完成了 OCW_3 所要求的操作，OCW_3 便不起作用了。

(4)写入操作命令字 OCW_3、读中断服务寄存器中的内容或读中断请求寄存器中的内容时，CPU 访问 8259A 的偶地址端口，但在读中断屏蔽寄存器中的内容时，CPU 访问的是 8259A 的奇地址端口。

【例 7-7】 编制一段程序，要求：CPU 在执行连接到 8259A 上的 IR_3 中断源的中断服务程序时，能响应比 IR_3 级别低的中断申请；在 IR_3 中断源的中断服务程序执行完毕后，不允许 CPU 响应比 IR_3 级别低的中断申请（设 8259A 的奇偶地址为 04A2H，04A0H）。

```
;IR3中断服务程序
;执行 IR3中断服务程序之前
CLI                     ;关中断
MOV  DX,04A2H           ;设置 8259A 奇地址
IN   AL,DX              ;读取原屏蔽字
OR   AL,08H             ;设置 OCW1,屏蔽 IR3
OUT  DX,AL
MOV  DX,04A0H           ;设置 8259A 偶地址
```

```
MOV  AL,68H                  ;设置 OCW3,设置特殊屏蔽方式
OUT  DX,AL
STI
                             ;执行中断处理,此间可能发生比 IR3级别低的中断
… …
;执行完 IR3中断服务程序之后
CLI                          ;关中断
MOV  DX,04A0H                ;设置 8259A 偶地址
MOV  AL,48H                  ;设置 OCW3,撤销特殊屏蔽方式
OUT  DX,AL
MOV  DX,04A2H                ;设置 8259A 奇地址
IN   AL,DX                   ;读取原屏蔽字
AND  AL,0F7H                 ;设置 OCW1,撤销对 IR3的屏蔽
OUT  DX,AL
MOV  DX,04A0H                ;设置 8259A 偶地址
MOV  AL,20H                  ;发结束命令
OUT  DX,AL
STI
IRET
```

通过例 7-7 可以了解特殊屏蔽方式设置和解除的方法,了解实现特殊屏蔽的过程。用 OCW_3命令字设置特殊屏蔽方式,还要用 OCW_1把本级的中断申请屏蔽掉,这样使系统除了对本级的中断不响应外,可以响应其他任何级别的中断申请。也就是说,通过对 8259A 操作命令字 OCW_3的 D_6,D_5两位置 0 或置 1,可使中断不受优先级的限制,用人为的控制方法,使低级别的中断源得到服务。

习题

1. 简述中断的一般处理过程。

2. 什么是中断类型号?它的作用是什么?它是如何构成的?

3. 如何根据中断类型号找到中断向量?已知中断向量表中 004CH 单元中的内容为 9918H,004EH 单元中的内容为 4268H,试说明:

(1)这些单元对应的中断类型号是什么?

(2)该类型中断的服务程序入口地址是什么?

4. 设置中断优先级的目的是什么?

5. 8259A 的初始化命令字和操作命令字的含义各是什么?两者有何差别?

6. CPU 响应可屏蔽中断的条件是什么?

7. 设 8259A 的 ICW_2 被编程为 1FH,则接 IR_7 的外设的中断类型号是什么?它的中断向量地址是什么?

8. 在 8086 CPU 系统中,使用了一片 8259A,要求中断请求信号采用电平触发,需要 ICW_4,IR_2 引脚所接的中断源的中断类型号为 62H,采用特殊全嵌套、非缓冲、自动结束方式,8259A 的端口地址为 0B3H,0B4H。试写出 8259A 的初始化程序段。

第8章 定时/计数技术

定时/计数在微机系统中具有极为重要的作用，如为计时电子钟提供恒定的时间基准、为动态存储器刷新定时以及对扬声器的音调定时等。微机的许多应用也与时间有关，尤其是在实时监测与控制系统中，定时中断、定时检测、定时扫描、定时显示、定时打印、对外部事件进行计数，或者对I/O设备运行速度和工作频率进行控制与调整等，这些功能的实现都与定时/计数技术有关。

8.1 定时/计数的基本概念

1. 定时

定时和计时是最常见和最普遍的问题。一天24小时的计时称为日时钟，长时间的计时（日、月、年直至世纪的计时）称为实时钟。在监测系统时，需对被测点定时取样；在打印程序中，查忙（BUSY）信号一般等待10 ms，若超过10 ms还是忙，就做超时处理。在读键盘时，为了去抖动，一般延迟一段时间再读。在步进电动机速度控制程序中，利用前一次和后一次发送相序代码之间延时的时间间隔来控制步进电动机的转速。

2. 计数

计数的使用体现在很多方面，如在生产线上对零件和产品的计数、对大桥和高速公路上车流量的统计等。

3. 定时与计数的关系

定时的本质就是计数，只不过这里的“数”的单位是时间单位。如果把一小片一小片计时单位累加起来，就可获得一段时间。例如，以秒为单位来计数，计满60秒为1分钟，计满60分为1小时，计满24小时即为1天。在微机系统中，以秒为单位来计时太大了，一般都采用纳秒级时间单位。正因为定时与计数在本质上是一样的，都是计数，因此，在实际应用中，有时把定时与计数混为一谈，或者说把定时操作当作计数操作来处理。

4. 微机系统中的定时

在微型计算机及其应用系统中的定时，可分为内部定时和外部定时两类。内部定时是计算机本身运行的时间基准或时序关系，计算机的每个操作都是在精确的定时信号的控制下按照严格的时间节拍执行的；外部定时是在外设实现某种功能时，CPU与外设之间所需要的一种时序关系，如打印机接口标准Centronics就规定了打印机与CPU之间传送信息应遵守的工作时序。计算机内部定时，已在计算机设计时由CPU硬件结构确定了，它们具有固定的时序关系，是无法更改的，而且其他一切定时都应以此为基准；而外部定时，由于外设或被控对象的任务不同、内部结构不同、功能不同，所需要的定时信号也就各不相同，不可能有统一的模式，因此往往需要由用户或研制者根据I/O设备的要求自行设定。在考虑外设或被控对象与CPU连接时，不能脱离CPU的定时要求，应以CPU的时序关系为依据来设计自己的外部定时系统，以满足计算机的时序要求，这称为与主机的时序配合。至于在一个过程控制、工艺流程或监测系统中，各个控制环节或控制单元之间的定时关系，完全取决于被处理、加工、制造和控制对象的性质，因而可以按各自的规律独立进行设计。

讨论定时/计数技术，重点是讨论外部定时技术。由于定时的本质是计数，在此把计数作为定时的基础来讨论。

8.2 定时/计数方法

为获得所需要的定时，要求有准确而稳定的时间基准，产生这种时间基准的方法通常有软件定时和硬件定时两种。其中，硬件定时又可分为不可编程(固定)的硬件定时和可编程的硬件定时。

1. 软件定时

软件定时是最简单的定时方法。实现软件定时的方法就是由CPU调用一个具有固定延时时间的延时程序。由于延时程序中每条指令的执行时间是确定的，因此它所包含的时钟周期数也是固定的、已知的。将延时程序中所有指令的时钟周期数相加后再乘以时钟周期时间，就得到该延时程序执行后所产生的延时时间。在延时程序执行完毕后，就可用输出指令输出一个信号作为定时控制输出。

当延时时间常数较大时，可将延时程序设计成一个循环程序，通过控制循环次数和循环体内的指令来确定不同的延时时间，从而达到定时的目的。

软件定时方法简单、灵活，不需要增加硬件电路，缺点是：降低了CPU的工作效率，在定时循环时间内，CPU一直被占用，并且定时时间越长，占用CPU的时间就越长，效率就越低，CPU的资源浪费越大；软件延时的时间随主机频率不同而发生变化，即定时程序的通用性差。因此，软件定时方法常用于定时时间短、延时程序重复调用次数少的场合，如键盘操作的消抖动延时。另外，在设计延时程序时，指令的选取、执行时间的计算都是较麻烦的事，做不好会影响延时精度，这也是软件定时的不足之处。尽管如此，软件定时在实际中还是经常使用的。

2. 硬件定时

硬件定时采用专门的定时电路产生定时或延时信号。硬件定时又分为不可编程的硬件定时和可编程的硬件定时。

不可编程的硬件定时用中小规模集成电路实现。这种方法通常利用定时时间固定的单稳态电路来产生定时信号,定时的时间由外接电阻和电容的参数(阻值和电容量)决定,如定时器555就是一种常用的不可编程定时器件。这种方法的特点是不占用CPU的时间,而且硬件电路简单,通过改变电阻和电容,可以使定时在一定的范围内改变。但是,这种定时电路在硬件确定并连接好以后,定时值及定时范围不能由程序(软件)来控制和改变,即不可编程,而且精度也不高。

可编程的硬件定时利用专门的定时/计数器,如Intel 8253/8254,并通过软件来确定不同方式的定时/计数功能,以满足CPU和外设(或被控对象)的定时或延时要求。可编程定时/计数器是为方便微机系统的设计和应用而研制的,很容易和系统连接。这种硬件定时方法不占用CPU的时间,提高了CPU的工作效率,它的定时值及定时范围完全由软件来确定和改变,使用灵活方便,而且定时精度高,能够满足各种不同的定时/计数要求。因此,这种方法在实际中获得了广泛的应用,特别是在微机系统中,可编程定时/计数器已成为一个必备的接口部件。

Intel系列的定时/计数器为可编程间隔定时器PIT(programmable interval timer),型号为8253,改进型为8254,它们是向上兼容的。8254的引脚定义与8253完全一致,但有两个区别:一是计数频率不同,8253最大工作频率是2.6 MHz,而8254最大工作频率是10 MHz;二是8254除包含8253的全部命令外,还具有读回命令(详见8.3.5)。下面对Intel 8253可编程定时/计数器芯片进行详细讨论。

8.3 可编程定时/计数器芯片8253

Intel 8253是一片具有3个独立的16位计数器的可编程定时/计数器芯片,为24引脚双列直插式大规模集成电路芯片,使用单+5 V电源。

8.3.1 8253的基本特性

1. 8253的主要特点

(1)具有3个独立的16位计数器(称计数通道),最大可计数65 536个。

(2)每个计数器可按二进制或十进制(BCD)两种方式计数。

(3)每个计数器都可以由程序设置6种工作方式,能适合不同用途的定时/计数要求。

(4)8253是减法计数器,只能做减法计数(倒计时),不能做加法计数(正计时)。

(5)8253的定时/计数过程不受CPU的控制,一旦设定某种工作方式并装入计数初值,进行启动后,便能自行独立工作,计数完毕自动产生输出信号。

2. 8253的用途

8253有很强的通用性,可作为定时器和计数器。它几乎能适用于所有的微处理器组成的系统中。8253的具体用途如下:

(1)在多任务的分时系统中作为中断信号实现程序切换。

(2)可为I/O设备输出精确的定时信号。

(3)实现时间延迟。

(4)可作为一个可编程的波特率发生器。

8.3.2 8253的内部结构及工作原理

8253可作为定时器使用,也可作为计数器使用。作为计数器时,在设置好计数初值后,进行减1操作,当减为0时,输出一个信号便结束;而作为定时器时,在设置好定时常数后,进行减1计数,并按定时常数不断地输出为时钟周期整数倍的定时间隔信号。由此可以看出这两种用途的主要区别:8253工作于计数器状态时,减至“0”后输出一个信号便结束;而作为定时器时,则不断重复产生信号。

定时/计数器的基本原理如图8-1所示。它共有4个寄存器,即初值寄存器、计数输出寄存器、控制寄存器和状态寄存器。

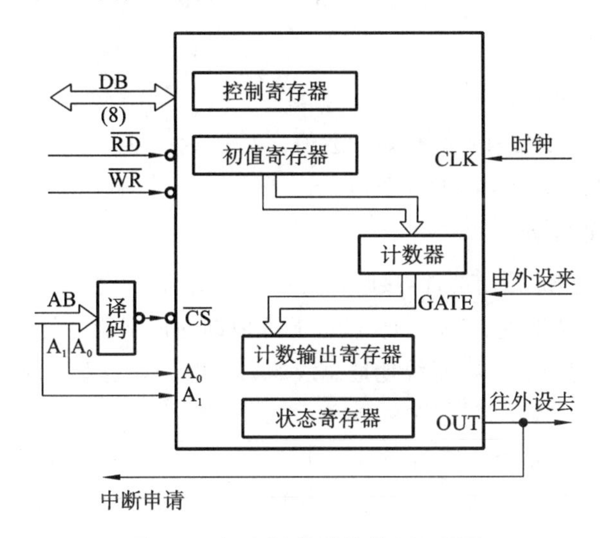

图8-1 定时/计数器的基本原理图

(1)初值寄存器。初值寄存器用来存放计数初值,该值由程序写入,若不复位或没有往该寄存器写入新内容,则原值一直保持不变。

(2)计数输出寄存器。计数输出寄存器可在任何时候由CPU读出,计数器中计数值的变化均可由计数输出寄存器的内容反映。

(3)控制寄存器。控制寄存器从数据总线缓冲器中接收控制字,以确定8253的操作方式。

(4)状态寄存器。状态寄存器随时提供定时/计数器当前所处的状态,这些状态有利于了解定时/计数器某个时刻的内部情况。

8253的内部结构如图8-2所示,由数据总线缓冲器、读/写控制逻辑部件、控制寄存器和3个结构完全相同的计数器组成。

1. 数据总线缓冲器

这是8253与CPU之间的数据接口。它由8位三态双向缓冲器构成,是CPU与8253之间交换信息的必经之路。CPU在对8253进行读/写操作时,所有数据都是经过这个缓冲

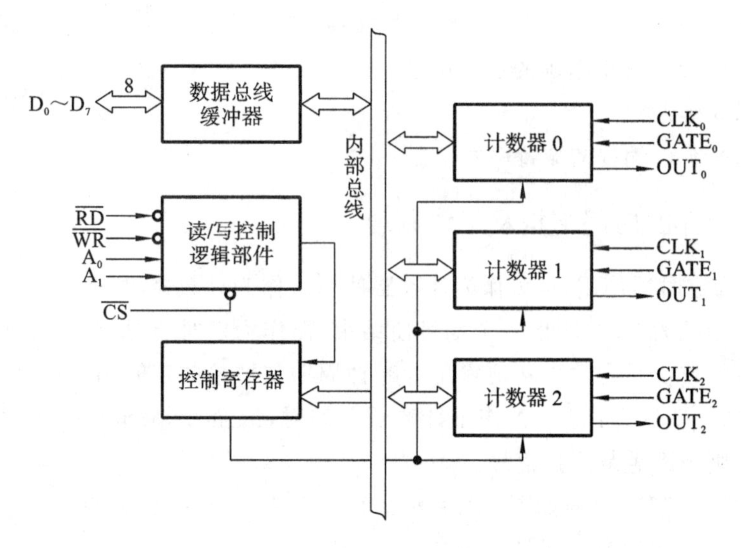

图 8-2　8253 内部结构框图

器传送的。这包括：

(1) CPU 向 8253 写入的方式控制字。

(2) CPU 向某个计数器写入的初始计数值。

(3) CPU 从某个计数器读出的计数值。

2. 读/写控制逻辑部件

这是 8253 内部操作的控制部件，接收来自系统总线的读/写控制信号，并完成对芯片各功能部件的控制功能，因此，它实际上是 8253 芯片内部的控制器，可接收的控制信号如下：

(1) A_1A_0：端口选择信号，接系统地址总线的 A_1 和 A_0(8 位微处理机)或 A_2 和 A_1(16 位微处理机)。

(2)$\overline{RD}$：读控制信号，低电平有效，表示 CPU 正在对 8253 的一个计数器进行读操作。

(3)$\overline{WR}$：写控制信号，低电平有效，表示 CPU 正在对 8253 的一个计数器写入计数器初值或对控制寄存器写入控制字。

(4)$\overline{CS}$：片选信号，由 CPU 输入，低电平有效，通常由端口地址的高位地址译码形成。只有在$\overline{CS}$有效时，$\overline{RD}$和$\overline{WR}$才被确认，否则$\overline{RD}$和$\overline{WR}$不起作用。$\overline{CS}$，$\overline{RD}$，$\overline{WR}$，A_1 和 A_0 组合起来所产生的选择与操作功能如表 8-1 所示。

8253 内部有 3 个独立的计数器和 1 个控制寄存器，它们构成 8253 芯片的 4 个端口。CPU 可对 3 个计数器进行读/写操作，对控制寄存器进行写操作。这 4 个端口的地址由最低 2 位地址码 A_1A_0 来选择，如表 8-1 所示。

表 8-1　8253 的内部选择与操作表

$\overline{CS}$	$\overline{RD}$	$\overline{WR}$	A_1	A_0	操作
0	1	0	0	0	写入计数器 0
0	1	0	0	1	写入计数器 1
0	1	0	1	0	写入计数器 2
0	1	0	1	1	写控制寄存器

续表

$\overline{CS}$	$\overline{RD}$	$\overline{WR}$	A_1	A_0	操作
0	0	1	0	0	读计数器0
0	0	1	0	1	读计数器1
0	0	1	1	0	读计数器2
0	0	1	1	1	无操作
0	1	1	X	X	无操作
1	X	X	X	X	禁止

3. 控制寄存器

控制寄存器用来存放由数据总线缓冲器传送来的方式控制字，由它来控制8253中每个计数器的操作方式。控制寄存器只能写入，不能读出。

4. 计数器

8253有3个相互独立的计数器，即计数器0、计数器1和计数器2，可按各自的方式进行工作。它们的内部结构完全相同，均有一个16位计数初值寄存器、一个16位计数执行部件(减1计数器)和一个16位输出锁存器。计数器的逻辑框图如图8-3所示。写入计数器的初值保存在计数初值寄存器中，由CLK脉冲的一个上升沿和一个下降沿装入计数执行部件。计数执行部件实际上是一个减1计数器。减1计数器在CLK脉冲(GATE允许)的作用下进行减1计数，直至计数值为0，输出OUT信号。输出锁存器的值跟随减1计数器的内容变化。当有一个锁存命令到来时，输出锁存器便锁存减1计数器的当前计数值(减1计数器可继续计数)。CPU读取后，输出锁存器自动解除锁存状态，又跟随减1计数器而变化。所以，在计数过程中，CPU随时可以用输入指令读取任一计数器的当前计数值，这一操作对计数没有影响。

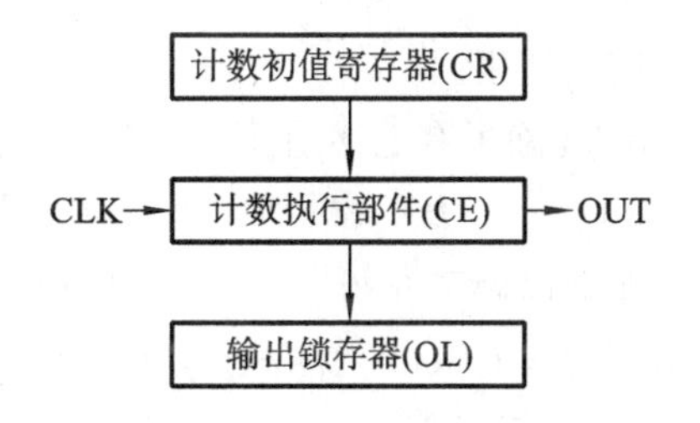

图8-3 计数器内部的结构

每个计数器都是对输入的CLK脉冲按二进制或十进制的初值开始减1计数。若输入的CLK脉冲是频率精确的时钟脉冲，则计数器可作为定时器。任一计数器均可作计数器或定时器使用，二者的内部操作完全相同，区别仅在于前者由计数脉冲进行减1计数，而后者由时钟脉冲进行减1计数。作为计数器时，要求计数的次数可直接作为计数器的初值预置到减1计数器中。作为定时器时，计数器的初值也就是定时常数T_c根据要求定时的时间进行如下运算才能得到：

$$T_c = 要求定时的时间/时钟周期 = t/T_{CLK} = t \times CLK$$

其中，t为要求定时的时间，CLK为时钟脉冲频率。

除此之外，各计数器还可用来产生各种脉冲序列。

8.3.3 8253的引脚及其功能

8253是双列直插式24脚封装的芯片，引脚如图8-4所示。8253内部的3个计数器功能是完全一样的，在整个结构上内部逻辑和外部引脚都是相同的。每个计数器有3个引脚：脉冲输入引脚CLK、脉冲输出引脚OUT和门控脉冲输入引脚GATE。

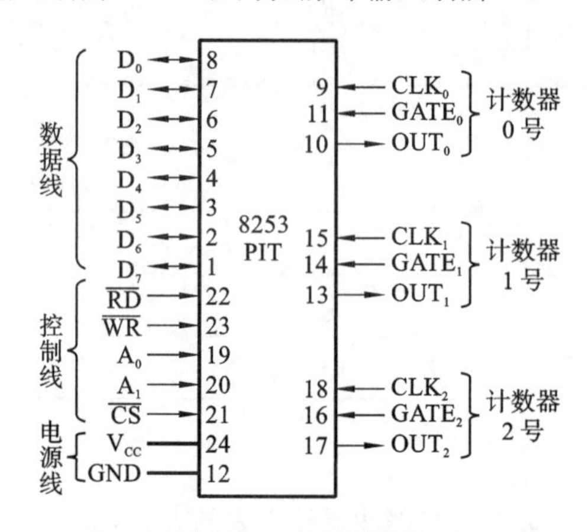

图8-4　8253引脚图

(1) CLK：脉冲输入引脚，为计数执行部件提供一个计数脉冲。在计数过程中，此引脚上每输入一个脉冲（下降沿），计数器的计数值减1。由于该信号通过"与门"才到达减1计数器，因此计数工作受到门控脉冲信号GATE的控制。CLK脉冲可以是系统时钟脉冲，也可以是其他任何脉冲。输入的CLK脉冲可以是均匀的、连续的、周期精确的，也可以是不均匀的、断续的、周期不定的。

(2) GATE：门控脉冲输入引脚，是允许/禁止计数器工作的输入引脚。当GATE为1时，允许计数器工作；当GATE为0时，禁止计数器工作。通常，可用GATE信号启动或中止定时/计数器的操作。对8253的6种不同工作方式，GATE信号的控制作用各不相同。

(3) OUT：脉冲输出引脚。OUT信号的作用是，当计数器减到0时，在OUT上产生一个电平或脉冲输出，以示定时或计数已到。OUT引脚输出的信号可以是方波、电平或脉冲等，具体由工作方式确定。这个信号可作为外部定时、计数控制信号引到I/O设备，用来启动某种操作（开/关或启/停）；也可作为定时、计数已到的状态信号供CPU检测，或作为中断请求信号使用。

8253除了有上述引脚外，还有一些其他的外部引脚。它们是数据线$D_0 \sim D_7$、电源线V_{CC}和GND以及5根控制线。其中：电源线、数据线的连接是不言而喻的；5根控制线的功能已在前面做了介绍，除了$\overline{CS}$片选信号接向地址译码器的输出端外，其余4根控制线在系统中均直接与CPU的对应信号线相连。

8.3.4　8253的工作方式

8253每个计数器有6种不同的工作方式，由方式控制字的$D_3D_2D_1$确定。

1. 方式0（计数结束产生中断）

8253用作计数器时一般工作在方式0下。图8-5所示是方式0下的工作波形图。

8253在方式0下的工作特点如下：

(1)当方式控制字写进控制寄存器确定了方式0时，计数器的输出OUT保持低电平，一直保持到计数值减到0。

(2)计数初值装入计数器之后，在门控脉冲信号GATE为高电平时计数器开始减1计

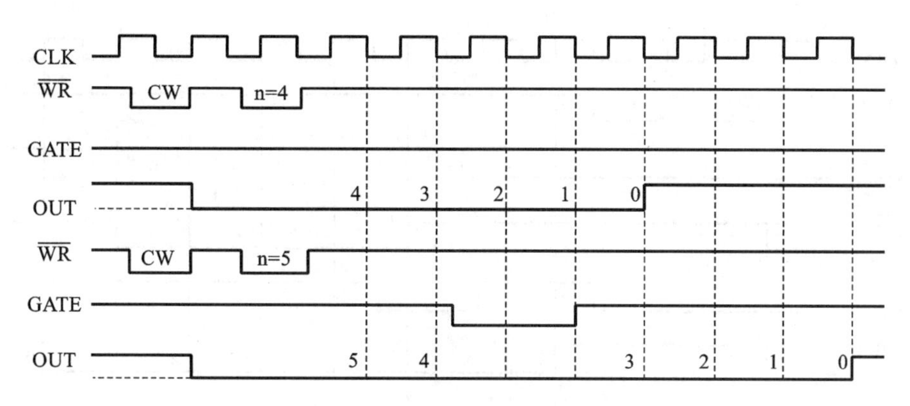

图 8-5　方式 0 下的工作波形图

数。当计数器减到 0 时，输出 OUT 才由低变高，此高电平输出一直保持到该计数器装入新的计数值或再次写入方式 0 的方式控制字为止。若要使用中断，可以计数到 0 的输出信号向 CPU 发出中断请求，申请中断。

(3)门控脉冲信号 GATE 用来控制减 1 计数操作是否进行。当 GATE＝1 时，允许减 1 计数；当 GATE＝0 时，禁止减 1 计数，计数值将保持 GATE 有效时的数值不变。待 GATE 重新有效后，减 1 计数继续进行。

(4)计数器初值一次有效，经过一次计数后如果需要继续完成计数功能，必须重新写入计数器的初值。

(5)计数过程中，如果有新的计数初值送至计数器，则在下一个时钟周期，计数器按新的计数初值开始重新计数。如果新写入的初值为 2 个字节，则在写第 1 个字节时，计数不受影响，写入第 2 个字节后的下一个时钟周期，以新的计数初值重新开始计数。

8253 利用方式 0 既可完成计数功能，也可完成计时功能。当用作计数器时，应将要求计数的次数预置到计数器中，将要求计数的事件以脉冲方式从 CLK 端输入，由它对计数器进行减 1 计数，直到计数值为 0，此时 OUT 输出正跳变，表示计数次数到。当用作定时器时，应根据相关公式计算出定时常数，并预置到计数器中。从 CLK 端输入的应是一定频率的时钟脉冲，由它对计数器进行减 1 计数，定时时间从写入计数值开始，到计数值计到 0 为止，这时 OUT 输出正跳变，表示定时时间到。

2. 方式 1(单稳延时器)

方式 1 下的工作波形图如图 8-6 所示。

8253 在方式 1 下的工作特点如下：

(1)CPU 写入方式控制字后，计数器输出端 OUT 即以高电平作为起始电平，不管此时 GATE 输入是高电平还是低电平，都不开始减 1 计数，必须等到 GATE 由低电平向高电平跳变形成一个上升沿，并在上升沿之后的下一个 CLK 脉冲的下降沿，计数过程才会开始。

(2)在 GATE 上升沿启动计数的同时，使输出 OUT 变为低电平，每来一个计数脉冲，计数器做一次减 1 计数，直到计数器减到 0 时，输出端 OUT 变为高电平，并在下一次触发后的第一个时钟到来之前一直保持高电平。

(3)若计数器初值设置为 n，则输出端 OUT 将产生一个宽度等于 n 个时钟周期的输出脉冲。

(4)方式 1 下的触发是可重复的，即当初值为 n 时，计数器受门控脉冲信号 GATE 触

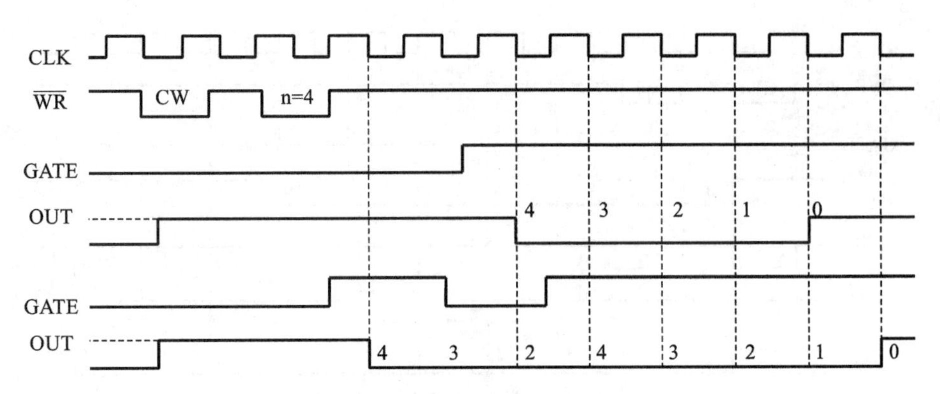

图 8-6　方式 1 下的工作波形图

发，输出端 OUT 出现 n 个时钟周期的输出负脉冲后，如果又来一门控脉冲信号 GATE 的上升沿，输出端 OUT 将再输出 n 个时钟周期的输出负脉冲，而不必写入计数初值。

(5)如果在计数器未减到 0 时，又来一个门控脉冲信号 GATE 的上升沿，则从该上升沿的下一个时钟脉冲开始，计数器将按初值重新做减 1 计数。当减至 0 时，输出端 OUT 才变为高电平。这样，使输出脉冲宽度比原来延长了。

(6)如果在输入脉冲期间对计数器写入一个新的计数初值，将不对当前输出产生影响，输出低电平脉宽仍为原来的初值。

在方式 1 下，门控脉冲信号 GATE 的上升沿作为触发信号，使输出端 OUT 变为低电平，当计数值变为 0 时，又使输出端自动回到高电平。这是一种单稳态工作方式，输出脉冲的宽度主要取决于计数初值，但也会被输出中到来的门控脉冲信号 GATE 的上升沿展宽。

3. 方式 2(分频器)

当设置 8253 为方式 2 时，输出端 OUT 变为高电平作为初始状态，计数初值 n 置入后的下一个 CLK 脉冲到来时，计数器开始减 1 计数，当减至 1(注意，不是 0)时，OUT 变为低电平，持续一个 CLK 脉冲后，OUT 又变为高电平，计数器重新开始一个新的计数过程。在新的初值置入前，保持每 n 个 CLK 脉冲 OUT 输出重复一次，即 OUT 输出波形为 CLK 脉冲的 n 分频，正脉冲输出宽度为 n−1 个输入脉冲时钟周期，而负脉冲输出宽度是一个 CLK 脉冲周期。

8253 在方式 2 下的工作特点如下：

(1)计数过程中要求门控脉冲信号 GATE 保持为高电平，当 GATE 为低电平时暂停减 1 计数，待 GATE 恢复为高电平后，从初值 n 开始重新计数，这样会改变输出脉冲的速率。

(2)若在计数期间写入新的计数初值，GATE 一直保持高电平，则不影响现行计数，但从下一个计数周期开始，将按新的计数初值进行计数。

(3)若在计数期间写入新的计数初值，而 GATE 发生一个由低至高的跳变，则在下一时钟脉冲到来时，计数器按新的计数初值进行分频操作。

方式 2 下的工作波形图如图 8-7 所示。由图中可以看出，当 GATE 保持高电平时，计数器为一个 n 分频器。因此，方式 2 下的 8253 可作为一个脉冲速率发生器或用于产生实时时钟中断。

4. 方式 3(方波发生器)

方式 3 与方式 2 的工作极其类似，输出都是周期性的，不同的是方式 3 的 OUT 输出为

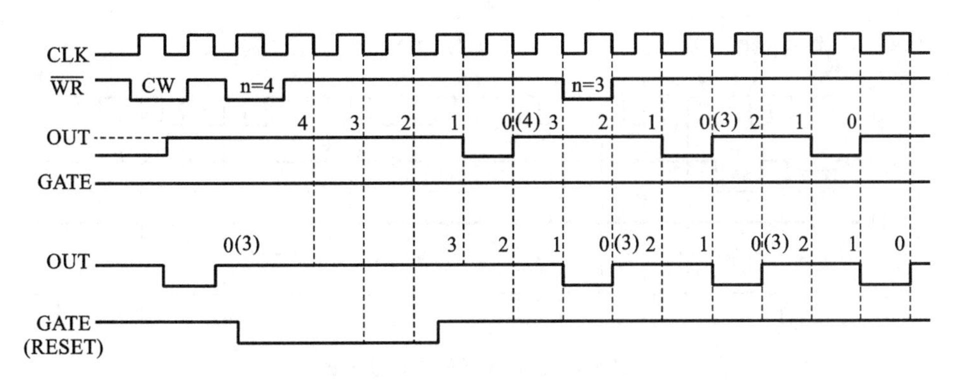

图 8-7　方式 2 下的工作波形图

方波或基本对称的矩形波。这种方式常用于波特率发生器。

8253 在方式 3 下的工作特点如下：

(1)写入方式 3 的方式控制字后，OUT 输出高电平作为初始电平。写入计数初值 n 后，计数器自动开始对输入 CLK 脉冲计数，输出 OUT 仍保持为高电平，若 n 为偶数，则当计数值减到 n/2 时，输出 OUT 变为低电平，计数器继续做减 1 计数，计数至 0 时，输出 OUT 变为高电平，从而完成一个计数周期。之后，系统自动重新置入计数初值，实现循环计数。这时 OUT 端输出周期为 n 个时钟周期、占空比为 1∶1 的方波序列，如图 8-8 所示。

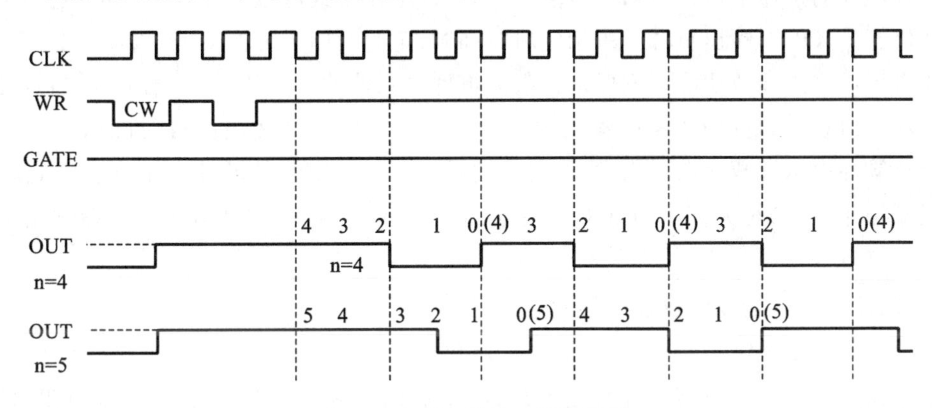

图 8-8　方式 3 下的工作波形图

(2)当计数初值 n 为奇数时，输出端高电平持续时间比低电平持续时间多一个时钟周期，即高电平持续(n+1)/2 个时钟周期，低电平持续(n−1)/2 时钟周期，为矩形波，周期仍为 n 个时钟周期。

(3)如果要求改变输出方波的速率，则 CPU 可在任何时候重新装入新的计数初值 n，并从下一个计数操作周期开始改变输出方波的速率。

8253 在方式 3 下的其他工作特点与方式 2 完全一样。

5. 方式 4(软件触发的选通信号发生器)

方式 4 下的工作波形如图 8-9 所示。在写入方式 4 的方式控制字后，输出端 OUT 变为高电平作为初始电平。写入计数初值后，如果 GATE 为高电平，则立即开始减 1 计数。当计数值减为 0 时，输出 OUT 变为低电平，此低电平持续一个 CLK 时钟周期，然后又自动变为高电平，并一直维持高电平。通常，方式 4 下的负脉冲被用作选通信号。

8253 在方式 4 下的工作特点如下：

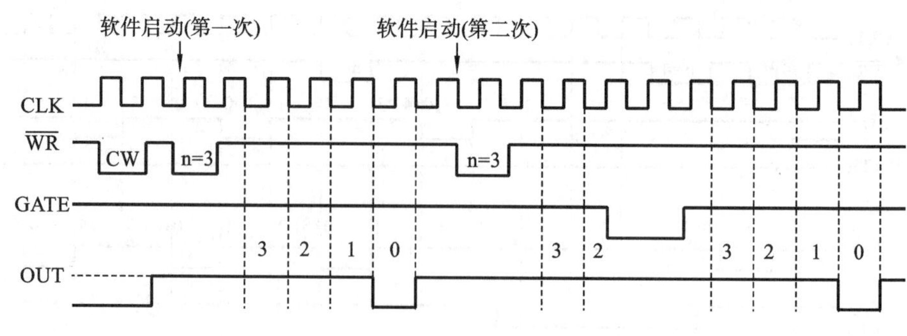

图 8-9　方式 4 下的工作波形图

(1)GATE＝1 时,进行减 1 计数;GATE＝0 时,停止减 1 计数,而输出维持高电平。只有在计数器减为 0 时,才使输出产生负脉冲。

(2)若在计数过程中又写入新的计数初值,则在下一个时钟周期,计数器从新的计数初值开始做减 1 计数。

(3)若新写入的计数初值为 2 个字节,则在写第 1 个字节时,计数不受影响,在写入第 2 个字节后的下一个时钟周期,以新计数初值重新开始计数。

该方式是靠通过软件写入新的计数初值而使计数器重新工作的,所以在该方式下,8253 又叫软件触发的选通信号发生器。显然,利用这种工作方式可以完成定时功能,定时从装入计数初值开始,OUT 输出负脉冲表示定时时间到,定时时间为 n 个 CLK 周期。利用这种工作方式也可以完成计数功能。它要求计数的事件以脉冲的方式从 CLK 端输入,将计数次数作为计数初值装入后,由 CLK 端输入的计数脉冲进行减 1 计数,直到计数值为 0,由 OUT 端输出负脉冲表示计数次数已满,当然也可利用 OUT 向 CPU 发出中断请求。因此,方式 4 与方式 0 很相似,只是方式 0 在 OUT 端输出正阶跃信号,方式 4 在 OUT 端输出负脉冲信号。

6. 方式 5(硬件触发的选通信号发生器)

方式 5 下的工作波形如图 8-10 所示。在写入方式 5 的方式控制字后,输出端 OUT 出现高电平作为初始电平。写入计数初值后,必须有门控脉冲信号 GATE 的上升沿到来,才在下一个 CLK 时钟周期启动计数过程。当计数到 0 时,OUT 变为低电平,经过一个 CLK 时钟周期,OUT 恢复为高电平,并持续不变,输出端出现一个宽度为 1 个时钟周期的负脉冲,这个负脉冲可作为选通脉冲。

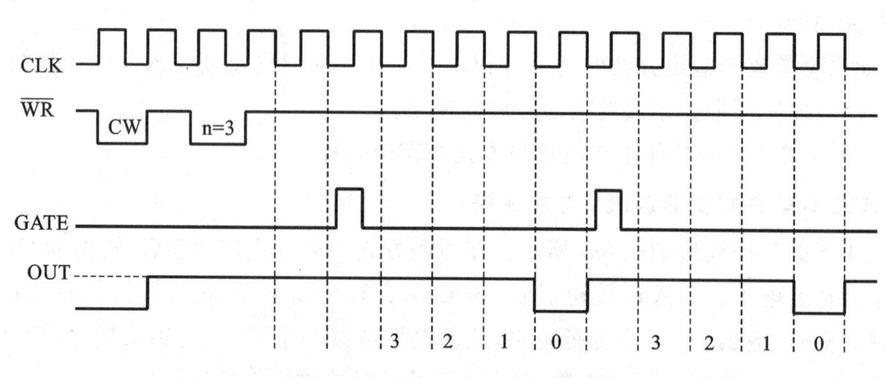

图 8-10　方式 5 下的工作波形图

8253在方式5下的工作特点如下：

(1)若在计数过程中，门控GATE端再次出现上升沿，则经过下一时钟周期后，计数器将按原装入的计数初值开始重新计数。

(2)若在计数过程中写入新的计数初值，而GATE无上升沿触发脉冲，则当前输出周期不受影响。在当前周期结束后，再受触发，按新的计数初值开始计数。

(3)若在计数过程中写入新的计数初值，而GATE又有上升沿触发脉冲，则在下一CLK时钟周期，计数器将获得新的计数初值，并按此值开始计数。在方式5下，GATE可由外部电路或控制现场产生，硬件触发方式由此而得名。

7. 8253工作方式小结

(1)方式控制字写入计数器时，所有控制逻辑电路复位，输出端OUT输出初始电平(高电平或低电平)。

(2)计数初值写入后，要经过一个CLK时钟上升沿和一个下降沿，计数部件才开始计数。

(3)计数器真正开始减1计数是在输入脉冲的下降沿。

(4)门控脉冲信号GATE可以用电平触发或边沿触发，在有的工作方式下两种方式都允许。

8253在不同工作方式下受门控脉冲信号的作用情况如表8-2所示。

表8-2 8253门控脉冲信号GATE的控制功能

方式	信号状态		
	低电平或高电平变为低电平	上升沿	高电平
0	停止计数	计数不受影响	允许计数
1	计数不受影响	① 初始化，并开始计数； ② 在下一个脉冲后使输出变低	计数不受影响
2	① 停止计数； ② 立即将输出置成高电平	① 重新设置计数初值； ② 开始计数	允许计数
3	① 停止计数； ② 立即将输出置成高电平	初始化，并开始计数	允许计数
4	停止计数	计数不受影响	允许计数
5	计数不受影响	初始化，并开始计数	计数不受影响

8.3.5 8253的初始化编程

8253没有复位信号，加电后，其计数通道、工作方式、读/写方式和计数格式等都是不确定的。为了使8253正常工作，必须对其进行初始化编程。初始化编程有两项内容：首先，由CPU向8253的控制寄存器写入一个方式控制字CW，以选定计数器，规定其工作方式和计数方式以及计数初值的长度和装入顺序；然后，向已选定的计数器按方式控制字的要求写入计数初值。在计数过程中，还可以读取计数值。

1. 写入方式控制字

8253的工作方式和工作特性由CPU向8253的控制寄存器写入方式控制字来规定

8253 方式控制字的格式如图 8-11 所示。

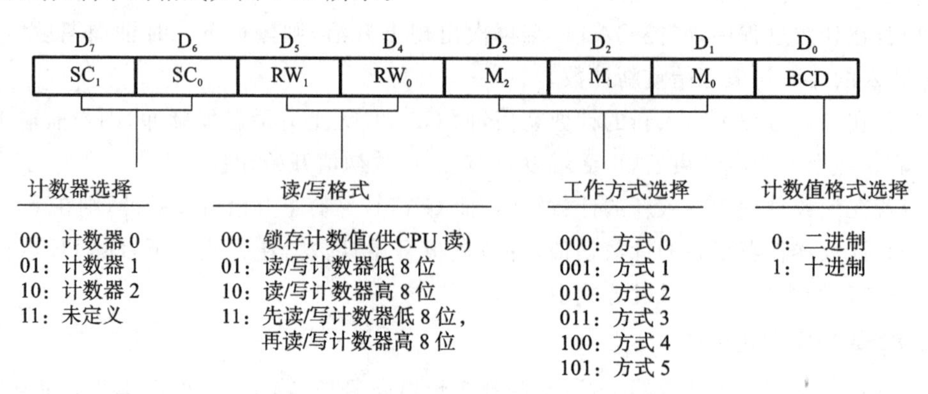

图 8-11　8253 方式控制字的格式

(1)计数器选择。D_7,D_6 位(即 SC_1,SC_0 位)是计数器选择位。由于 8253 内部 3 个计数器共用同一个控制寄存器地址,因此通过设置 SC_1,SC_0 来确定 CPU 当前发出的方式控制字是对 8253 的哪一个计数器进行设置。在 8253 中,$SC_1SC_0=11$ 时为非法选择,但在 8254 中利用它作为读回命令。

(2)读/写格式。D_5,D_4 位(即 RW_1,RW_0 位)是读/写格式指示位。8253 的数据线为 8 位,一次只能进行一个字节的数据交换,但计数器是 16 位的,所以 8253 设计了几种不同的读/写计数值的格式。

(3)锁存命令。RW_1RW_0 为 00 的编码是锁存命令,用于把当前计数值锁存到输出锁存器,以供 CPU 读取。8253 计数/定时是一个动态过程,因此,当前的计数值是一个不断变化的量,如果 CPU 要查看当前的计数值,就不能直接从减 1 计数器中读取,只能先将当前计数值先锁存起来,然后再读取。锁存命令就是为此而设置的。锁存命令只有要求读取当前计数值时才使用,因此,不是必须使用的。

(4)工作方式。D_3,D_2,D_1 位(即 M_2,M_1,M_0 位)为工作方式选择位。8253 的每个计数器可以有 6 种不同的工作方式,通过这 3 位的设置来决定 8253 当前工作的方式。

(5)计数值格式选择。D_0 位(即 BCD 位)用来设置计数值格式。8253 的每个计数器都有 2 种计数值格式:二进制和十进制(BCD 码)。采用二进制计数,读/写的计数值都是二进制数形式;在直接输入或输出计数值时,使用十进制较方便,读/写的计数值采用 BCD 编码,但在写入指令中还必须写成十六进制数。

2. 写入计数初值

写入计数初值时,必须按方式控制字规定的读/写格式进行。

(1)若规定只写低 8 位,则写入的为计数初值的低 8 位,高 8 位自动置 0。

(2)若规定只写高 8 位,则写入的为计数初值的高 8 位,低 8 位自动置 0。

(3)若是 16 位的计数初值,则分两次写入,先写低 8 位,后写高 8 位。

因为计数器是先减 1 再判断是否为 0,所以写入 0 实际上代表最大计数值。选择二进制时,计数值范围为 0000H～FFFFH,其中,0000H 是最大值,代表 65 536。选择十进制(BCD 码)时,计数值范围为 0000～9999,其中 0000 代表最大值 10 000。

3. 读取计数值

利用计数器 I/O 地址,CPU 可用输入指令读取计数器的当前计数值。但对只有 8 位数据线的 8253 来说，读取 16 位计数值需要分两次，若不锁存也不采取其他控制措施，在 CPU 两次执行输入指令的过程中，计数值可能已经变化了。

(1)读之前先暂停计数。这种方法要求软件和硬件相配合，即先使 GATE 信号为低电平，禁止计数器计数，然后再执行如下程序段(设计数器 0 的端口地址为 90H)：

```
IN   AL,90H        ;读计数器 0 的输出锁存器 OL 低 8 位
MOV  BL,AL
IN   AL,90H        ;读计数器 0 的输出锁存器 OL 高 8 位
MOV  BH,AL
```

(2)读之前先写计数器锁存命令。设控制寄存器端口地址为 93H，计数器 0 的端口地址为 90H，则执行如下程序段可读取计数器 0 的计数值：

```
MOV  DX,93H       ;发计数器 0 的锁存命令
MOV  AL,00H
OUT  DX,AL
MOV  DX,90H       ;读数据
IN   AL,DX        ;先读低 8 位
MOV  BL,AL        ;保存到 BL
IN   AL,DX        ;再读高 8 位
MOV  AH,AL
MOV  AL,BL;       数据保存在 AX 中
```

读取计数值后，若对计数器 0 重新编程，将自动解除锁存状态。

4. 8254 的读回命令

8254 的读回命令(read-back command)是用来读取计数值和状态寄存器中的状态信息的。读回命令的格式如图 8-12 所示。

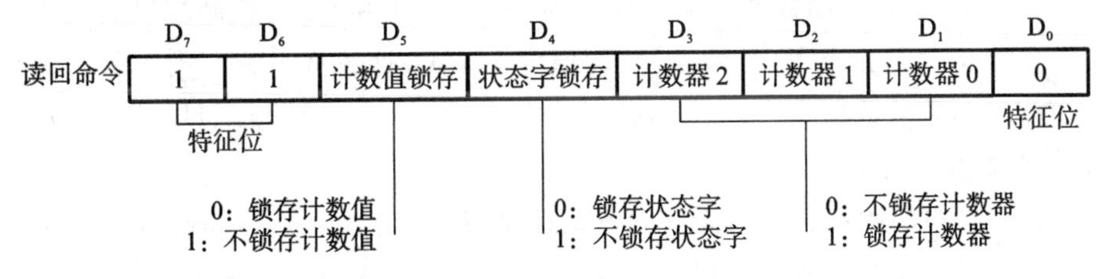

图 8-12　8254 读回命令的格式

由读回命令的格式可见，$D_7D_6=11$，$D_0=0$ 为命令字特征位。该命令对哪个计数器有效，取决于 $D_3\sim D_1$ 中各位的内容，任何位为 1 将指定该计数器的计数值或状态信息锁存。3 个位中也可以有 2 个以上的位同时为 1，这意味着可以同时命令 2 个以上的计数值或状态信息锁存。

D_5 位是计数值锁存控制位。$D_5=0$，表示将由 $D_3D_2D_1$ 选择的计数器的计数值分别在对应的输出锁存器 OL 内锁存。在读之前 OL 的值不变，读取 OL 的内容或解除锁定状态均由 IN 指令完成。当对指定的计数器进行读操作时，其他被锁定的计数器的内容不受影响。另外，如果在对已锁定的 OL 未开锁前，再次写入读回命令，则这个新的读回命令对该计数器的锁存值没有影响。

D_4 位是锁存计数器的状态信息位。$D_4=0$ 时，将锁存相应计数器的状态信息。使用输

入指令,可以读回一个字节的状态信息。计数器的状态寄存器格式如图 8-13 所示。

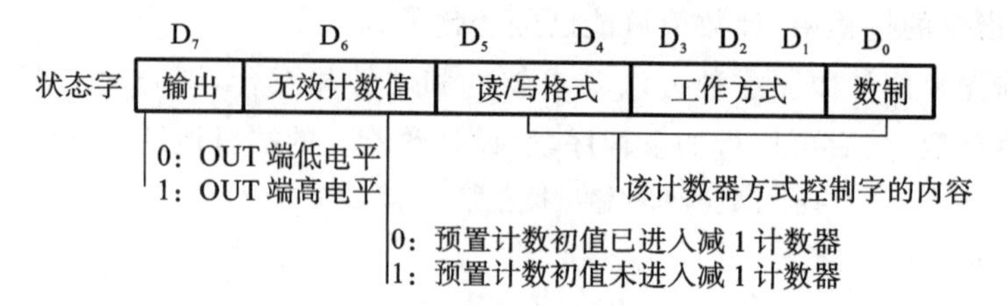

图 8-13 计数器的状态寄存器格式

图 8-13 中 D_5～D_0 是写入控制寄存器中的值。D_7 是该计数器的 OUT 引脚的输出状态,$D_7=1$ 表示 OUT=1,输出高电平,否则输出低电平。这样,为利用循环程序测试 OUT 的状态提供了方便。D_6 位将指明预置计数初值是否已进入减 1 计数器,如果在发读回命令时,读回的状态信息字节的 $D_6=1$,此时读入计数值是没有意义的。所以,在读入计数值之前,需要读回和测试状态信息 D_6 是否为 0。

在读回命令格式中,允许 D_5 和 D_4 位都为 0,这意味着计数值和状态信息都要读回。由于计数值和状态信息均采用输入指令读回,且都是对应的计数器地址,因此,区分它们的方法是输入顺序,即第一条输入指令读取状态信息,其后的输入指令读回的才是计数值。

5. 8253 的初始化编程

初始化编程必须明确各个计数器的方式控制字和计数初值不是写到同一个地址单元。各个计数器的方式控制字各自独立确定,但它们都写入同一个端口地址(控制寄存器)中;而各个计数器的计数初值则根据需要独立确定并写入各自计数器的相应寄存器中。由于 3 个计数器分别有各自的端口地址,因此,对这 3 个计数器的初始化编程没有先后次序,根据使用要求对所选择的计数器编程即可。

例如,设 8253 的 3 个计数器的端口地址为 60H,62H 和 64H,控制端口地址为 66H,要求:计数器 0 为方式 1,按 BCD 计数,计数初值为 1800D;计数器 1 为方式 0,按二进制计数,计数初值为 1234H;计数器 2 为方式 3,按二进制计数,计数初值为 56H。试分别写出计数器 0,1,2 的初始化程序。

(1)计数器 0 的初始化。计数器 0 的方式控制字为 00100011B=23H,如图 8-14 所示。

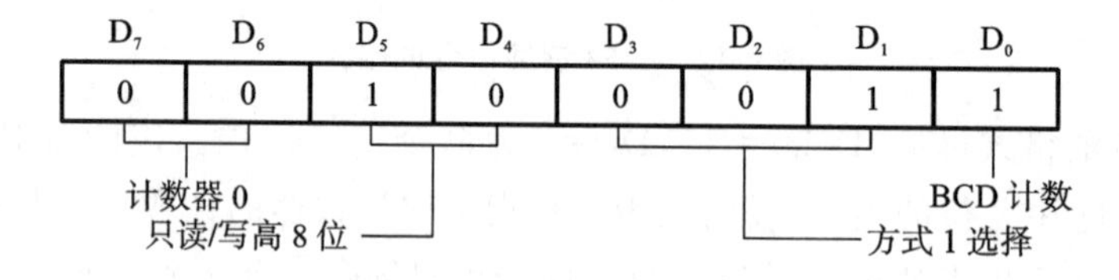

图 8-14 计数器 0 的方式控制字

初始化程序段为:

```
MOV  AL,23H        ;设置计数器 0 的方式控制字
OUT  66H,AL        ;方式控制字写入 8253 的控制寄存器
MOV  AL,18H        ;取计数初值的高 8 位,低 8 位自动置 0
OUT  60H,AL        ;计数初值送计数器 0 端口
```

(2) 计数器 1 的初始化。计数器 1 的方式控制字为 01110000B=70H,如图 8-15 所示。初始化程序段为:

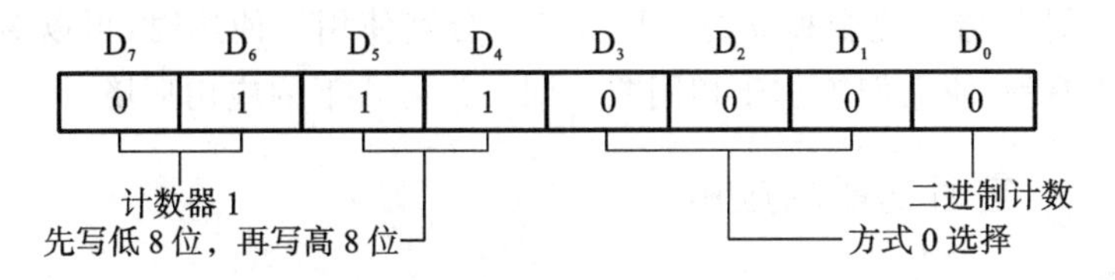

图 8-15　计数器 1 的方式控制字

```
MOV  AL,70H          ;设置计数器 1 的方式控制字
OUT  66H,AL          ;方式控制字写入 8253 的控制寄存器
MOV  AL,034H         ;取计数初值的低 8 位
OUT  62H,AL          ;计数初值的低 8 位写入计数器 1 端口
MOV  AL,12H          ;取计数初值的高 8 位
OUT  62H,AL          ;计数初值的高 8 位写入计数器 1 端口
```

(3)计数器 2 的初始化。计数器 2 的方式控制字为 10010110B=96H,如图 8-16 所示。

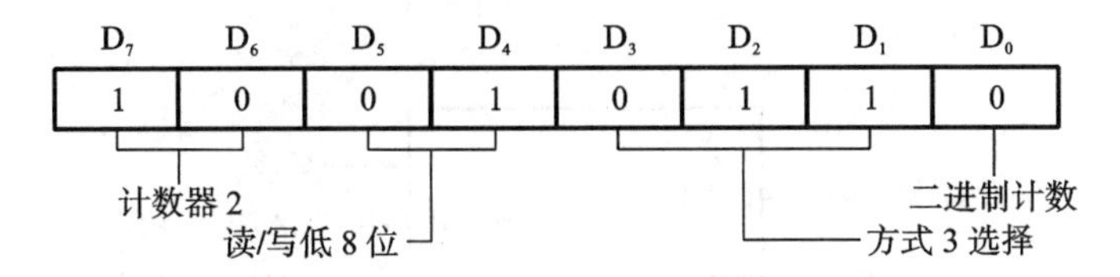

图 8-16　计数器 2 的方式控制字

初始化程序段为：

```
MOV  AL,96H          ;设置计数器 2 的方式控制字
OUT  66H,AL          ;方式控制字写入 8253 的控制寄存器
MOV  AL,56H          ;取计数初值的低 8 位,高 8 位自动置 0
OUT  64H,AL          ;计数初值的低 8 位写入计数器 2 端口
```

若需要查询计数器的计数状态,可用输入指令读取计数值,但 8253 计数器是 16 位的,计数值需分两次读入 CPU。这样,就需要先将计数值锁存起来,再分别读入 CPU。例如,要求读出计数器 2 的当前计数值,并检查是否为全 1,假设计数初值只有低 8 位,则其程序段如下(控制端口地址为 66H,计数器 2 的端口地址为 64H):

```
KEEP: MOV  AL,80H          ;发计数器 2 锁存命令
      OUT  66H,AL          ;锁存命令写入控制寄存器
      IN   AL,64H          ;读计数器 2 的当前计数值
      CMP  AL,0FFH         ;比较当前计数值是否为全 1
      JNE  KEEP            ;非全 1,继续读
      HLT                  ;为全 1,暂停
```

8.4　可编程定时/计数器芯片 8253 的应用举例

可编程定时/计数器 8253 可与各种微型计算机应用系统相连,构成一个完整的定时器、计数器或脉冲发生器,应用于各种场合。在使用 8253 时有两项工作要做:一是要根据实际应用要求,设计一个包含 8253 的硬件逻辑电路或接口;二是对 8253 进行初始化编程,只有初始化后 8253 才可以按要求正常工作。

8253 的 3 个计数器是完全独立的，因此，可以分别使用。使用时，可以对它们分别进行硬件设计和软件编程，使它们工作于相同或不同工作方式下的应用环境。

8.4.1 8253 定时功能的应用

【例 8-1】 用 8253 设计一个定时器，要求每 5 s 输出一个负脉冲。设外部时钟频率为 2.5 MHz。

分析：选择方式 3(方波发生器)，连续工作，对时钟频率 2.5 MHz 的脉冲分频。

(1)计算计数初值 n。时钟频率 $CLK=2.5\times10^6$ Hz，根据 T_c=要求定时的时间/时钟周期$=t/T_{CLK}=t\times CLK$，可得计数初值 $n=t\times CLK=5\times2.5\times10^6=1.25\times10^7$。

一个计数器最大的分频次数是 65 536，显然不够用，因此采用两级计数器串联方法。用计数器 0 的输出 OUT_0 作为计数器 1 的输入 CLK_1，如图 8-17 所示。计数器 0 的计数初值为 50 000=C350H；计数器 1 的计数初值为 250=FAH。因此，总的计数初值$=50\ 000\times250=1.25\times10^7$。

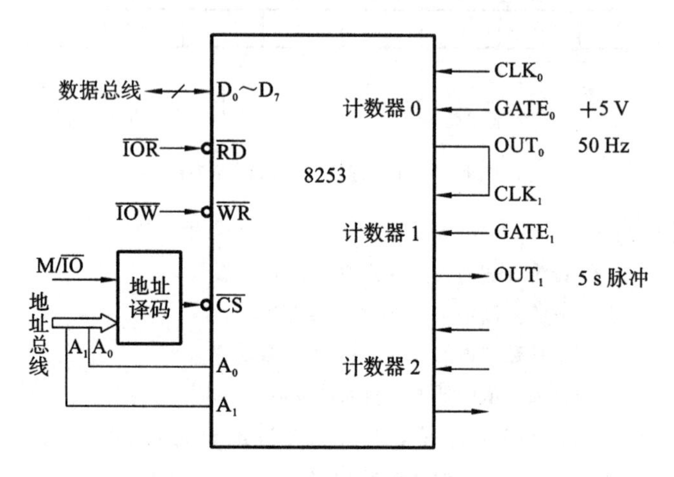

图 8-17 8253 作为定时器硬件连接图

(2)确定方式控制字。

计数器 0：方式 3(方波发生器)控制字为 00110110B=36H。

计数器 1：方式 2(分频器)控制字为 01010100B=54H。

(3)选择 8253 各端口地址。设计数器 0 的端口地址为 PRT0；计数器 1 的端口地址为 PRT1；控制端口地址为 CRPT。

(4)实现上述过程的程序如下：

```
MOV  AL,36H        ;设置计数器 0 的方式控制字
MOV  DX,CRPT
OUT  DX,AL         ;将方式控制字写入 8253 的控制寄存器
MOV  AL,50H
MOV  DX,PRT0
OUT  DX,AL         ;计数初值的低 8 位写入计数器 0 端口
MOV  AL,0C3H
OUT  DX,AL         ;高 8 位写入计数器 0 端口
MOV  AL,54H        ;设置计数器 1 的方式控制字
```

```
    MOV  DX,CRPT
    OUT  DX,AL              ;将方式控制字号写入 8253 的控制寄存器
    MOV  AL,0FAH
    MOV  DX,PRT1
    OUT  DX,AL              ;计数初值的低 8 位写入计数器 1 端口,高字节自动清 0
```

【例 8-2】 可编程硬件延时。

(1)要求。利用系统硬件定时器延时 5 s。

(2)分析。通常的软件延时方法是:编写一段循环程序让 CPU 执行,循环次数一到延时就结束。这种方法带来的问题是:相同的软件延时程序在不同主频的微机中运行时,因时钟周期不同,延时的差异较大。对此所采取的改进措施是:让 8253 工作在方式 3 下,8253 输出一系列方波,这种方波的周期是准确的,可以作为计时单位。根据这一特点,通过软中断 INT 1AH 的 0 号系统功能调用,读取定时器当前计数值,并把要求延时的时间(期望值)折合成计时单位与当前计数值相加,作为定时器的目标值。然后,再利用 INT 1AH 的 0 号系统功能调用不断读取定时器的计数值,并与目标值比较,当两值相等时,表明延时的"时间到"。这种延时与主机的频率无关,故延时时间稳定。

(3)计时单位的建立。设置计数初值为最大值 65 536。当输入时钟 CLK_0 = 1.193 181 6 MHz 时,输出方波的频率为 f=1.193 181 6 MHz/65 536=18.2 Hz;输出方波的周期为 T=1/18.2×1000 ms=54.945 ms,即利用 54.945 ms 作为计时单位。

(4)设计。因为是利用微机系统的硬件定时器及中断资源,因此用户不设计硬件电路,只需进行软件编程工作。

软件编程要利用 INT 1AH 调用来进行硬件延时。首先,将所要求的延时时间折算成计时单位(54.945 ms)的个数。5 s 所包含的计时单位个数为 5000 ms/54.945 ms=91。然后,把它加到当前的计数值中去,构成一个目标值。由于定时器 8253 的 OUT_0 每隔 54.945 ms 申请 1 次中断,每 1 次中断在双字变量中加 1,随着时间的推移不断使双字变量中的计数值增大。与此同时,利用 INT 1AH 的 0 号系统功能调用不断地读取当前计数值,当所读取的计数值达到目标值时,延时已到,程序往下继续执行。实现硬件延时的程序段为:

```
          ;暂停程序中的其他操作,等待延时
          MOV  AH,0H          ;读取日时钟功能调用(读当前计数值)
          INT  1AH
          ADD  DX,91          ;加 5s 延时(折合成 91 个计时单位)
          MOV  BX,DX          ;目标值→BX
    REP:  MOV  AH,0H          ;再读日时钟
          INT  1AH
          CMP  DX,BX          ;与目标值比较
          JNZ  REP            ;不相等,继续延时
          ;相等,延时结束
          ;继续执行程序中的其他操作
```

程序中的入口/出口参数只使用了 DX 寄存器,因为本例只定时 5 s,小于 1 h。值得指出的是,由于日时钟中断的时间单位是 54.945 ms,因此无法实现更短时间的延时。这时只有利用实时时钟中断。系统 ROM-BIOS 的 15H 号中断调用(INT 15H)的 86H 号子功能为

用户实现较短时间的延时提供了方便。可编程硬件延时中断调用方法如下：

(1)中断调用指令为 INT 15H，子功能号为 AH=86H。

(2)入口参数：CX.DX=延时时间(以微秒(μs)为单位，CX 为高字，DX 为低字)。

(3)出口参数：标志 CF=0 表示调用正确，执行了延时；CF=1 表示调用不正确，未执行延时。

虽然以微秒为单位，但实际上该功能调用的实际延时总是 976 μs 的整数倍，因为实时时钟的最小时间单位是 976.5625 μs(1/1024 Hz)。例如，实现约 2 ms 延时的程序段如下：

```
MOV   CX,0H
MOV   DX,1952         ;延时 1.952ms= 2×976μs
MOV   AH,86H
INT   15H             ;功能调用返回时，定时时间到
```

8.4.2 8253 计数功能的应用

【例 8-3】 对外部事件计数 10 次。

计数电路如图 8-18 所示。由图可知，使用的是计数器 0。外部事件用单稳态电路输入，单稳态电路的输出接至 CLK_0，$GATE_0$ 接+5 V。由于计数器的 CLK 接至单稳态电路，因而计数初值写入计数器后要由外接的单稳态电路输入一个脉冲，把计数初值装入减 1 计数器，才能对外部事件进行计数。输出 OUT_0 接 80X86 微机的 IRQ_9。

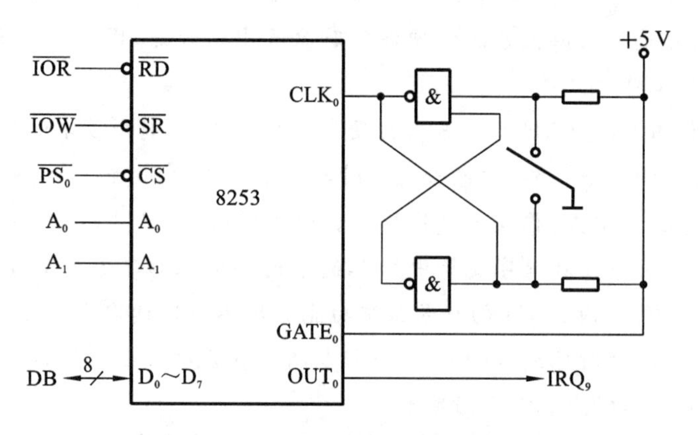

图 8-18 8253 对外部事件计数电路

(1)确定计数初值 n。8253 作计数器时，计数的次数可直接作为计数器的初值，因此 n=10。

(2)确定方式控制字。使用计数器 0，采用方式 0，采用 BCD 计数，方式控制字为 00010001B=11H。

(3)选择 8253 各端口地址。计数器 0 的端口地址为 380H，控制端口地址为 383H。

(4)源程序清单：

```
STACK     SEGMENT STACK 'STACK'
          DW 32 DUP(?)
STACK     ENDS
DATA      SEGMENT
DA1    DB 'WAIT LOAD',0AH,0DH,'$'
```

```
DA2     DB 'PLEASE INPUT',0AH,0DH,'$ '
DA3     DB 'PROGRAM TERMINATED NORMALLY',0AH,0DH,'$ '
DATA    ENDS
CODE    SEGMENT
START   PROC FAR
          ASSUME CS:CODE,DS:DATA,SS:STACK
          PUSH DS
          SUB    AX,AX
          PUSH   AX
          MOV    ES,AX
          MOV    AX,DATA
          MOV    DS,AX
          MOV    DX,383H              ;控制口地址
          MOV    AL,11H               ;设置方式控制字
          OUT    DX,AL                ;将方式控制字写入 8253 的控制寄存器
          MOV    DX,380H              ;计数器 0 端口地址
          MOV    AL,10H               ;置计数初值
          OUT    DX,AL                ;计数初值写入计数器 0 端口
          MOV    DX,OFFSET  DA1
          MOV    AH,9
          INT    21H
          MOV    DX,380H
LOAD:     IN     AL,DX
          CMP    AL,10H               ;等待单稳态输入脉冲,装入计数初值
          JNE    LOAD
          MOV    AX,SEG  IS8253
          MOV    ES:01C6H,AX
          MOV    AX,OFFSET  IS8253
          MOV    ES:01C4H,AX
          IN     AL,0A1H
          AND    AL,0FDH
          OUT    0A1H,AL
          MOV    DX,OFFSET DA2
          MOV    AH,9
          INT    21H
          JMP    $
          MOV    DX,OFFSET DA3
          MOV    AH,9
          INT    21H
          RET
IS8253:   MOV    AL,61H
          OUT    0A0H,AL
          MOV    AL,62H
```

```
            OUT   20H,AL
            INT   AL,0A1H
            OR AL,02H
            OUT   0A1H,AL
            POP   AX
            ONC   AX
            INC   AX
            PUSH  AX
            IRET
START       ENDP
CODE        ENDS
            END   START
```

8.4.3 发声器的设计

1. 要求

利用8253的定时/计数特性来控制扬声器发600 Hz的长/短音。按任意键，开始发声；按Esc键，停止发声。8253的输入时钟CLK的频率为1.193 18 MHz。

2. 分析

根据题意，有两个工作要做：一是声音的频率应为600 Hz；二是发声持续长短的控制。前者可利用时钟频率与输出频率之间的关系计算出8253的计数初值；后者则需设置两个延时不同的延时程序。为了打开和关闭扬声器，还需设置电子开关。

(1)计数初值及方式控制字的确定。

时钟频率：$CLK=1.193\ 18\times10^6$ Hz。

输出频率：$f_{OUT}=600$ Hz。

计数初值：$n=CLK/f_{OUT}=1.193\ 18\times10^6\ Hz/600\ Hz=1988$。

选择计数器2，采用方式3，按二进制计数，方式控制字为：10110110B=B6H。

(2)长/短音的控制。设置一个延时常数寄存器(如BL)，改变寄存器的内容即可改变延时时间。该寄存器的内容就是调用延时程序的入口参数。

(3)扬声器开/关控制。设置一个与门，并利用8255A芯片的PB_0和PB_1引脚分别控制8253的GATE和与门的开/关。

3. 设计

(1)硬件设计。发声器的电路原理如图8-19所示。图中选计数器2的输出OUT_2发送600 Hz方波，经滤波器滤掉高频分量后送到扬声器。定时长短由它的门控脉冲信号$GATE_2$控制。8253的端口地址为40H～43H。8255A的PB端口地址为61H。

(2)软件设计。发声程序由主程序和子程序组成。主程序流程图如图8-20所示。

发长/短音的程序为：

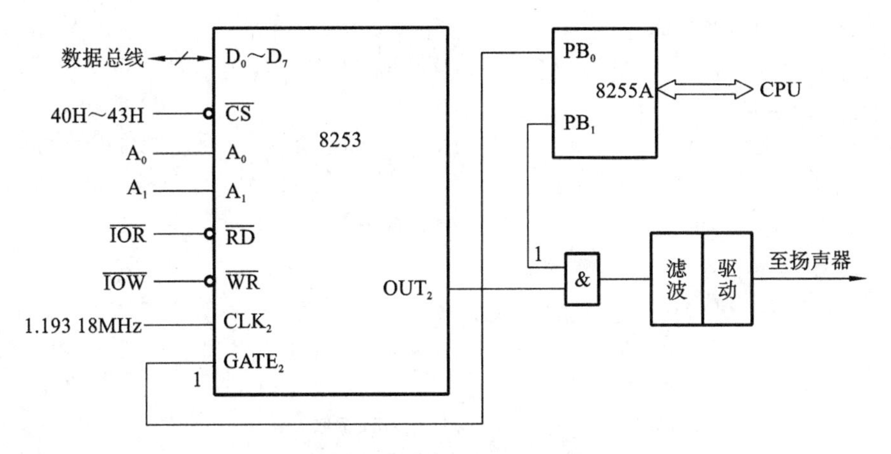

图 8-19　发声器的电路原理图

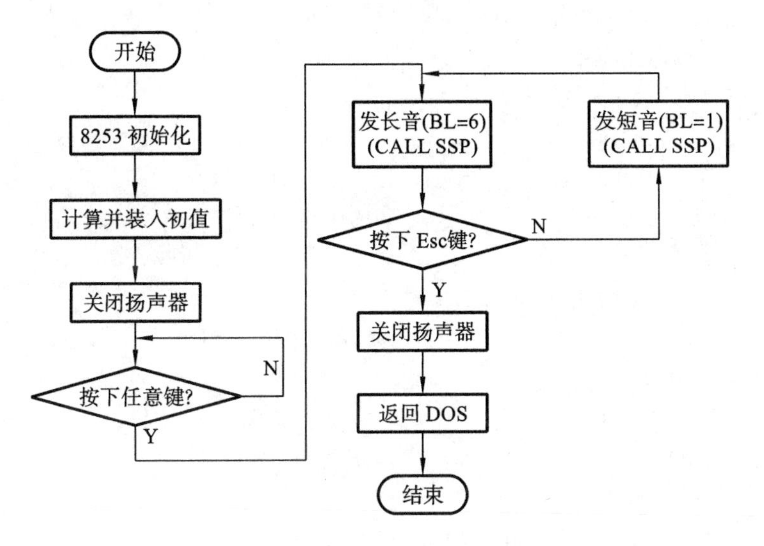

图 8-20　发长/短音主程序流程图

```
CODE    SEGMENT
ASSUME  CS:CODE, DS:CODE
ORG  100H
START:  JMP  BEGIN
LONG1   EQU 6
SHORT1  EQU 1
BEGIN:  MOV  AX, CODE
MOV  CS, AX
MOV  DS, AX
;初始化 8253
MOV  AL,0B6H                            ;设置方式控制字
OUT  43H,AL                             ;将方式控制字写入 8253 控制寄存器
MOV  AX,1988                            ;装计数初值
OUT  42H,AL                             ;先写低字节
MOV  AL,AH
OUT  42H,AL                             ;再写高字节
```

```
            ;关闭扬声器
            IN AL,61H                    ;读取 8255A 的 B 口原输出值
            AND  AL,0FCH                 ;置 PB0 和 PB1 为 0
            OUT  61H,AL                  ;扬声器停止工作
            ;查任意键,启动发声器
WAIT1:      MOV  AH,0BH                  ;功能调用
            INT  21H
            CMP AL,0H                    ;无键按下,等待
            JE  WAIT1                    ;有键按下,发出长音
            ;发长音
LOP:        MOV  BL,LONG1                ;长音入口参数
            CALL  SSP                    ;调发声子程序
            ;查 ESC 键,停止发声
            MOV  AH,0BH                  ;功能调用
            INT  21H
            CMP  AL,0H
            JE  CONTINUE1                ;无键按下,再发短音
            MOV  AH,08H                  ;有键按下,检测是否是 Esc 键
            INT  21H
            CMP  AL,1BH
            JE QUIT                      ;是,停止发声,并退出
            ;发短音
CONTINUE1:  MOV BL,SHORT1                ;短音入口参数
            CALL  SSP                    ;调用发声子程序
            JMP  LOP                     ;循环
            ;关闭扬声器,并退出
QUIT:       IN  AL,61H                   ;停止发声
            MOV  AH,AL
            AND  AL,0FCH
            OUT  61H,AL
            MOV  AL,AH
            OUT 61H,AL
            MOV AX,4C00H                 ;退出,返回 DOS
            INT 21H
            ;发声子程序
SSP PROC NEAR
            IN AL,61H                    ;读取 B 口的原值
            OR AL,03H                    ;置 PB0 和 PB1 为高电平
            OUT 61H,AL                   ;打开 GATE2 门,输出方波到扬声器
            ;延时
            SUB CX,CX                    ;CX 为循环计数,最大值为 2^16
L:          LOOP  L                      ;延时循环
            DEC  BL                      ;BL 为子程序的入口条件
```

```
            JNZ   L
            RET                       ;返回
SSP         ENDP
CODE        ENDS
            END   START
```

习题

1. 简述可编程定时/计数器8253的主要功能和内部结构。

2. 设计数器0的方式控制字CW=00011011,计数初值n=5,GATE在计数初值写入后由低电平变高电平,当计数到3时由高电平变低电平,很快又由低电平变高电平。说明该计数器的工作情况,并画出输出端OUT的波形及有关波形。

3. 比较说明8253各种工作方式的特点。

4. 简述怎样用软件方法和硬件方法来实现定时及优缺点。

5. 8253内部有几个独立的定时/计数器?各是多少位?它们的CLK端和GATE端的作用分别是什么?

6. 8253每个计数器的最大定时值是多少?若定时值超过8253最大定时值,应该如何应用8253?

7. 设8253的端口地址为200H~203H。编程实现:计数器0为方式3,计数器1为方式2,计数器0的输出脉冲作为计数器1的时钟输入,CLK_0连接总线时钟4.77 MHz,计数器1输出OUT_1约为40 Hz。

第9章 数/模(D/A)和模/数(A/D)转换技术及其接口

9.1 模拟接口概述

9.1.1 模拟输入/输出系统

在实际工程中，大量遇到的是连续变化的物理量。所谓连续，包含两方面的含义：一方面，从时间上看，它是随时间连续变化的；另一方面，在数值上，它也是连续变化的。这种连续变化的物理量，通常称为模拟量，例如温度、压力、流量、位移、转速以及连续变化的电量(电流、电压)等。而微型计算机只能处理数字量的信息，模拟接口的作用就是实现模拟量与数字量之间的转换。模/数(A/D)转换就是把输入的模拟量转换为数字量，以供微型计算机处理；数/模(D/A)转换则是将微型计算机处理后输出的数字量转换为模拟量形式的控制信号。

微机监控系统中的各种生产过程参数必须先由各类传感器转换为电量信号，再经过放大、滤波、采样保持等环节，经A/D转换器转换为数字量后输入计算机，再由计算机计算出调节控制量，最后由D/A转换器转换为模拟量，加在执行机构上实现调节功能，最终实现对生产过程的控制。具体过程如图9-1所示。

1. 传感器

传感器的作用是将非电量信号转换成电信号。常用的传感器有温度传感器、压力传感器、流量传感器、振动传感器等。传感器内主要是敏感元件，还包括放大、显示等电路。随着人工智能的发展，出现了智能传感器。

2. 放大器

放大器主要将传感器输出的微弱电信号变为A/D转换器所需的量程范围内，将弱信号

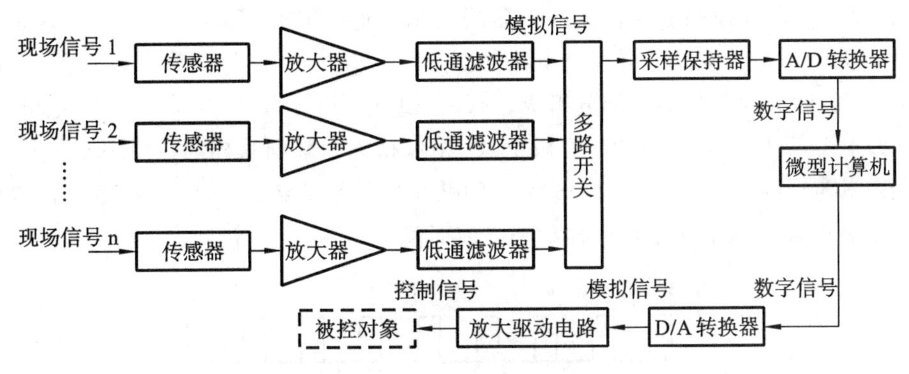

图 9-1　模拟输入/输出系统

放大与到 A/D 转换器相匹配的程度。

3. 低通滤波器

滤波器可以滤去干扰,提高信号的信噪比。常用的低通滤波器由 RC 电路组成。滤波也可以通过编写滤波程序来完成。

4. 多路开关

为了能使多路模拟量共用一个 A/D 转换器,可以利用多路开关来选择一路模拟量,加在 A/D 转换器的输入端。在这路模拟量转换完以后,继续控制多路开关,使另外一路模拟量通过。大多数的 A/D 转换器内部都使用了多路开关。

5. 采样保持器

A/D 转换器有一定的转换时间。在转换某个模拟量时,A/D 转换器的输入必须是稳定的。此时,采样保持器应处于保持状态。当 A/D 转换器转换完成,开始转换下一个模拟量时,采样保持器处于采样状态,并将下一个模拟量送到 A/D 转换器的输入端。

9.1.2　采样、保持、量化和编码

模拟量转换为二进制数字量通常分为四步,即采样、保持、量化和编码。前两步在采样保持器中完成,后两步在 A/D 转换过程中同时实现。

模拟量是一个连续的时间函数,而计算机只能接收离散的数字量,因而要对连续信号采样。所谓采样,就是周期性地取连续信号的瞬间值,将一个时间上连续变化的模拟量转换为时间上断续变化的(离散的)模拟量。或者说,采样是把一个时间上连续变化的模拟量转换为一个串脉冲,脉冲的幅度取决于输入模拟量,时间上通常采用等时间间隔采样。采样过程的示意图如图 9-2 所示。

采样器相当于一个受控的理想开关,$s(t)=1$ 时,开关闭合,$f_s(t)=f(t)$;$s(t)=0$ 时,开关断开,$f_s(t)=0$。用数字逻辑式表示,即为:$f_s(t)=f(t)s(t)$,$s(t)=1$ 或 0。也可用波形图表示,如图 9-3(a)、(b)、(c)所示。由波形图可见,在 $s(t)=1$ 期间,输出跟踪输入变化,相当于输出把输入的“样品”采样。所以,也可把采样电路叫作跟踪电路。

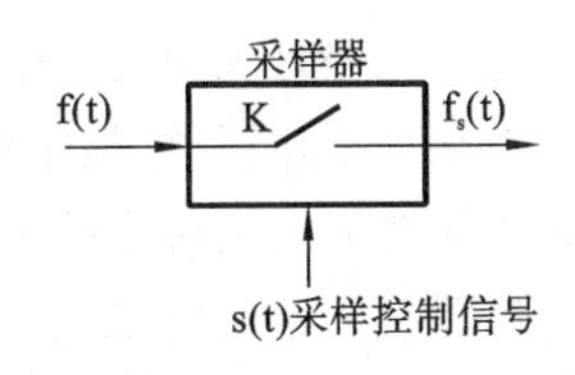

图 9-2　采样过程示意图

所谓保持,就是将采样得到的模拟量值保持下来,即是说,在 $s(t)=0$ 期间,使输出不是

等于 0，而是等于采样控制脉冲存在的最后瞬间采样值，如图 9-3(d)所示。可见，保持发生在 s(t)=0 期间。最基本的采样保持电路如图 9-4 所示。它由 MOS 管采样开关 T、保持电容 C_b和由运放做成的跟随器三部分组成。s(t)=1 时，T 导通，U_i向 C_b充电，U_C和 U_o跟踪 U_i变化，即对 U_i采样。s(t)=0 时，T 截止，U_o将保持前一瞬间采样的数值不变。只要 C_b的漏电电阻、跟随器的输入电阻和 MOS 管 T 的截止电阻都足够大，大到可忽略 C_b的放电电流的程度，U_o就能保持到下次采样脉冲到来之前而基本不变。

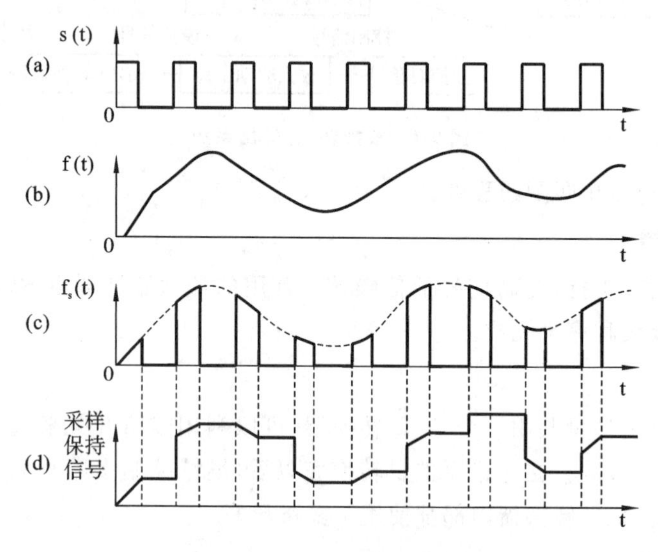

图 9-3 采样保持波形图

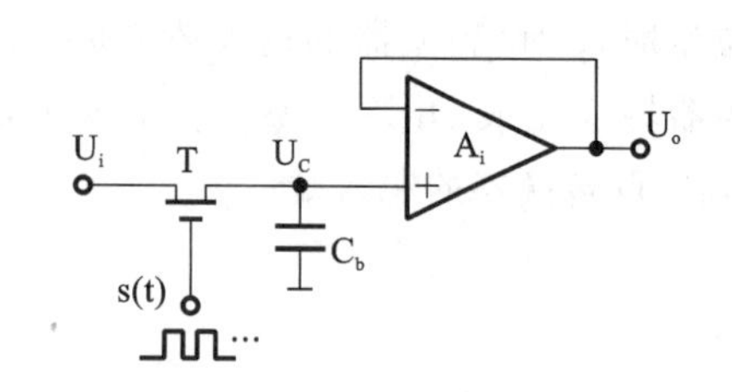

图 9-4 采样保持电路原理图

所谓量化，就是用基本的量化电平 q 的个数来表示采样保持电路得到的模拟电压值。这一过程实质上是把时间上离散而数字上连续的模拟量以一定的准确度变为时间上、数字上都离散的、量级化的等效数字值。量级化的方法通常有两种：只舍不入法和有舍有入法(四舍五入法)。这两种量化法的示意图如图 9-5(a)和(b)所示。图 9-5(c)给出了一个用只舍不入法量化的实例。从图中可看出，量化过程也就是把采样保持下来的模拟量值转换为整数的过程。

显然，对于连续变化的模拟量，只有当数值正好等于量化电平的整数倍时，量化后才是准确值，如图 9-5(c)中的 T_1，T_2，T_4，T_6，T_8，T_{11}，T_{12}。不然，量化的结果都只能是输入模拟量的近似值。这种由于量化而产生的误差，称为量化误差。它直接影响了转换器的转换精度。量化误差是由量化电平的有限性造成的，所以它是原理性误差，只能减小，而无法消除。

为减小量化误差，根本的办法是取小的量化电平。另外，在量化电平一定的情况下，一般采用四舍五入法带来的量化误差只是采用只舍不入法引起的量化误差的一半。

编码就是把已经量化的模拟量值用二进制码、BCD 码或者其他码来表示，比如用二进制码来对图 9-5(c)的量化结果进行编码，可得到图中所示的编码输出。至此，即完成了 A/D 转换的全过程，将各采样点的模拟电压转换成了与之一一对应的二进制码。

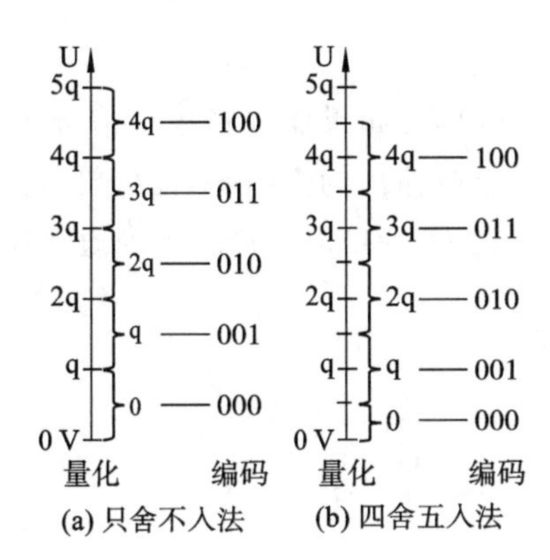

(a) 只舍不入法　(b) 四舍五入法

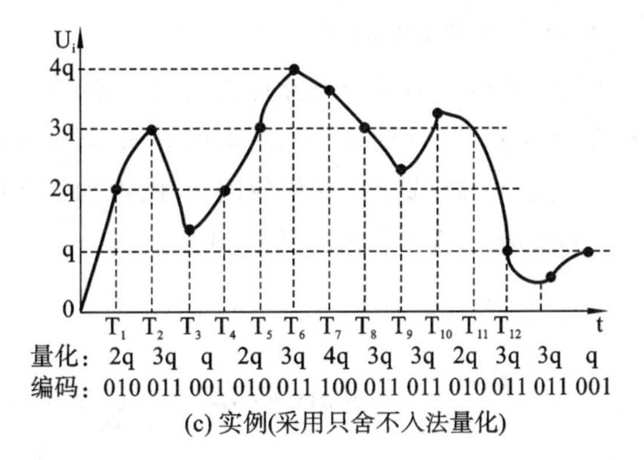

(c) 实例(采用只舍不入法量化)

图 9-5　量化法示意图

9.1.3　多路开关

1. 多路开关的种类

多路开关有机械式、电磁式和电子式三大类。纯机械式多路开关在现代计算机测控系统中已很少使用,电磁式多路开关主要是指各种继电器。干簧继电器体积小,切换速度快,噪声小,寿命长,最适合在模拟量输入通道中使用。

干簧继电器(reed relay)由密封在玻璃管内的两个具有高导磁率和低矫顽力的合金簧片组成,簧片的末端为金属触点,两簧片中间有一定的间隙且相互有一段重叠,内充有氮气以防触点氧化;当管外的线路中通以一定的激励电流时,将产生沿轴的磁场,簧片被磁化而相互吸合;当电流断开时,磁场消失,簧片本身的弹性使其断开。

干簧继电器的工作频率一般可达 10～40 Hz,断开电阻大于 1 MΩ,接触电阻小于 50 MΩ,寿命可达 10^{10} 次,吸合和释放时间约为 1 ms,不受温度的影响,而且输入电压、电流容量大,动态范围宽。它的缺点是体积大,工作频率低,在通/断时存在抖动现象。干簧继电器适用于低速度精度测试系统。

与电磁式多路开关相比,电子式多路开关有切换速度快、无抖动、易于集成等特点,但它的导通电阻一般较大,输入电压、电流容量较小,动态范围有限。电子式多路开关常用于高速且要求系统体积小的场合。常用的电子式多路开关有以下 4 种。

(1) 晶体管开关。晶体管开关的特点是速度快,工作频率高(1 MHz 以上),导通电阻小,但存在残余电压,且控制电流要流入信号通道,不能隔离。

(2)光电耦合开关。将二极管与光敏电阻封在一起即可构成光电耦合开关。这种开关由于采用光电转换方式进行开关信号的传送,因此速度和工作频率属中等,但控制端与信号通道的隔离较好,耐压高。由于它利用晶体管的导通和截止来实现开关的通和断,因此也存在残留失调电压和单向导电情况。如果以光敏电阻代替光敏三极管,则可实现双向传送。

(3)结型场效应管开关。这是一种使用较普遍的开关。由于场效应管是一种电压控制电流型器件,因此结型场效应管开关一般无失调电压,导通电阻为 5～100 Ω,断开电阻在 10 MΩ 上,且有双向导通的功能。

(4) 绝缘栅场效应管开关。它分为 PMOS,NMOST 和 CMOS 三种类型,最常用的是最后一种类型。绝缘栅场效应管开关的导通电阻随信号电压波动小。

2. 多路开关的工作原理

(1) 图 9-6 所示为双极型晶体管开关。它的工作原理为：如果要选择模拟信号 1，则令通道控制信号 $U_{c1}=0$(低电平)，这时晶体管 V_1'截止，集电极输出为高电平，晶体管 V_1导通，输入信号电压 U_{i1}被选中。如果忽略 V_1的饱和管压降，则 $U_o=U_{i1}$。同理，当令通道控制信号 $U_{c2}=0$ 时，选中模拟信号 2，$U_o=U_{i2}$。

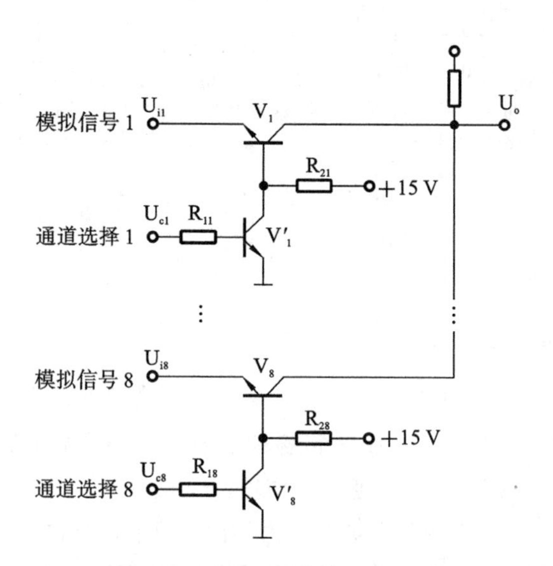

图 9-6 双极型晶体管开关电路

(2)场效应管开关有两种。一种是结型场效应开关，原理如下：不控制信号 $U_{c1}=1$ 时，开关控制管 V_1'导通，集电极输出为低电平，场效应管 V_1导通，$U_o=U_{i1}$，选中第一路输入信号。当 $U_{c1}=0$ 时，V_1'截止，V_1也截止，第一路输入信号被切断，其他与第一路相同。另一种是绝缘栅场效应管开关，原理与结型场效应管开关类似。

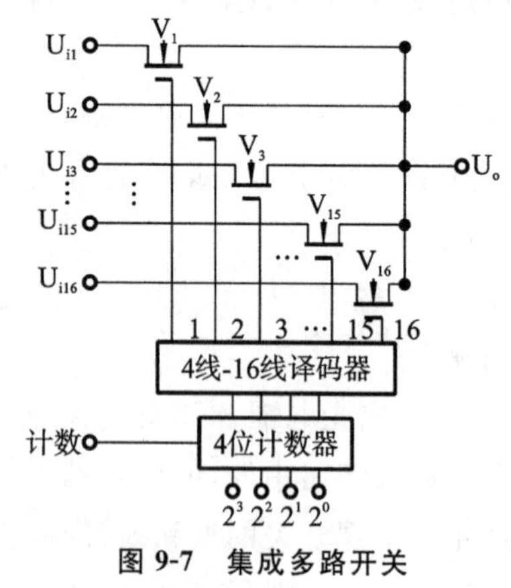

图 9-7 集成多路开关

(3)集成多路开关将多路开关、计数器、译码器及控制电路全部集成在一块芯片上。图 9-7 所示为一个 16 路的集成多路开关。它的工作原理为：由计算机送出 4 位二进制数，如果要选择第一路输入信号，则把计数器置成 0001 状态，经 4 线-16 线译码器后，第一根线输出高电平，场效应管 V_1导通，$U_0=U_{i1}$，选中第一路输入信号。如果要连续选中第一路到第三路的输入信号，可以在计数器加入计数脉冲，每加大一个脉冲，计数器加 1，状态依次变为 0001，0010，0011。

9.1.4 采样保持器

采样保持器工作原理如图 9-8 所示。当 U_c为采样电平时，开关 S 导通，模拟信号 U_i通过 S 向 C_H充电，输出电压 U_o跟踪输入模拟信号的变化；当 U_c为保持电平时，开关 S 断开，输出电压 U_o保持在 S 断开瞬间的输入信号值。高输入阻抗的缓冲放大器 A 的作用是把 C_H和负载隔离,否则在保持阶段,C_H上的电荷会通过负载放掉,无法实现保持功能。

采样保持器包括以下几种基本结构:

(1)串联型采样保持器结构,即将两个运算放大器串联。

(2)反馈型采样保持器结构,即将串联型采样保持器的输出端通过电阻反馈到输入端,将两个运算放大器均包括在反馈回路中。

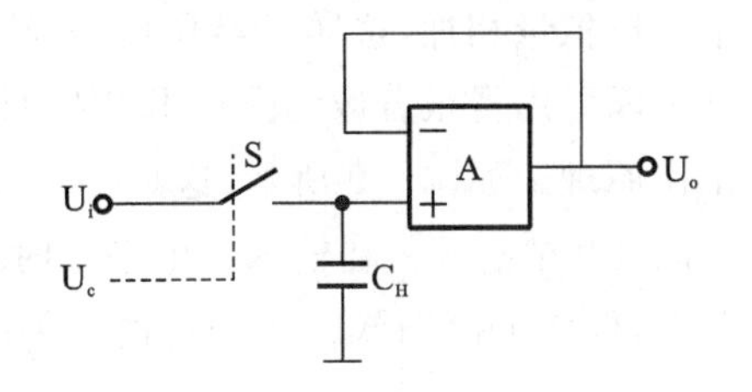

图 9-8 采样保持器工作原理图

(3)电容校正型采样保持器结构,即在输出缓冲放大器的输出端和反相端之间加有校正电压电容,利用此电容上的充电效应补偿保持电容上的电压变化,从而提高保持精度。

采样保持器的功能是输入一个模拟信号,在极短的时间内给一个采样脉冲,采样门打开,输出将保持采样门打开时模拟信号的大小,并且可以保持很长的时间。采样保持器用在快速 A/D 转换中,将某瞬时值采样,然后将保持信号数字化。在弱信号测量中也常用到采样保持器。

9.2 D/A 转换器及其应用

将输入的数字信号转换成与之对应的模拟信号的输出装置就称为 D/A 转换器。一个理想的 D/A 转换器,输入数字量 D 与输出模拟量 A 之间有如下关系:

$$A=P\times D$$

其中,P 为转换因子。对于一个确定的 D/A 转换器来说,P 是一个常数,这个 D/A 转换器也是一个线性 D/A 转换器。

非线性 D/A 转换器的输出模拟量与输入数字量之间呈非线性关系,如指数型 D/A 转换器。

根据模拟信号的极性,D/A 转换器还有单极性和双极性之分。如果 D/A 转换器的模拟量输出既可以是正信号,也可以是负信号,则该 D/A 转换器就是双极性 D/A 转换器;否则,为单极性 D/A 转换器。例如,某一 D/A 转换器的输出电压范围是−5～+5 V,则该 D/A 转换器就是一个双极性 D/A 转换器。通常 D/A 转换器的输出电压范围有 0～+5 V,0～+10 V,−5～+5 V 等几种。对于某种非标准的电压范围,可以通过在输出端再加运算放大器来调整。

D/A 转换器输出量可能是电压,也有的是电流。因此,D/A 转换器的输出形式有电压、电流两大类型。电压输出型的 A/D 转换器相当于一个电压源,内阻较小,选用这种芯片时,与之匹配的负载电阻应较大;电流输出型的 D/A 转换器,相当于电流源,内阻较大,选用这种芯片时,负载电阻不可太大。

◆ 9.2.1 D/A 转换的基本原理

数字量是由一位一位的数位构成的,每个数位都代表一定的权。例如 10000001,最高位的权是 $2^7=128$,所以此位上的代码 1 表示数值 1×128,最低位的权是 $2^0=1$,此位上的代码 1 表示数值 1,其他数位均为 0,所以,二进制数 10000001 就是十进制数 129。

为了把一个数字量变为模拟量，必须把每一位上的代码按照权来转换为对应的模拟量，再把各模拟量相加，这样，得到的总的模拟量便对应于给定的数据。

下面以用得很普遍的采用 R-2R 电阻解码网络的 D/A 转换器为例，来说明 D/A 转换器的工作原理。如图 9-9 所示，这是一个采用 R-2R 电阻解码网络的 3 位二进制数 D/A 转换器。图 9-9 中的开关在输入高电平 1 时接到参考电压 U_R，输入低电平 0 时接地。为讨论方便起见，假定 $U_R=4$ V。下面讨论开关所处的位置对输出电压的影响。

当 $K_1=1, K_2=K_3=0$ 时，等效电路如图 9-10 所示，可求得 $U_o=\frac{1}{2}U_R=2$ V。同理，当 $K_2=1, K_1=K_3=0$ 时，$U_o=\frac{1}{4}U_R=1$ V；当 $K_3=1, K_1=K_2=0$ 时，$U_o=\frac{1}{8}U_R=0.5$ V。

根据线性网络的叠加原理，该 R-2R 电阻解码网络的输出电压为：

$$U_o=U_R(K_1/2+K_2/4+K_3/8)$$

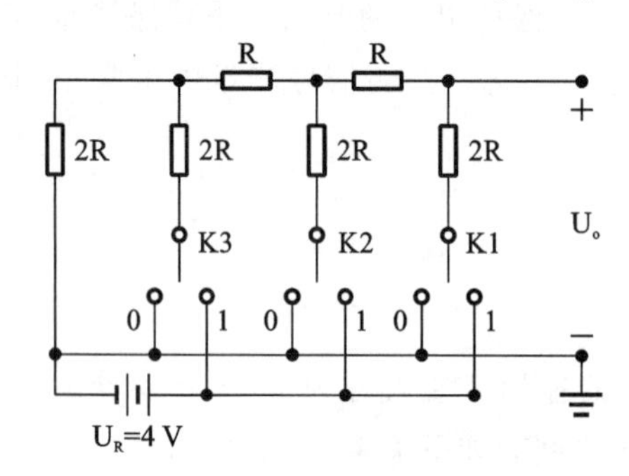

图 9-9 R-2R 电阻解码网络图

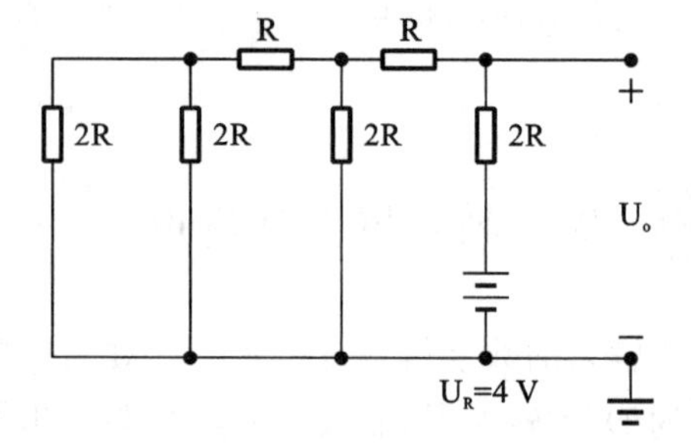

图 9-10 R-2R 电阻解码网络等效电路图

输出电压 U_o 与开关 K_1, K_2, K_3 的关系见表 9-1。

表 9-1 U_o 与 K_1, K_2, K_3 的关系

K_1	K_2	K_3	U_o/V
0	0	0	0
0	0	1	0.5
0	1	0	1.0
0	1	1	1.5
1	0	0	2.0
1	0	1	2.5
1	1	0	3.0
1	1	1	3.5

9.2.2 D/A 转换器的主要技术参数

1. 分辨率

这是 D/A 转换器对微小输入数字量变化的敏感程度的描述，即输入数字量的最低有效位 LSB 变化 1 所引起的输出模拟量的变化，通常用数字量的位数来表示。如果 D/A 转换器

输入数字量的二进制数字为N位时，则该D/A转换器的分辨率为2^N。常见的二进制位数有8位、10位、16位等。

分辨率的另一种表示方法是输出模拟量的最小变化量相对于输出模拟量满度值的百分比。当二进制数字量为N位时，分辨率为$\frac{1}{2^N}$或$\frac{1}{2^N}\times100\%$，如8位D/A转换器的分辨率为参考电压U_R的1/256，用百分数表示，约为0.39。

2. 转换精度

D/A转换器的转换精度与D/A转换器的集成芯片的结构和接口电路配置有关。不考虑其他D/A转换误差时，D/A的转换精度就是分辨率的大小，因此要获得高精度D/A转换结果，首先要保证选择有足够分辨率的D/A转换器。另外，D/A转换器的转换精度还与外接电路配置有关。当外接电路器件或电源误差较大时，会造成较大的D/A转换误差，当这些误差超过一定程度时，D/A转换就产生错误。在D/A转换过程中，影响转换精度的主要因素有失调误差、增益误差、非线性误差和微分非线性误差。

3. 线性度

用非线性误差的大小表示D/A转换的线性度，并且把理想的输入/输出特性的偏差与满刻度输出之比的百分数定义为非线性误差。

4. 建立时间

建立时间是D/A转换速率快慢的一个重要参数，是D/A转换器中的输入代码有满度值的变化时，输出模拟信号电压(或模拟信号电流)达到满刻度值正负$\frac{1}{2}$LSB(或与满刻度值差百分之多少)时所需要的时间。不同型号的D/A转换器，建立时间也不同，一般从几毫微秒到几微秒。若输出形式是电流，D/A转换器的建立时间是很短的；若输出形式是电压，D/A转换器的主要建立时间是输出运算放大器所需要的响应时间。

由于一般线性差分运算放大器的动态响应速度较低，D/A转换器的内部都带有输出运算放大器或者外接输出运算放大器的电路(见图9-11)，因此D/A转换器的建立时间比较长。

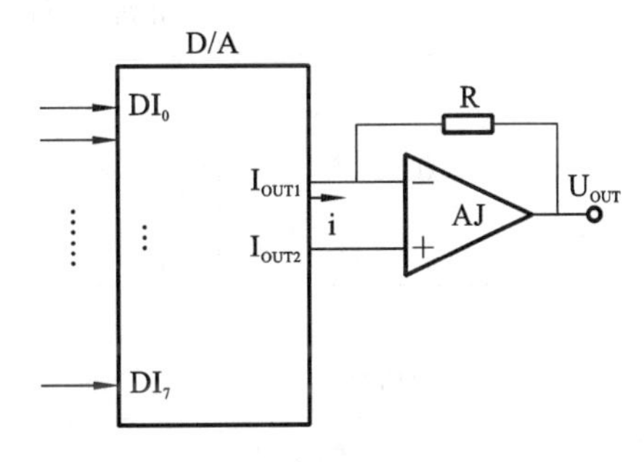

图9-11　D/A转换器外接输出运算放大器电路

5. 温度系数

在满刻度输出的条件下，温度每升高1℃，输出变化的百分数定义为温度系数。

6. 工作温度范围

一般情况下，影响D/A转换器的转换精度的主要环境和工作条件因素是温度和电源电压变化。由于工作温度会对运算放大器加权电阻网络等产生影响，因此只有在一定的工作范围内才能保证额定精度指标。较好的D/A转换器的工作温度范围在−40～85℃之间，较差的D/A转换器的工作温度范围在0～70℃之间。多数器件的静、动态指标均在25℃的工作温度下测得，工作温度对各项精度指标的影响用温度系数来描述，如失调温度系数、增益温度系数、微分线性误差温度系数等。

7. 电源抑制比

对于高质量的D/A转换器，要求开关电路及运算放大器所用的电源电压发生变化时，对输出电压影响极小。通常把满量程电压变化的百分数与电源电压变化的百分数之比称为电源抑制比。

8. 增益误差(或称标度误差)

D/A转换器的输入与输出传递特性曲线的斜率称为D/A转换器的增益或标度系数，实际转换的增益与理想增益之间的偏差称为增益误差。增益误差在消除失调误差后用满码(全1)输入时输出值与理想输出值(满量程)之间的偏差表示，一般也用LSB的份数或偏差值相对满量程的百分数表示。

9. 非线性误差

D/A转换器的非线性误差定义为实际转换特性曲线与理想特性曲线之间的最大偏差，并以该偏差相对于满量程的百分数度量。在转换器电路设计中，一般要求非线性误差不大于$\pm\frac{1}{2}$LSB。

10. 失调误差(或称零点误差)

失调误差定义为数字输入全为0码时，模拟输出值与理想输出值之间的偏差值。对于单极性D/A转换，模拟输出的理想值为零点；对于双极性D/A转换，模拟输出的理想值为负满量程。偏差值的大小一般用LSB的份数或偏差值相对满量程的百分数表示。

9.2.3 典型的D/A转换器芯片

常用D/A转换器如表9-2所示。

表9-2 常用D/A转换器

分类	型号	分辨率/位	特点
通用廉价芯片	AD558	8	带数字缓冲存储器，带有参考电压和运算放大器(电压输出)，采用单电源，供电电压为+5～+15 V，功耗低(75 mW)
	AD7524	8	采用CMOS工艺，带有μp接口，支持4象限工作方式
	AD559	8	与1408/1508有高性能的替换性
	AD7530	10	采用CMOS工艺，支持4象限工作方式
	AD561	10	带有参考电压，电流建立时间为250 ns
	AD370	12	标准的AD370有优良的互换性，采用±10 V输出，功耗低(150 mW)

续表

分类	型号	分辨率/位	特点
高速高精度芯片	DAC0800	8	内部不带输入数据锁存器,能直接与 TTL,COMS,PMOS 连接,输出电流建立时间为 100 ns
	DAC0808	8	内部不带输入数据锁存器,输出电流建立时间为 150 ns,输出为单极性
	AD561	10	电流建立时间为 250 ns,带有参考电压
	DAC1108/1106	12,10,8	电流建立时间分别为 150 ns,50 ns,20 ns
	AD7541	12	采用 CMOS 工艺,支持 4 象限工作方式
	AD563	12	高性能,电流输出,带有参考电压
	AD565	12	采用快速单片结构,电流输出,带有参考电压,可与 AD563 互换,电流建立时间为 200 ns
	AD566	12	采用快速单片结构,电流输出,可与 AD562 互换,电流建立时间为 200 ns
高分辨率芯片	AD1147	16	具有数据输入锁存功能,可电压输出,也可电流输出,内部有运算放大器,接口电路简单
	DAC1136	16	电压或电流输出
	DAC1137	18(16)	电压或电流输出
	DAC1138	18	电压或电流输出
低功耗和可集成芯片	AD7525	3(1/2)	采用 CMOS 工艺
	AD7542	12	采用 CMOS 工艺,支持 4 象限工作方式,与 4 位或 8 位 μp 接口兼容,具有双缓冲功能
	AD7543	12	采用 CMOS 工艺,支持 4 象限工作方式,具有双缓冲功能,带串联负载
	AD370/371	12	采用混合 IC,对标准 370/371 有优良的互换性,低功耗(150 mW)
	AD7531	12	采用 CMOS 工艺,支持 4 象限工作方式

9.2.4 D/A 转换器的应用

1. 要求

通过 D/A 转换器 DAC0832 产生任意波形,如矩形波、三角波、梯形波、正弦波以及锯齿波等。

2. 分析

因被连的对象是 DAC0832,故首先分析 DAC0832 的连接特性及工作方式。DAC0832

是分辨率为 8 位的乘法型 DAC，芯片内部带有两级缓冲寄存器。它的内部结构和外部引脚如图 9-12 所示。它有两个独立的数据寄存器，要转换的数据先送到输入寄存器，但不进行转换，只有数据送到 DAC 寄存器时才能开始转换，因而称为双缓冲。为此，设置了 5 个信号对这两个数据寄存器进行数据的锁存。其中，ILE（输入锁存允许）、$\overline{CS}$（片选）和$\overline{WR_1}$（写控制信号 1）这 3 个信号组合控制第 1 级缓冲器的锁存；而第二级缓冲 DAC 寄存器的锁存是由$\overline{WR_2}$（写控制信号 2）和$\overline{XFER}$（传递控制）两个信号组合控制的。图中$\overline{LE}$是锁存控制信号，当$\overline{LE}=1$ 时，寄存器的输出随输入变化；当$\overline{LE}=0$ 时，数据锁存在寄存器中，而不再随数据总线上的数据变化而变化。因此，当ILE端为高电平，并且 CPU 执行 OUT 指令时，$\overline{CS}$与$\overline{WR_1}$同时为低电平，使得 $LE_1=1$，8 位数据输入寄存器；当 CPU 写操作完毕，$\overline{CS}$和$\overline{WR_1}$都变高电平时，使$\overline{LE_1}=0$，对输入数据锁存，实现第一级缓冲。同理，当$\overline{XFER}$和$\overline{WR_2}$同时为低电平时，使$\overline{LE_2}=1$，第一级缓冲的数据送到 DAC 寄存器；当$\overline{XFER}$和$\overline{WR_2}$上升沿将这个数据锁存在 DAC 寄存器中，实现第二级缓冲，并开始转换。

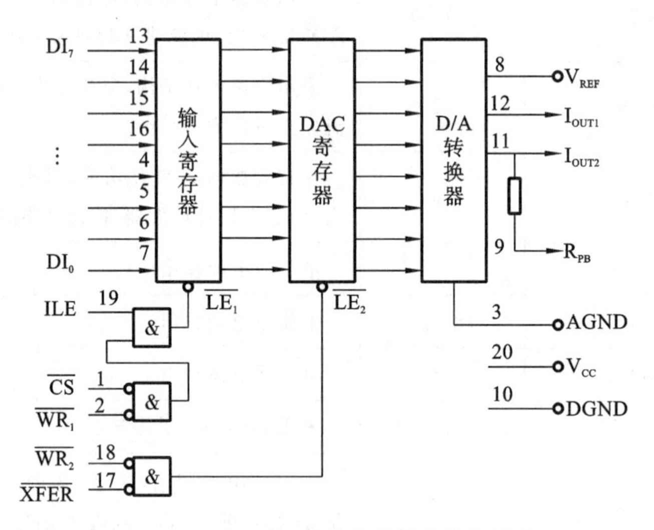

图 9-12 DAC0832 的内部结构和外部引脚

DAC0832 最适合用于要求多片 DAC 同时进行转换的系统。此时，需把各片的$\overline{XFER}$和$\overline{WR_2}$连在一起，作为公共控制点，并且分两步操作。首先，利用各芯片不同的片选信号$\overline{CS}$与$\overline{WR_1}$，单独将不同的数据分别输入每片 DAC0832 的输入寄存器中。然后，把各片的$\overline{XFER}$和$\overline{WR_2}$连在一起的公共控制点同时触发，即在$\overline{XFER}$和$\overline{WR_2}$同时变为低电平时，在同一时刻由各个输入寄存器把数据传送到对应的 DAC 寄存器，并用$\overline{XFER}$上升沿将数据锁存在各自的 DAC 寄存器中，使多片 DAC0832 同时开始转换，实现多点并发控制。DAC0832 的时序关系如图 9-13 所示。图中表示，两个数据分别用$\overline{CS_1}$和$\overline{CS_2}$锁存到两片 DAC0832 的输入寄存器中，最后用$\overline{XFER}$信号的上升沿将它们同时锁存到各自的 DAC 寄存器，进行 D/A 转换。

DAC0832 芯片在以上几个信号不同组合的控制下，可实现单缓冲、双缓冲和只通 3 种工作方式。

（1）只通就是不进行缓冲，CPU 送来的数字量直接送到 D/A 转换器，条件是除 ILE 端接高电平以外，将所有的控制端口都接低电平。

（2）单缓冲是指只进行一级缓冲，具体可用第一组或第二组控制信号对第一级或第二级

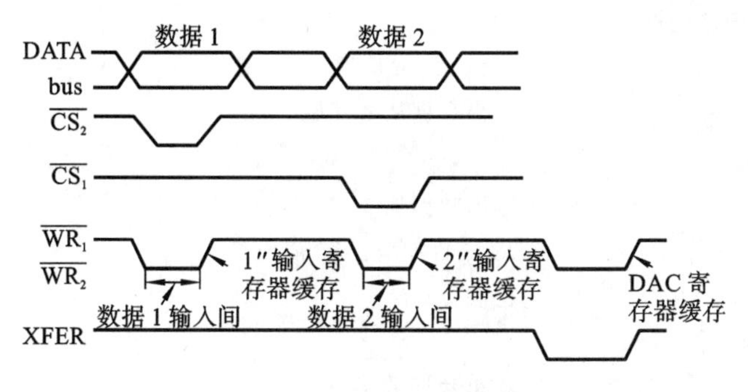

图 9-13　DAC0832 时序图

缓冲器进行控制。

(3)双缓冲是指进行两级缓冲,用两组控制信号分别进行控制。

3. 设计

(1)硬件设计。采用 8255A 作为 DAC0832 与 CPU 之间的接口芯片,并把 8255A 的 A 口作为数据输出端口,通过它把数据送到 DAC0832,把 B 口的 PB_0～PB_4 这 5 根线作为控制线来控制 DAC0832 的工作方式及转换操作,如图 9-14 所示。

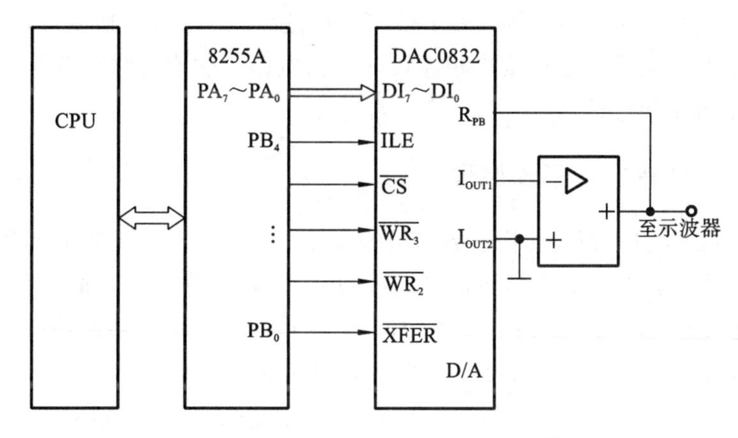

图 9-14　DAC0832 作函数波形发生器

需要指出的是,DAC0832 内部具有输入缓冲器,当它与 CPU 连接时,可以把它的数据输入线直接连到 CPU 的数据总线上。但由于在本设计中是采用 8255A 作为接口电路,因此 DAC0832 的输入数据通过 8255A 来传送,而没有把它的数据输入线与系统数据总线直接连接。

(2)软件编程。若把 DAC0832 的输出端接到示波器的 Y 轴输入端,运行下列程序,便可在示波器上看到连续的三角波波形。

```
;8255A 初始化
MOV  DX,303H              ;8255A 的命令口
MOV  AL,10000000B         ;8255A 的方式控制字
OUT  DX,AL
;指派 B 口控制 D/A 转换
MOV  DX,30H               ;8255A 的 B 口地址
MOV  AL,00010000B         ;置 DAC0832 为直接工作方式
OUT  DX,AL
```

```
        ;生成三角波的循环
        MOV  DX,300H        ;8255A 的 A 口地址
        MOV  AL,0H          ;输出数据从 0 开始
L1:     OUT  DX,AL
        INC  AL             ;输出数据加 1
        JNZ  L1             ;AL 是否加满? 未满,继续
        MOV  AL,0FFH        ;已满,AL 置全 1
L2:     OUT  DX,AL
        DEC  AL             ;输出数据减 1
        JNZ  L2             ;AL 是否减到 0? 不为 0,继续
        JMP  L1             ;为 0,AL 加 1
```

此程序可以运行,但不能退出。如果要求使程序能退出,则应采取什么措施?相应的程序要做何修改?

9.3 A/D 转换器及其应用

实现模拟量到数字量转换的接口就是模/数转换接口。模/数转换接口是一组经过控制能与微处理器的数据总线或并行接口相连接的逻辑电路。它能接收来自外设的模拟信号,并转换成相应的数字信号输出。

9.3.1 A/D 转换的基本原理

A/D 转换器是能将模拟量转换成数字量的器件。它的输入是模拟量,可以是电压信号,也可以是电流信号;输出是数字量,可以是二进制码、BCD 码等。能实现 A/D 转换的方法很多,常用的如逐次逼近法 A/D 转换、双积分法 A/D 转换等。A/D 转换器的种类很多,由于实现的方法各异,不同的 A/D 转换器在性能上有很大的差异。

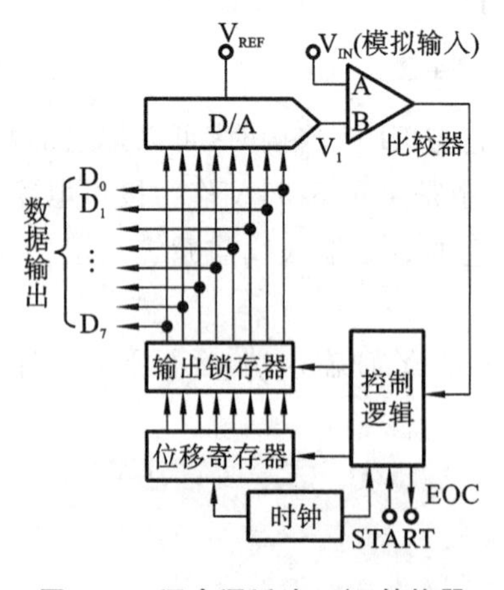

图 9-15 逐次逼近法 A/D 转换器

1. 逐次逼近法 A/D 转换器

逐次逼近法 A/D 转换器是一个具有反馈回路的闭路系统,可划分成比较环节、控制环节、比较标准(D/A 转换器)三部分。

逐次逼近法 A/D 转换器的原理电路图如图 9-15所示。它的主要原理为:将一个待转换的输入模拟信号 U_{IN} 与一个推测信号 U_1 相比较,根据推测信号是大于还是小于输入模拟信号来决定是减小还是增大该推测信号,以便向模拟输入信号逼近。推测信号由 D/A 变换器的输出获得。当推测信号与输入模拟信号相等时,向 D/A 转换器输入的数字即为对应的输入模拟信号的数字。

推测的算法是:它使二进制计数器的二进制数的每一位从最高位起依次置 1。每接一位时,都要进行测试。若模拟输入信号 U_{IN} 小于推测信号 U_1,则比较器的输出为 0,并使该位置 0;否则,比较器的输出为 1,并使该位保持 1。无论哪种情况,均应继续比较下一位,直到

最末位为止。此时，在D/A转换器的数字输入即为对应于模拟输入信号的数字量，将此数字输出，即完成D/A转换过程。

2. 双积分法A/D转换器

双积分法A/D转换器由电子开关、积分器、比较器和控制逻辑部件等组成，如图9-16(a)所示。双积分法A/D转换器是将未知电压U_X转换成时间值来间接测量的，所以双积分法A/D转换器也叫法T-V型A/D转换器。

在进行一次A/D转换时，开关先把U_X采样输入积分器，积分器从0开始进行固定时间T的正向积分，时间T到后，开关将与U_X极性相反的基准电压U_{REF}输入积分器进行反相积分，到输出为0伏时停止反相积分。

由图9-16(b)所示的积分器输出波形可以看出：反相积分时积分器的斜率是固定的，U_X越大，积分器的输出电压越大，反相积分时间越长。计数器在反相积分时间内所计的数值就是输入电压U_X在时间T内的平均值对应的数字量。

由于这种A/D转换器要经历正、反两次积分，因此转换速度较慢。

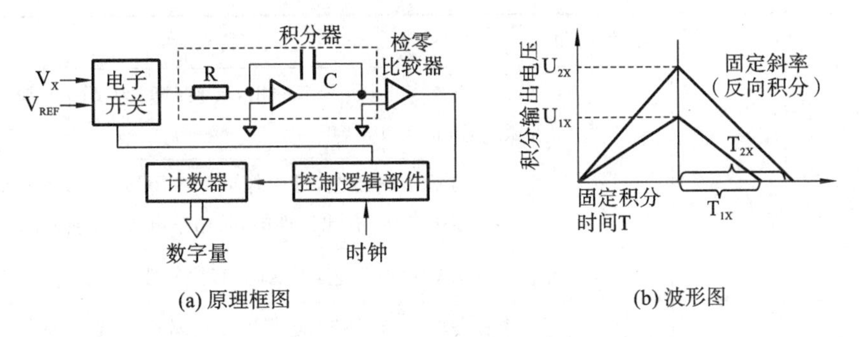

(a) 原理框图　　(b) 波形图

图9-16　双积分法A/D转换器原理框图和波形图

9.3.2　A/D转换器的主要参数

1. 分辨率

分辨率表示转换器对微小输入量变化的敏感程度，通常用转换器输出数字量的位数来表示。例如，8位A/D转换器数字输出量的变化范围为0～255，输入电压满刻度为5 V时，转换电路对输入模拟电压的分辨能力为5 V/255，约等于19.6 mV。目前常用的A/D转换集成芯片的转换位数有8位、10位、12位和14位等。

2. 精度

精度是指输入模拟信号的实际电压值与被转换成数字信号的理论电压值之间的差值，这一差值亦叫作绝对误差。它用百分数表示时就叫作相对误差。相对误差也常用最低有效值的位数LSB来表示。误差的主要来源有量化误差、零位偏差、增益误差和非线性误差等。例如，有一个8位0～5 V的A/D转换器，如果它的相对误差为1 LSB，则它的绝对误差为19 mV，相对误差为0.39 V。一般来说，位数越多，误差就越小。

3. 温度系数和增益系数

这两项指标都表示A/D转换器受环境温度影响的程度，一般用每摄氏度温度变化所产生的相对误差作为指标，以$\times 10^{-6}$/℃为单位表示。

4. 转换时间

完成一次 A/D 转换所需要的时间,称为 A/D 转换电路的转换时间。目前,常用 A/D 转换集成芯片的转换时间为几微秒至 200 μs。在选用 A/D 转换集成芯片时,应综合考虑分辨率、精度、转换时间、使用环境温度以及经济性等诸因素。12 位 A/D 转换器适用于高分辨率系统,陶瓷封装 A/D 转换器适用于−25～85 ℃或−55～125 ℃的温度环境下,塑料封装 A/D 转换器适用于 0～70 ℃的温度环境下。

5. 对电源电压变化的抑制比

A/D 转换器对电源电压变化的抑制比(PSRR)用改变电源电压使数据发生正负变化时所对应的电源电压变化范围来表示。

9.3.3 典型的 A/D 转换器芯片

常用 A/D 转换器如表 9-3 所示。

表 9-3 常用 A/D 转换器

分类	型号	分辨率/位	特点
通用廉价芯片	AD570	8	带有参考电压,三态输出,转换时间为 25 μs,属逐次逼近型,与 μp 接口兼容
	AD7574	8	采用 CMOS 工艺,可以像 RAM,ROM 或慢速存储器那样与微型机接口,有比例性能,采用单电源,转换时间为 15 μs
	AD7570	10,8	采用 CMOS 工艺,不漏码,有比例性能,与 μp 接口兼容
	AD571	10	三态输出,转换时间为 25 μs,属逐次逼近型,与 μp 接口兼容
	AD574	12	有 μp 接口,转换时间为 25 μs,属逐次逼近型
	ADC0801	8	采用 CMOS 工艺,属逐次逼近型,可实现单通道转换,最大线性误差为$\pm\frac{1}{4}$LSB,带有三态输出锁存器,可以直接驱动数据总线
高速高精度芯片	ADC0808/0809	8	采用 CMOS 工艺,属逐次逼近型,可实现 8 通道多路转换,带有锁存器,可直接与 μp 接口相连
	MOD-1005	10	为整块印刷板,可实现 5 MHz 高速率,带有采样保持器
	MOD-1020	10	为整块印刷板,可实现 20 MHz 高速率,带有采样保持器,SNR>56 dB
	MAH	10,8	10 位,8 位的最大转换时间分别为 1 μs,750 ns,并行和串行输出
	MOD-1205	12	为整块印刷板,可实现 5 MHz 高速率,带有具有采样保持器,SNR>66 dB
	ADC678	12	片内有采样保持器,不需要外接元件就可完成 A/D 转换,可直接与 8 位或 16 位 μp 接口相连

续表

分类	型号	分辨率/位	特点
高速高精度芯片	AD578	12	转换时间可调到4.5 μs,带有参考电压,在允许温度范围内不漏码,属逐次逼近型
	AD574	12	带有参考电压和μp接口,转换时间为25 μs
	AD572	12	最大转换时间为25 μs,在允许温度范围内不漏字
	ADC1131/1130	14	采用模块式,最大转换时间为12 μs/25 μs
	ADC1140	16	采用模块式,最大转换时间为35 μs
	ADC0815	16	采用CMOS工艺,属逐次逼近型,可实现16通道多路转换,与μp接口兼容,高速,高精度,低功耗
	5G14433	$3\frac{1}{2}$位 BCD码	抗干扰,转换精度高(11位二进制数),转换速度慢(1～10次/秒),采用单基准电压,采用双积分式
	ICL7135	$4\frac{1}{2}$码 BCD码	转换精度高(14位二进制数),可实现单极性基准电压自动校零,并具有自动极性转换功能,采用双积分式
	ICL7109	12	高精度,低噪声,低漏移,低价格,采用双积分式
高分辨率芯片	AD7555	$4\frac{1}{2}$BCD	采用CMOS工艺,具有模拟多路开关和对于4象限斜率转换的全部功能,数据处理功能包括多路转换和串行计数
	ADC1130/31	14	采用模块式,转换时间为25 μs/12 μs
	AD7550	13	采用CMOS工艺,具有4象限斜率转换的全部功能
低功耗芯片	AD7583	8	采用CMOS工艺,具有9通道(可扩展)多路转换功能,采用单电源,具有模拟多路开关,具有对4象限斜率转换和数字控制的全部数字功能,借助I/O口进行接口
	ADC1210	12	低功耗,中速,12位分辨率,12位精度,可实现转换速度为1次/100 μs的12位A/D转换,属逐次逼近型

9.3.4 A/D转换器的应用

1. 12位片内带有三态输出锁存器的A/D转换器接口设计

(1)要求。进行12位转换,转换结果分两次输出,以左对齐的方式存放在首址为400H的内存区;共采集64个数据;A/D转换器和CPU之间采用程序查询方式交换数据。为此,采用AD574A作为A/D转换器。

(2)分析。AD574A是具有三态输出锁存器的A/D转换器。它可以做12位转换,也可做8位转移。它的转换时间较短,为25 μs,内部含有与微型计算机连接的逻辑控制电路。它是目前国内外使用较多的器件之一。AD574A外部引脚如图9-17所示。

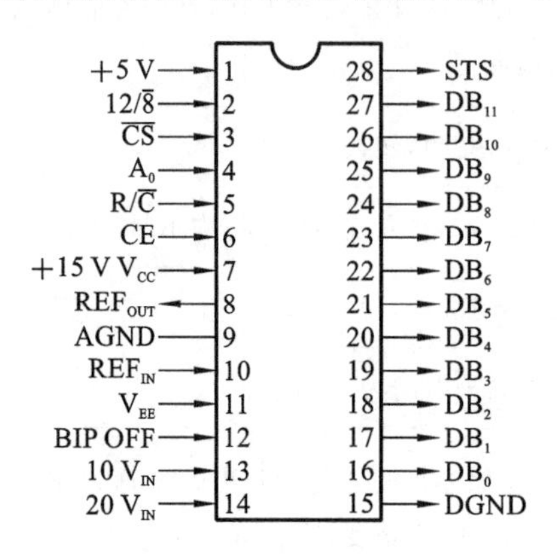

图9-17 AD574A外部引脚

AD574A的内部逻辑结构如图9-18所示。AD574A采用单通道模拟量输入,有2个输入引脚,因此,可以单极性输入0～+10 V或0～+20 V,也可以双极性输入－5～+5 V或－10～+10 V。AD574A的数字量输出有两种情况:当它作8位转换器时,输出线是8根;当它作12位转换器时,输出线是12根。经AD574A转换的数据可以1次并行输出12位,也可以分2次输出。引脚12/$\overline{8}$就是用来控制输出位数的:12/$\overline{8}$=1,一次输出12位;12/$\overline{8}$=0,一次输出8位,即12位分2次输出。若数据采用左对齐的数据格式存放到内存,则先读低4位(末尾4位自动补0),后读高8位。

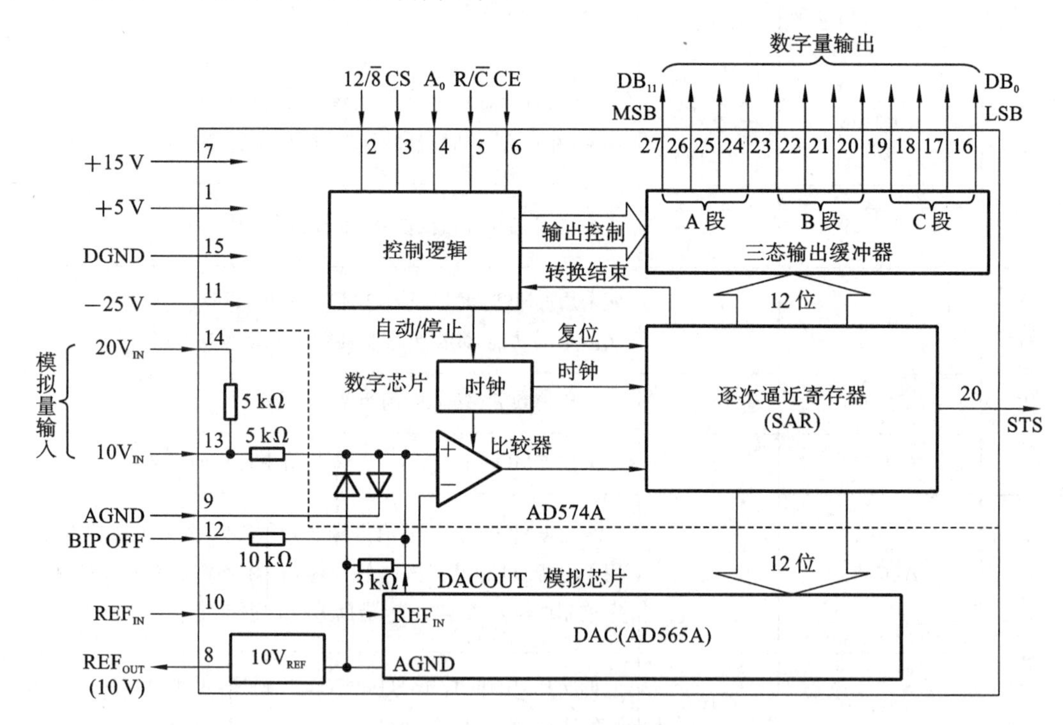

图9-18 AD574A内部逻辑结构图

AD574A外部设置5根控制线(CE,$\overline{CS}$,R/$\overline{C}$,12/$\overline{8}$,A_0)和1根状态线(STS)。5个控制信号的功能定义如下。

①CE:片允许信号,高电平允许工作;在简单应用中可固定接高电平。

②$\overline{CS}$:片选信号,低电平有效。

③R/$\overline{C}$:双功能引脚信号,作为读数据或启动转换的控制信号。R/$\overline{C}$=1,用于读数据;R/$\overline{C}$=0,用于启动转换。

④12/$\overline{8}$:数字量输出位数控制信号。12/$\overline{8}$=1,1次输出12位数据;12/$\overline{8}$=0,1次输出8

位数据。

⑤A_0:双功能引脚信号,用于分辨率和字节选择。在转换启动时,若 $A_0=0$,则 AD574A 作 12 位转换器用;若 $A_0=1$,则 AD574A 作 8 位转换器用。在读数据时,若 $A_0=0$,则读高字节;若 $A_0=1$,则读低字节。

以上控制线中,$\overline{CS}$,CE 和 R/$\overline{C}$ 组合起来实现启动转换和读数据。当$\overline{CS}=0$,CE=1 和 R/$\overline{C}$=0 时,启动 A/D 转换,可见 AD574A 采用边沿启动方式;当$\overline{CS}=0$,CE=1 和 R/$\overline{C}$=1 时,读取数据。这 5 个控制信号的电平状态与 AD574A 所产生的操作之间的对应关系如表 9-4 所示。

表 9-4　AD574A 的控制信号的作用

CE	$\overline{CS}$	R/$\overline{C}$	12/$\overline{8}$	A_0	AD574A 的功能操作
0	×	×	×	×	不允许转换
×	1	×	×	×	未接通芯片
1	0	0	×	0	启动 1 次 12 位转换(作 12 位转换器)
1	0	0	×	1	启动 1 次 8 位转换(作 8 位转换器)
1	0	1	高电平(+5 V)	×	一次输出 12 位
1	0	1	低电平(数字地)	0	输出高位字节
1	0	1	低电平(数字地)	1	输出低位字节

⑥ STS:状态信号,表示转换器状态。在转换期间,STS 为高电平;当转换结束时,STS 变为低电平。可利用它的负跳变反向后去申请中断。

(3) 设计。

①硬件连接。由以上分析可知,AD574A 内部有三态输出锁存器,故数据线可直接与系统数据总线相连,将 AD574A 的 12 条输出数据线的高 8 位接到系统总线的 $D_7\sim D_0$,而把低 4 位接到数据总线的高 4 位,低 4 位补 0,以实现左对齐。STS 通过三态门 74LS125 接到数据线 D_7 上。要求分 2 次传送,故将12/$\overline{8}$接数字地。另外,CE 接 V_{CC},以允许工作。AD574A 与 CPU 的连接如图 9-19 所示。图中 I/O 端口地址译码有 3 个端口地址:Y_0=310H,为状态端口;Y_1=311H,为数据端口(低 4 位);Y_2=312H,为转换启动控制端口/数据端口(高 8 位)。这样安排,实际上也就考虑了 A_0的控制作用。例如,转换启动端口设置为 312H,其中包含 $A_0=0$,以实现 12 位转换。读数据端口设置了 2 个:一个是 312H,包含 $A_0=0$,读高字节;一个是 311H,包含 $A_0=1$,读低字节。

②软件编程。软件编程与 AD574A 各控制信号之间的逻辑关系及工作时序有关。图 9-20描述了各信号之间的时序关系。

根据题目的要求和信号的时序关系,数据采集的程序段如下:

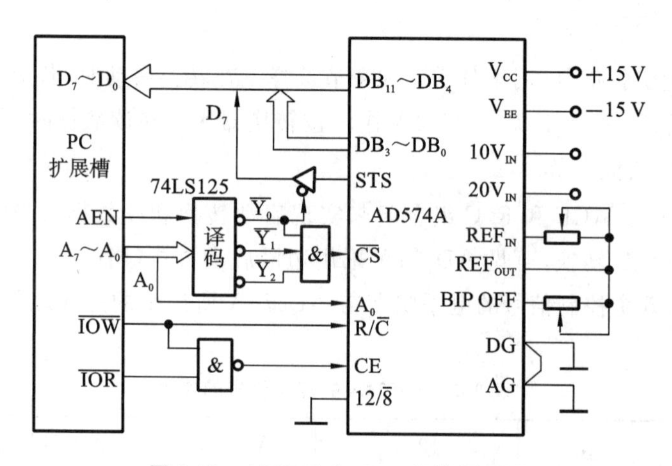

图 9-19 AD574A 与 CPU 连接原理图

```
        MOV  CX,40H          ;采集次数
        MOV  SI, 400H        ;存放数据内存首址
START:  MOV  DX,312H         ;12 位转换(A0=0)
        MOV  AL,OH           ;写入的数据可以取任意值
        OUT  DX,AL           ;转换启动(CS和 R/C 均置 0,CE 置 1)
        MOV  DX,310H         ;读状态 Y0=0,打开三态门
L:      IN   AL,DX
        AND  AL,80H          ;检查 D7=STS=0?
        JNZ  L,              ;不为 0,转换未结束,则等待
        MOV  DX,311H         ;为 0,转换以结束,先读低 4 位(A0=1)
        IN   AL,DX
        AND  AL,OFOH         ;屏蔽低 4 位
        MOV  [SI],AL         ;送内存
        INC  SI              ;内存地址加 1
        MOV  DX,312H         ;再读高 8 位(A0=0)
        IN   AL,DX
        MOV  [SI],AL         ;送内存
        INC  SI              ;内存地址加 1
        DEC  CX              ;采集次数减 1
        JNZ  START           ;未完,继续
        MOV  AX,4C00H        ;已完,程序退出
        INT  21H
```

2. 12 位片内不带三态输出锁存器 A/D 转换器接口设计

(1)要求。某数据采集系统采用 ADC1210 做 12 位转换,转换的数据按右对齐的格式存放。CPU 与接口之间用程序查询方式交换数据。

(2)分析。ADC1210 是无三态输出锁存功能的 A/D 转换器,因此,它的数据线不能与系统数据总线直接连接,必须通过 2 个具有三态锁存能力的 74LS244 接到 CPU 的数据总线上。分 2 次传送 12 位数据,先读高字节,最高 4 位补 0,后读低 8 位,实现右对齐的数据格式。$\overline{SC}$为转换启动信号,低电平有效,由译码电路的输出 Y_1 和$\overline{RD}$信号经或门产生。$\overline{CC}$是转

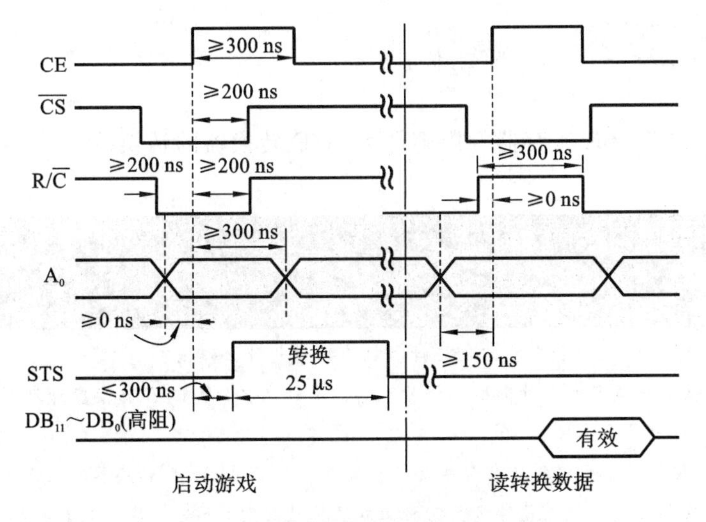

图 9-20 AD574A 时序图

换结束信号,转换完毕为低电平,它通过74LS244(二)输入数据线 D_7。整个接口电路如图9-21所示。图中I/O端口地址由译码电路产生,其分配是:2个数据端口 Y_0(330H)和 Y_1(331H),1个启动转换的控制端口 Y_2(332H),1个状态端口 Y_0(300H)。

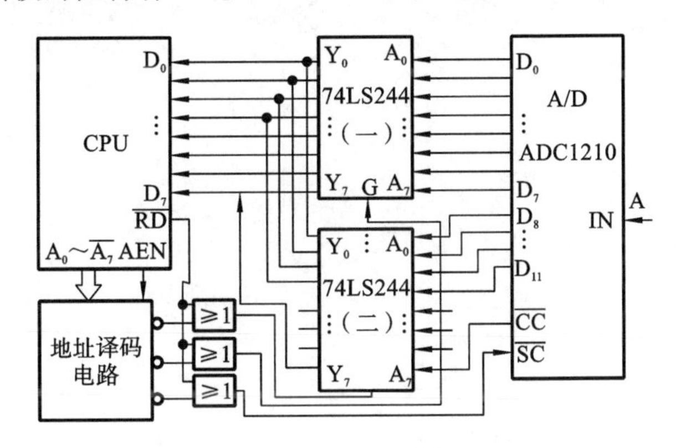

图 9-21 ADC1210 与 CPU 之间加锁存器的接口

(3)软件编程。当A/D转换器与CPU之间采用程序查询方式传送数据时,采集1个数据的程序段如下:

```
        MOV     DX,332H         ;启动转换启动信号的端口
        IN      AL,DX           ;置SC=0,启动转换
        MOV     DX,330H         ;状态端口
L:      IN      AL,DX           ;查CC=0?
        ROL     AL,1            ;若CC不等于 0,则转换未结束,等待
        JC      L               ;若CC=0,则转换结束
        MOV     DX,330H         ;74LS244(二)的端口,读取高 4 位数
        IN      AL, DX
        AND     AL,OFH          ;屏蔽前面高 4 位,取高字节的低 4 位
        MOV     BH,AL           ;保存高字节
        MOV     DX,331H         ;74LS244(一)的端口,读取低 8 位数
```

```
        IN   AL,DX
        MOV BL,AL              ;保存低字节
        HLT
```

程序执行完之后，BX 寄存器的内容即为 A/D 转换器的转换结果，即 1 个右对齐的 12 位数据。

习题

1. 什么是 A/D,D/A 转换器？它们在计算机应用中起什么作用？

2. D/A 转换器一般有哪些外部引脚信号？它们有什么特性？D/A 转换器外部引脚的特性对 D/A 转换器接口设计有什么意义？

3. A/D,D/A 转换器主要参数有哪些？各参数反映了 A/D,D/A 转换器的什么性能？

4. D/A 转换器接口的任务是什么？它和微处理器连接时，一般有哪几种接口电路结构形式？

5. 分辨率和精度有什么区别？

6. A/D 转换器一般有哪些外部引脚信号？它们有什么特性？A/D 转换器外部引脚的特性对 A/D 转换器接口设计有什么意义？

7. A/D 转换器接口电路一般应完成哪些操作？

第10章 总线

10.1 总线的基本概念

微机系统由微处理器、存储器、各种输入/输出接口电路以及外设等部件组成。各部件间要经常进行大量而高速的信息交换，才能实现总体功能。这就要求部件间建立高速可靠的信息交换通道。

在计算机工业发展的早期，是在这些部件间建立点到点的直接联系。这种方式虽有直接连接、独立使用、传送速度快的优点，但部件间相互关系太多，连接线密如蛛网，稍微复杂的部件将无法连接。为此，系统设计者就提出了总线的连接方法。在20世纪70年代，随着微处理器设计和微机系统的高速发展，总线成为普遍采用的连接方法，即形成了典型的微机系统结构——总线结构。

总线(bus)是微机系统中广泛采用的一种技术。总线是计算机系统各功能部件之间进行信息传送的公共通道，称为中枢神经。总线结构决定了机器系统硬件的组成结构，是计算机系统总体结构的支柱。构成微机系统的各功能部件/模块(如存储器、CPU主板、I/O接口板、I/O接口卡等)通过总线来互连和通信，传送地址信息、数据信息和控制信息。

微机系统采用总线结构会带来以下优点。

(1)简化系统结构。微机系统采用总线结构后，系统中各功能部件之间的相互关系变为面向总线的单一关系。采用总线还可使整个微机系统的结构简单规整、清晰明了，大大减少各模块间的连线。各模块(插件)的同一引脚都是同一定义的总线信号引脚，从而使各种插件便于用公共的总线插槽(也称I/O扩展槽)形式实现互连，提高可靠性，使微机系统更加容易设计和制造。

(2)简化硬件、软件的设计。总线结构使各功能部件间的相互关系变为面向总线的单一关系，这不仅为微机的生产和组装提供了方便，而且为微机产品的标准化、系列化和通用化提供了方便。就硬件设计而言，无论是主板，还是接口板，设计者只要按照总线标准（规范）设计即可，而不必考虑如何适应主机特性，以及与其他部件的关系等问题，而且只要设计遵循总线标准（规范），所设计的接口产品就具有互换性和通用性，便于大批量生产。就软件设计而言，硬件的模块化（插件式）结构，也导致了软件设计便于采用模块化的程序设计方法，使程序设计简单，易于调试，缩短了软件开发周期。

（3）使系统功能得以扩充或使系统性能得以更新。由于总线实行标准化，因此系统的扩充十分方便。如果要扩充系统规模，只要选择符合总线标准（规范）的同类插件（或板、卡）直接插入系统扩展槽即可；若要进行功能扩充或更新，只要插入功能更强的插件或器件，即可实现。

随着微机技术的发展，总线技术得到了广泛应用和发展，许多性能优良的总线得到了广泛的应用，有的总线仍在发展、完善，有的总线已被淘汰，同时新的总线概念和新的总线也在不断涌现。

◆ 10.1.1 总线的分类

总线是功能部件之间实现互连的一组公共信号线，用作相互间信息交换的公共通道（公共的通信线路）。总线在物理形态上就是一组公共的导线，许多器件挂接其上传输信号。

不同的微机系统，或者同一系统不同层次上的总线是不同的。对于各种总线，可以从不同角度进行分类。总线是由许多信号线组成的，根据各信号线的性质可分为以下几个部分（按总线性质分类）。

（1）数据总线：传送数据信息，数目的多少决定了一次能够传送数据的位数（双向）。

（2）地址总线：传送地址信息，数目的多少决定了系统能够直接寻址存储器的地址范围（单向、三态）。

（3）控制总线：用于协调系统中各部件的操作。控制总线决定了总线功能的强弱、适应性的好坏。各类总线的特点主要取决于它的控制总线。

（4）电源和地线：为系统提供电源和一定的抗干扰能力。

按数据传送方式，可将总线分为并行总线和串行总线。距离较近，如系统（或器件）内部，为了提高传输速度，可采用并行总线；而距离较远或系统间，为了减少连线、降低开销、增强系统的可靠性，可采用串行总线。按照总线的使用范围、功能来分，总线由内到外可分为4级（或4个层次）。

1. 片内总线

片内总线是指位于集成电路芯片内部的总线，如位于微处理器内部，用来连接微处理器内部的各个逻辑部件（如ALU、寄存器等）。片内总线在制作CPU大规模集成电路时就已经制作好，计算机用户是触摸不到的，因此与用户无关。

2. 片总线

片总线也称元件级总线或局部总线，是各种板、卡上的芯片与芯片之间连接的总线，是为芯片与器件之间提供的标准信息接口。将CPU、存储器芯片及各种外围接口电路芯片等连接在一起构成的主机板、显示卡、各种I/O接口板和I/O接口卡等都采用总线方式构成。该总线的表现形式是各芯片引脚的延伸与连接。片总线一般与CPU密切相关，在将接口电路与CPU连接时就要与片总线打交道。片总线是微机系统中的重要总线之一，是接口设计的重要内容。由于一个主板或I/O接口板相对于微机系统来说是一个子系统，是一个局部，因此，又将片总线称为局部总线。

3. 系统总线

系统总线又称为内总线或板级总线，即通常所说的微机总线。它用于微机系统内各功能部件(存储器、I/O接口板、I/O接口卡)之间的连接，是微机内最重要的总线。在采用系统板结构的微机内，该总线是底板(主板)的一部分，表现形式是位于底板上一个个标准的总线扩展槽。系统总线是微机系统所特有的、用户接触最多的总线。

4. 外总线

外总线也称为通信总线，用于系统间的连接与通信，为微机系统之间和微机与仪器、仪表、控制装置或其他设备之间提供标准连接。它也是计算机网络所设置的外部总线，表现形式是微机后面板上的某些通信插口。外总线不为某个微机所特有，是微机应用系统中才涉及的一种总线。常用的外总线有两种形式，即并行总线和串行总线，如IEEE 488和RS-232C。

微机各级总线的位置关系如图10-1所示。

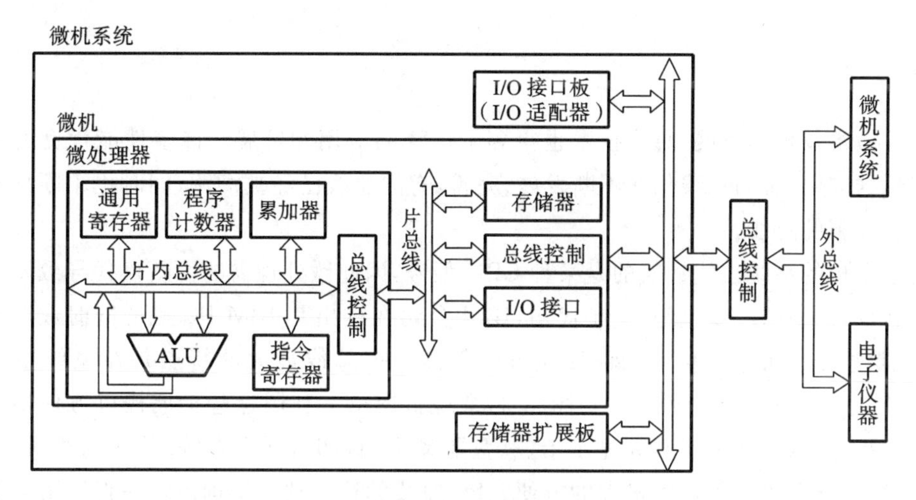

图10-1 微机的总线结构

10.1.2 总线标准

随着微机的广泛应用，不同用户对微机系统功能的要求各不相同。计算机厂商为满足用户的需求，使自己的产品能获得尽可能广泛的市场，除以整机形式向用户出售微机系统外，更多的则是以各种板卡的形式出售计算机零部件，这样，用户就可以根据自己的实际需要选购相应的计算机零部件组装成满足自己需要的微机系统。这就要求计算机厂商生产的各种功能板卡能相互兼容，而要相互兼容互换，必然要求插件板、卡的几何尺寸，数据传输速率，引线信号的定义、数目和时序关系等都相同或兼容，这就要求微机系统总线采用统一的标准，以便计算机厂商遵循此标准生产面向系统总线标准的计算机零部件。作为一个总线标准，必须明确总线中各信号线的定义、逻辑关系、时序要求、信号表示方法、电路驱动能力和抗干扰能力等，甚至导线的物理特性、信号线在插座上的位置次序等细节，也要规定清楚。

特别地，要满足多个部件的公用，就必须制定严格的协议，确定公用总线的方法。所以，每一种总线标准都应包括对信号功能、信号时序、电气特性、机械特性以及通信协议（规程）等几方面的具体规定。

总线标准通常有两种：一种是由国际性组织（如国际标准化组织 ISO、电气与电子工程师协会 IEEE 等）严格定义与解释的正式或推荐使用的总线标准；另一种是因广泛使用，而被工业界接受与公认的事实上的总线标准。一般情况下，总线标准是由电子学方面的一些组织或公司编写和引入电子工业及市场的，但是最终仍要由公众来评价和认可。因此，标准不一定在理论上都是完美无缺的。

标准总线为接口双方的部件提供了一种通用的、标准的连接方法。接口的任一方只需要根据总线标准的要求来实现和完成接口的功能，而不必了解对方的接口方式。因此，总线接口也是一种通用的接口技术。为了充分发挥总线连接的优越性，使人们在把各种不同的部件组成系统时遵守共同的总线规范，人们制定了各种总线标准。在微机系统中采用的标准总线有 PC 总线、ISA 总线（AT 总线）、EISA 总线和 PCI 总线等。

10.2 微机常用总线

10.2.1 概述

随着微机技术的发展，总线技术也得到了广泛的应用和发展。许多性能优良的总线得到了广泛的应用，有的总线仍在不断发展、完善，有的总线已经被淘汰，同时也不断出现新的总线概念和新的总线。

由于微机的系统总线针对的是某种 CPU 型号，因此微处理器的更新换代导致了系统总线的更新换代。早在 20 世纪 80 年代初，IBM 公司在推出其 IBM PC 机的同时成功地使用了一套总线结构和总线标准，即 62 芯 PC 总线。该总线最大的特点是在系统主板上除 CPU，RAM /ROM 之外，设置了 8 个 62 芯系统扩展槽。利用这些扩展槽可方便地插入各种功能的扩充卡（或适配器），如显示卡、软盘驱动卡、打印机适配器等，从而为微机的生产、组装、功能扩充和维护提供了极大的方便。PC 总线的这一独特结构形式一直沿用至今。

随着 16 位微处理器的推出，IBM 公司在推出其第一台 80286 微机（AT 机）的同时又定义了一个 16 位的微机系统总线，即 AT 总线。AT 总线定义的数据宽度为 16 位，工作频率为 8 MHz，传输速率为 16 Mb/s，有 24 位地址线，可寻址空间达 16 MB，信号线在 PC 总线的 62 芯信号线的基础上又增加了 36 根，从而保持了与 PC 总线 100%兼容，保护了原有的 8 位宽度的产品。AT 总线以良好的兼容性和合理性，很快得到了计算机的广泛承认，并被定义为 ISA 总线。

80386 微处理器 32 位的数据方式和 20 MHz 的 CPU 工作频率使 CPU 的处理能力大大提高，但由于受 ISA 总线标准的限制，系统总线的性能没有发生根本的改变，这使得系统总线上的 I/O 端口、存储器访问速度也没有多大的改进，从而在强大的 CPU 处理能力与低性能的系统总线间产生了一个瓶颈。为了打破这一瓶颈，1987 年，IBM 公司在设计它的 PS/2 系列 50 型微机时突破传统 ISA 总线标准，采用了一种与传统 ISA 总线标准完全不兼容的全新的系统总线标准——MCA（micro channel achitecture）标准。该标准定义了 32 位的外部数据总线宽度，并提供了突发方式的DMA传送，可使80386的32位数据在通道总线中高速传输，传输速率是ISA总线的4倍，从而提高了系统的整体性能。然而，IBM公司为了保持它在微机领域的领导地位，没有将这一标准公之于世，进而申请了专利以求垄断市场，使解决瓶颈问题的手段为IBM公司所独有。这也同时为MCA标准的推广设置了障碍。1988年，Compaq，AST，HP，Epson等9家世界著名计算机生产厂商联合推出了主要针对32位微处理器80486的EISA总线标准。EISA总线不仅包含了MCA总线的全部功能，而且与传统ISA总线100%兼容，这保护了用户对EISA总线的投资，使用户不仅可享用EISA总线的高性能资源，而且可继续享用ISA总线资源。由于EISA总线标准的公开性很快得到计算机工业界的广泛承认，因此数以百计的EISA扩充卡相继问世，如LAN，SCSI，IDE等，使EISA总线的应用领域得到充分发展。

随着微处理器技术的进一步发展和软件技术的迅速发展，CPU主频的不断提高，数据宽度的不断增大，以及处理能力的增强，微处理器的性能迅速提高。然而，系统总线虽然从PC总线、ISA(AT)总线发展到EISA总线，但仍然不能充分利用CPU的强大处理能力，仍跟不上CPU和软件的发展速度，在系统运行的大部分时间内，CPU都处于等待状态，特别是在日益强大的CPU处理能力和大容量存储器的支持下，系统软件(如Windows 95，Windows NT操作系统)和应用软件Office等出现并得到广泛应用，使得对系统资源也提出了极高的要求，而像显示卡、硬盘控制器这些高速外设仍处于8位或16位的系统总线上，数据传输速度相对极高的CPU速度要慢得多，严重地影响了系统的整体工作效率。

为了解决总线传输速度问题，特别是提高高速外设(如显示卡、硬盘、图形加速卡等)的传输速度，进而提高系统的整体性能，一种有效的方法是将那些高速外设直接挂接到CPU的局部总线上并以CPU速度运行，以减轻系统总线的传输压力，提高高级外设子系统的工作并行性。基于这一局部总线概念，VESA(视频电子标准协会)与60余家公司联合推出了一个全开放的局部总线标准——VL总线(也称VESA总线)标准。

VL总线是一种通用局部总线，可支持386SX，386DX，486SX，486DX以及Pentium微处理器。VL总线标准定义的数据宽度为32位，可扩展到64位。另外，VL总线与CPU同步工作，使用的时钟频率为33 MHz，最大可达66 MHz。因此，VL总线的最大传输速率可达132 Mb/s，是ISA总线传输速率的16倍。VL总线的高性能为现今最具要求的Windows操作系统、网络和DOS程序以及多媒体应用提供了广阔的发展空间。然而，VL总线标准也有其缺点，例如体积大、负载能力弱，不支持猝发写入及自动配置资源等技术。1992年，以英特尔公司为首提出的PCI总线克服了VL总线的上述缺点，具有严格的规范，因而保证了良好的兼容性，成为当前使用最广泛的总线。PCI总线也定义了32位数据线，可扩展到64位，体积比原来的ISA总线还小，可支持猝发读/写操作，使用33 MHz时钟频率时，最大传输速率为132 Mb/s，可同时支持多组外设。PCI总线主要是为Pentium微处理器设计的，但也支持80386/80486等微处理器。

总线技术的发展也影响着微机系统结构的变化。随着高档微机的迅速发展，出现了一个不可回避的实际问题——如何保持与早期微机系统总线的兼容。为此，如今推出的高档微机，系统结构(主要是主板结构)多采用由不同总线构成的多总线结构形式，即在主机板上大多设置有几种不同的总线插槽，即使用的是组合式插槽，如ISA-EISA组合、ISA-PCI组合等。

从20世纪70年代出现微机系统一直到现在，系统总线从低级到高级，适用于不同的应用领域，出现了多种，且仍在发展之中。本书仅介绍其中比较典型的几种微机总线。

10.2.2 PC 总线

PC 总线是一种适用于 IBM PC 机、PC/XT 机及其兼容机的系统总线。它的数据宽度为 8 位，地址线为 20 位，可直接寻址空间为 1 MB。虽然它针对的是 8088 CPU，但它不是 CPU 引脚的简单延伸，它经过总线控制器 8288、总线收发器 8286、中断控制器 8259A、DMA 控制器 8237-5 及其他支持逻辑部件重新驱动和组合控制而形成的。

PC 总线标准定义了 62 根信号线，总线的物理结构体现于配置在 PC 机主板上的 5～8 个 62 芯系统扩展槽（也称 I/O 通道）上。该 62 芯插槽用双列插板连接，分 A，B 两面，A 面是元件面，B 面是焊接面，每面有 31 个引脚，8 个槽上相对应的引脚都并联在一起。作为基本配置，这些扩展槽上已经插入了软盘驱动器适配器插件、显示器适配器插件和打印机适配器插件。另外，还留有一些空槽用于扩展存储器容量和其他 I/O 设备以及用户自行设计的 I/O 扩充板。

引到系统扩展槽上的所有系统总线信号均是 TTL 电平，每个插槽信号的负载能力是 2 个低功耗肖特基 TTL 门，IBM 设备的 I/O 卡均为 1 个 TTL 门负载。

PC 总线的 62 根信号线分为 5 类，即 20 位地址线、8 位数据线、6 条中断请求线、3 根 DMA 请求线以及电源地线，如图 10-2 所示。

1. 地址线 A_{19}～A_0（20 根）

该 20 根线为输出信号线，A_0 为最低有效位，用于寻址内存空间和 I/O 端口。当访问 I/O端口时，仅用 A_9～A_0 共 10 位，故 I/O 地址范围为 000H～3FFH，共包括 1024 个端口地址。其中：000H～1FFH 共 512 个地址为系统板上的 I/O 端口地址；扩展槽上端口地址范围为 200H～3FFH，即后 512 个端口地址。

2. 数据线 D_7～D_0（8 根）

该 8 根线为双向数据线，用来在 CPU、存储器以及 I/O 端口间传送数据，可用 $\overline{IOR}$，$\overline{IOW}$ 或 $\overline{MEMW}$，$\overline{MEMR}$ 信号来选通数据。

3. 控制线（21 根）

（1）ALE（输出线）：地址锁存允许信号。该信号由总线控制器 8288 产生，作为 CPU 的地址有效标志。ALE 有效，在其下降沿将 CPU 送出的地址 A_{19}～A_0 锁入地址锁存器 8282/8283。

（2）$\overline{IOR}$（输出线）：I/O 设备读控制信号，低电平有效。此信号由 CPU 或 DMA 控制器产生。该信号有效时，将选中的 I/O 设备接口中的数据送入数据总线。

（3）$\overline{IOW}$（输出线）：I/O 设备写控制信号，低电平有效。该信号由 CPU 或 DMA 控制器产生。该信号有效时，将数据总线上的数据写入所选中的 I/O 设备接口中。

（4）$\overline{MEMW}$（输出线）：存储器读控制信号，低电平有效。该信号由 CPU 或 DMA 控制器产生。该信号有效时，将选中的存储器单元的数据读到数据总线上。

（5）$\overline{MEMW}$（输出线）：存储器写控制信号，低电平有效。该信号由 CPU 或 DMA 控制器产生。该信号有效时，将数据总线上的数据写入所选中的存储器单元。

（6）IRQ_2～IRQ_7（输出线）：中断申请线，用来将 I/O 设备的中断请求信号经系统板上的

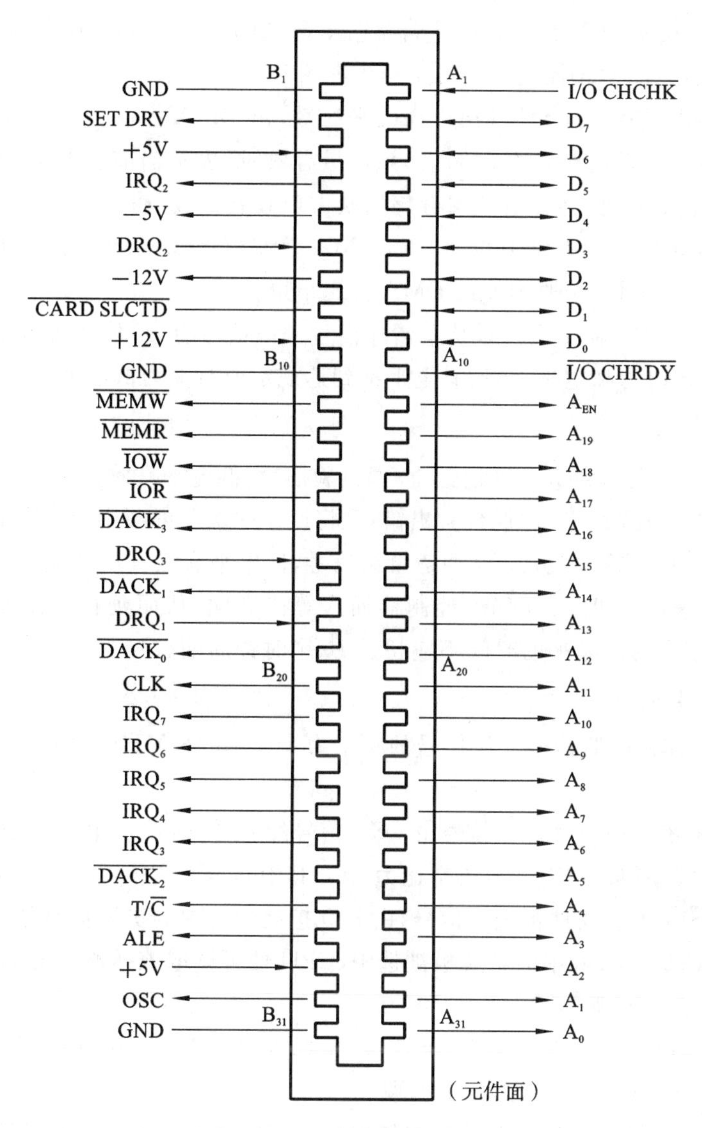

图 10-2　PC 总线信号排列图

中断控制器 8259 送给 CPU。其中，IRQ_2 优先级最高，IRQ_7 最低。要求该信号上升沿有效(触发)并且有效高电平一直保持到 CPU 响应为止。8259A 共有 8 个中断申请输入端 IRQ_0～IRQ_7，其中 IRQ_0，IRQ_1 已被系统板占用(IRQ_0 用于日时钟，IRQ_1 用于键盘中断)，只有 IRQ_2～IRQ_7 引到 62 芯插座上。中断请求信号采用边沿触发方式，每根中断申请线只能被一个适配卡使用。

(7) DRQ_1～DRQ_3(输入线)：DMA 请求信号，这些信号由外设接口发出，经 62 芯总线进入 DMA 控制器 8237-5。该 DMA 控制器有 4 个 DMA 通道，因此，输入信号应为 4 个，即 DRQ_0～DRQ_3。其中，DRQ_0 已被系统板占用，用来对动态 RAM 刷新，故未进入系统总线。DRQ_1 优先级最高，DRQ_3 最低。这些信号高电平有效，且高电平要保持到 DACK 为低电平时止。

(8) $\overline{DACK_0}$～$\overline{DACK_3}$(输出线)：DMA 通道 0～3 响应信号，低电平有效，由 DMA 控制器 8237-5 送往 I/O 接口。$\overline{DACK}$ 信号用来响应外设的 DMA 请求，或者实现对动态 DAM

刷新。其中，$\overline{DACK_0}$有效表示系统对存储器刷新请求的响应。该信号有效时，表示外设的DMA请求已被响应，DMA控制器将占用总线进入DMA周期。

(9)AEN(输出线)：地址允许信号，高电平有效，由DMA控制器8237-5产生。此信号用来切断CPU控制，而允许DMA传送。该信号有效时，表示当前正处于DMA控制周期，由DMA控制器控制地址、数据总线对存储器及I/O设备的读/写。

(10)T/$\overline{C}$(输出线)：计数结束信号。当DMA控制器8237-5计数到0时，从T/$\overline{C}$线上输出一高电平脉冲(正脉冲)通知外设DMA传送结束。

(11)RESET DRV(输出线)：系统总清除信号。该信号有效，使系统各部件复位。此信号在系统电源接通时为高电平，当所有电平都到达规定值时变为低电平。

4. 状态线(2根)

(1)$\overline{I/O\ CHCK}$(输入线)：I/O通道奇/偶校验信号，低电平有效。该信号有效时，表示系统板上存储器或I/O通道上奇/偶校验出错，且将产生一次非屏蔽中断(NMI中断)。

(2)$\overline{I/O\ CHRDY}$(输入线)：I/O通道就绪信号，低电平有效。一些慢速设备可以通过使此信号为低电平来使CPU或DMA控制器插入等待周期，从而延长存储器或I/O设备的读/写周期。此信号为低电平的时间不应超过10个时钟周期。

5. 辅助线(11根)

(1) OSC：晶体振荡器信号。该信号的频率为14.318 18 MHz，周期为70 ns，占空比为1/2。

(2) CLK：系统时钟信号。该信号由OSC信号经8234时钟发生器三分频后得到，频率为4.77 MHz，时钟周期为210 ns，占空比为1/3，其中高电平占1/3，低电平占2/3。

(3)$\overline{CARD\ SLCTD}$：插件板选中信号，由I/O扩展槽J_8中的扩展板B_8引脚提供。该信号有效时，表示I/O扩展槽J_8中的扩展板被选中，CPU便可读取该插槽上的适配器卡，所以J_8插槽与其他7个插槽有所不同。

(4)电源线和地线：−5 V、+5 V、−12 V、+12 V为电源线，其中+5 V占2个引脚，其他均占一个引脚；GND为地线，占3个引脚。

IBM PC/XT机可以通过在I/O扩展槽中插入相应的适配器卡而连接各种外设，如打印机、显示器、软盘驱动器等。

10.2.3 ISA总线

ISA(industry standard architecture，工业标准体系结构)总线，也叫AT总线，是以80286为CPU的PC/AT机及其兼容机所用的系统总线，也可在80386/80486微机上使用。ISA总线定义了16位数据线，工作频率为8 MHz，数据传输速率为16 Mb/s，地址线有24条，可寻址空间达16 MB。

ISA总线是在PC总线的基础上再扩展36根信号线而形成的16位系统总线，支持8位或16位数据传送。为保证与PC总线100%兼容，以及使原来许多在PC机上使用的8位数据宽度的功能扩展板、卡仍能在ISA总线上使用，以保护用户投资和实现对已有的产品的兼容，ISA总线的插座结构是在原PC总线62芯插座的基础上又另外增加一个36线的插座，即同一轴线上的总线插座分62芯插座和36线插座，共98根线，其中62芯插座的引脚排列、信号定义与PC总线基本相同，仅有2处(B_8，B_{19})做了改动。一处是原PC总线J_8插槽中

的 B_8 脚现引入 $\overline{OWS}$(零等待)信号，当它为低电平时，通知 CPU 当前总线周期能按时完成，无须插入等待状态 T_W；另一处改动的是 B_{19} 引脚，原 PC 总线为 $\overline{DACK_0}$，是对动态 RAM 刷新请求信号 DRQ_0 的响应信号，现因 AT 机的动态 RAM 刷新改为直接由系统板上 RAM 刷新电路产生 $\overline{REFRESH}$ 代替，也可以由扩展卡上的其他微处理器驱动刷新信号，故 ISA 总线中将 B_{19} 引脚定义为 $\overline{REFRESH}$，仍用于刷新，而将 DRQ_0 和 $\overline{DACK_0}$ 作为外设接口的 DMA 请求和响应信号，将 $\overline{DACK_0}$ 安排在 36 线插槽的 D_8 引脚。此外，ISA 总线中将原 PC 总线中的 $\overline{MEMR}$ 和 $\overline{MEMW}$ 更名为 $\overline{SMEMR}$ 和 $\overline{SMEMW}$，但仅仅是改名，仍作为存储器读、写信号控制线用。除以上 3 处有变化外，ISA 总线中的 62 芯插座与 PC 总线插槽完全相同。

ISA 总线中增加的 36 根信号线在插槽中为 $C_1 \sim C_{18}$，$D_1 \sim D_{18}$，如图 10-3 所示。它主要包括：高 7 位地址线 $LA_{23} \sim LA_{17}$；高 8 位数据线 $SD_{15} \sim SD_8$；中断控制器 8259A 增为 2 片，共可处理 15 级可屏蔽中断；DMA 控制器 8237-5 增为 2 片，共有 7 个 DMA 通道；相应的一些控制线。

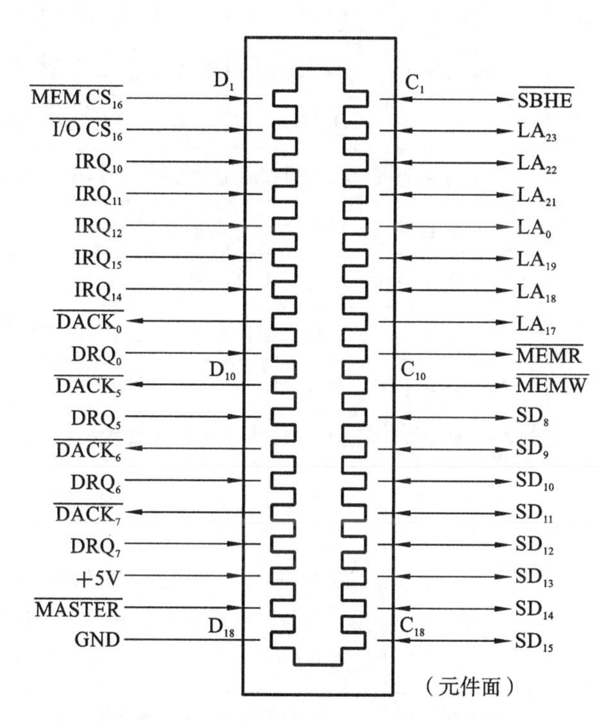

图 10-3　ISA 总线 36 芯扩展槽信号排列

ISA 总线的信号功能如表 10-1 所示。62 根基本信号线的分配为：数据线 8 根，地址线 20 根，控制线 22 根，电源、地址及其他信号线 12 根。

表 10-1　ISA 总线的信号功能

类型	信号名称	I/O	有效电平	功能说明
时钟与定位	OSC	O		周期为 70 ns 的振荡信号，占空比为 2∶1
	CLK	O		周期为 167ns 的系统时钟，占空比为 2∶1
	RESDRV	O	高电平	上电复位或初始化系统逻辑部件
	OWS		高电平	零等待状态信号

续表

类型	信号名称	I/O	有效电平	功能说明
数据总线	$SD_7 \sim SD_0$	I/O	高电平	双向数据线,为 CPU、存储器、I/O 设备提供数据,SD_0 为最低有效位
地址总线	$SA_{19} \sim SA_0$	O	高电平	20 位地址线,用于对存储器和 I/O 设备寻址,A_0 为最低有效位
控制总线	BALE	O	高电平	由总线控制器 8288 提供此信号,允许锁存来自 CPU 的有效地址
	AEN	O	高电平	允许 DMA 控制器控制地址总线、数据总线及读/写控制线,进行 DMA 传送
	IRQ_9,$IRQ_7 \sim IRQ_3$		高电平	I/O 设备的中断请求线。IRQ_3优先级最高
	$DRQ_3 \sim DRQ_1$		高电平	I/O 设备的 DMA 请求线。DRQ_1优先级最高
	$\overline{DACK_3} \sim \overline{DACK_1}$	O	低电平	DMA 应答信号线,分别对应 DMA 请求 1~3 级
	$T/\overline{C}$	O	高电平	当 DMA 通道计数结束时,由 DMA 控制器送出
	$\overline{IOR}$	I/O	低电平	对指定 I/O 设备读命令
	$\overline{IOW}$	I/O	低电平	对指定 I/O 设备写命令
	$\overline{SMEMR}$	O	低电平	对存储器读命令(小于 1 MB 空间)
	$\overline{SMEMW}$	O	低电平	对存储器写命令(小于 1 MB 空间)
	$\overline{IOCHCK}$		低电平	向 CPU 提供 I/O 设备或扩充存储器奇偶错
	IOCHRDY		高电平	I/O 通道就绪信号,若是低速的存储器或 I/O 设备,则在检测到一个有效地址和一个读或写命令时,使该信号变为低电平,总线周期用整数倍的时钟周期延长,但该信号低电平维持时间不得超过 10 个时钟周期时间(15×167 ns=2.5 μs)
	$\overline{REFRESH}$	I/O	低电平	该信号用来指示刷新周期
电源	−5 V,+5 V,−12 V,+12 V			电源
地线	GND			地线

在扩展的 36 根信号线中,数据/地址线有 8 根,高位地址线有 7 根,控制线有 19 根,电源地址线有 2 根。

10.2.4 EISA 总线

IBM 公司在推出其 IBM PC/XT/AT 系列机的时候,遵循了开放性思想,没有保守其技术秘密。这种开放式系统结构在使 PC 系列机获得广泛应用的同时,造就了一大批兼容机厂商。

为了能够重新独占市场，IBM公司于1987年在推出其第二代32位个人计算机系统PS/2(Personal Svstem/2)时，又退回到了非开放式系统结构。尽管IBM公司吸取了PC和AT总线的教训，认真定义了PS/2微机的32位MCA总线，使其具有高速的数据传输、共享资源和多重处理功能，利于形成更好更可靠的产品，但是，MCA总线无论是在电气方面还是在机械性能方面均与原有的ISA总线不兼容，无法使用已有的ISA外设，这给它的发展造成了麻烦。因此，PS/2机及其MCA总线均未能获得广泛应用。

为了使采用32位微处理器的PC机既能兼容ISA总线结构，又能获得如MCA总线那样的高性能，以Compaq为首的PC兼容机厂商联合推出了与MCA总线竞争的32位PC机系统总线——EISA总线。作为与ISA总线完全兼容的扩展，它能够充分利用原有的ISA外设，但不与MCA总线兼容。EISA总线支持多个总线主控器，加强了DMA功能，增加了成组传送方式，是一种支持多处理器的高性能32位系统总线。ElSA总线曾广泛用于386/486等32位微机中，但由于成本较高，因此现在它主要用于微机服务器中。

1. EISA总线的主要特点

(1)EISA总线与ISA/PC总线完全兼容，能直接使用PC/AT机的插件板，保护了原有资源。

(2)有较高的I/O性能。

①支持32位数据宽度。

②支持8位、16位、32位数据传输，地址线为32位。

③实现33 Mb/s的数据传输速率。

④真正的多主控总线(bus master)，支持6个EISA总线主控设备。

⑤支持循环控制总线的仲裁机制，并有自动配置系统的能力。

(3)扩充安装容易、自动配置，无需DIP开关。

(4)维护了扩展卡的投资，保持与ISA扩展卡100%兼容。

2. EISA总线扩展槽的结构及特点

EISA总线的插槽与ISA卡完全兼容。卡与槽的连接做成上、下两层结构，槽的物理尺寸大小与ISA总线扩展槽相同。为保持与ISA总线的兼容，EISA总线扩展槽的上层与ISA总线相同且引脚信号的定义、次序与ISA总线兼容，这使得ISA总线扩展卡可以很方便地用于EISA总线系统中(插在EISA总线扩展槽的上层)，就如同在ISA总线系统中一样。EISA总线扩展槽的下层用于EISA总线的扩展，即包含EISA总线新扩展的98根信号线，它与上层联合起来构成32位EISA总线。因此，凡基于EISA总线标准设计的32位扩展卡都插在插槽的下层，不会与上层发生联系。这时才能真正获得一个具有高性能、高速度的EISA总线系统。

◆ 10.2.5 PCI总线

传统的微机系统结构是把构成微机系统的所有功能部件板卡(主机板、存储器、各种I/O接口卡、适配器)都挂接在系统总线上，即采用单总线结构，这就要求系统总线具有足够快的数据传输速率，以满足各个外设特别是高速外设的传输要求。例如，系统总线上挂接3～5个高速外设，为满足各外设传输速率的要求，希望系统总线的数据传输速率至少是外设传输速率的 3～5 倍。然而,随着系统中 CPU 速度的提高,外设特别是高速外设的增加,以及先进系统软件和应用软件对系统资源提出的要求提高,系统总线是很难满足传输速率要求的,从而使系统总线成为系统数据传送的瓶颈。解决瓶颈问题的理想办法是采用局部总线(local bus)来分散系统总线数据传送的压力。局部总线是相对系统总线这个全局总线来说的,即系统中的特殊子系统(如高速外设、CPU、主板等),都建有各自的总线。这些子系统相对微机系统来说是一个局部，所以它们各自的总线称为局部总线。局部总线上可以挂接局部存储器和局部的输入/输出接口,而系统总线挂接公共(全局)的存储器和输入/输出接口。这样就可以把很大一部分的存储器读/写操作和输入/输出操作交由局部总线来完成,只有在需要访问公共存储器或公共输入/输出接口时,才使用系统总线。这样做,不仅大大减少了系统总线的传输量,避免了“堵塞”现象,而且为各个子系统提供了并行工作的机制。局部总线概念在多处理器系统中十分重要。各处理器有自己的总线(即局部总线),处理器之间通过系统总线相连。

1. PCI 总线的主要特点

PCI 总线是以英特尔公司为首的 PCI 集团于 1992 年推出的一个高性能的局部总线,是微处理器与外设间的高速通道。它支持多个外设,与 CPU 的时钟无关,共享中断,并以严格的总线规范来保证总线的可靠性和兼容性。PCI 总线定义了 32 位数据总线,可扩展到 64 位,体积小,支持无限猝发读/写操作。PCI 总线是同步型总线,支持 33 MHz 工作频率,最大数据传输速率为 132～264 Mb/s,支持并发工作,即多组外设可与 CPU 并发工作。另外,它还具有良好的兼容性,与 ISA,EISA,MCA,VL 总线完全兼容,且不受处理器的限制。它的自动配置功能使得“即插即用”概念得以实现,为用户配置多种扩展卡提供了方便。PCI 总线适应了 Windows 等大型高性能系统软件和对高速图形显示的要求,以及高速硬盘的高速数据传输速率的要求。虽然 PCI 总线是针对 Pentium 微处理器设计的,但也支持 80836/80486 微处理器系统,目前在高档微机中特别是 Pentium 微机中广泛使用。

2. PCI 总线的体系结构

PCI 总线结构如图 10-4 所示。PCI 桥(又称 PCI 控制器)用来实现驱动 PCI 总线所需的全部控制。在与 CPU 总线接口方面,引入了先进先出缓冲器,使 PCI 总线上的部件可与 CPU 并发工作。PCI 总线上可设标准总线(ISA,EISA 总线等)控制器(如 MERCURY 芯片组)。该控制器用于将 PCI 总线转换成标准总线,如 ISA,EISA 总线等,以便在标准总线上挂接低速设备,如打印机、调制解调器、传真机、扫描仪等。

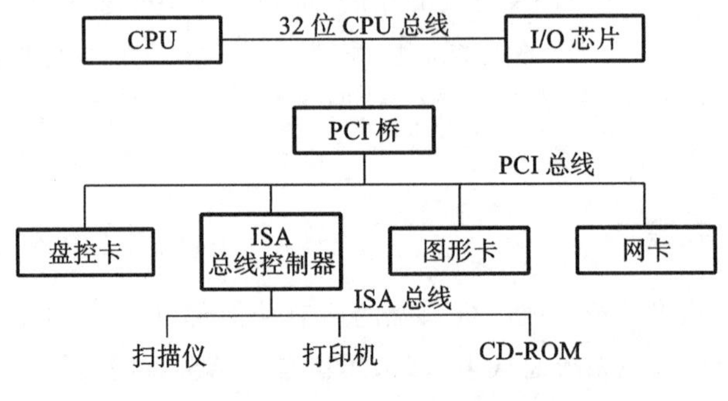

图 10-4　PCI 总线结构

PCI 总线结构的另一特点是扩展性好，当需要把多台设备接到 PCI 总线上，而 PCI 总线的驱动能力不足时，可采用多级 PCI 总线，如图 10-5 所示。

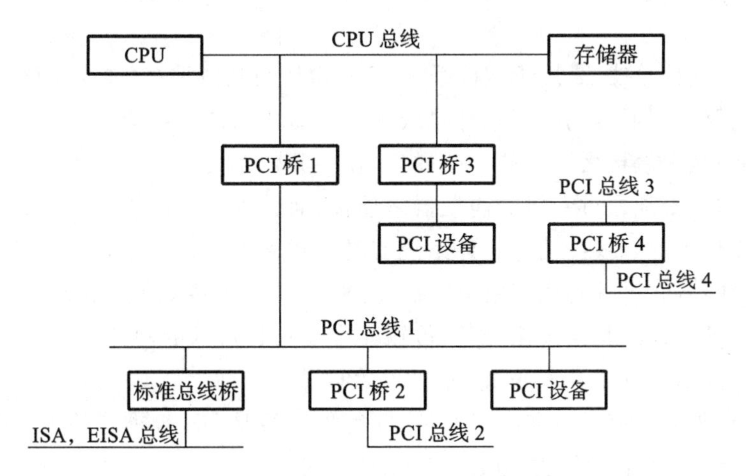

图 10-5　多级 PCI 总线结构

3. PCI 总线信号

为了减少引脚、降低成本，PCI 总线中的信号采用了复用技术。所有信号分为两类：基本信号和任选信号。任选信号一般用得较少，本书仅介绍基本信号。

(1) $AD_{31} \sim AD_0$：三态地址/数据多路复用线。

(2) $\overline{C/BE_3} \sim \overline{C/BE_0}$：总线命令/字节有效复用线，三态，低电平有效。在地址期间，表示总线命令；在数据期间，确定各字节是否有效。

(3) PAR：奇/偶校验线，三态，用于 $AD_1 \sim AD_0$ 和 $\overline{C/BE_3} \sim \overline{C/BE_0}$ 的校验。

(4) $\overline{\text{FRAME}}$：抑制三态线，帧信号，由当前主控部件驱动，表示一次存取的开始和持续期。

(5) $\overline{\text{DRDY}}$：总线目标设备就绪线，抑制三态线。

(6) $\overline{\text{IRDY}}$：总线主控设备就绪线，抑制三态线。

(7) STOP：抑制三态线，表明当前目标部件要求主控部件停止交换。

(8) $\overline{\text{DEVSEL}}$：设备选择线，当某一设备的地址被选中时，即驱动该线。另外，它也作为输入线来表明在总线上的某个设备被选中。

上述抑制三态线由某一设备驱动到低电平有效，然后该设备必须把它驱动到高电平至少半个时钟周期后才能进入三态。新的设备必须在前设备进入三态后至少一个时钟周期才重新驱动它。

(9) $\overline{\text{PERR}}$：集电极开路输出线。

(10) $\overline{\text{IDSEL}}$：输入线、设备初始化选择线，在读/写自动配置空间时用来作为芯片选择线（此时不用地址译码）。

(11) $\overline{\text{REQ}}$：向总线仲裁器发出请求信号，每个主控部件需用一个 $\overline{\text{REQ}}$。

(12) $\overline{\text{GNT}}$：输入线，总线仲裁器给出许可总线存取的信号，每个主控部件需用一个 $\overline{\text{GNT}}$。

(13) CLK：总线时钟信号，输入线，系统时钟频率最大为 33 MHz。

(14) $\overline{\text{RST}}$：复位线，输入线。

10.3 常用外总线

外总线也称通信总线，是用于微机系统之间、微机与其他系统(如仪器仪表系统、设备控制系统等)之间互连与通信的总线。外总线和上述微机系统总线有两点不同。一是外总线的主要表现形态是在微机后面上的一些插口，在与其他系统相连时都需要用接口器件来组合总线信号。双方必须通过专门的连接器来连接，而且外总线的连接器均具有某种特殊的形状和尺寸，以保证外总线接插件与外系统有唯一正确的连接。二是在对硬件环境的要求上也与系统总线不同:系统总线多用于连线短、速度高、存取频繁的硬件环境中，而且几乎全是并行总线;而外总线总是用于连接长、传输速度要求相对低的硬件环境中，传输方式既有并行形式(IEEE 488)，也有串行形式(如 RS-232C)。

微机的常用外总线有并行和串行两种，并行外总线是 IEEE 推荐的 IEEE 488 总线，串行总线是 EIA(电子工业协会)推荐的 RS-232C 总线。

IEEE 488 总线也叫 GPIB(general purpose interface bus)总线，是组建自动测试系统的一种标准总线。IEEE 488 总线最初是由美国 HP 公司(惠普公司)提出来的，命名为 HP－IB，并将该总线推荐给 IEC(国际电工委员会)作为一个初步的标准化方案。该方案的特点是:采用积木式结构，可组建得到任意自动的测试系统，且系统可拆卸和重新组建。以后 HP 公司又对该系统做了改进，并制定了 IEC-625 标准。IEEE 488 虽然有几个名称，但性能是相同的。它是目前工业上应用最广泛的仪器仪表总线。

1. 总线的特点

IEEE 488 总线是异步双向简易型总线，具有以下特点和约定:

(1)总线结构简单，总线电缆是一条无源的电缆，包括 16 根信号线和 8 根地线。

(2)系统中通过总线互连的仪器、设备总数不得超过 15 台，这是因为接口电路的负载能力有限。

(3)任何 2 个设备之间的互连电缆长度不得超过 4 m，且总线电缆的总长度不得超过 20 m，否则必须采用专门互连的设备。

(4)数据传输采用比特并行、字节串行、三线握手、双向异步的传送方式，总线上数据传输速率最大为 1 Mb/s。

(5)总线上逻辑电平采用标准 TTL 电平，即逻辑 0 为 0～0.8 V，逻辑 1 为 2～5 V，0.8～2 V 之间的电平为不确定状态。

(6) 交换的信息必须是数字量，而不是模拟量。

2. 总线的工作方式

IEEE 488 总线是用来连接系统或仪器设备，而不是模块的。计算机、数字电压表、电源、信号发生器等都可以用 IEEE 488 总线连接起来。连接到 IEEE 488 总线上的每个设备可按以下 3 种基本工作方式之一进行工作。

(1)讲者(talker)方式。讲者也称发送器/送话器，即向总线发送信息的设备。该工作方式是指从自身的接口向 IEEE 488 总线发送数据或信息。一个系统中可有多个讲者，但任何时刻只能有一个讲者向总线发送消息。具有计算机输入功能的设备均可成为讲者，例如磁带(盘)机、数字仪器(数字电压表)、微机本身等。任何时候，没有讲者也就没有数据传送。

(2)听者(listener)方式。听者也称为接收器/受话器,是从总线上接收信息的设备。该工作方式是指从 IEEE 488 总线上接收数据、信息。一个系统中可以有多个听者,在同一时刻可以有多个听者在工作,即同时从 IEEE 488 总线上接收信息。具有输出功能的设备均可成为听者,例如磁带(盘)机、数字仪器、打印机、绘图仪等。如果进行多微机间的通信,微机也可以是听者。任何时候,若系统没有听者,数据传送就无法进行。

(3)控者(controller)方式。控者是数据传送过程中的组织者和控制者,即控制器。它指定每次数据传送过程的讲者和听者,为各设备指定地址或发送命令,处理在工作过程中其他设备提出的服务请求,对接口进行管理等。通常,控者由微机担任。允许系统中有多台设备具有控者功能,但每一时刻只有一台设备可充当控者。

讲者、听者和控者是系统中的三种基本部件,但是每个设备具备哪种部件的作用是不固定的。一台设备在某一时刻是讲者,在另一时刻可能为听者。一台设备可以具有三者(讲者、听者、控者)的功能(如微机),也可以仅具有一种或两种功能。一个系统中的某台设备何时为讲者、何时为听者,是根据该系统的功能和操作任务由控者决定的。

一个由由 IEEE 488 总线连接起来的含有 GPIB 接口的微机、可程控并带有 GPIB 接口的测量设备以及被测对象组成的自动测量系统,如图 10-6 所示。

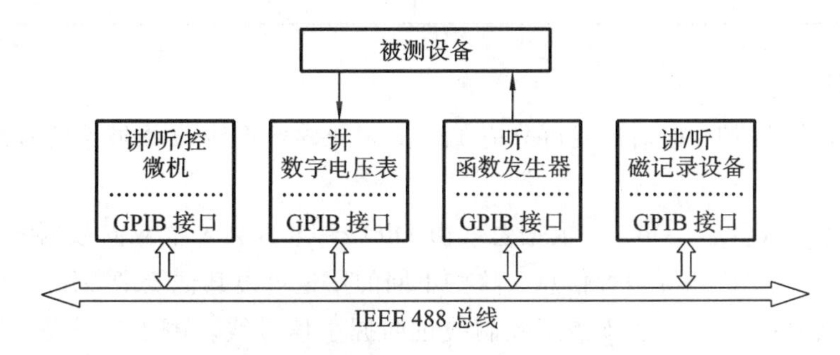

图 10-6　基于 IEEE 488 总线的自动测量系统

由图可知,IEEE 488 总线系统中的每台设备均由两部分组成:一是仪器或设备本身,如图中的微机、数字电压表等,用于产生相应的设备功能;二是设备接口部分,它在机械、电气功能等方面都必须符合 IEEE 488 总线标准,具有相应的接口功能,即具有管理接口正常工作的能力,使接口发送的信息能被其他设备的接口识别。IEEE 488 总线标准中规定有 10 种接口功能(如听者、控者功能等),但不是每台设备的接口都必须具有全部功能。通过接口在 IEEE 488 总线传送的消息也有两种类型:由设备功能产生的消息,称为设备消息;仅用于对接口进行管理的消息,称为接口消息。

3. 连接器标准

IEEE 488 总线采用 24 芯 D 型插头座,24 个引脚分成两排,每排 12 根,一一对应;而 IEC-625 总线标准采用 25 芯 D 型插头座。IEEE 488 总线标准定义了 24 根引线,其中有 16 根信号线、8 根地线。IEEE 488 总线 24 个引脚的分配如表 10-2 所示。

表 10-2　IEEE 488 总线引脚分配表

引脚	信号	引脚	信号
1	DIO_1	2	DIO_2

续表

引脚	信号	引脚	信号
3	DIO_3	14	DIO_6
4	DIO_4	15	DIO_7
5	EOI	16	DIO_8
6	DAV	17	REN
7	NRFD	18	地
8	NDAC	19	地
9	IFC	20	地
10	SRQ	21	地
11	ATN	22	地
12	机壳地	23	地
13	DIO_5	24	地

4. 总线信号

IEEE 488总线的16根信号线可分成3组:8根双向数据线、3根握手信号线和5根接口控制线。

(1) 数据总线DIO_8～DIO_1。数据总线由DIO_8～DIO_1共8根双向数据线组成,用于传送数据、地址、命令和状态等多种信息。这些不同的用途可由其他线来控制。

(2) 字节传送控制线。字节传送控制线也叫握手信号线。由于各设备与微机不同步,因此,IEEE 488数据总线上信息的交换,是按异步确认方式进行的(故允许连接不同传输速度的设备)。完成异步确认的3根线(DAV,NRFD,NDAC)就是字节传送控制线。

①DAV(数据有效)线。当数据总线上数据有效时,讲者或控者置DAV线为低电平(标准规定为负逻辑),示意听者从总线接收数据。

②NRFD(接收数据未准备好)线。该信号由听者发出,采用集电极开路输出,只要被指定的听者中有一个听者未准备好,该信号就为低电平,示意讲者不要发送信息。

③NDAC(数据未收到)线。该信号也由听者发出,也采用集电极开路输出,只要被指定的听者中有一个尚未收到数据,NDAC线就为低电平。

(3)接口控制(管理)线。数据总线上传输的不仅是数据,还有地址、命令等信息,这些信息的区分与控制信号有关。另外,总线上的各种操作及其之间的配合都依赖于控制信号。

①ATN(注意)线:也称解释线,由控者使用,用以指明DIO线上信息的类型。当ATN为低电平时,说明此时总线上的消息由控者发出,如命令或设备地址等,其他设备只能接收;当ATN为高电平时,说明此时DIO线上的信息是真正供设备使用的设备信息,如数据、设备控制命令,表明信息应由讲者发出、由听者接收,其他无关设备不动作。

②IFC(接口清除)线:由控者使用(发出),当IFC为低电平时,整个系统停止操作,用以将整个接口系统置为初始状态。它实际上是系统复位信号。

③REN(远程允许)线:由控者使用,当REN为低电平时,一切听者都处于远程控制状

态，即由外部通过总线接口传送命令，来控制设备的工作，即设备由控者直接控制，而仪器设备本身面板上的开关均失去原有的作用；当 REN 为高电平时，各设备恢复本地控制方式，仪器面板恢复原有功能。

④SRQ(服务请求)线。该信号由各设备发给控者，以请求控者服务。各设备 SRQ 端都是“或”在一起的，只要有一个设备请求服务(如向总线发送数据)，公共 SRQ 线就为低电平，控者需利用查询功能，找出请求者，并提供相应的服务。

⑤EOI(结束或识别)线。该信号通常被讲者用来指示多字节数据传送结束。它实际上有两个作用，具体由 ATN 信号状态决定：当 EOI 有效而 ATN 无效时，表示多字节数据传送结束，此时的 EOI 由讲者发出；当 EOI 有效而且 ATN 也有效时，表示控者响应 SRQ 请求，即将进行设备查询，以识别请求服务的设备，此时的 EOI 由控者发出。

10.4 外设总线接口标准

10.4.1 通用串行总线标准 USB

随着计算机网络和多媒体技术的发展，扩展 PC 功能的外设越来越多。每增加一种外设就要增加一种相应的外设接口电路，而且不同的外设接口不同，插头插座形状也各种各样，加之日益多样化的外设与 CPU 之间的接口标准各自独立、互不兼容及安装和配置比较复杂，从客观上制约了计算机网络和多媒体技术的普及和推广，使计算机系统资源的有限性与外设多样化的矛盾越来越突出。由于传统计算机接口的一些缺点及其局限性，传统计算机接口已不能满足当前计算机发展的需要。在这种情况下，迫切需要一种全新的通用型外设接口标准，既解决设备型号统一的问题，又解决资源共享的问题。在此市场发展的需求下，USB 通用串行总线接口标准产生了，很好地解决了以上问题。

USB(universe serial bus)通用串行总线标准是 1995 年由 Compaq 等 7 家大厂商共同制定的一种支持即插即用的新型外设接口标准，支持 USB 外设连接到主机的外部总线结构。USB 同时又是一种通信协议，支持主机系统和 USB 外设间的数据传输。USB 技术是为实现计算机和通信的集成(CTI)而提出的一种用于扩充 PC 体系结构的工业标准。

1996 年公布了 USB 1.0 版本，2000 年 4 月正式推出了 USB 2.0 版本。现在计算机主板都带有 USB 接口，Windows 98，Windows 2000 和 Windows XP 也全面支持 USB 标准，很多计算机外设都采用 USB 接口，各种带 USB 接口的芯片以及 USB 设备也在市场上不断涌现。USB 在数字图像、电话语音合成、交互式多媒体、消费电子产品等领域得到了广泛的应用。USB 技术已成为计算机领域发展最快的技术之一。

1. USB 的拓扑结构与物理连接

USB 协议定义了在 USB 系统中宿主 Host 与 USB 设备之间的连接和通信。USB 的物理拓扑结构如图 10-7 所示。USB 采用树形层式结构，采用一级一级的级联方式连接各个 USB Hub 和 USB 设备，最多可连接 127 个设备。USB 由于不像其他总线一样采用存储转发技术，因此不会对下层设备引起延迟。

两个 USB 外设间的电缆连接长度可达 4 m，设备的位置空间拓展灵活。在 USB 系统中，必须有一个 USB 主控器，离开主控器的 USB 总线是无法工作的。在以 PC 作为 USB 主

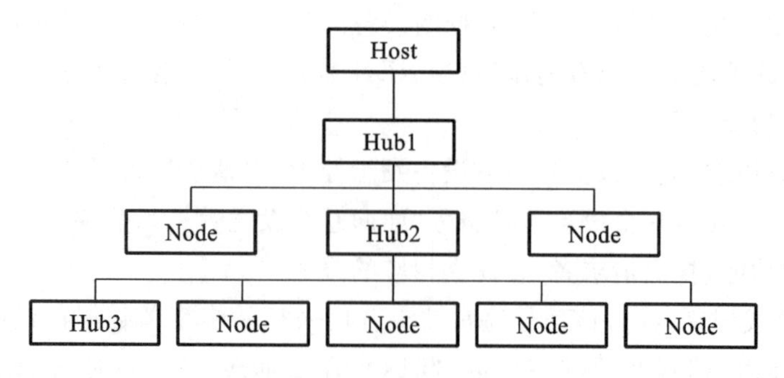

图 10-7 USB 的物理拓扑结构

机的 USB 拓扑结构中，PC 是主设备，它控制 USB 总线上所有的信息传送。

USB Hub 用来扩展接口，以使系统连接更多的外设。Hub 不仅能动态识别 USB 外设的接入，处理属于自己的信号，并将其他的信号放大传输给外设或主机，还能进行电源的管理和分配。每一个 USB Hub 接入时，主机将分配给它一个独立的地址。USB Hub 的下端可以接 USB 设备，也可以继续接 USB Hub。

对于 PC 微机而言，USB 系统中的宿主 Host 就是一台带 USB 主控制器的 PC 机，USB 主控制器由硬件、软件、微代码组成。USB 系统中只有一台 USB 主机，主机是主设备，它控制 USB 总线上所有的信息传送。根 Hub 与主机相连，下层就是 USB Hub 和功能设备。

USB 设备通过四线电缆与主机或 USB Hub 相连接，这四根线分别是 V_{bus}，GND，D+，D－。其中，V_{bus}为总线的电源线，GND 为地线，D+和 D－为数据线。USB 利用 D+和 D－线，采用差分信号的传输方式传输串行数据。USB 传输线结构如图 10-8 所示。

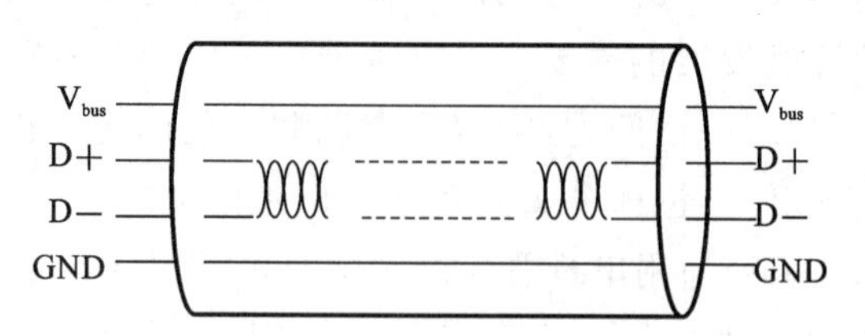

图 10-8 USB 传输线结构图

USB 主机或根 Hub 对设备提供的对地电源电压为 4.75～5.25V，设备能吸入的最大电流值为 500 mA。因此，USB 对设备提供的电源是有限的。当 USB 设备第一次被 USB 主机检测到时，设备从 USB Hub 吸入的电流值应小于 100 mA。USB 设备的电源供给有两种方式，即自给方式(设备自带电源)和总线供给方式。USB Hub 采用的是前一种方式。

USB 主机有一个独立于 USB 的电源管理系统(APM)。USB 系统软件通过与主机电源管理系统交互来处理诸如挂起、唤醒等电源事件。为了节省能源，对于暂时不用的 USB 设备，电源管理系统将其置为挂起状态，等有数据传输时，再唤醒该设备。USB 主机和 USB Hub 同时支持全速率和低速率两种传输模式(USB 1.0)，但 USB 设备只支持其中一种传输模式。所以，在总线的连接上，USB 设备与主机的连接有两种方式。USB 全速率和低速率设备是有区别的，以让系统能够识别设备的类型。

在主机或集线器下行方向的所有端口，在 D+和 D－上都有上拉电阻，所有的设备上行端口数据线中的一根具有上拉电阻。USB 全速率和低速率设备的区别在于，USB 设备上行端口处的上拉电阻位置不同。

若系统接入的是USB全速率设备(见图10-9),则在USB设备的上行端口处,上拉电阻R_2位于总线的D^+线上;而在主机或集线器下行端口处,D+线和D−线都接有下拉电阻R_1。USB全速率设备不仅要求屏蔽数据线,而且要求两条差分数据线必须是双绞线形式。

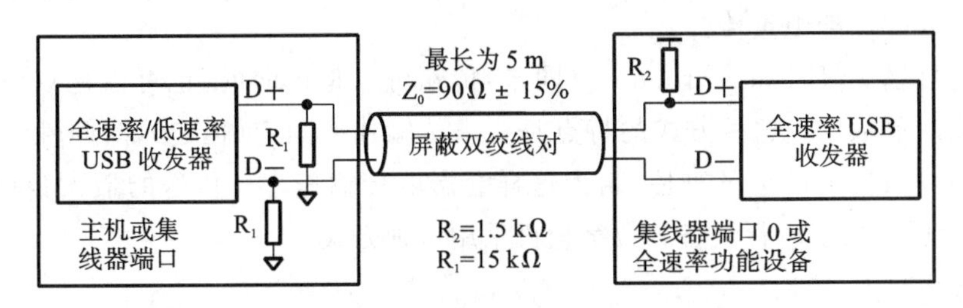

图10-9 USB全速率设备的物理连接

若系统接入的是USB全速率设备,则在USB设备的上行端口处,上拉电阻R_2位于D+上,在主机或集线器下行端口处,D+和D−线上接的下拉电阻R_1。USB低速率设备不要求屏蔽,差分数据信号线对可以是非双绞线形式。

当没有设备连接到USB端口时,和D+和D−线相连的下拉电阻就能够保证两根数据线都是近地的;当一个设备连接到USB端口时,电流就会流过由主机或集线器端的下拉电阻和USB设备的上行端口处的上拉电阻D+或D−组成的分压器。由于下拉电阻为15 kΩ,而设备的上拉电阻为1.5 kΩ,所以数据线上将会有升高将近90%的V_{CC}电压。当集线器检测到一根数据线电压接近V_{CC}电压,而其他保持近地电压时,它就知道该设备已经连接好了。同理,也可检测该设备断开连接的状态。

用于检测设备连接或断开所采用的机制同时也提供了一种途径,可以用于检测该设备是一个全速率设备还是一个低速率设备:根据D+线或D−线上有一个上拉电阻,就可以识别设备的速度。

2. USB传输模式

USB共有4种传输模式,即控制(control)传输、批量(bulk)传输、中断(interrupt)传输、同步(synchronization)传输,以适应不同设备的需要。在开发设备时,通过设置接口芯片中相应的寄存器使端点处于不同的工作方式下。

(1)控制传输。控制传输是双向的,分2～3个阶段,即setup阶段、data阶段(可有可无)和status阶段。在setup阶段,主机送命令给设备;在data阶段,传输的是setup阶段所设定的数据;在status阶段,设备返握手信号给主机。

USB协议规定每一个USB设备必须用端点0来完成控制传送,它用在当USB设备第一次被USB主机检测到和USB主机交换信息时。提供设备配置、对外设设定、传送状态这类双向通信传输过程中若发生错误,则需重传。

控制传输主要用于配置设备,也可以用于设备的其他特殊用途。例如,对数字相机设备,可以传送暂停、继续、停止等控制信号。

(2)批量传输。批量传输可以是单向的,也可以是双向的。它用于传送大批数据,这种数据的时间性不强,但要确保数据的正确性。若在包的传输过程中出现错误,则需重传。批量传输典型的应用是扫描仪、打印机、静态图片输入。

(3)中断传输。中断传输是单向的,且仅输入主机。它用于不固定的、少量的数据传送。设备需要主机为其服务时,向主机发送此类信息以通知主机,像键盘、鼠标之类的输入设备采用这种方式。USB的中断是Polling(查询)类型。主机要频繁地请求端点输入。USB设备在满速情况下,它的端点Polling周期为1~255 ms;对于低速情况,Polling周期为10~255 ms。因此,最快的Polling频率是1 kHz。在信息的传输过程中,如果出现错误,则需将在下一个Polling周期中重传。

(4)等时传输。等时(isochronous)(同步)传输可以是单向的,也可以是双向的,用于传送连续的、实时的数据。这种方式的特点是要求传输速率固定(恒定),时间性强,忽略传送错误,即传输中数据出错也不重传,因为这样会影响传输速率。传送的最大数据包是1024 b/ms。视频设备、数字声音设备和数字相机采用这种方式。

3. USB的特点

USB是一种方便、灵活、简单、高速的总线结构。与传统的外围接口相比,USB主要有以下一些特点:

(1)USB采用单一形式的连接头和连接电缆,实现了单一的数据通用接口。USB非常通用,很多外设都可以使用它。不必为每个外设准备不同的接口和协议,一个接口就能满足多种外设。USB统一的4针插头,取代了PC机箱后种类繁多的串/并插头,实现了将计算机常规I/O设备、多媒体设备(部分)、通信设备(电话、网络)以及家用电器统一为一种接口的愿望。

(2)USB采用的是一种易于扩展的树状结构,通过使用USB Hub扩展,可连接多达127个外设。电缆可长达5 m,通过Hub或中继器可以使外设距离达到30 m。在USB系统中,一个USB外设可以插在任何一个端口上。USB免除了所有系统资源的要求,避免了安装硬件时发生端口冲突的问题,为其他设备空出了硬件资源。

(3)USB外设能自动进行设置,支持即插即用与热插拔。当有新USB设备接入或移走时,电脑会自动检测到它,对于设备的接入和移走,主机软件都会做出动态的调整,自动给接入的设备分配地址和配置参数,而且易于连接,不需要打开机箱为每个外设安装扩展卡,可以在任何时候连接和断开外设;USB外设没有需要用户选择的设置,不需要系统资源,例如端口地址和中断请求线等。

(4)灵活供电。USB电缆具有传送电源的功能,支持节约能源模式,耗电低。USB总线可以提供电压为+5 V、最大电流为500 mA的电源,供低功耗的设备作电源使用,不需要额外的电源。同时,USB采用APM(advanced power management)技术,使系统能源得到节省。

(5)USB支持四种传输模式,即控制传输、批量传输、中断传输、同步传输,可以适用于很多类型的外设。

(6)通信速度快。USB支持三种总线速度,即低速1.5 Mb/s、全速12 Mb/s和高速480 Mb/s。

(7)数据传送的可靠性。USB驱动器、接收器和电缆的硬件规范消除大多数的可能引起数据错误的噪声;USB采用差分传输方式,并且具有检错和纠错功能,保证了数据的正确传输。

(8)低成本。USB最大的优点之一在于价格低廉,USB简化了外设的连接和配置方法,有效地减少了系统的总体成本,是一种廉价的简单实用的解决方案,具有较高的性能价格比。

4. USB 的应用

USB需要得到主机硬件、操作系统和外设三个方面的支持才能工作。目前出品的主板一般都采用支持USB功能的控制芯片组，主板上也安装有USB接口插座；Windows 98操作系统支持USB功能；目前已经有很多USB外设问世，如数字照相机、计算机电话、数字音响、数字游戏杆、打印机、扫描仪、键盘和鼠标等。

USB标准推出后，得到了业界的普遍认可，并很快走进市场。USB总线由于具有速度快、使用方便灵活、易于扩展、支持即插即用、成本较低等一系列优良的特性，正逐步取代传统的接口总线而应用于计算机的各种外设中。特别是推出USB 2.0标准后，USB接口的应用更加广泛。如今所有的计算机主板都带有一个或两个USB接口，Windows 98，Windows 2000和Windows XP全面支持USB标准，各厂商都纷纷将其产品的接口改为USB接口，有关USB的芯片也层出不穷。

USB技术的应用是计算机外设连接技术的重大变革。USB接口标准属于中低速的界面传输标准，面向家庭与小型办公领域的中低设备，目的是在统一的USB接口上实现中低速外设的通用连接。表10-3给出了USB不同的应用范围。

表10-3 通用串行总线USB应用范围分类

性能	应用	属性
低速率 交互设备 10～100 Kb/s	键盘，鼠标 输入笔游戏外设 虚拟现实外设	费用低 热插拔 使用方便 可支持多种外设
中速率 电话，音频信号 压缩视频信号 500 Kb/s～10 Mb/s	ISDN PBX POTS 音频	费用低 使用方便 提供时延保证 保证带宽 动态插拔 可支持多个外设
高速率 视频，磁盘 25～500 Mb/s	视频 磁盘	带宽要求高 保证时延要求 使用方便

由表10-3可以看出，目前广泛使用的USB 1.0规范支持1.5 Mb/s和12 Mb/s两种速率，主要用于中低速数据通信范围。中速数据类型是同步传输的，而低速数据来自交互的设备。USB 2.0接口标准向下兼容，数据传输速率达到120～480 Mb/s，支持宽带数字摄像设备及下一代扫描仪、打印机和存储设备，它能很好地满足视频图像的实时传输要求。所以，USB 2.0一经推出，就得到了广泛的支持，支持USB2.0接口的移动硬盘、数码相机、10/100 Mb/s网卡、外置打印机等设备也在短时间内大量涌现。

通用串行总线USB采用通用的连接器和自动配置及热插拔技术，实现简单快速连接和提供设备共享接口等特点，使得USB成为串行接口中最有发展前景的通用外设接口标准之一。但USB仍存在着一些不足之处和局限性。目前USB主要用于连接中速和低速的外设，从性能上看，USB的应用目前主要局限于PC机领域。

随着USB技术的不断完善和USB性能的不断提高，USB技术具有开放性，是非营利性的规范，得到了广泛的工业支持。它在数字图像、电话语音合成、交互式多媒体、消费电子产品等领域得到了广泛的应用。可以预见，USB技术将成为今后PC应用的主流技术之一。

10.4.2 高性能串行总线接口标准 IEEE 1394

IEEE 1394由TI，Sony，Apple等公司于1993年提出，用于取代SCSI的高速串行总线"Fire Wire"，后经IEEE协会于1995年12月正式接纳为一个工业标准，全称为IEEE 1394高性能串行总线标准(IEEE 1394 high performance serial bus standard)。2000年3月，公布了IEEE 1394a标准。目前，已发展到IEEE 1394b标准。IEEE 1394通过提供一个高带宽、易使用和低价格的接口，将个人电脑和外设、家用电器连接起来，提供的带宽完全可以综合现有的外部接口。它提供数字设备之间高速、廉价、规格化、多用途的传输方式，是数字信息传输的一大革命，被应用到众多领域，被认为是未来总线最佳选择之一。

1. IEEE 1394 总线特征

在1997年和1998年先后由Microsoft，Intel和Compaq几家公司共同制定的PC97和PC98系统设计指南中，规定把USB和IEEE 1394作为外设的新接口标准加以推行。IEEE 1394总线有以下特征。

(1)遵从IEEE 1212控制和状态寄存器结构标准(control and status register architecture specification)。

(2)总线传输类型包括块读写和单个4字节读/写。传输方式有同步和异步两种。

(3)自动地址分配，具有即插即用能力。

(4)采用公平仲裁和优先级相结合的总线访问，保证所有节点都有机会使用总线。

(5)提供两种环境，即电缆环境和底板环境，使其拓扑结构非常灵活。

(6)支持多种数据传输速率，在底板环境下，TTL底板速率为24.576 Mb/s，对于BTL及ECL底板则为49.152 Mb/s。在电缆环境下，速率有98.304 Mb/s，196.608 Mb/s和393.216 Mb/s。还有正在制订中的1 Gb/s。

(7)2个设备之间最多可相连16个电缆单位，每个电缆单位的单距可达4.5 m，这样最多可用电缆连接相距72 m的设备。

(8)IEEE 1394标准的接口信号线采用6芯电缆和6针插头，其中4根信号线组成2对双绞线传送信息，2根电源线向被连设备提供电源。

2. IEEE 1394 的主要性能特点

(1)通用性强。IEEE 1394采用树形或菊花链结构，以级联方式，在一个接口上最多可以连接63个不同种类的设备。IEEE 1394连接的设备不仅数量多，而且种类广泛，包括多媒体设备(声卡、视频卡)，传统的外设(如硬盘、磁盘阵列、光驱、打印机、扫描仪)、电子产品(如数码相机、DVD播放机、视频电话)以及家用电器(如VCD、HDTV、音响等)，为微机外设和电子产品提供了一个统一的接口，对实现计算机家电化起到重要推动作用。

(2)传输速率高。IEEE 1394支持最高的数据传输速率为400 Mb/s，目前正在开发1 Gb/s的版本。这样的高速传输适用于各种高速设备。

(3)实时性好。IEEE 1394的高传输速率,再加上它的同步传送方式,使数据传送的实时性好,这对多媒体数据特别重要,因为实时性能保证图像和声音不会出现时断时续的现象。在400 Mb/s传输速率下,只要利用60%的带宽用于同步传送,就可以支持不经压缩的高质量数字化视频信息流传输,并且在开始新的同步传送前,它将计算是否保证实时传送,如果做不到,则不允许开始传送。所以,只要一开始传送影像、声音等多媒体数据,就不会出现断断续续的情况。

(4)为被连设备提供电源。IEEE 1394电缆由6芯组成。其中:4根信号线分别做成2对双绞线,用以传输信息;其他2根线作为电源线,向被连接的设备提供4~10 V/1.5 A的电源。IEEE 1394总线能够向设备提供电源,一方面,可以免除为每台设备配置独立的供电系统;另一方面,当设备断电或出现故障时,也不影响整个系统的正常运行。

(5)系统中设备之间是平等关系。任何2个带有IEEE 1394接口的设备可以直接连接,不需要通过PC机的控制。因此,在PC机关闭的情况下,仍可以把DVD播放机与数字电视机直接连接起来,播放光盘节目。一些厂家特别看重这一特点,并加以利用。例如,可以把数码相机与打印机直接连接,实现数码相机的照片直接输入打印机进行打印。

(6)连接简单,使用方便。IEEE 1394采用设备自动配置技术,允许热插拔和即插即用,用户不必关机即可插入或者移走设备。设备加入和拆除后,IEEE 1394会自动调整拓扑结构,重设系统的外设配置。IEEE 1394采用功能设备自动配置技术,能自动识别系统中设备的接入或移走,这是真正的即插即用。

热插拔技术的采用极大地简化了主机与外备的连接与初始化操作,免去了I/O卡跳线等诸多硬件设置,而只需要接好连线,各设备结点自动进行总线初始化及识别,之后就可进行高速数据采集和设备测试,取消连接也同样方便。

3. IEEE 1394的拓扑结构和物理连接

IEEE 1394的拓扑结构与USB系统相似。它采用菊花链结构,以级联方式,在一个接口上最多可以连接63个不同种类的设备。IEEE 1394传输电缆的传输距离与电缆型号有关,0.35 mm铜线大约可传4.5 m,0.5 mm铜线则可传14 m。若采用塑料光纤,则可将传输距离延长至100 m以上。

在由IEEE 1394总线构成的系统中,各功能设备之间是平等的关系,IEEE 1394不需要集线器(Hub)就可连接63台设备,并且可以由桥(bridge)再将一些功能独立的子模块连接起来。只要都具有IEEE 1394接口,就可以直接相连、交换数据,而不需要PC机的干预,这样各功能设备独立工作的能力大大加强。

IEEE 1394标准可以应用于两种环境:一种是内部总线连接,即底部环境;另一种是电缆环境。电缆环境的物理拓扑结构是一个非环状的网络,通过电缆将不同节点的端口连接起来,每个端口由终端、收发器和一些简单逻辑组成。IEEE 1394总线系统结构如图10-10所示。

IEEE 1394使用一个点对点模型,其中外设可以直接互相通信,单个通信可以有多个接收者,因此接口更灵活,但外设电路更复杂和昂贵。

(1)电缆环境。电缆环境的物理拓扑结构是一个非环状的网络,且分支和深度均有限。非环状意味着不能把各种设备连接起来形成回路。电缆由两对信号线和一对电源线组成,用来连接不同节点的端口。每个端口由终端、收发器和一些简单逻辑部件组成。电缆环境

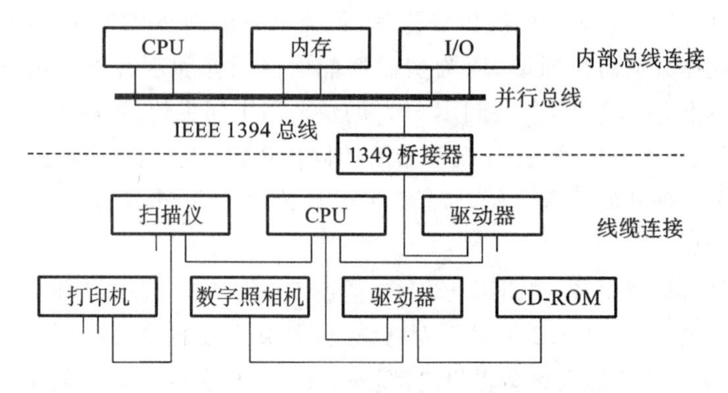

图 10-10 IEEE 1394 总线系统结构图

支持 100 Mb/s,200 Mb/s,400 Mb/s 三种信号传输速率,且可以任意选择。在电缆环境下,设备地址是 64 位,因此,一共可以寻址 1023 个总线,每个总线可连 63 个节点,每个节点最大有 2^{48} MB 存储空间。每个节点有唯一的地址,能够被单独定址、复位和识别。

每个单独的节点可以连接起来,构成一个树状结构或菊花链结构。两个节点之间的距离不应该超过 4.5 m。节点之间的距离受到限制的原因是信号的衰减。

(2)底板环境。底板环境的物理拓扑结构是一个内部总线结构,且底板一般特指主机并行底板。节点可以通过分布在总线上的连接插口插入总线。

底板环境支持 12.5 Mb/s,25 Mb/s,50 Mb/s 的传输速率。在底板环境下,节点物理地址可以通过底板上的插槽位置来设定。

(3)桥接器与节点。

①桥接器。由于两种环境存在差别,在系统中环境之间需要有一个桥接器进行连接。所谓桥接器,就是一个转换器,IEEE 1394 桥接器主要完成数据的接收和重新封装成数据包,并进行转发。

②节点。串行总线结构是由一些叫作节点的实体构成的。一个节点也是一个地址化的实体,可以独立地设定与识别。一个物理模块可以包括多个节点,一个节点里可以包括多个端口(功能单元)。

IEEE 1394 由一个带有 6 针插头的 6 芯电缆来实现设备间的互连。电缆中有 2 对(4 根)信号传送线(TPA/TPA *,TPB/TPB *)、2 根电源线(VP 和 VG)以及一个套在外面的保护层。其中:2 对信号传送线(双绞线)用于接收、发送连接;电源线向连在总线上的设备提供 4~10 V/1.5 A 的电源。在电缆环境下,IEEE 1394 总线通过信号线 TPA/TPA *,TPB/TPB *,在节点之间进行点到点的物理连接。

每个物理连接由各个节点上的端口和节点之间的电缆组成。每对信号线的使用,依赖于节点是否仲裁取胜、发送数据或接收数据。IEEE 1394 使用公正仲裁方式确保所有信息传输的节点都能得到总线使用机会。

4. IEEE 1394 的传输速率

IEEE 1394 支持多种数据传输速率。IEEE 1394 工作于底板环境时,用于计算机内部连接 TTL 底板,数据传输速率为 24.576 Mb/s,对于 BTL 及 ECL 底板则为 49.152 Mb/s。IEEE 1394 用于设备之间的电缆连接,即工作于为电缆环境时,传输速率有 98.304 Mb/s,196.608 Mb/s 和 393.216 Mb/s。

IEEE 1394 的速度优势是 USB 难以企及的，IEEEE 1394a 速率高达 100 Mb/s，200 Mb/s 和 400 Mb/s，高出 USB 1.1 30 倍以上，这都得益于 IEEE 1394 独树一帜的编码方式——DSLink，通过它便可以使 IEEE 1394 仅用 2 对双绞线达到极高的传输速率（200 Mb/s 以上）；而 IEEE 1394b 标准更将速度提升到 800 Mb/s 甚至 3.2 Gb/s，比 USB 2.0 的传输速率 480 Mb/s 快了 6 倍以上。

5. 数据传输模式

IEEE 1394 采用两种数据传输模式，即同步传输模式和异步传输模式。异步传输方式把数据交换层信息送到一个特定的地址（explicit address）。同步传输方式基于通道号来广播数据，而不是基于特定地址来传输数据。对同一个接口，提供异步传输和同步传输两种方式，既允许非实时应用（如打印机、扫描仪等），又允许实时应用（如视频和音频传输等），也就是在同一总线上能可靠地传输计算机数据、音频和视频信号等不同速率的数据。

在同步传输模式下，同步传输码流具有固定的带宽、比特间隔及起始时间，数据传输在通信收发方事先建立好的专有带宽下进行。这种方式很适合用于传送语音及视频信号，可出色地完成对外设进行实时高速数据采集的任务，适用于多媒体数据实时处理，可保证图像等数据显示不间断，提高画面质量和确保实时播放。

1. 微机总线的信号线包括哪几根？微机系统中总线有三类，它们分别是什么？ISA 总线属于何种总线？
2. 何谓总线？何谓系统总线？系统总线通常由哪些传输线组成？它们各自的作用是什么？
3. 微机中根据总线所处位置不同，可分为哪几类总线？简述各类总线的含义。
4. 在微机中采用总线结构有何好处？
5. 简述 PC 总线、ISA 总线和 PCI 总线的特点。
6. 总线标准化的目的是什么？总线标准包括哪些内容？
7. RS-232 串行总线标准用于哪两个设备间的通信？该标准包括哪些主要内容？

附录 A 8086/8088 指令简表

附表 A-1 8086/8088 指令简表

指令类型	汇编格式	指令的操作
数据传送类指令	MOV dest,source	数据传送
	CBW	将字节转换成字
	CWD	将字转换成双字
	LAHF	将 FLAGS 低 8 位装入 AH 寄存器
	SAHF	将 AH 寄存器内容送到 FLAGS 低 8 位
	LDS dest,source	设定数据段指针
	LES dest,source	设定附加段指针
	LEA dest,source	装入有效地址
	PUSH source	将一个字压入栈顶
	POP dest	将一个字从栈顶弹出
	PUSHF	将标志寄存器 FLAGS 的内容压入栈顶
	POPF	将栈顶内容弹出到标志寄存器 FLAGS
	XCHG dest,source	交换
	XLAT source	表转换

续表

指令类型	汇编格式	指令的操作
算术运算类指令	AAA	加法的 ASCII 码调整
	AAD	除法的 ASCII 码调整
	AAM	乘法的 ASCII 码调整
	AAS	减法的 ASCII 码调整
	DAA	加法的十进制调整
	DAS	减法的十进制调整
	MUL source	无符号数乘法
	IMUL source	整数乘法
	DIV source	无符号数除法
	IDIV source	整数除法
	ADD dest,source	加法
	ADC dest,source	带进位加
	SUB dest,source	减法
	SBB dest,source	带借位减
	CMP dest,source	比较
	INC dest	加 1
	DEC dest	减 1
	NEG dest	求补
逻辑运算指令	AND dest,source	逻辑“与”
	OR dest,source	逻辑“或”
	XOR dest,source	逻辑“异或”
	NOT dest	逻辑“非”
	TEST dest,source	测试(非破坏性逻辑“与”)
移位指令	RCL dest,source	通过进位循环左移
	RCR dest,source	通过进位循环右移
	ROL dest,source	循环左移
	ROR dest,source	循环右移
	SHL/SAL dest,source	逻辑左移/算术左移
	SHR dest,source	逻辑右移
	SAR dest,source	算术右移

续表

指令类型	汇编格式	指令的操作
串操作类指令	MOVS/MOVSB/MOVSW dest,source	字符串传送
	CMPS/CMPSB/CMPSW dest,source	字符串比较
	LODS/LODSB/LODSW source	装入字节串或字串到累加器
	STOS/STOSB/STOSW dest	存储字节串或字串
	SCAS/SCASB/SCASW dest	字符串扫描
程序控制类指令	CALL dest	调用一个过程(子程序)
	RET [弹出字节数(必须为偶数)]	从过程(子程序)返回
	INT int_type	软件中断
	INT 0	溢出中断
	IRET	从中断返回
	JMP dest	无条件转移
	JG/JNLE short_label	大于或不小于等于转移
	JGE/JNL short_label	大于等于或不小于转移
	JL/JNGE short_label	小于或不大于等于转移
	JLE/JNG short_label	小于等于或不大于转移
	JA/JNBE short_label	高于或不低于等于转移
	JAE/JNB short_label	高于等于或不低于转移
	JB/JNAE short_label	低于或不高于等于转移
	JBE/JNA short_label	低于等于或不高于转移
	JO short_label	溢出标志为 1 转移(溢出转移)
	JNO short_label	溢出标志为 0 转移(无溢出转移)
	JS short_label	符号标志为 1 转移(结果为负转移)
	JNS short_label	符号标志为 0 转移(结果为正转移)
	JC short_label	进位标志为 1 转移(有进位转移)
	JNC short_label	进位标志为 0 转移(无进位转移)
	JZ/JE short_label	零标志为 1 转移(等于或为 0 转移)
	JNZ/JNE short_label	零标志为 0 转移(不等于或为 1 转移)
	JP/JPE short_label	奇偶标志为 1 转移(结果中有偶数个 1 转移)
	JNP/JPO short_label	奇偶标志为 0 转移(结果中有奇数个 1 转移)
	JCXZ short_label	若 CX=0 则转移

续表

指令类型	汇编格式	指令的操作
程序控制类指令	LOOP short_label	CX≠0 时循环
	LOOPE/LOOPZ short_label	CX≠0 且 ZF=1 时循环
	LOOPNE/LOOPNZ short_label	CX≠0 且 ZF=0 时循环
	STC	进位标志置 1
	CLC	进位标志置 0
	CMC	进位标志取反
	STD	方向标志置 1
	CLD	方向标志置 0
	STI	中断标志置 1(允许可屏蔽中断)
	CLI	中断标志置 0(禁止可屏蔽中断)
	ESC	CPU 交权
	HLT	停机
	LOCK	总线封锁
	NOP	无操作
	WAIT	
输入/输出类指令	IN acc,source	从外设接口输入字节或字
	OUT dest,acc	向外设接口输出字节或字

注:dest——目标操作数,目标串;source——源操作数,源串;acc——累加器;int_type——中断类型号;short_label——短距离标号。

附录B

8086/8088微机中断类型分配

附表 B-1　8086/8088 微机中断类型分配

中断类型	中断类型号	功能
软件中断和 NMI 中断	0H	除法出错
	1H	单步
	2H	NMI 中断
	3H	断点
	4H	溢出
	5H	屏幕拷贝
主 8259 管理的中断(可屏蔽中断)	8H	系统定时器
	9H	键盘
	0AH	从 8259A 中断级联
	0BH	COM2
	0CH	COM1
	0DH	并口 2(打印机)
	0EH	软盘驱动器
	0FH	并口 1(打印机)

续表

中断类型	中断类型号	功能
ROM BIOS 软中断	10H	屏幕显示
	11H	检测系统字体
	12H	检测存储器容量
	13H	磁盘 I/O
	14H	异步通信 I/O
	15H	I/O 系统扩展
	16H	键盘 I/O
	17H	打印机 I/O
	18H	ROM-BASIC 入口
	19H	系统冷启动
	1AH	日时钟 I/O
用户可以连接的中断	1BH	键盘 Ctrl-Break 中断
	1CH	定时器每隔 55 ms 产生一次中断
数据表指针	1DH	显示器初始化参数
	1EH	软盘参数
	1FH	显示图形字符
DOS 软中断	20H	程序正常结束
	21H	系统功能调用
	22H	程序结束退出
	23H	Ctrl-Break 退出
	24H	严重错误处理
	25H	绝对磁盘读功能
	26H	绝对磁盘写功能
	27H	程序驻留并退出
	28H～2EH	DOS 保留
	2FH	假脱机打印
其他	40H	软盘 I/O 重定向
	41H	硬盘参数
	42H～5FH	系统保留
	60H～6FH	保留给用户使用

续表

中断类型	中断类型号	功能
从 8259 管理的中断(可屏蔽中断)	70H	实时时钟
	71H	IRQ_9(INT 0AH 重定向)
	72H	IRQ_{10}(保留)
	73H	IRQ_{11}(保留)
	74H	IRQ_{12}(保留)
	75H	协处理器
	76H	硬盘控制器
	77H	IRQ_{15}(保留)

附录C DOS系统功能调用(INT 21H)

附表 C-1 DOS 系统功能调用(INT 21H)

子功能号 AH	功能	入口参数	出口参数	备注
00H	退出用户程序并返回 DOS	CS=PSP 的段地址		应先关闭所有打开文件
01H	键盘输入字符(回显)		AL=输入字符	
02H	显示其输出字符	DL=输出字符		
03H	串行设备输入字符		AL=输入字符	
04H	串行设备输出字符	DL=输出字符		若忙则暂时停止
05H	打印机输出字符	DL=输出字符		若忙则暂时停止
06H	控制台 I/O	DL=0FFH(输入) DL=输出字符	AL=输入字符	无论当时是否有输入均返回,无输入则 ZF=1
07H	键盘输入字符		AL=输入字符	无回显,不检查 Ctrl-Break

续表

子功能号 AH	功能	入口参数	出口参数	备注
08H	键盘输入字符			无回显
09H	显示字符串	DS:DX=输出缓冲区首址	AL=输入字符	字符串结束标志位“$”
0AH	键盘输入字符串	DS:DX=输出缓冲区首址		缓冲区第1字节为最多可接收字符数，第2字节为实际接收字符数，而后才是接收字符存放缓冲区，回车结束，长度不包括回车符
0BH	检查标准输入状态		AL=00H，无键输入；AL=0FFH，有键输入	
0CH	清输入缓冲区并执行指定的标准输入功能	AL=功能号(01,06,07,08或0A)	返回由AL功能号决定	
0DH	初始化磁盘状态			释放文件缓冲区，未关闭的文件会丢失
0EH	选择当前盘	DL=盘号	AL=系统中盘的数目	0号为A，1号为B，依次类推
19H	去当前盘盘号		AL=盘号	
1AH	置磁盘传输区	DS: DX=传输区首址		DTA:磁盘传送地址
1BA	取当前盘文件分配表(FAT)		DS: BX=盘类型字节地址；DX=FAT表项数；AL=每簇扇区数；CX=每扇区字节数	
1CH	取指定盘文件分配表(FAT)	DL=盘号	DS: BX=盘类型字节地址；DX=FAT表项数；AL=每簇扇区数；CX=每扇区字节数	

续表

子功能号AH	功能	入口参数	出口参数	备注
28H	随机写若干记录	DS：DX＝FCB首址； CX＝记录数	AL＝00H，成功； AL＝01H，盘满； AL＝02H，DTA太小	
2AH	取日期		CX，DX＝日期； AL＝星期几	CX为年份，DH为月份，DL为日子
2BH	置日期	CX，DX＝日期	AL＝00H，成功； AL＝0FFH，失败	CX为年份，DH为月份，DL为日子
2CH	取时间		CX，DX＝时间	CH为小时，CL为分钟，DH为秒，DL为百分秒
2DH	置时间	CX，DX＝时间	AL＝00H，成功； AL＝0FFH，失败	CH为小时，CL为分钟，DH为秒，DL为百分秒
2EH	置写校验状态	AL＝状态； 00H，断开；01H，接通		取状态为54H号功能
2FH	取磁盘传输区首址		ES:BX＝传输区地址	用1AH号功能设置
30H	取DOS版本号		AL＝版号； AH＝次版本号	
31H	终止用户程序并驻留内存	AL＝退出码； DX＝程序长度(B)		可由其父进程4DH功能调用来检索，并能通过Error Level批处理命令检验
33H	置/取Ctrl-Break检查状态	AL＝00H，取状态； AL＝01H，置状态DL	DL＝状态； 00H，断开；01H，接通	
35H	取中断向量	AL＝中断类型号	ES:BX＝入口地址	用25H号功能设置
36H	取盘剩余空间数	DL＝盘号	BX＝可用簇数； DX＝总簇数； CX＝每扇区字节数； AX＝每簇扇区数	盘号0为默认值，1为A1，类推

续表

子功能号 AH	功能	入口参数	出口参数	备注
38H	取/置国别信息	DS：DX=信息区首址；AL=0/1/2	DS：DX=国别数据首址	AL=0/1/2，美国/欧洲/日本标准。 CF=1，有错；CF=0，正常。 信息区占32个字节，第0，1字节为日期及时间的格式，第3字节为货币符号，第4字节为千分符，第5字节为小数分隔符，而后27个字节保留
39H	建立一个子目录	DS：DX=驱动器和路径名字字符串首址	CF=0，成功	AX=03H，找不到路径； AX=05H，磁盘已满或已存在相同名字的目录
3AH	删除一个子目录	DS：DX=驱动器和路径名字字符串首址	CF=0，成功	AX=03H，找不到路径； AX=05H，指定的目录不空或目录不存在； AX=06H，指定的是根目录； AX=10H，指定的是当前目录
3BH	改变当前目录	DS：DX=驱动器和路径名字字符串首址	CF=0，成功	AX=03H，找不到路径
3CH	建立文件	DS：DX=驱动器和路径名字字符串首址；CX=文件属性字	AX=文件号(句柄)	AX=03H，找不到路径； AX=04H，文件打开太多； AX=05H，存取被拒绝
3DH	打开文件	DS：DX=驱动器和路径名字字符串首址；AL=0，读；AL=1写；AL=2，读/写	AX=文件号(句柄)	CF=1，有错； AX=02H，文件没有找到； AX=03H，找不到路径； AX=04H，文件打开太多； AX=05H，存取被拒绝； AX=0CH，调用时AL置不对

续表

子功能号AH	功能	入口参数	出口参数	备注
3EH	关闭文件	BX=文件号(句柄)		CF=1,有错; AX=06H,文件控制字无效
3FH	读文件或设备	BX=文件号(句柄); CX=读入字节数; DS:DX=缓冲区首址	AX=实际读出的字节数	CF=1,有错; AX=05H,存取被拒绝; AX=06H,文件控制字无效
40H	写文件或设备	BX=文件号(句柄); CX=写入字节数; DS:DX=缓冲区首址	AX=实际写入的字节数	CF=1,有错; AX=05H,存取被拒绝; AX=06H,文件控制字无效
41H	删除文件	DS:DX=驱动器和路径文件名字符串首址		CF=1,有错; AX=02H,找不到指定文件; AX=06H,指定的文件是目录或只读文件
42H	改变文件读写指针	BX=文件号(句柄); CX,DX为位移量; AL=0,绝对移动; AL=1,相对移动	DX:AX=新的指针位置	CF=1,有错; AX=01H,调用时AL值无效; AX=06H,文件控制字无效
43H	置/取文件属性	DS:DX=字符串首址; AL=0取文件属性; AL=1置属性	CX=文件属性	CF=1,有错; AX=01H,调用时AL值无效; AX=03H,路径名无效
44H	设备文件I/O控制	BX=文件号(句柄); AL=0,取状态; AL=1,置状态(DX); AL=2,4,读数据; AL=3,5写数据; AL=6,取输入状态; AL=7,取输出状态; AL=8,特殊状态可改变;	DX=状态	

续表

子功能号 AH	功能	入口参数	出口参数	备注
44H	设备文件 I/O 控制	AL=9,逻辑设备是本地/远程; AL=0AH,句柄是本地/远程; AL=0BH,改变共享访问入口数	DX=状态	
45H	复制文件号(句柄)	BX=文件号 1(句柄 1)	AX=复制文件号 2(句柄 2)	CF=1,有错; AX=04H,文件打开太多; AX=06H,文件控制字无效
46H	强制复制文件号(句柄)	BX=文件号 1(句柄 1); CX=文件号 2	CX=文件号 1(句柄 1)	CF=1,有错; AX=06H,文件控制字无效
47H	取当前目录路径名	DL=盘号; DS:DX=字符串首址	DS:SI=字符串首址	CF=1,有错; AX=0FH,指定的驱动器无效
48H	分配内存空间	BX=申请内存数量(B)	AX=分配内存首址; BX=最大可用空间(失败时)	CF=1,有错; AX=07H,内存控制块无效
49H	释放内存空间	ES=内存始址	CF=0 成功	CF=1,有错; AX=07H,内存控制块已被破坏
4AH	修改已分配的内存空间	ES=原内存始址; BX=再申请内存数量(B)	CF=0,成功; BX=最大可用空间(失败时)	CF=1,有错; AX=07H,内存控制块已被破坏; AX=08H,内存不够; AX=08H,ES 指向的地址不是由功能调用 48H 所分配的

续表

子功能号 AH	功能	入口参数	出口参数	备注
4CH	终止当前程序返回调用程序	AL=退出码		可以利用批处理子命令 IF 和 ER,RORLEVEL 以及功能调用 4DH 获取 AL 返回值
4DH	取退出码		AL=退出码	AX=00H,整除结束; AX = 01H, Ctrl-Break 结束; AX=02H,因严重设备错误而结束; AX=03H,由调用功能 31H 结束
4EH	查找第一个文件	DS: DX=字符串首址; CX=属性	CF=0,成功	CF=1,有错; AX = 02H,目录路径无效; AX=12H,指定的文件不存在
4FH	查找下一个文件	DTA	CF=0,成功; CF=1,有错	如果找到下一匹配文件,则与功能调用 4EH 一样,将有关数据填入磁盘传送地址 DTA 中
56H	文件更名	DS: DX=字符串首址; EES: DI 新名地址	CF=0,成功; 如果第二个字符串中含有驱动器号,则必须与第一个字符串中所指定的驱动器相同	CF=1,有错; AX=02H,DS: DX 指定的文件不存在; AX=03H,DS: DX 指定的路径名称错误; AX=05H,ES: DI 指定的文件已存在; AX=11H,原文件与新文件指定的驱动器不同
57H	置/取文件日期和时间	BX=文件号; AL=0,读; AL=1,写; DX:CX,日期和时间	CF=0,成功; DX:CX 为日期和时间	CF=1,有错; AX = 01H,AL 中的值无效; AX=06H,BX 指定的控制字无效

续表

子功能号 AH	功能	入口参数	出口参数	备注
59H	取扩充错误	DOS 3.X 版中，BX＝0000H	AX＝扩充码错误；BH＝错误级别；BL＝建议采取的措施；CH＝出错设备代码	
5AH	建立临时文件	DS：DX＝以反斜杠(\)为结尾字符串地址；CX＝属性	AX＝文件句柄；DS：DX＝附有新文件的文件路径名串地址	CF＝0，成功；AX＝文件句柄；CF＝1，有错
5BH	建立新文件	AH＝5BH；CX＝属性字；DS：DX＝包含文件名的 ASCII 串地址	CF＝1，有错；CF＝0，成功；AH＝文件句柄	只有在 DOS 3.X 或以上版本中才能使用。它与 3CH 等同，只不过 3CH 功能在文件存在时，会删除此文件，而 5BH 功能在删除时询问
5CH	锁定/开锁文件访问	AL＝00H，锁定；AL＝01H，开锁；BX＝文件句柄；CX:DX＝偏移量高位:低位；SI：DI＝长度高位:低位	CF＝0，成功；CF＝1，失败(AX 为错误码)	
5DH	设置扩展的错误信息	AL＝0AH；DS：DX＝扩展的错误数据结构地址	CF＝0，成功；CF＝1，有错	此功能由 DOS 3.1 或更高版本提供，用来装入扩展的错误信息
5EH	AL＝00H，取机器名	DS：DX＝内存缓冲区地址	计算机名字符填入缓冲区；CH＝0，没有名字，否则有名字；CL＝名字的 NET BIOS 名字母	

续表

子功能号 AH	功能	入口参数	出口参数	备注
5EH	AL=02H,设置打印机	BX=重定向表的索引;CX=配置字符串长度(≤64);DS:SI=打印机配置缓冲区首址	CF=0,成功;CF=1,失败(AX为错误码)	
	AL=03H,取打印机配置	BX=重定向表的索引;DS:SI=打印机配置缓冲区首址	ES:DI=打印机配置字符串首址;CX=数据长度	
5FH	AL=02H,取重定向清单条目	BX=重定向表的索引;DS:SI=存放本地设备名的 128 字节缓冲区首址;ES:DI=存放网络设备名的 128 字节缓冲区首址	BH=设备状态标志;D0=0 有效,=1 无效;BL=设备类型;CX=被存储的参数值;DS:SI=本地设备名首址;ES:DI=网络设备名首址	
	AL=03H,取重定向设备	BL=03H 打印机设备=04H 文件设备;CX=为调用者保存的数值;DS:SI=源设备名串首址;ES:DI=目标网络设备名首址	CF=0,成功;CF=1,失败(AX 为错误码)	
	AL=04H,取消重定向	ES:DI=设备名或网络设备名串首址	CF=0,成功;CF=1,失败(AX 为错误码)	
62H	取程序段前缀地址		BX=当前进程的 PSP 段址	DOS 3.3 以上版本才提供本功能
65H	得到扩展的国别信息	AL=功能代码;ES:DI=介绍信息的缓冲区地址	CF=0,成功;CF=1,有错;CX=国别信息长度	DOS 3.3 或更高版本才提供本功能

续表

子功能号 AH	功能	入口参数	出口参数	备注
66H	得到/设置代码页	AL=功能码； BX=代码页号	CF=0 成功； CF=1 有错； BX 为活跃的代码页号； DX 为默认的代码页号	功能码： AL=01H，为得到代码页号； AL=02H，为设置代码页号
67H	设置句柄计数	BX=请求的句柄数	CF=0，成功； CF=1，有错	DOS 3.3 或更高版本才提供本功能
68H	提交文件	BX=句柄号	CF=0，成功， 日期和时间标记写的目录上； CF=1，有错	DOS 3.3 或更高版本才提供本功能
6CH	扩充的打开文件	AL=00H； BX=打开模式； CX=属性； DX=打开标志； ES：DI=ASCII-Z 串文件名地址	CF=0，成功； AX=句柄； CX=0001H，文件操作并已被打开； CX=0002H，文件不存在，但已创建	DOS 4.0 或更高版本才提供本功能

附录 D BIOS软中断

附表 D-1　显示器中断 INT 10H

子功能号 AH	功能	入口参数	出口参数	备注
00H	设置显示方式	AL＝显示方式： 00：40×25 字符显示，黑白。 01:40×25 字符显示，彩色。 02:80×25 字符显示，黑白。 03:80×25 字符显示，彩色。 04：320 × 320 图形显示，黑白。 05：320 × 320 图形显示，彩色。 06：640 × 200 图形显示，黑白。 07:单色适配器	无	当返回时，屏幕画面变为黑色，各种控制按钮重新设置，光标定位于左上角第一个字符位置，CRT 重新设置，当前页为 0 页
01H	设置光标的大小	CH 0～4＝光标的起始光栅线； CL 0～4＝光标的结束光栅线	无	①CH 寄存器的位 6 用来决定是否允许光标闪烁，位 5 用来决定闪烁的频率。位 5 为 1 时，闪烁频率是场频的 1/32，否则是场频的 1/6。

续表

子功能号 AH	功能	入口参数	出口参数	备注
01H	设置光标的大小	CH 0～4＝光标的起始光栅线； CL 0～4＝光标的结束光栅线	无	②当设定结束光栅线是 0 时，显示的光标将取消直到改变光标类型为止。 ③光标类型的初始值为 CH ＝ 0FH，CL ＝ 11H，即起始行为 0FH，终止行为 11H
02H	设置光标位置	DH＝字符行号； DL＝字符列号； BH＝页号	无	当返回时，光标在规定的位置上显示，光标参数限制如： 字符行：0～25。 字符列：0～79
03H	读取光标位置和类型	BH＝页号	DH＝当前字符行号； DL＝当前字符列号； CH＝光标起始的光栅线； CL＝光标终止的光栅线	无
05H	设定当前显示页面	AL＝选择页号	无	返回后，已将指定的页面作为当前显示页面
06H	向上滚动当前页	AL＝滚动行数，当为 00 时，整个窗口都滚出去； CH＝滚动窗口左上角所在字符的行号（Y 坐标）； CL＝滚动窗口左上角所在字符的列号（X 坐标）； DH＝滚动窗口右下角所在字符的行号（Y 坐标）； DL＝滚动窗口右下角所在字符的列号（XS 坐标）； BH＝滚动后腾出空行以填充字符属性	无	用户可以规定屏幕中任意矩形区作为滚动窗口，当输入参数的右下角大于左上角时，将不会做任何操作

续表

子功能号 AH	功能	入口参数	出口参数	备注
07H	与 06H 相反	同 06H	同 06H	同 06H
08H	读取当前光标位置的字符和属性	BH＝页号(0～3)	AL＝当前光标位置的字符代码； AL＝当前光标位置的字符属性	①如果要使用此功能读取指定页面上任意位置上的字符和属性，可以先调用功能 02 将光标设定在这个位置上。 ②如果当前光标位置上显示的是汉字，使用此功能返回的显示代码不能表明汉字内码的哪一字节
09H	在当前光标位置显示字符和属性	AL＝字符的代码(ASCII 码或汉字内码)； BL＝字符的属性； CX＝字符的个数； BH＝低 4 位，页号；高 4 位，第二属性，位 4，上横线，位 5，下横线，位 6，左列线，位 7，右列线	无	①当 CX 为 00 时，不执行任何操作，直接返回。 ②由于汉字内码是由两个字节组成的，只有调用本功能两次，将完整汉字内码的两字节一次写到相邻字符位置上，才能正确显示一个汉字，汉字内码应连续发送，即先将光标定位到要显示的起始位置，调用本功能，在当前光标位置上写汉字内码的第一字节，然后光标后移一个位置，再调用本功能，在当前光标位置上写汉字的第二字节。也可以先写汉字内码的第二字节，再写汉字内码的第一字节。需引起注意的是，不能把汉字内码的前后位置颠倒，否则显示出来的汉字是错误的。

续表

子功能号 AH	功能	入口参数	出口参数	备注
09H	在当前光标位置显示字符和属性	AL＝字符的代码（ASCII码或汉字内码）； BL＝字符的属性； CX＝字符的个数； BH＝低 4 位，页号；高 4 位，第二属性，位 4，上横线，位 5，下横线，位 6，左列线，位 7，右列线	无	③汉字的显示属性由在写汉字内码的第二字节时所指定的属性来决定，与其他无关。 ④使用本功能写汉字时，CX 是无效的，因此一次只能显示一个汉字
0AH	在当前光标位置显示字符，使用的属性是当前光标处的原有属性	AL＝字符的代码； CX＝显示的字符的个数； BH＝页号	无	使用此功能，不必指定属性，其他和 AH＝09H 相同
0BH	选择调色板号、边沿色或背景色	若 BH＝0，在文本方式下位置边沿色，在图形方式下位置背景色； BH＝1 为置调色板； BL＝调色板号	无	无
0CH	在指定的位置显示一个点	AL＝点的值； CX＝点的列位置（X 坐标），以像素点为单位； DX＝点的行位置（Y 坐标），以光栅线为单位	无	①AL 中若最高位为 1，则将写入值和原来值异或。 ②写入值用 AL 中低 4 位，在 0～15 之间，低 4 位含义如下： 位 0＝蓝色（B），位 1＝绿色（G），位 2＝红色（R），位 3＝加亮（I）
0DH	与功能 0CH 相反，它读取指定位置的一个点	CX＝点的列位置（X 坐标），以像素点为单位； DX＝点的行位置（Y 坐标），以光栅线为单位	AL＝点的值	AL 返回的值为 0～15，低 4 位含义同功能 0CH

续表

子功能号 AH	功能	入口参数	出口参数	备注
0EH	模拟 TTY(电传打字)字输出方式	AL＝显示代码(控制码、ASCII 码、汉字内码)	AL 中内容不变	①此功能在当前显示页的当前位置上显示一个字符 AL。 ②每显示一个 ASCII 字符或汉字内码后,光标自动后移一个字符位置。如果光标已经处于屏幕字符行尾,则跳到下一行第一个字符的位置;如果光标已经处于工作区最后一个字符位置,则光标跳到本行的第一个字符位置。0 行到 24 行为工作区,25 行到 27 行作为汉字提示区使用。 ③如果 AL 作为如下四个 ASCII 码,将产生功能控制: 0AH:光标移到下一行相同列的字符位置(换一行)。如果光标在工作区底行,则工作区向上滚动一行,光标位置不变。 0DH:光标移到当前行的第一个字符位置。 08H:光标前移一个字符位置,如果光标已处于当前行的第一个字符位置,则光标不再移动。 07H:喇叭鸣叫一声

附表 D-2　键盘输入/输出中断 INT 13H

子功能号 AH	功能	入口参数	出口参数	备注
00H	硬盘系统复位	无	无	无
01H	读取最后一次操作所形成的磁盘状态	无	AH＝状态字节	状态字节 AH 中各位的含义为： 位 7：盘超时(回答失败)。 位 6：随机移动失败。 位 5：控制器错。 位 4：读盘数据错。 位 3：操作时 DMA 超载运行。 位 2：申请的扇区未找到。 位 1：盘写保护。 位 0：传送给驱动器非法命令
02H	将磁盘中指定扇区的数据区读入内存当中	AL＝读取扇区数； DL＝驱动器号； DH＝磁头号； CH＝磁道号； CL＝扇区号； ES：BX＝内存缓冲区地址	读盘成功时： 进位标志位清 0； AH＝00； AL＝实际读取盘的扇区数。 读取失败时： 进位标志位置 1； AH＝状态字节	①状态字节 AH 中各位含义同 01H。 ②通常 A 驱动器为 0 号，B 驱动器为 1 号，硬盘 C 为 80 号
03H	将内存的数据写到指定的磁盘扇区中	AL＝写取扇区数； DL＝驱动器号； DH＝磁头号； CH＝磁道号； CL＝扇区号； ES：BX＝内存缓冲区地址	写入成功时： 进位标志位清 0； AH＝00； AL＝实际读取盘的扇区数。 写入失败时： 进位标志位置 1； AH＝状态字节	状态字节 AH 中各位含义同功能 01H

续表

子功能号 AH	功能	入口参数	出口参数	备注
04H	检验指定的磁盘扇区	AL=检验扇区数； DL=红色动器号； DH=磁头号； CH=磁道号； CL=扇区号	检验成功时： 进位标志位清0； AH=00。 检验失败时： 进位标志位1； AH=状态字节	状态字节AH中各位含义同功能01H
05H	格式化指定的磁道	ES：BX=磁道的地址记号组的地址	无	①每个地址记号由4字节(C,H,R,N)组成，其中C为磁道号，H为磁头号，R为扇区号，N为每个扇区的字节数(00=128,01=256,02=512,03=1024)。 ②磁道上的每一个扇区必须与一个地址记号相对应

附表 D-3　异步通信口输入/输出中断 INT 14H

子功能号 AH	功能	入口参数	出口参数	备注
00H	初始化通信口	AL=初始化参数； DX=通信口号(COM1=0,COM2=1等)	AH=通信口状态： 位7,超时； 位6,发送用的移位寄存器是空的； 位5,发送用的保存寄存器是空的； 位4,间断检测； 位3,帧错； 位2,奇/偶错； 位1,越限错误； 位0,数据准备好； AL=调制解调器状态： 位7,检测到接收线信号；	入口参数AL定义：D_7～D_5位定义通信波特率，D_4～D_3定义数据奇/偶校验方式，D_2位定义每帧停止位的位数，D_1～D_0位定义数据位数

续表

子功能号AH	功能	入口参数	出口参数	备注
00H	初始化通信口	AL=初始化参数； DX = 通信口号(COM1=0,COM2=1等)	位6,呼叫指示器； 位5,数传机准备好； 位4,清除发送； 位3,检测到接收信号改变； 位2,呼叫指示器结束； 位1,改变数传机准备好状态； 位0,改变清除发送状态	入口参数AL定义：$D_7 \sim D_5$位定义通信波特率，$D_4 \sim D_3$定义数据奇/偶校验方式，D_2位定义每帧停止位的位数，$D_1 \sim D_0$位定义数据位数
01H	向通信口写一个字符	AL=所写字符； DX = 通信口号(COM1=0,COM2=1等)	写字符成功时： AH位7清0。 写字符失败时： AH位7置1。 AH中位0到位6的设置与功能00相同,反映线路的现行状态	无
02H	从通信口读一个字符	DX = 通信口号(COM1=0,COM2=1等)	读字符成功时： AH位7清0。 读字符失败时： AH位7置1。 AH中位0到位6的设置与功能00相同,反映线路的现行状态	无
03H	返回通信口的状态	DX = 通信口号(COM1 = 0, COM2 = 1等	AH=通信口状态； AL=调制解调器状态	返回时，AH和AL中各位设置与00H相同

附表 D-4　键盘输入中断 INT 16H

子功能号 AH	功能	入口参数	出口参数	备注
00H	从键盘缓冲区读取一个键入的字符代码(控制码、ASCII码、汉字内码);如果键盘缓冲区没有键入字符,则一直等待有一个键入字符为止	无	AL＝键入的字符代码(控制码、ASCII 码、汉字内码); AH＝键盘扫描号	返回时,如果 AH＝90H,则表示 AL 为汉字第一字节内码;如果 AH＝91H,则表示 AL 为汉字第二字节内码
01H	检查键盘缓冲区中有无键入字符	无	如果有键入的字符,则零标志位清 0; 如果无键入的字符,则零标志位置 1	无
02H	读特殊键的状态	无	AL＝特殊键的状态: 位 0,右键 Shift 键按下; 位 1,左键 Shift 键按下; 位 2,Ctrl 键按下; 位 3,Alt 键按下; 位 4,Scroll Lock 键按下; 位 5,Num Lock 键打开; 位 6,Caps Lock 键按下; 位 7,Ins 键打开	无

附表 D-5　打印机输入/输出中断 INT 17H

子功能号 AH	功能	入口参数	出口参数	备注
00H	打印一个字符	AL＝打印的字符; DX＝打印机号(0,1,2)	AH 位 0＝1; AH 的其他位与打印机状态字相同	无
01H	初始化打印机接口	DX＝打印机号(0,1,2)	AH 含打印机状态字	无

续表

子功能号 AH	功能	入口参数	出口参数	备注
02H	读打印机状态	DX＝打印机号(0，1，2)	AH 含打印机状态字	打印机状态字各位含义： 位 0，超时； 位 1，2，不用； 位 3，输入/输出错； 位 4，被选中； 位 5，纸用完； 位 6，响应； 位 7，忙

附表 D-6　读/写时钟中断 INT 1AH

子功能号 AH	功能	入口参数	出口参数	备注
00H	读当前时钟	无	CX＝计数的高位部分； DX＝计数的低位部分； 若 AL＝0，从上次读时钟算起未满 24 小时，否则 AL≠0	无
01H	置时钟	CX＝计数的高位部分； DX＝计数的低位部分(技术速度为每秒 18.2 次)	无	无